"十三五"普通高等教育本科规划教材

公差与技术测量

主　编　孙步功

副主编　冯瑞成　马军民

编　写　李宗刚　戴立勋　李茂青　杨小平

主　审　郭润兰

中国电力出版社

CHINA ELECTRIC POWER PRESS

内 容 提 要

本书为“十三五”普通高等教育本科规划教材。本书主要内容包括：概述、几何量测量技术基础、孔轴的极限与配合、几何公差与检测、表面粗糙度与检测、光滑工件尺寸检验和光滑极限量规设计、滚动轴承的公差与配合、圆锥的公差与配合、键和花键的公差与检测、螺纹公差、圆柱齿轮公差与检测和实验指导。本书注重学生获取知识、分析问题与解决工程技术问题能力的培养，注重学生工程素质与创新思维能力的提高。

本书可作为本科院校机械类、近机类各专业的教材，也可供高职高专院校相关专业及从事机械设计与机械制造的工程技术人员参考使用。

图书在版编目（CIP）数据

公差与技术测量/孙步功主编．—北京：中国电力出版社，2018.10
“十三五”普通高等教育本科规划教材
ISBN 978-7-5198-1318-5

Ⅰ．①公… Ⅱ．①孙… Ⅲ．①公差－高等学校－教材②技术测量－高等学校－教材 Ⅳ．①TG801

中国版本图书馆 CIP 数据核字（2017）第 261527 号

出版发行：中国电力出版社
地　　址：北京市东城区北京站西街 19 号（邮政编码 100005）
网　　址：http://www.cepp.sgcc.com.cn
责任编辑：周巧玲
责任校对：闫秀英
装帧设计：赵姗姗
责任印制：吴　迪

印　　刷：北京雁林吉兆印刷有限公司
版　　次：2018 年 10 月第一版
印　　次：2018 年 10 月北京第一次印刷
开　　本：787 毫米×1092 毫米　16 开本
印　　张：17.25
字　　数：417 千字
定　　价：42.00 元

前　言

本书按照高等学校机械学科本科专业规范、培养方案和课程教学大纲的要求组织编写，编者为长期在教学第一线从事教学工作富有经验的教师，内容注重科学性、先进性、系统性和实用性，合理定位，以满足不同类型和层次的教学需要。

公差与技术测量是机械类、近机类专业的一门专业基础课程，着重阐述孔轴极限与配合的基本知识，全面讲述形位公差与检测的新标准和新技术，兼具基础性、知识性与实践性等特点，是培养现代复合型人才的重要基础课程之一。

本书的编写既体现了现代机械设计制造的新标准，又体现了机械设计制造技术的历史传承和发展趋势。在内容的选择和编写上有以下特点：

（1）内容系统丰富、重点突出，每章节既相互联系，又相对独立。

（2）考虑到机械类、近机类各专业的需要，内容的选择和安排具有一定的通用性。

（3）为加深理解、巩固知识，每章后附有习题，供学生及时复习。

本书由甘肃农业大学孙步功任主编，兰州理工大学冯瑞成和甘肃农业大学马军民任副主编，兰州交通大学、甘肃农业大学李宗刚、戴立勋、李茂青和杨小平参加编写。具体编写分工如下：李茂青和杨小平共同编写第 1 章，戴立勋编写第 2、5 和 6 章，孙步功编写第 3 章，马军民编写第 4 章和实验指导，李宗刚编写第 7、9 和 11 章，冯瑞成编写第 8 和 10 章。

本书由兰州理工大学郭润兰教授主审，在此表示衷心的感谢。

由于编者水平所限，本书难免有所疏漏之处，恳请广大读者批评指正。

编　者

2018 年 5 月

目 录

1 概　　述

▲ **教学提示**

本章介绍互换性、几何量公差等概念，介绍优先数系及其特点、几何量测量与检测的意义。

▲ **教学要求**

要求学生理解互换性、几何量公差等概念，了解优先数系及其特点。

1.1 互换性与公差的概念

1.1.1 互换性的概念

互换性在日常生活中随处可见。例如，灯泡坏了可以换个新的，自行车的零件坏了也可以直接换新的。这是因为合格的产品和零部件具有在材料性能、几何尺寸、使用功能上互相替换的性能，即具有互换性。广义上说，互换性是指一种产品、过程或服务能够代替另一产品、过程或服务，且能够满足同样要求的能力。

制造业的产品或者机器由许多零部件组成，而这些零部件是由不同的工厂和车间制成的。因此，在制造业生产中，经常要求产品的零部件具有互换性。零部件的互换性就是指，在装配时于同一规格的零部件中任意取一件，不需任何挑选或修配，就能与其他零部件安装在一起而组成一台机器，并且能够达到规定的使用功能要求。因此我们说，零部件的互换性就是同一规格零部件按规定的技术要求制造，能够彼此相互替换使用而效果相同的性能。

1.1.2 公差的概念

在加工零件的过程中，由于各种因素（机床、刀具、温度等）的影响，零件的尺寸、形状、表面粗糙度等几何量难以做到理想状态，总是有或大或小的误差。但从零件的使用功能看，不必要求零件几何量制造得绝对准确，只要求其在某一规定的范围内变动，即保证同一规格零部件（特别是几何量）彼此接近。把这个允许几何量变动的范围称为几何量公差。这也是本课程中公差的范畴。

为了保证零件的互换性，要用公差来控制误差。设计时要按标准规定公差，而加工时不可避免会产生误差，因此要使零件具有互换性，就应把完工的零件误差控制在规定的公差范围内。设计者的任务就是要正确地确定公差，并把它在图样上明确表示出来。在满足功能要求的前提下，公差值应尽量规定得大一些，以便获得最佳的经济效益。

1.1.3 互换性的作用

可以从下面三个方面理解互换性的作用：

（1）设计方面。若零部件具有互换性，就能最大限度地使用标准件，进而简化绘图、计算等工作，缩短设计周期，有利于产品更新换代和 CAD 技术应用。

（2）制造方面。互换性有利于组织专业化生产，使用专用设备和CAM技术。

（3）使用和维修方面。零部件具有互换性可以及时更换已经磨损或损坏的零部件；对于某些易损件可以提供备用件，进而提高机器的使用价值。

互换性在提高产品质量和产品可靠性、提高经济效益等方面具有重大意义。互换性原则已成为现代制造业中一个普遍遵守的原则，互换性生产对我国现代化生产具有十分重要的意义。但是互换性原则也不是任何情况下都适用，有时只有采取单个配制才符合经济原则，这时零件虽不能互换，但也有公差和检测的要求。

1.1.4 互换性的种类

从广义而言，零部件的互换性应包括几何量、力学性能、理化性能等方面的互换性。本课程仅讨论零部件几何量的互换性，即几何量方面的公差和检测。

按不同场合对于零部件互换形式和程度的不同要求，互换性可以分为完全互换性和不完全互换性两类。

（1）完全互换性简称互换性，以零部件装配或更换时不需要挑选或修配为条件。孔和轴加工后只要符合设计的规定要求，它们就具有完全互换性。

（2）不完全互换性也称有限互换性，在零部件装配时允许有附加条件地选择或调整。对于不完全互换性可以采用分组装配法、调整法或修配法来实现。

对标准部件或机构而言，其互换性又可分为内互换性和外互换性。内互换性指部件或机构内部组成零件间的互换性；外互换性指部件或机构与其相配合件间的互换性。例如，滚动轴承内、外圈滚道直径与滚动体（滚珠或滚柱）直径间的配合为内互换性；滚动轴承内圈内径与传动轴的配合、滚动轴承外圈外径与壳体孔的配合为外互换性。

1.2 标准化与优先数系

1.2.1 标准与标准化的概念

现代制造业生产的特点是规模大，分工细，协作单位多，互换性要求高。为了适应生产中各部门的协调和各生产环节的衔接，必须有一种手段，使分散的、局部的生产部门和生产环节保持必要的统一，成为一个有机的整体，以实现互换性生产。标准与标准化正是联系这种关系的主要途径和手段。实行标准化是互换性生产的基础。

（1）标准。标准是指为了在一定的范围内获得最佳秩序，对活动或其结果规定共同的和重复使用的规则、导则或特性的文件。标准对于改进产品质量，缩短产品周期，开发新产品和协作配套，提高社会经济效益，发展社会主义市场经济和对外贸易等具有很重要的意义。

（2）标准化。标准化是指为了在一定的范围内获得最佳秩序，对实际或潜在的问题制定共同的和重复使用的规则的活动。标准化是社会化生产的重要手段，是联系设计、生产和使用方面的纽带，是科学管理的重要组成部分。标准化对于改进产品、过程和服务的适用性，防止贸易壁垒，促进技术合作方面具有特别重要的意义。

标准化工作包括制定标准、发布标准、组织实施标准和对标准的实施进行监督的全部活动过程。这个过程是从探索标准化对象开始，经调查、实验和分析，进而起草、制定和贯彻标准，而后修订标准。因此，标准化是个不断循环而又不断提高的过程。

1.2.2 标准分类

（1）按标准的使用范围，将标准分为国家标准、行业标准、地方标准和企业标准。

国家标准就是对需要在全国范围内统一的技术要求。

行业标准就是对没有国家标准，而又需要在全国某行业范围内统一的技术要求。但在公布国家标准后，该行业标准即行废止。

地方标准就是对没有国家标准和行业标准，而又需要在省、自治区、直辖市范围内统一的工业产品的安全、卫生等要求。但在公布相应的国家标准或行业标准后，该地方标准即行废止。

企业标准就是对企业生产的产品，在没有国家标准和行业标准的情况下，制定作为组织生产的依据。对于已有国家标准或行业标准的，企业也可以制定严于国家标准或行业标准的企业标准，在企业内部使用。

（2）按标准的作用范围，将标准分为国际标准、区域标准、国家标准、地方标准和试行标准。

国际标准、区域标准、国家标准、地方标准分别是由国际标准化的标准组织、区域标准化的标准组织、国家标准机构、在国家的某个区域一级所通过并发布的标准。试行标准是由某个标准化机构临时采用并公开发布的标准。

（3）按标准化对象的特征，将标准分为基础标准、产品标准、方法标准和安全、卫生与环境保护标准等。

基础标准是指在一定范围内作为标准的基础并普遍使用，具有广泛指导意义的标准。如极限与配合标准、几何公差标准、渐开线圆柱齿轮精度标准等。基础标准是以标准化共性要求和前提条件为对象的标准，是为了保证产品的结构功能和制造质量而制定的、一般工程技术人员必须采用的通用性标准，也是制订其他标准时可依据的标准。本书所涉及的标准就是基础标准。

（4）按照标准的性质，标准又可分为技术标准、工作标准和管理标准。技术标准指根据生产技术活动的经验和总结，作为技术上共同遵守的法规而制定的标准。

1.2.3 标准化的发展历程

1. 国际标准化的发展

标准化在人类开始创造工具时就已出现，是社会生产劳动的产物。标准化在近代工业兴起和发展的过程中显得重要起来。早在19世纪，标准化在国防、造船、铁路运输等行业中的应用就已十分突出。到了20世纪初，一些国家相继成立全国性的标准化组织机构，推进了本国的标准化事业。以后由于生产的发展，国际交流越来越频繁，因而出现了地区性和国际性的标准化组织。1926年成立了国际标准化协会（简称ISA），1947年重建国际标准化协会并改名为国际标准化组织（简称ISO）。现在，这个世界上最大的标准化组织已成为联合国甲级咨询机构。ISO 9000系列标准的颁发，使世界各国的质量管理及质量保证的原则、方法和程序，都统一在国际标准的基础之上。

2. 我国标准化的发展

我国标准化是在1949年新中国成立后得到重视并发展的。1958年，发布了第一批120项国家标准。从1959年开始，陆续制定并发布了公差与配合、形状和位置公差、公差原则、表面粗糙度、光滑极限量规、渐开线圆柱齿轮精度、极限与配合等公差标准。我国在1978

年恢复为 ISO 成员国，承担 ISO 技术委员会秘书处工作和国际标准草案起草工作。从 1979 年开始，我国制定并发布了以国际标准为基础制定的新公差标准。从 1992 年开始，我国又发布了以国际标准为基础进行修订的/T 类新公差标准。1988 年，全国人大常委会通过并由国家主席发布了《中华人民共和国标准化法》。1993 年，全国人大常委会通过并由国家主席发布了《中华人民共和国产品质量法》。我国公差标准化的水平在我国社会主义现代化建设过程中不断发展提高，对我国经济的发展做出了很大的贡献。

1.2.4 优先数系

1. 优先数系及其公比

GB/T 321—2005《优先数和优先数系》规定十进等比数列为优先数系，并规定了五个系列。分别用系列符号 R5、R10、R20、R40 和 R80 表示，称为 R*r* 系列。其中，前四个系列是基本系列，而 R80 则作为补充系列，仅用于分级很细的特殊场合。

优先数系是工程设计和工业生产中常用的一种数值制度。基本系列 R5、R10、R20、R40 1～10 的常用值见表 1-1。

表 1-1 优先数系基本系列的常用值（摘自 GB/T 321—2005）

基本系列	1～10 的常用值										
R5	1.00		1.60		2.50		4.00		6.30		10.00
R10	1.00	1.25	1.60	2.00	2.50	3.15	4.00	5.00	6.30	8.00	10.00
R20	1.00	1.12	1.25	1.40	1.60	1.80	2.00	2.24	2.50	2.80	
	3.15	3.55	4.00	4.50	5.00	5.60	6.30	7.10	8.00	9.00	10.00
R40	1.00	1.06	1.12	1.18	1.25	1.32	1.40	1.50	1.60	1.70	1.80
	1.90	2.00	2.12	2.24	2.36	2.50	2.65	2.80	3.00	3.15	3.35
	3.55	3.75	4.00	4.25	4.50	4.75	5.00	5.30	5.60	6.00	6.30
	6.70	7.10	7.50	8.00	8.50	9.00	9.50	10.00			

优先数系是十进等比数列，其中包含 10 的所有整数幂（…、0.01、0.1、1、10、100、…）。只要知道一个十进段内的优先数值，其他十进段内的数值就可由小数点的前后移位得到。优先数系中的数值可方便地向两端延伸，由表 1-1 中的数值，使小数点前后移位，便可以得到小于 1 和大于 10 的任意优先数。

优先数系的公比为 $q_r=\sqrt[r]{10}$。优先数在同一系列中，每隔 r 个数，其值增加 10 倍。由表 1-1 可以看出，基本系列 R5、R10、R20、R40 的公比分别为 $q_5=\sqrt[5]{10}\approx1.60$，$q_{10}=\sqrt[10]{10}\approx1.25$，$q_{20}=\sqrt[20]{10}\approx1.12$，$q_{40}=\sqrt[40]{10}\approx1.06$。另外，补充系列 R80 的公比为 $q_{80}=\sqrt[80]{10}\approx1.03$。

2. 优先数与优先数系的特点

优先数系中的任何一个项值均称为优先数。优先数的理论值为 $(\sqrt[r]{10})^{N_r}$，其中 N_r 是任意整数。按照此式计算得到的优先数理论值，除 10 的整数幂外，大多为无理数，工程技术中不宜直接使用。而实际应用的数值都是经过化整处理后的近似值，根据取值有效数字的位数，优先数的近似值可以分为三种计算值，取 5 位有效数字，供精确计算用；常用值，即优先值，取 3 位有效数字，是经常使用的；化整值，是将常用值作化整处理后所得的数值，一般取 2 位有效数字。

优先数系主要有以下特点：

（1）任意相邻两项间的相对差近似不变（按理论值则相对差为恒定值）。例如，R5 系列约为 60%，R10 系列约为 25%，R20 系列约为 12%，R40 系列约为 6%，R80 系列约为 3%。由表 1-1 可以明显地看出这一点。

（2）任意两项的理论值经计算后仍为一个优先数的理论值。计算包括任意两项理论值的积或商，任意一项理论值的正、负整数乘方等。

（3）优先数系具有相关性。优先数系的相关性表现如下：在上一级优先数系中隔项取值，就得到下一系列的优先数系；反之，在下一系列中插入比例中项，就得到上一系列。例如，在 R40 系列中隔项取值，就得到 R20 系列；在 R10 系列中隔项取值，就得到 R5 系列。又如，在 R5 系列中插入比例中项，就得到 R10 系列；在 R20 系列中插入比例中项，就得到 R40 系列。即 R5 系列中的项值包含在 R10 系列中，R10 系列中的项值包含在 R20 系列中，R20 系列中的项值包含在 R40 系列中，R40 系列中的项值包含在 R80 系列中。

3. 优先数系的派生系列

为使优先数系具有更宽广的适应性，可以从基本系列中，每逢 p 项留取一个优先数，生成新的派生系列，以符号 Rr/p 表示。派生系列的公比为

$$q_{r/p} = q_r^p = (\sqrt[r]{10})^p = 10^{p/r}$$

例如派生系列 R10/3，就是从基本系列 R10 中，自 1 以后每逢 3 项留取一个优先数而组成的，即 1.00、2.00、4.00、8.00、16.0、32.0、64.0、…。

4. 优先数系的选用规则

优先数系的应用很广泛，适用于各种尺寸、参数的系列化和质量指标的分级，对保证各种工业产品的品种、规格、系列的合理化分挡和协调配套具有十分重要的意义。

选用基本系列时，应遵守先疏后密的规则。即按 R5、R10、R20、R40 的顺序选用；当基本系列不能满足要求时，可选用派生系列，注意应优先采用公比较大和延伸项含有项值 1 的派生系列；根据经济性、需要量等不同条件，还可分段选用最合适的系列，以复合系列的形式来组成最佳系列。

由于优先数系中包含有各种不同公比的系列，因而可以满足各种较密和较疏的分级要求。优先数系以其广泛的适用性，成为国际上通用的标准化数系。工程技术人员应在一切标准化领域中尽可能地采用优先数系，以达到对各种技术参数协调、简化和统一，促进国民经济更快、更稳地发展。

1.3　几何量检测的重要性及其发展

1.3.1　几何量检测的重要性

几何量检测是组织互换性生产必不可少的重要措施。由于零部件的加工误差不可避免，决定了必须采用先进的公差标准，对构成机械的零部件几何量规定合理的公差，用以实现零部件的互换性。但若不采用适当的检测措施，规定的公差也就形同虚设，不能发挥作用。

因此，应按照公差标准和检测技术要求对零部件的几何量进行检测，只接受几何量合格者，才能保证零部件在几何量方面的互换性。检测是检验和测量的统称。一般而言，测量的结果能够获得具体的数值；检验的结果只能判断合格与否，而不能获得具体数值。

但是，必须注意到，在检测过程中又会不可避免地产生或大或小的测量误差。这将导致两种误判：一是把不合格品误认为合格品而给予接受，即误收；二是把合格品误认为废品而

给予报废，即误废。这是测量误差表现在检测方面的矛盾，因此需要从保证产品的质量和经济性两方面综合考虑，合理解决。

检测的目的不仅在于判断工件合格与否，还可以根据检测的结果，分析产生废品的原因，以便设法减少和防止废品的产生。

1.3.2 我国在几何量检测方面的发展历程

我国很早就有关于几何量检测的记载。秦朝就已经统一了度量衡制度，西汉便已有了铜制卡尺。但长期的封建统治，使得科学技术未能进一步发展，检测技术和计量器具一直处于落后的状态，直至1949年新中国成立后才扭转了这种局面。

1959年，国务院发布了《关于统一计量制度的命令》；1977年，国务院发布了《中华人民共和国计量管理条例》；1984 年，国务院发布了《关于在我国统一实行法定计量单位的命令》；1985年，全国人大常委会通过并由国家主席发布了《中华人民共和国计量法》。这些对于我国采用国际米制作为长度计量单位，健全各级计量机构和长度量值传递系统，保证全国计量单位统一和量值准确可靠，促进我国社会主义现代化建设和科学技术的发展具有特别重要的意义。

在建立和加强我国计量制度的同时，我国的计量器具制造业也有了较大的发展。现在已建有许多量仪厂和量具刃具厂，并生产出多种计量仪器用于几何量检测，如万能测长仪、万能工具显微镜、万能渐开线检查仪等。此外，还能制造一些世界水平的量仪，如激光光电比长仪、激光丝杠动态检查仪、光栅式齿轮整体误差测量仪、碘稳频612激光器、无导轨大长度测量仪等。

本章介绍了几何量公差、互换性等方面的基本概念和应当掌握的优先数系方面的知识。

1-1 叙述互换性与几何量公差的概念，说明互换性有什么作用，互换性的分类如何。

1-2 优先数系是一种什么数列？有何特点？有哪些优先数的基本系列？什么是优先数的派生系列？

1-3 试写出下列基本系列和派生系列中自1以后共5个优先数的常用值：R10，R10/2，R20/3，R5/3。

1-4 在尺寸公差表格中，自6级开始各等级尺寸公差的计算公式为10*i*，16*i*，25*i*，40*i*，64*i*，100*i*，160*i*，…；在螺纹公差表中，自3级开始的等级系数为0.50，0.63，0.80，1.00，1.25，1.60，2.00。试判断它们各属于何种优先数的系列。

2 几何量测量技术基础

▲ 教学提示

为使机械零部件等产品具有通用性和使用便利性，在设计时不仅需要满足零部件的功能要求，还必须遵守互换性原则及其相关标准，即在设计图样上标注相关的尺寸、形状位置、表面粗糙度等技术要求。然而，经过机械加工以后的零部件是否符合设计图样的技术要求，必须通过技术测量才能进行判断（检测）。而不同的几何参数具有不同的测量方法，需采用不同的测量器具；几何参数相同但位于不同的被测量对象（零部件）上测量方法也不同，需采用不同的测量器具，有不同的误差传递关系，遵守不同的测量基准准则。故需对几何量测量基础知识了解。

▲ 教学要求

本章要求学生掌握技术测量的基础知识，包括测量基准、测量尺寸传递系统和测量方法，各种计量器具的用途、使用要点及其适用范围，测量误差的分析和测量数据的处理方法等，并且要求在以上基础上，能够根据测量对象类型、测量参数、工序要求等，选择相应的测量基准、测量方法和测量器具，并通过测量，对所采集的测量数据进行处理和评价。

2.1 测量与检验的概念

2.1.1 技术测量的一般概念

1. 被测对象

本章涉及的几何量主要是指对机械零件的相关几何量进行测量和检验，以确定零部件加工后是否符合设计图样上的技术要求。上述几何量包括长度、角度、表面粗糙度、轮廓、几何误差、几何形状、相互位置精度及单键和花键、螺纹和齿轮等典型零件的各几何参数等。

2. 计量单位

计量单位是指几何量中的长度、角度单位。在我国法定计量单位中，长度的基本单位为 m（米）；在机械制造中，常用的长度单位为 mm（毫米）；在精密测量中，常用的长度单位为 μm（微米〉。平面角的角度单位为 rad（弧度）、μrad（微弧度）及°（度）、′（分〉、″（秒）。

3. 测量方法

测量方法是指测量时所采用的测量原理、计量器具和测量条件的综合。一般情况下，指获得测量结果的方式、方法。

4. 测量

测量是将被测量与作为计量单位的标准量在数值上进行比较，从而确定两者比值的过程。若以 x 表示被测量，以 q 表示标准量，以 E 表示测量值，则被测量的量值 x 为

$$x = qE \tag{2-1}$$

式（2-1）表明，任何几何量的量值都由两部分组成：表征几何量的数值和该几何量的计量单位。例如，某一被测长度与标准量 E（设 E 为 1mm）进行比较，得到比值为 50，则被测长度 $x = 50\text{mm}$ 。

5. 测量精度

测量精度是指测量结果与真值相一致的程度，即测量结果的可靠程度。

6. 检定

检定是指评定计量器具的精度指标是否合乎该计量器具检定规程的全部过程。例如，用量块来检定千分尺的精度指标等。

2.2　长度基准与量值传递

2.2.1　长度基准与量值传递系统

1. 长度单位和基准

目前，世界各国所使用的单位有米制（公制）和英制两种。我国是实行米制的国家。根据《中华人民共和国法定计量单位》，我国规定长度的基本单位为米（m），同时采用米的十进倍数和分数单位制。机械制造中常用毫米（mm）作为长度量单位。

1983 年，第 17 届国际计量大会通过的米的定义——光在 1/299 792 458s 时间间隔内行程的长度。米定义的复现主要采用稳频激光，我国使用碘吸收稳定的 0.633μm 氦氖激光等辐射线波长作为国家长度基准。

2. 长度量值传递系统

用光波波长作为基准不便于直接应用，实际生产中采用各种计量器具来测量零件的几何参数。为保证长度量值的统一，必须建立长度量值传递系统，即由长度基准一直到被测零件的量值传递系统，将长度基准的量值准确地传递到生产中使用的各种计量器具乃至被测工件上。

在技术上，从国家波长基准开始，长度量值分为两个平行的系统向下传递（见图 2-1）：一个是端面量具（量块）系统；另一个是刻线量具（线纹尺）系统。其中，以量块为媒介的传递系统应用较广。

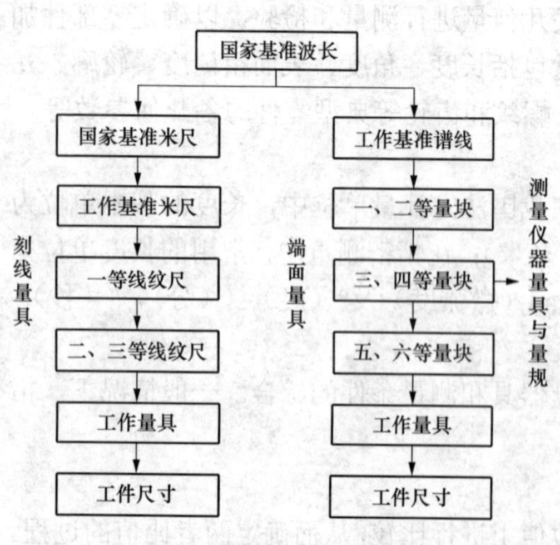

图 2-1　长度量值传递系统

目前，在实际工作中使用线纹尺和量块作为两种实体基准，并用光波波长传递到基准线纹尺和一等量块，然后再由它们逐次传递到工件，以保证量值准确一致，如图 2-1 所示。

2.2.2　量块

量块又称块规，它是单值端面量具，其主要结构为长方六面体结构，六个平面中，两个互相平行的极为光滑平整的面为测量面，如图 2-2（a）所示。量块主要为尺寸传递系统中的中间标准量具，或在相对法测量时作为标准件调整仪器的零位标准，也可以用它来直接测量零件。

量块的尺寸规定如下：把量块的一个工作面研合在平晶的工作平面上，另一个工作面的中心到平晶平面的垂直距离 L 称为量块尺寸，如图 2-2（b）所示。量块上标出的尺寸称为量块的标称尺寸。标称尺寸（名义尺寸）小于 6mm 的量块，有数字的一面为测量面；大于等于 6mm 的量块，有数字面的左、右侧面为测量面，如图 2-2（a）所示。

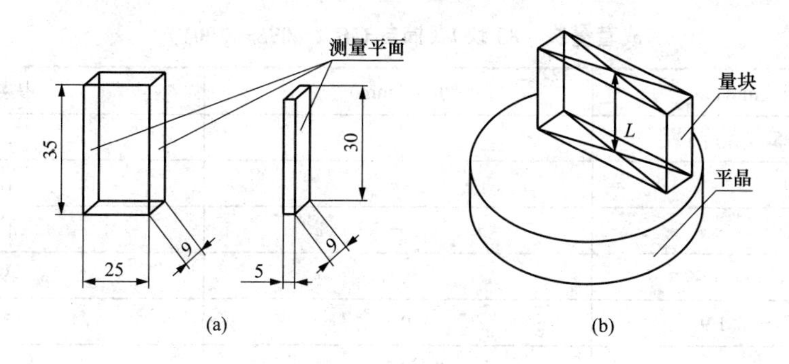

图 2-2　量块

（a）量块；（b）中心长度

由于量块具有可黏合的特性，因此可以在一定范围内，按照需要将不同工作尺寸的量块组合起来使用。在组合量块尺寸时，应力求以最少的块数组成所需的尺寸，一般不应超过 4 块，并使各量块的中心长度在同一直线上，以获得更高的尺寸精度。实际组合时，应从消去所需尺寸的最小尾数开始，每选一块量块应至少减少所需尺寸的一位小数。例如，为了得到工作尺寸为 18.785mm 的量块组，用 83 块一套的量块（见表 2-1），其组合方法如下：

量块组的尺寸	18.785	
第一块量块的尺寸	–）1.005	（尺寸一位小数 0.005）
剩余尺寸	17.78	
第二块量块的尺寸	–）1.28	（尺寸一位小数 0.08）
剩余尺寸	16.50	
第三块量块的尺寸	–）6.5	（尺寸一位小数 0.5）
剩余尺寸	10	（即第四块量块的尺寸）

结果：从 83 块一套的量块中可分别选取 1.005mm、1.28mm、6.5mm 和 10mm 4 块量块。

量块其测量面并非理想平面，两测量面也非绝对平行。根据不同的使用要求，量块做成不同的精度等级。划分量块精度的标准有两种：按“级”划分和按“等”划分。

量块的分级主要是按量块长度的极限偏差 t_e（量块中心长度与标称长度之间的最大偏差）或按长度变动量长度变动量最大允许值 t_v 的精度分为五级：X、0、1、2、3 级。其中，X 级的精度最高，精度依次降低，3 级的精度最低，具体数值见表 2-2。

量块精度等级的划分主要按量块长度测量不确定度允许值和长度变动量精度划分，分为五等：1、2、3、4、5 等。其中，1 等的精度最高，精度依次降低，5 等的精度最低，具体数值见表 2-3。

量块按“级”使用时，应以量块长度的标称值作为工作尺寸，该尺寸包含了量块的制造误差。量块生产企业大都按“级”向市场销售量块。量块按“等”使用时，应以经检定后所给出的量块中心长度的实测值作为工作尺寸，该尺寸排除了量块制造误差的影响，仅包含检定时较小的测量误差。但是各种不同精度的检定方法，可以得到具有不同测量不确定度的量块。因此，量块按“等”使用的测量精度比量块按“级”使用的高。但由于按“等”使用比较麻烦，且检定成本高，故在生产现场仍按“级”使用。按 GB/T 6093—2001《量块》的规定，我国生产的成套量块有 91 块、83 块、46 块、38 块等几种规格。

表 2-1　　成套量块（83 块）（摘自 GB/T 6093—2001）

尺寸范围（mm）	间隔（mm）	块数
0.5	—	1
1	—	1
1.005	—	1
1.01，1.02，…，1.49	0.01	49
1.5，1.6，…，1.9	0.1	5
2.0，2.5，…，9.5	0.5	16
10，20，…，100	10	10

表 2-2　　各级量块精度指标的最大允许值（摘自 JJG 146—2003）

标称长度 l_n(mm)	K 级		0 级		1 级		2 级		3 级	
	$\pm t_e$	t_v	$\pm t_e$	t_v	$\pm t_e$	t_v	$\pm t_e$	t_v	$\pm t_e$	t_v
	最大允许值（μm）									
$l_n\leqslant 10$	0.20	0.05	0.12	0.10	0.20	0.16	0.45	0.30	1.0	0.50
$100<l_n\leqslant 150$	0.30	0.05	0.14	0.10	0.30	0.16	0.60	0.30	1.2	0.50
$25<l_n\leqslant 50$	0.40	0.06	0.20	0.10	0.40	0.18	0.80	0.30	1.6	0.55
$50<l_n\leqslant 75$	0.50	0.06	0.25	0.12	0.50	0.18	1.00	0.35	2.0	0.55
$75<l_n\leqslant 100$	0.60	0.07	0.30	0.12	0.60	0.20	1.20	0.35	2.5	0.60
$100<l_n\leqslant 150$	0.80	0.08	0.40	0.14	0.80	0.20	1.6	0.40	3.0	0.65

注　距离测量面边缘 0.8mm 范围内。

2.2.3　角度基准与量值传递

角度是重要的几何量之一，一个圆周定义为 360°，角度不需要像长度一样建立自然基准。但在计量部门，为了方便，仍采用多面棱体（棱形块）作为角度量值的基准。机械制造中的角度标准一般是角度量块、测角仪、分度头等。

实物基准是用特殊合金钢或石英玻璃制成的多面棱体，以多面棱体作为角度基准的量值传递系统，多面棱体有 4 面、6 面、8 面、12 面、24 面、36 面、72 面等，如图 2-3 和图 2-4 所示。

在角度量值传递系统中，角度量块是量值传递媒介，主要用于检定和调整普通精度的测角仪器，校正角度样板，也可直接用于检验工件。

角度量块有三角形和四边形两种，三角形角度量块只有 1 个工作角，四边形角度量块有 4 个工作角。角度量块也由若干块组成一套，以满足测量不同角度的需要。角度量块可以单独使用，也可以范围内组合使用。

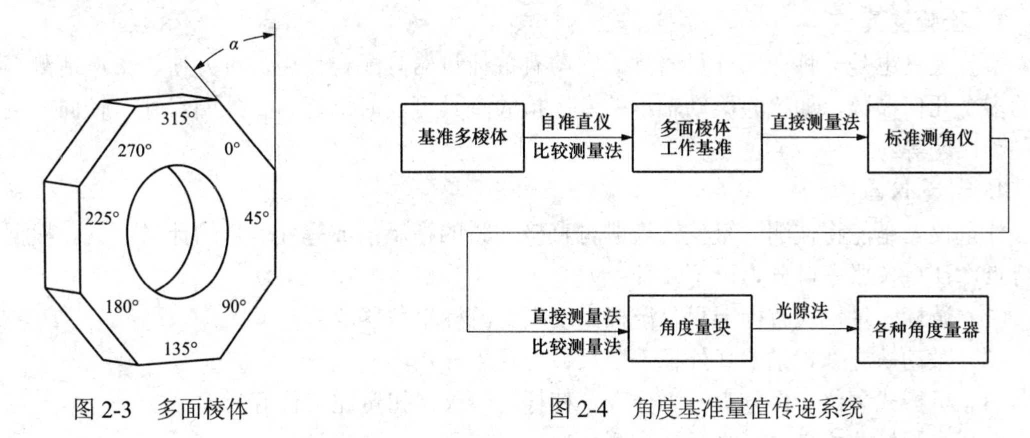

图 2-3　多面棱体　　图 2-4　角度基准量值传递系统

表 2-3　各等量块精度指标的最大允许值（摘自 JJG 146—2003）

标称长度 l_n(mm)	1 等		2 等		3 等		4 等		5 等	
	测量不确定度	长度变动量	测量不确定度	长度变动量	测量不确定度	长度变动量	测量不确定度	长度变动量	测量不确定度	长度变动量
	最大允许值（μm）									
$l_n \leqslant 10$	0.022	0.05	0.06	0.10	0.11	0.16	0.22	0.30	0.6	0.50
$10 < l_n \leqslant 25$	0.025	0.05	0.07	0.10	0.12	0.16	0.25	0.30	0.6	0.50
$25 < l_n \leqslant 50$	0.03	0.06	0.08	0.10	0.15	0.18	0.3	0.30	0.8	0.55
$50 < l_n \leqslant 75$	0.035	0.06	0.09	0.12	0.18	0.18	0.35	0.35	0.9	0.55
$75 < l_n \leqslant 100$	0.04	0.07	0.1	0.12	0.20	0.20	0.40	0.35	1.0	0.60
$100 < l_n \leqslant 150$	0.05	0.08	0.12	0.14	0.25	0.20	0.5	0.40	1.2	0.65

注　1．距离测量面边缘 0.8mm 范围内不计。

　　2．表内测量不确定度置信概率为 0.99。

2.3　计量仪器和测量方法分类

2.3.1　计量仪器分类

计量器具可以按计量学的观点进行分类，也可以按器具本身的结构、用途和特点进行分类。按用途和特点，计量器具可分为量具、量规、检验夹具及计量仪器四类。

1．量具

量具是指以固定形式复现量值的计量器具。它可分为单值量具和多值量具两种。单值量具只有某一个固定尺寸用来复现几何量的单个量值的量具，通常用来校对和调整其他计量器具，或作为标准用来与被测工件进行比较，如量块、直角尺等。多值量具是指复现一定范围内的一系列不同量值的量具，如线纹尺等。

2．量规

量规是一种没有刻度的专用检验工具，用这种工具不能得出被检验工件的具体尺寸，但能确定被检验工件是否合格。

3. 检验夹具

检验夹具也是一种专用计量器具，它与有关计量器具配合使用，可方便、快速地测得零件的多个几何参数，如检验滚动轴承的专用检验夹具可同时测得内、外圈尺寸、径向与端面圆跳动误差等。

4. 计量仪器

计量仪器是能将被测的量值转换成可直接观察的指示值或等效信息的计量器具。根据构造特点，计量仪器还可分为以下几种：

（1）游标式量仪（游标卡尺、游标高度尺、游标量角器等）。

（2）微动螺旋副式量仪（外径千分尺、内径千分尺等）。

（3）机械式量仪（百分表、千分表、杠杆比较仪、扭簧比较仪等）。

（4）光学机械式量仪（光学计、测分仪、投影仪、干涉仪等）。

（5）气动式量仪（压力式、流量计式等）。

（6）电动式量仪（电接触式、电感式、电容式等）。

2.3.2 计量仪器基本计量技术指标

计量器具的基本技术性能指标是合理选择和使用计量器具的重要依据。其中，主要技术指标如下：

1. 刻度间距

刻度间距为计量器具的刻度标尺或度盘上两相邻刻线中心间的距离。为便于读数，一般做成刻线间距为1×2.5mm的等距离刻线。如果刻度间距太小，会影响估读精度；如果刻度间距太大，会加大读数装置的轮廓尺寸。

2. 刻度值

刻度值为计量器具的刻度尺或度盘上两相邻刻线所代表的量值之差。分度值是一种量测器具所能直接读出的最小单位量值，它反映了读数精度的高低，从一个侧面说明了该量测器具的量测精度高低。分度值通常取 1、2、5 的倍数。一般而言，分度值越小，计量器的精度越高。

3. 分辨力

分辨力是指计量器具所能显示的最末一位数所代表的量值。由于在一些量仪（如数字式量仪）中，其读数采用非标尺或非分度盘显示，因此不能使用分度值这一概念，而将其称为分辨力。

4. 示值范围

示值范围是指计量器具标尺或刻度盘所指示的起始值到终止值的范围。

5. 测量范围

测量范围是指计量器具能够测出的被测尺寸的最小值到最大值的范围，如千分尺的测量范围就有 0～25mm，25～50mm，50～75mm 等多种。

6. 示值误差

示值误差是指量测仪器的示值与被测量的真值之差，是测量仪器本身各种误差的综合反映。因此，仪器示值范围内的不同工作点，其示值误差是不相同的。一般可用适当精度的量块或其他计量标准器，来检定测量器具的示值误差。

7. 测量重复性

在工作条件一定的情况下，对同一参数进行多次测量（一般 5～10 次）所得示值的最大变化范围称为示值的稳定性，又称为测量的重复性。通常以测量重复性误差的极限值（正、负偏差）来表示。

8. 灵敏度

灵敏度是指计量器具对被测量变化的反应能力。若被测几何量的变化为Δx，该几何量引起计量器具的响应变化为ΔL，则灵敏度为

$$S=\frac{\Delta L}{\Delta x} \tag{2-2}$$

9. 灵敏阈（灵敏限）

能够引起计量器具示值变动的被测尺寸的最小变动量，称为该计量器具的灵敏阈。灵敏阈的高低取决于计量器具自身的反应能力，灵敏阈又称为鉴别力。

灵敏度和灵敏阈是两个不同的概念。例如，分度值均为 0.001mm 的齿轮式千分表与扭簧比较仪，它们的灵敏度基本相同，但就灵敏阈而言，后者比前者高。

10. 回程误差

在相同条件下，被测量值不变，测量器具行程方向不同时，两示值之差的绝对值称为回程误差。它是由测量器具中测量系统的间隙、变形、摩擦等原因引起的。

11. 修正值

修正值是指为了消除或减小系统误差，用代数法加到未修正的测量结果上的数值，其大小与示值误差绝对值相等而符号相反。例如，示值误差为-0.004mm，则修正值为$+0.004\text{mm}$。

12. 不确定度

由于量测误差的存在而对被测量的真值不能肯定的程度，称为不确定度，包括示值误差、回程误差等，是一个综合指标。

13. 测量力

测量力是指计量器具的测量元件与被测工件表面接触时产生的机械压力。测量力过大，会引起被测工件表面和计量器具的有关部分变形，在一定程度上降低测量精度；但测量力过小，也可能降低接触的可靠性而引起量测误差。因此，必须合理控制测量力的大小。

2.3.3 测量方法分类

测量方法可以按各种不同的形式进行分类，如直接测量与间接测量、绝对测量与相对测量、综合测量与单项测量、接触测量与不接触测量、被动测量与主动测量、静态测量与动态测量等。

1. 直接测量

直接测量是无需对被测量与其他实测量进行一定函数关系的辅助计算，而直接得到被测量值的测量方法。

2. 间接测量

间接测量是通过直接测量与被测参数有已知关系的其他量而得到该被测参数量值的测量方法。间接测量的精确度取决于有关参数的测量精确度，并与所依据的计算公式有关。一般而言，直接测量的精度比间接测量的精度高。因此，应尽量采用直接测量，对于受条件所限无法进行直接测量的场合才采用间接测量。

3. 绝对测量

在仪器刻度尺上读出被测参数的整个量值的测量方法称为绝对测量，如用游标卡尺、千分尺测量零件的直径。

4. 相对测量

相对测量是将被测量与同它只有微小差别的已知同种量（一般为标准量）相比较，通过测量这两个量值间的差值以确定被测量值。由于标准值是已知的，因此，被测参数的整个量值等于仪器所指偏差与标准差的代数和。例如，用量块调整标准比较仪测量直径。

5. 综合测量

综合测量指同时测量工件上的几个有关参数，从而综合地判断工件是否合格。其目的是限制被测工件在规定的极限轮廓内，以保证互换性的要求。例如，用极限量规检验工件，用花键塞规检验花键孔等。

6. 单项测量

单项测量指单个地、彼此没有联系地测量工件的单项参数。例如，测量圆柱体零件某一剖面的直径，分别测量螺纹的螺距、半角等。分析加工过程中造成次品的原因时，多采用单项测量。

7. 接触测量

接触测量指仪器的测量头与工件的被测表面直接接触，并有机械作用的测量力存在。接触测量对零件表面油污、切削液、灰尘等不敏感，但由于有测量力存在，因而会引起零件表面、测量头及计量仪器传动系统的弹性变形。

8. 不接触测量

不接触测量指仪器的测量头与工件的被测表面之间没有机械的测量力存在（如光学投影测量、气动测量）。

9. 被动测量

被动测量指零件加工完成后进行的测量。此时，测量结果仅限于发现并剔除废品。

10. 主动测量

主动测量指零件在加工过程中进行的测量。此时，测量结果直接用来控制零件的加工过程，决定是否继续加工，调整机床或采取其他措施，因此，它能及时防止与消灭废品。主动测量具有一系列优点，它是技术测量的主要发展方向。主动测量的推广应用将使技术测量和加工工艺紧密地结合起来，从根本上改变技术测量的被动局面。

11. 静态测量

静态测量指测量时被测表面与测量头是相对静止的。例如，用千分尺测量零件直径。

12. 动态测量

动态测量指在测量时被测表面与测量头之间有相对运动，它能反映被测参数的变化过程。测量过程中，工件被测表面与计量器具的测量元件处于相对运动状态，被测量的量值是变动的。例如，用圆度仪测量圆度误差，用偏摆仪测量跳动误差等。动态测量可测出工件某些参数连续变化的情况，经常用于测量工件的运动精度参数。

2.4 测量误差

2.4.1 测量误差的概念

零件的制造误差包括加工误差和测量误差。由于计量器具和测量条件的限制，测量误差是始终存在的，所以测得的实际尺寸就不可能为真值，即使是对同一零件同一部位进行多次测量，其结果也会产生变动，为测量误差的表现形式。

测量误差可用绝对误差（测量误差）或相对误差来表示。

1. 绝对误差

绝对误差 Δ 是指被测量的实际值 x 与其真值 μ_0 之差，即

$$\Delta = x - \mu_0 \tag{2-3}$$

绝对误差是代数值，即它可能是正值、负值或零。

2. 相对误差

相对误差是测量误差（取绝对值）除以被测量的真值。由于被测量的真值不能确定，因此在实际应用中常以被测量的约定真值或实际测得值代替真值进行估算，即等于绝对误差与被测值之比：

$$\varepsilon = \frac{|\delta|}{L_0} \approx \frac{|\delta|}{L} \tag{2-4}$$

式中：ε 为相对误差。

由式（2-4）可知，相对误差是无量纲的数值，通常用百分数（%）表示。

2.4.2　测量误差的来源

产生测量误差的来源很多，主要有计量器具误差、标准器误差、方法误差、环境误差、人为误差等。

1. 计量器具误差

计量器具误差是指与计量器具本身的设计、制造和使用过程有关的各项误差。这些误差的总和表现在计量器具的示值误差和重复精度上。设计计量器具时，因结构不符合理论要求会产生误差，如用均匀刻度的刻度尺近似地代替理论上要求非均匀刻度的刻度尺所产生的误差；制造和装配计量器具时也会产生误差，如刻度尺的刻线不准确、分度盘安装偏心、计量器具调整不善所产生的误差。

使用计量器具的过程中也会产生误差，如计量器具中零件的变形、滑动表面的磨损，以及接触测量中的由于机械测量力所产生的误差。

2. 标准器误差

标准器误差是指作为标准量的标准器本身存在的误差，如量块的制造误差、线纹尺的刻线误差等。标准器误差直接影响测得值。为了保证测量的精确度，标准器应具有足够高的精度。

3. 方法误差

方法误差是指由于测量方法不完善所产生的误差，包括计算公式不精确，测量方法不当，工件安装不合理等。例如，对同一个被测几何量分别用直接测量法和间接测量法测量，会产生不同的方法误差。

4. 环境误差

环境误差是指测量时的环境条件不符合标准条件所引起的误差。例如，温度、湿度、气压、照明等不符合标准，以及计量器具上有灰尘、振动等引起的误差。因此，高精度测量应在恒温、恒湿、无尘的条件下进行。

5. 人为误差

人为误差是指测量人员主观因素造成的差错，它也会产生测量误差。例如，测量人员使

用计量器具不正确、眼睛的视差或分辨能力造成的瞄准不准确、读数或估读错误等，都会产生测量误差。

总之，产生误差的因素很多，有些误差是不可避免的，但有些是可以避免的。因此，测量者应对一些可能产生测量误差的原因并行分析，掌握其影响规律，设法消除或减小其对测量结果的影响，以保证测量精度。

2.4.3 测量误差的分类

测量误差可分为系统误差、随机误差和粗大误差三类。

1. 系统误差

系统误差是指在相同的条件下，多次测取同一量值时，绝对值和符号均保持不变，或者绝对值和符号按某一规律变化的测量误差。前者称为定值系统误差，后者称为变值系统误差。

（1）定值系统误差，对不同测量引起的误差大小是不变的。例如，在光学比较仪上用相对法测量零件尺寸时，调整测量仪器所用量块的误差，对每一次测量引起的误差大小是不变的。

（2）变值系统误差，对测量的影响是按一定的规律变化的。例如，测量仪器的分度盘的偏心引起仪器的示值按正弦规律周期变化。例如，刀具正常磨损引起的加工误差，温度均匀变化引起的测量误差等。

根据系统误差的性质和变化规律，系统误差可以用计算或实验对比的方法确定，用修正值（校正值）从测量结果中予以消除。但在某些情况下，由于变化规律比较复杂，系统误差不易确定，因而难以消除。

2. 随机误差

随机误差是指在相同的条件下，多次测取同一量值时，绝对值和符号以不可预定的方式变化着的测量误差。随机误差主要是由测量过程中一些偶然性因素或不稳定因素引起的。例如，测量仪器传动机构的间隙、摩擦、测量力的不稳定、温度波动等引起的测量误差，都属于随机误差。

对单次测量而言，随机误差的绝对值和符号无法预先知道。但对于连续多次重复测量而言，随机误差符合一定的概率统计规律。因此，可以应用概率论和数理统计的方法来对它进行分析与计算，从而判断其误差范围。

3. 粗大误差

粗大误差是指超出在规定测量条件下预计的测量误差。粗大误差是由于测量者粗心大意造成不正确的测量、读数、记录及计算上的错误，以及外界条件的突然变化等原因造成的误差。所以该误差很容易被发现和剔除。正确的测量过程应该避免粗大误差。

2.4.4 测量精度分类

测量精度是指被测几何量的测得值与其真值的接近程度。它和测量误差是从两个不同角度说明同一概念的术语。测量误差越大，则测量精度就越低；测量误差越小，则测量精度就越高。为了反映系统误差和随机误差对测量结果的不同影响，测量精度可分为正确度、精密度和准确度。

1. 正确度

正确度表示测量结果中其系统误差大小的程度，理论上可用修正值来消除。系统误差小，则正确度高。

2. 精密度

精密度表示量测结果中随机分散的特性。它是指在规定的测量条件下连续多次测量时，所有测得值之间互相接近的程度。若随机误差小，则精密度高。

3. 准确度

准确度是测量的精密和正确程度的综合反映，说明测量结果与真值的一致程度。一般而言，精密度高而正确度不一定高，但准确度高的，则精密度和正确度都高。

现以打靶为例加以说明，如图 2-5 所示，小圆圈表示靶心，黑点表示弹孔。图 2-5（a）中，随机误差小而系统误差大，表示打靶精密度高而正确度低；图 2-5（b）中，系统误差小而随机误差大，表示打靶正确度高而精密度低；图 2-5（c）中，系统误差和随机误差都小，表示打靶准确度高；图 2-5（d）中，系统误差和随机误差都大，表示打靶准确度低。

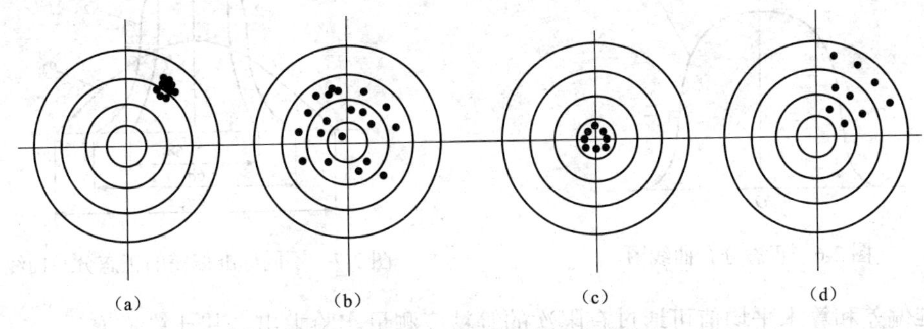

图 2-5 精密度、正确度与准确度

2.5 各类测量误差的处理

2.5.1 测量列中随机误差处理

随机误差的数值通常不大，虽然某一次测量的随机误差大小、符号不能预料，但是进行多次重复测量，对测量结果进行统计、预算，就可以看出随机误差符合一定的统计规律。

1. 随机误差的分布特性

根据大量的观察实践，发现多数随机误差，特别是在各不占优势的独立随机因素综合作用下的随机误差的分布曲线，多数服从正态分布规律。正态分布曲线如图 2-6 所示，可归纳出随机误差的分布特性如下：

（1）单峰性。绝对值小的误差比绝对值大的误差出现的概率大。

（2）对称性。绝对值相等的正、负误差出现的概率相等。

（3）有界性。在一定的测量条件下，随机误差的绝对值不会超过一定界限。

（4）抵偿性。随着测量次数的增加，随机误差的算术平均值趋于零。

2. 随机误差处理原理

从理论上讲，随机误差是不可能消除的，但可用概率论和数理统计的方法，通过对一系列测得值的处理来减小其对测量结果的影响，并评定其影响程度。根据随机误差服从正态分布的特性，可导出反映随机误差特性的正态分布曲线的数学表达式为

$$y=\frac{1}{\sigma\sqrt{2\pi}}\mathrm{e}^{-\delta^{2}/(2\sigma^{2})} \tag{2-5}$$

式中：y 为概率密度；δ 为随机误差；σ 为标准偏差。

由图 2-6 可见，$\sigma=0$ 时概率密度最大，且 $y_{max}=1/\sigma\sqrt{2\pi}$，概率密度的最大值 y_{max} 与标准偏差 σ 成反比。如图 2-7 所示的 3 条正态分布曲线中 $\sigma_1<\sigma_2<\sigma_3$，则 $y_{1max}>y_{2max}>y_{3max}$，由此可见，$\sigma$ 越小，y_{max} 越大，分布曲线越陡峭，测得值越集中，也即测量精度越高；反之，σ 越大，y_{max} 越小，分布曲线越平坦，测得值越分散，即测量精度越低。所以标准偏差 σ 表征了随机误差的分散程度，也就是测量精度的高低。

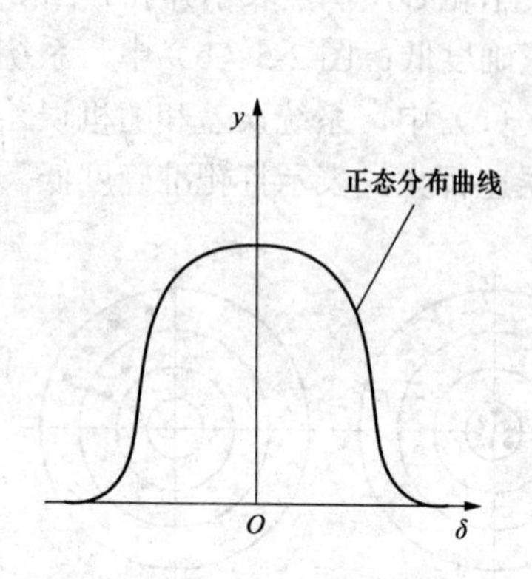

图 2-6 正态分布曲线图

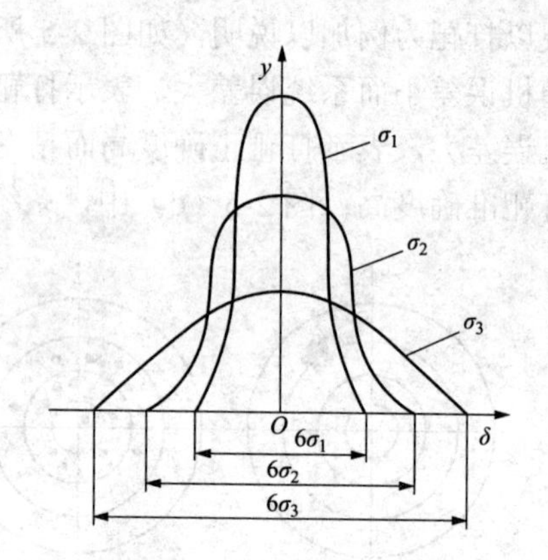

图 2-7 不同标准偏差的正态分布曲线

标准偏差和算术平均值可通过有限次的等精度测量实验求出，其计算式为

$$\sigma=\sqrt{\frac{\sum_{i=1}^{n}{v_i}^2}{N-1}} \tag{2-6}$$

$$\overline{x}=\frac{1}{n}\sum_{i=1}^{n}x_i \tag{2-7}$$

式中：x_i 为某次测量值；$\overline{x}$ 为 n 次测量的算术平均值；n 为测量次数，一般 n 取 10～20。

测得值 x_i 与算术平均值 $\overline{x}$ 之差称为残余误差（简称残差），以 v_i 表示，有

$$v_i=x_i-\overline{x} \tag{2-8}$$

由概率论可知，全部随机误差的概率之和等于 1，即

$$p=\int_{-\infty}^{+\infty}y\mathrm{d}\delta=\frac{1}{\sigma\sqrt{2\pi}}\int_{-\infty}^{+\infty}\mathrm{e}^{-\delta^2/(2\delta^2)}\mathrm{d}\delta=1 \tag{2-9}$$

随机误差出现在区间（$-\delta,+\delta$）内的概率为

$$p=\frac{1}{\sigma\sqrt{2\pi}}\int_{-\infty}^{+\infty}\mathrm{e}^{-\delta^2/(2\delta^2)}\mathrm{d}\delta \tag{2-10}$$

若令 $t=\dfrac{\delta}{\sigma}$，有 $\mathrm{d}t=\dfrac{\mathrm{d}\delta}{\sigma}$，于是

$$p=\frac{1}{\sqrt{2\pi}}\int_{-\infty}^{+\infty}\mathrm{e}^{-t^2/2}\mathrm{d}t=\frac{2}{\sqrt{2\pi}}\int_{-\infty}^{+\infty}\mathrm{e}^{-t^2/2}\mathrm{d}t=2\varphi(t) \tag{2-11}$$

其中

$$\varphi(t)=\frac{1}{\sqrt{2\pi}}\int_{-\infty}^{+\infty}\mathrm{e}^{-t^2/2}\mathrm{d}t \tag{2-12}$$

$\varphi(t)$ 称为拉普拉斯函数。从 $\varphi(t)$ 表中查得的 $t=1$，2，3，4，共 4 个特殊值对应的 $2\varphi(t)$ 值和 $1-2\varphi(t)$ 值见表 2-1。由此可知，在仅存在符合正态分布规律的随机误差的前提下，如果用仪器对某被测工件只测量一次，或者虽然测量了多次，但任取其中一次的测得值作为测量结果时，可认为该单次测量结果 x_i 与被测量真值 Q（或算术平均值 $\bar{x}$）之差不会超过 $\pm 3\sigma$ 的概率为 99.73%，而超出此范围的概率只有 0.27%。由此，绝对值大于 3σ 的随机误差出现的可能性几乎等于零。因此，把相应于置信概率 99.73%的 $\pm 3\sigma$ 作为测量极限误差，即

$$\delta_{\lim} = \pm 3\sigma \tag{2-13}$$

显然，$\delta_{\lim}$ 可称为测量列中单次测量值的极限误差。

由于被测几何量的真值未知，所以不能直接计算求得标准偏差 σ 的数值。在实际量测时，当测量次数 N 充分大时，随机误差的算术平均值趋于零，可用测量列中各个测得值的算术平均值代替真值，并估算出标准偏差，进而确定测量结果。

在假定测量列中不存在系统误差和粗大误差的前提下，可按下列步骤对随机误差进行处理：

（1）计算测量列中各个测得值的算术平均值。测量列的测得值为 x_1、x_2、…、x_n，则算术平均值为

$$\bar{x} = \frac{\sum_{i=1}^{N} x_i}{N} \tag{2-14}$$

（2）计算残余误差。残余误差 v_i 即测得值与算术平均值之差，一个测量列对应着一个残余误差列，则

$$v_i = x_i - x \tag{2-15}$$

（3）计算标准偏差（即单次测得值的标准偏差 σ）。在实际应用中，常用贝塞尔公式计算标准偏差，贝塞尔公式如下：

$$\sigma = \sqrt{\frac{\sum_{i=1}^{n} v_i^2}{N-1}} \tag{2-16}$$

（4）计算测量列算术平均值的标准偏差 σ_x。若在一定测量条件下，对同一被测几何量进行多组测量（每组皆测量 N 次），则对应每组 N 次测量都有一个算术平均值，各组的算术平均值都不相同，不过它们的分散程度要比单次测量值的分散程度小得多。描述它们的分散程度可以用标准偏差作为评定指标。根据误差理论，测量列算术平均值的标准偏差 σ_x 与测量列单次测量值的标准偏差 σ 存在如下关系：

$$\sigma_x = \frac{\sigma}{\sqrt{N}} \tag{2-17}$$

多次测量结果的精度比单次测量的精度高，即测量次数越多，测量精度就越高。一般测量次数不是越多越好，一般取 $N>10$（15 次左右）为宜。

（5）测量列测量极限误差 $\delta_{L\min(\bar{x})}$ 和测量结果。

计算测量列算术平均值的测量极限误差 $\delta_{L\min(\bar{x})}$ 为

$$\delta_{L\min(\bar{x})} = \pm 3\sigma_{\bar{x}} \tag{2-18}$$

写出多次测量所得结果的表达式 x_e 为

$$x_e = \overline{x} \pm 3\sigma_{\overline{x}} \tag{2-19}$$

并说明置信概率为 99.78%。

表 2-4 拉普拉斯函数

t	$\delta = \pm t\sigma$	不超出 $\|\delta\|$ 的概率 $p = 2\varphi(t)$	超出 $\|\delta\|$ 的概率 $\alpha = 1 - 2\varphi(t)$
1	1σ	0.6826	0.3174
2	2σ	0.9544	0.0456
3	3σ	0.9973	0.0027
4	4σ	0.99936	0.00064

2.5.2 测量列中系统误差处理

系统误差是指在一定的测量条件下，对同一被测量进行多次重复测量时，误差的绝对值和符号保持不变或按一定规律变化的测量误差。前者称为定值（或已定）系统误差，例如，用量块调整比较仪时，量块按标称尺寸使用时其制造误差引起的测量误差；后者称为变值（或未定）系统误差。例如，在万能工具显微镜上测量长丝杆的螺距误差时，由于温度有规律地升高而引起丝杆长度变化的误差。

对于定值系统误差，可用不等精度测量法来发现。对于变值系统误差，可根据它对测得值残差的影响，采用残差观察法发现。即将各测得值的残差按测量顺序排列，若各残差大体上正、负相间，又无显著变化［见图 2-8（a）］，则可认为不存在变值系统误差；若各残差大体上按线性规律递增或递减［见图 2-8（b）］，可认定存在线性变值系统误差；若各残差的变化基本上呈周期性［见图 2-8（c）］，则可认为存在周期性变值系统误差。

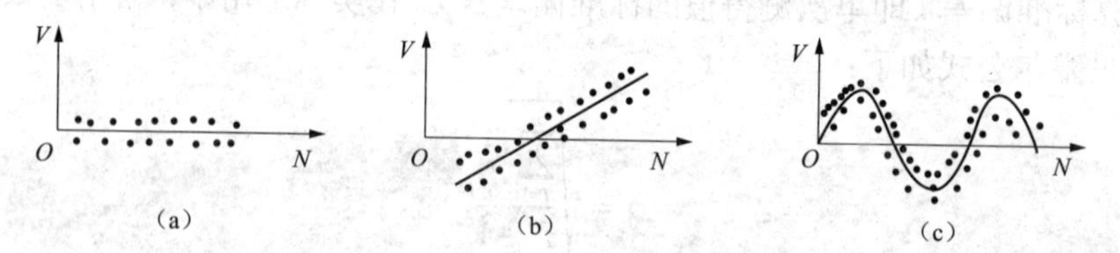

图 2-8 变值系统误差的发现

对于系统误差，可从下面几个方面去消除：

（1）从产生误差根源上消除系统误差。这要求测量人员对测量过程中可能产生系统误差的各个环节进行分析，并在测量前就将系统误差从产生根源上加以消除。例如，为了防止测量过程中仪器示值零位的变动，测量开始和结束时都需要检查示值零位。

（2）用修正法消除系统误差。这种方法是预先将计量器具的系统误差检定或计算出来，作出误差表或误差曲线，然后取与误差数值相同而符号相反的值作为修正值，将测得值加上相应的修正值，即可使量测结果不包含系统误差。

（3）用抵消法消除定值系统误差。这种方法要求在对称位置上分别测量一次，以使这两次测量中测得的数据出现的系统误差大小相等，符号相反，取这两次测量中数据的平均值作为测得值，即可消除定值系统误差。例如，在工具显微镜上测量螺纹螺距时，为了消除螺纹轴线与量仪工作台移动方向倾斜而引起的系统误差，可分别测取螺纹左、右牙面的螺距，然后取它们的平均值作为螺距测得值。

（4）用半周期法消除周期性系统误差。对周期性系统误差，可以每相隔半个周期进行一次测量，以相邻两次测量的数据的平均值作为一个测得值，即可有效消除周期性系统误差。消除和减小系统误差的关键是找出误差产生的根源和规律。实际上，系统误差不可能完全消除。一般而言，系统误差若能减小到使其影响相当于随机误差的程度，则可认为已被消除。

2.5.3 测量列中粗大误差处理

粗大误差（也称过失误差）是指超出在规定测量条件下的预计的误差。粗大误差主要是由某些不正常的原因造成的。例如，测量者主观上的粗心大意、读数或记录错误，测量仪器和被测件客观上的突然振动等。由于粗大误差一般数值比较大，它会显著地歪曲测量结果，因此是不允许存在的。在正常的测量过程中，应该而且能够判别出粗大误差并将其剔除。

发现和剔除粗大误差的方法，通常是用重复测量或改用另一种测量方法加以核对。对于等精度多次测量值，判断和剔除粗大误差的简便方法是3σ准则。所谓3σ准则，即在测量列中，凡是测量值与算术平均值之差的绝对值大于3σ的，即认为该测量值具有粗大误差，应从测量列中将其剔除。

2.6 等精度测量列的数据处理

2.6.1 直接测量列的数据处理

等精度测量是指在测量条件（包括量仪、测量人员、测量方法、环境条件等）不变的情况下，对某一被测几何量进行的连续多次测量。虽然在此条件下得到的各个测得值不同，但影响各个测得值精度的因素和条件相同，故测量精度视为相等。相反，在测量过程中全部或部分因素和条件发生改变，则称为不等精度测量。在一般情况下，为简化对量测数据的处理，大多采用等精度量测。

对于等精度量测条件下直接量测列中的测量结果，应按以下步骤进行数据处理：

（1）计算测量列的算术平均值和残差，以判断测量列中是否存在系统误差。如果存在系统误差，则应采取措施加以消除。

（2）计算测量列单次测量值的标准偏差，判断是否存在粗大误差。若有粗大误差，则应剔除含粗大误差的测得值，并重新组成测量列，再重复上述计算，直到将所有含粗大误差的测得值都剔除干净为止。

（3）计算测量列的算术平均值的标准偏差和测量极限误差。

（4）按$x_{e}=\overline{x}+3\sigma_{\overline{x}}$计算出测量结果，并给出置信概率。

【例 2-1】 以一个 30mm 的五等量块为标准，用立式光学比较仪对一圆柱轴 x 进行 10 次等精度测量，测量值见表 2-5 第二列，已知量块长度的修正值为 $-1.0\mu m$，试对其进行数据处理，并写出测量结果。

解 （1）对量块的系统误差进行修正，将全部测量值分别加上量块的修正值为 $-1.0\mu m$（$-0.001mm$），见表 2-5 第三列。

（2）求算术平均值、残余误差、标准偏差。

算术平均值

$$\overline{x}=\frac{1}{n}\sum_{i=1}^{n}x_i=\frac{1}{10}\sum_{i=1}^{10}x_i=30.038\text{（mm）}$$

残余误差 $v_i=x_i-\overline{x}$，计算结果见表 2-5 第四列。

标准偏差

$$\sigma=\sqrt{\frac{\sum_{i=1}^{n}(x_i-\overline{x})^2}{n-1}}=\sqrt{\frac{70}{10-1}}\approx 2.8\text{（μm）}$$

（3）用 3σ 准则判断粗大误差。根据上面的计算，$\sigma=2.8\mu m$，$3\sigma=8.4\mu m$，表 2-5 第四列 v_i 最大绝对值 $|v_i|=5<8.4\mu m$，故测量列中没有粗大误差。

（4）计算测量列算术平均值的标准偏差。

$$\sigma=\frac{\sigma}{\sqrt{n}}=\frac{2.8}{\sqrt{10}}\mu m\approx 0.9\mu m$$

（5）计算测量列算术平均值的测量极限偏差。

$$\delta_{\lim\overline{x}}=\pm 3\sigma_{\overline{x}}=2.7\mu m$$

因此，以单次测量值作为结果的精度为 $3\sigma=8.4\mu m$，以算术平均值作为结果的精度为 $3\sigma_{\overline{x}}=2.7\mu m$。

（6）分析测量结果。该轴直径的最终测量结果表示为 $x=\overline{x}\pm 3\sigma_{\overline{x}}=(30.038\pm 0.0027)mm$，故该轴的直径真值有 99.73%的概率为 30.035～30.0407mm。

表 2-5　等精度测量的数据处理表

测量序号	测量值 x'(mm)	去除系统误差后的测量值 x_i(mm)	残余误差 v_i(μm)	残余误差的平方 v_i^2(μm²)
1	30.040	30.039	+1	1
2	30.038	30.037	−1	1
3	30.039	30.038	0	0
4	30.037	30.036	−2	4
5	30.041	30.040	+2	4
6	30.042	30.041	+3	9
7	30.034	30.033	−5	25
8	30.043	30.042	+4	16
9	30.036	30.035	−3	9
10	30.040	30.039	+1	1
算术平均值 30.039		$\overline{x}=\frac{1}{10}\sum_{i=1}^{10}x_i=30.038$	$\sum_{i=1}^{10}(x_i-\overline{x})=0$	$\sum_{i=1}^{10}(x_i-\overline{x})^2=70$

2.6.2　间接测量列的数据处理

间接测量是指测量与被测量有确定函数关系的其他量，并按照这种确定的函数关系通过计算求得被测量。间接测量中，被测量通常是直接测量值（实测量）的多元函数，它表

示为

$$y = F(x_1, x_2, \cdots, x_i, \cdots, x_n)$$

式中：y 为被测量；x_1、x_2、…、x_i、…、x_n 为各个实测量。

由于直接测量的测得值误差也按一定的函数关系传递到被测量的测量结果中，所以间接测量误差则是各个直接测得值误差的函数，这种误差为函数误差。

$$y + \Delta y = F(x_1 + \Delta x_1, x_2 + \Delta x_2, \cdots, x_i + \Delta x_i, \cdots, x_n + \Delta x_n)$$

该函数的增量可用函数的全微分来表示，即

$$\mathrm{d}y = \sum_{i=1}^{m} \frac{\partial F}{\partial x_i} \mathrm{d}x_i \tag{2-20}$$

式中：$\mathrm{d}y$ 为测量的测量误差；$\mathrm{d}x_i$ 为各个实测量的测量误差；$\frac{\partial F}{\partial x_i}$ 为各个实测量的测量误差的传递系数。

式（2-20）即为函数误差的基本计算公式。

1. 间接测量列中函数系统误差的计算

如果各个实测量 x_i 的测得值中存在着系统误差 Δx_i，那么被测量 y 也存在着系统误差 Δy。代替式（2-20）中的 $\mathrm{d}x_i$，可近似得到函数系统误差的计算式为

$$\Delta y = \sum_{i=1}^{m} \frac{\partial F}{\partial x_i} \mathrm{d}\Delta x_i \tag{2-21}$$

式（2-21）即为间接测量中系统误差的计算公式。

2. 间接测量列中函数随机误差的计算

由于各个实测量 x_i 的测量值中存在着随机误差，因此被测量 y 也存在着随机误差。根据误差理论，函数的标准偏差 σ_y 与各个实测量的标准偏差 σ_{xi} 的关系为

$$\sigma_y = \sqrt{\sum_{i=1}^{m} \left(\frac{\partial F}{\partial x_i}\right)^2 \sigma_{xi}^2} \tag{2-22}$$

如果各个实测几何量的随机误差均服从正态分布，由式（2-22）导出函数的测量极限误差的计算公式为

$$\delta_{\lim(y)} = \pm \sqrt{\sum_{i=1}^{m} \left(\frac{\partial F}{\partial x_i}\right)^2 \delta_{\lim(x_i)}^2} \tag{2-23}$$

式中：$\delta_{\lim(y)}$ 为被测几何量的测量极限误差；$\delta_{\lim(x_i)}$ 为各个实测量的测量极限误差。

3. 间接测量列中测量结果的计算

间接测量列中测量结果的计算公式为

$$y' = (y - \Delta y) \pm \delta_{\lim(y)} \tag{2-24}$$

【例 2-2】 圆弧样板的半径 R 由间接测量得到，间接测量量为弦长 b 与弓高 h，其函数式为 $R = \frac{b^2}{8h} + \frac{h}{2}$，现测得弓高 $h = 50\mathrm{mm}$，弦长 $b = 500\mathrm{mm}$，其系统误差和测量极限误差分别为

$\Delta h = -0.1\text{mm}$，$\delta_{\lim(h)} = \pm 0.05\text{mm}$；$\Delta b = 1\text{mm}$，$\delta_{\lim(b)} = \pm 0.1\text{mm}$。试确定圆弧半径 R 的测量结果。

解 （1）由式 $R = \dfrac{b^2}{8h} + \dfrac{h}{2} = 650\text{mm}$ 可得圆弧半径 R（未考虑系统误差和测量极限误差）。

（2）按式（2-20）计算圆弧半径 R 的系统误差 ΔR 为

$$\Delta R = \frac{\partial F}{\partial b}\Delta b + \frac{\partial F}{\partial h}\Delta h = \frac{b}{4h}\Delta b - \left(\frac{b^2}{8h^2} - \frac{1}{2}\right)\Delta h = 3.7\text{mm}$$

（3）按式（2-23）计算圆弧半径 R 的极限误差 $\delta_{\lim(R)}$ 为

$$\delta_{\lim(R)} = \pm\sqrt{\left(\frac{b}{4h}\right)^2 \delta_{\lim(b)}^2 + \left(\frac{b^2}{8h^2} - \frac{1}{2}\right)^2 \delta_{\lim(h)}^2} = \pm 0.65\text{mm}$$

（4）按式（2-24）确定圆弧样板的半径 R 测量结果 R' 为

$$R' = (R - \Delta R) \pm \delta_{\lim(R)} = (646.3 \pm 0.65)\text{mm}$$

小　结

本章主要介绍了技术测量的基本概念、技术测量、测量、检验与检定的定义与区别、测量的四个要素，量块相关内容，测量误差、测量数据的处理，通过学习本章，能对测量结果进行正确的数据处理和评定。

习　题

2-1　测量及其实质是什么？一个完整的测量过程包括哪几个要素？

2-2　长度的基本单位是什么？机械制造和精密测量中常用的长度单位是什么？

2-3　什么是尺寸传递系统？为什么要建立尺寸传递系统？

2-4　量块的“级”和“等”是根据什么划分的？按“级”和按“等”使用有何不同？

2-5　计量器具的基本度量指标有哪些？

2-6　什么是测量误差？其主要来源有哪些？

2-7　我国法定的平面角角度单位有哪些？它们有何换算关系？

2-8　什么是随机误差、系统误差和粗大误差？三者有何区别？如何进行处理？

2-9　计算题。

（1）圆弧样板的半径 R 由间接测量得到，间接测量量为弦长 b 与弓高 h，其函数式为 $R = \dfrac{b^2}{8h} + \dfrac{h}{2}$，现测得弓高 $h = 3.96\text{mm}$，弦长 $b = 40.12\text{mm}$，其系统误差和测量极限误差分别为 $\Delta h = +0.0012\text{mm}$，$\delta_{\lim(h)} = \pm 0.0015\text{mm}$；$\Delta b = -0.002\text{mm}$，$\delta_{\lim(b)} = \pm 0.002\text{mm}$。试确定圆弧半径 R 的测量结果。

（2）对某一轴颈等精度测量 15 次，按量测顺序将各测得值依次列于下表 2-6 中，试求量测结果。

表 2-6 **题 2-9（2）表**

量测序号	测得值 (x_i)(mm)	残差 $(v_i = x_i - \bar{x})$(μm)	残差的平方 v_i^2(μm^2)
1	34.959	+2	4
2	34.955	−2	4
3	34.958	+1	1
4	34.957	0	0
5	34.958	+1	1
6	34.956	−1	1
7	34.957	0	0
8	34 958	+1	1
9	34.955	−2	4
10	34.957	0	0
11	34.959	+2	4
12	34.955	−2	4
13	34.956	−1	1
14	34.957	0	0
15	34.958	+1	1
算术平均值 34.957mm		$\Sigma v_i = 0$	$\Sigma v_i^2 = 26$

3 孔、轴的极限与配合

▲ **教学提示**

孔、轴的配合是机械行业当中最基础、最广泛的配合。孔、轴公差与配合是机械工程中最重要的基础标准，是经济性的重要指标，是广泛组织协作和专业化生产的重要依据，它反映了机械零件的使用要求和制造要求之间的“矛盾”。

▲ **教学要求**

本章让学生了解有关公差标准化的基本术语和定义，掌握标准的内容和特点。初步掌握选用公差与配合进行精度设计的基本原则和方法。重点让学生在生产实际中遇到具体问题时，应根据国家标准的各项规定，针对具体情况进行具体分析，合理地选择公差与配合。

机械行业在国民经济中占有举足轻重的地位，而孔、轴配合是机械制造中最广泛的一种配合，它对机械产品的使用性能和寿命有很大的影响，所以说孔、轴配合是机械工程当中重要的基础标准，它不仅适用于圆柱形孔、轴的配合，也适用于由单一尺寸确定的配合表面的配合。为了保证互换性，统一设计、制造、检验、使用和维修，特制定孔、轴的极限与配合的国家标准。

随着时代的发展，为便于国际交流和采用国家标准的需要，我国颁布了一系列的国家标准，并对旧标准不断修订。新修订的孔、轴极限与配合标准由以下几部分组成：

GB/T 1800.1—2009《产品几何技术规范（GPS） 极限与配合 第 1 部分：公差、偏差和配合的基础》

GB/T 1800.2—2009《产品几何技术规范（GPS） 极限与配合 第 2 部分：标准公差等级和孔、轴极限偏差表》

GB/T 1801—2009《产品几何技术规范（GPS）极限与配合 公差带和配合的选择》

GB/T 1803—2003《极限与配合 尺寸至 18mm 孔、轴公差带》

GB/T 1804—2000《一般公差 未注公差的线性和角度尺寸的公差》

3.1 基本术语与定义

3.1.1 有关尺寸方面的术语及定义

1. 线性尺寸

以特定单位表示的两点之间的距离，如长度、宽度、高度、半径、直径及中心距等。在机械工程图中，通常以毫米（mm）为单位。

2. 公称尺寸

公称尺寸是设计者根据使用要求，考虑零件的强度、刚度和结构后，经过计算、圆整给出的尺寸。公称尺寸一般都尽量选取标准值，以减少定值刀具、夹具和量具的规格和数量。孔的公称尺寸用大写字母 D 来表示，轴的公称尺寸用小写字母 d 来表示。

3. 实际尺寸

实际尺寸是经过测量得到的尺寸。在测量过程中总是存在测量误差，而且测量位置不同所得的测量值也不相同，所以真值虽然客观存在但是测量不出来。我们只能用一个近似真值的测量值代替真值，换句话说就是实际尺寸具有不确定性。孔的实际尺寸用 D_a 来表示，轴的实际尺寸用 d_a 来表示。

4. 极限尺寸

极限尺寸就是工件合格范围的两个边界尺寸。最大的边界尺寸称为最大极限尺寸，孔和轴的最大极限尺寸分别用 D_{max} 和 d_{max} 来表示；最小的边界尺寸称为最小极限尺寸，孔和轴的最小极限尺寸分别用 D_{min} 和 d_{min} 来表示。极限尺寸是用来限制实际尺寸的，实际尺寸在极限尺寸范围内，表明工件合格；否则，不合格。

此外，还有作用尺寸、实体尺寸、实效尺寸、边界尺寸等。

3.1.2 有关偏差、公差方面的术语及定义

1. 尺寸偏差（简称偏差）

尺寸偏差是某一尺寸减去它的公称尺寸所得的代数差。

（1）实际偏差。实际尺寸减去它的公称尺寸所得的偏差称为实际偏差。实际偏差用 E_a 和 e_a 表示。

（2）极限偏差。用极限尺寸减去它的公称尺寸所得的代数差称为极限偏差。极限偏差有上极限偏差和下极限偏差两种。上极限偏差是最大极限尺寸减去公称尺寸所得的代数差，下极限偏差是最小极限尺寸减去公称尺寸所得的代数差。偏差值是代数值，可以为正值、负值或零，计算或标注时除零以外都必须带正、负号。孔和轴的上极限偏差分别用 ES 和 es 表示，孔和轴的下极限偏差分别用 EI 和 ei 表示。

极限偏差可用下列公式计算：

孔的上极限偏差 $$ES=D_{max}-D \tag{3-1}$$

孔的下极限偏差 $$EI=D_{min}-D \tag{3-2}$$

轴的上极限偏差 $$es=d_{max}-d \tag{3-3}$$

轴的下极限偏差 $$ei=d_{min}-d \tag{3-4}$$

（3）基本偏差。在国家极限与配合标准中，把离零线最近的那个上极限偏差或下极限偏差称为基本偏差，它是用来确定公差带与零线相对位置的偏差。

2. 尺寸公差（简称公差）

（1）尺寸公差。尺寸公差是允许尺寸的变动量。尺寸公差等于最大极限尺寸与最小极限尺寸相减所得代数差的绝对值，也等于上极限偏差与下极限偏差相减所得代数差的绝对值。公差是绝对值，不能为负值，也不能为零（公差为零，零件将无法加工）。孔和轴的公差分别用 T_h 和 T_s 表示。

尺寸公差、极限尺寸和极限偏差的关系如下：

孔的公差 $$T_h=|D_{max}-D_{min}|=|ES-EI| \tag{3-5}$$

轴的公差 $$T_s=|d_{max}-d_{min}|=|es-ei| \tag{3-6}$$

（2）标准公差。国家标准中规定的用来确定公差带大小的公差值。

3. 公差带图

为了能更直观地分析说明公称尺寸、偏差和公差三者的关系，提出了公差带图。公差带图由零线和尺寸公差带组成。

（1）零线。公差带图中，表示公称尺寸的一条直线，它是用来确定极限偏差的基准线。极限偏差位于零线上方为正值，位于零线下方为负值，位于零线上为零。在绘制公差带图时，应注意绘制零线、标注零线的基本尺寸线、标注基本尺寸值和符号“$^{+}_{0}_{-}$”，如图 3-1 所示。

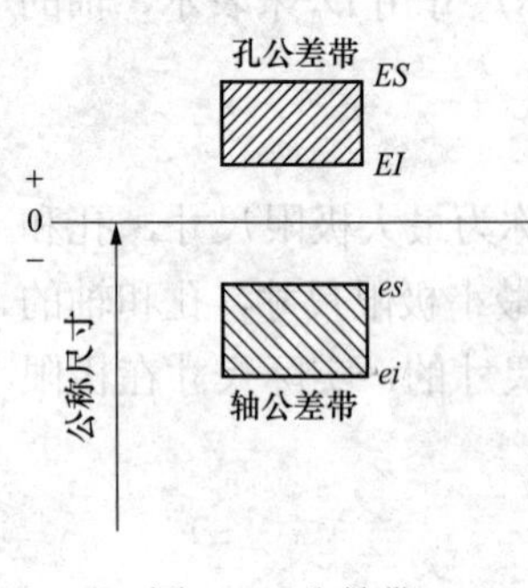

图 3-1　公差带

（2）尺寸公差带。在公差带图当中，表示上、下极限偏差的两条直线之间的区域称为尺寸公差带。公差带有两个参数：公差带的位置和公差带的大小。公差带的位置由基本偏差决定，公差带的大小（指公差带的纵向距离）由标准公差决定。在绘制公差带图时，应该用不同的方式来区分孔、轴公差带，例如，在图 3-2 中，孔、轴公差带用不同方向的剖面线区分；公差带的位置和大小应按比例绘制；公差带的横向宽度没有实际意义，可在图中适当选取。

公差带图中，公称尺寸和上、下极限偏差的量纲可省略不写，公称尺寸的量纲默认为 mm，上、下极限偏差的量纲默认为μm。公称尺寸应书写在标注零线的基本尺寸线左方，字体方向与图 3-2 中“公称尺寸”一致。上、下极限偏差书写（零可以不写）必须带正负号。

3.1.3　有关配合方面的术语及定义

1. 孔、轴定义

（1）孔。孔是圆柱形的内表面及由单一尺寸确定的内表面。孔的内部没有材料，从装配关系上看孔是包容面。孔的直径用大写字母 D 表示。

（2）轴。轴是圆柱形的外表面及由单一尺寸确定的外表面。轴的内部有材料，从装配关系上看轴是被包容面。轴的直径用小写字母 d 表示。

这里的孔和轴是广义的，它包括圆柱形的和非圆柱形的孔和轴。例如，图 3-2 中标注的 D_1、D_2、D_3 皆为孔，d_1、d_2、d_3、d_4、d_5 皆为轴。

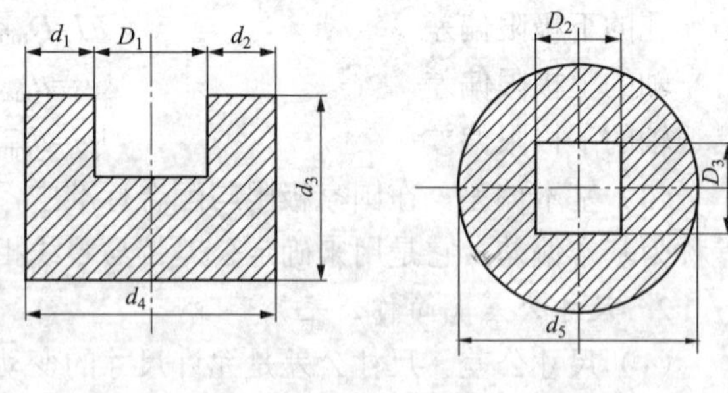

图 3-2　孔与轴

2. 配合

（1）配合。配合是指公称尺寸相同的相互结合的轴与孔公差带之间的关系。

（2）间隙。孔的尺寸减去相结合的轴的尺寸所得的代数差为正时，称为间隙。间隙用大写字母 X 表示。

（3）过盈。孔的尺寸减去相结合的轴的尺寸所得的代数差为负时，称为过盈。过盈用大写字母 Y 表示。

（4）配合种类。

1）间隙配合。具有间隙的配合（包括间隙为零）称为间隙配合。当配合为间隙配合时，孔的公差带在轴的公差带上方，如图 3-3 所示。

孔的最大极限尺寸（或孔的上极限偏差）减去轴的最小极限尺寸（或轴的下极限偏差）所得的代数差称为最大间隙，用 X_{max} 表示。可用公式表示为

$$X_{max}=D_{max}-d_{min}=ES-ei \tag{3-7}$$

孔的最小极限尺寸（或孔的下极限偏差）减去轴的最大极限尺寸（或轴的上极限偏差）所得的代数差称为最小间隙，用“X_{min}”表示。可用公式表示为

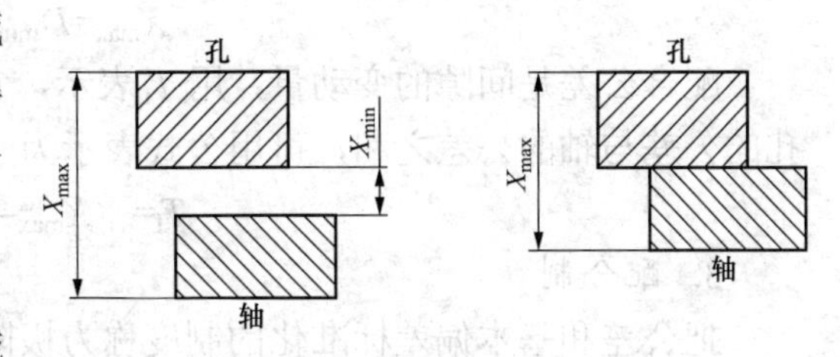

图 3-3 间隙配合

$$X_{min}=D_{min}-d_{max}=EI-es \tag{3-8}$$

配合公差是间隙的变动量，用 T_f 表示，它等于最大间隙与最小间隙差的绝对值，也等于孔的公差与轴的公差之和，可用公式表示为

$$T_f=|X_{max}-X_{min}|=T_h+T_s \tag{3-9}$$

2）过盈配合。具有过盈的配合（包括过盈为零）称为过盈配合。当配合为过盈配合时，孔的公差带在轴的公差带下方，如图 3-4 所示。

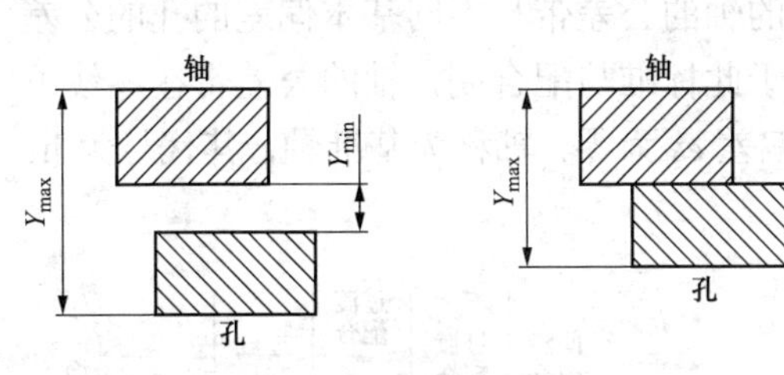

图 3-4 过盈配合

孔的最大极限尺寸（或孔的上极限偏差）减去轴的最小极限尺寸（或轴的下极限偏差）所得的代数差称为最小过盈，用 Y_{min} 表示。可用公式表示为

$$Y_{min}=D_{max}-d_{min}=ES-ei \tag{3-10}$$

孔的最小极限尺寸（或孔的下极限偏差）减去轴的最大极限尺寸（或轴的上极限偏差）所得的代数差称为最大过盈，用 Y_{max} 表示。可用公式表示为

$$X_{max}=D_{min}-d_{max}=EI-es \tag{3-11}$$

配合公差是过盈的变动量，用 T_f 表示，它等于最大过盈与最小过盈差的绝对值，也等于孔的公差与轴的公差之和，可用公式表示为

$$T_f=|Y_{max}-Y_{min}|=T_h+T_s \tag{3-12}$$

3）过渡配合。可能具有间隙，可能具有过盈（针对大批零件而言）的配合称为过渡配合。当配合为过渡配合时，孔的公差带和轴的公差带相互交叉，如图 3-5 所示。

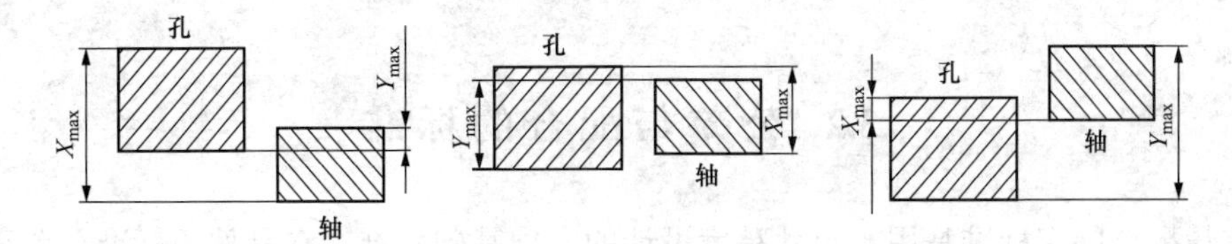

图 3-5 过渡配合

孔的最大极限尺寸（或孔的上极限偏差）减去轴的最小极限尺寸（或轴的下极限偏差）所得的代数差称为最大间隙，用 X_{max} 表示。可用公式表示为

$$X_{max}=D_{max}-d_{min}=ES-ei \tag{3-13}$$

孔的最小极限尺寸（或孔的下极限偏差）减去轴的最大极限尺寸（或轴的上极限偏差）所得的代数差称为最大过盈，用 Y_{max} 表示。可用公式表示为

$$X_{max}=D_{min}-d_{max}=EI-es \quad (3\text{-}14)$$

配合公差是间隙的变动量，用 T_f 表示，它等于最大间隙与最大过盈差的绝对值，也等于孔的公差与轴的公差之和，可用公式表示为

$$T_f=|X_{max}-X_{min}|=T_h+T_s \quad (3\text{-}15)$$

3. 配合制

把公差和基本偏差标准化的制度称为极限制。配合制是同一极限制的孔和轴组成配合的一种制度，也称基准制。GB/T 1800.1—2009 规定了两种平行的配合制：基孔制配合和基轴制配合。

（1）基孔制配合。基孔制是指基本偏差为一定的孔的公差带与不同基本偏差的轴的公差带形成各种配合的一种制度，称为基孔制配合。对于此标准与配合制，孔的公差带在零线上方，孔的最小极限尺寸等于公称尺寸，孔的下极限偏差 *EI* 为零，孔称为基准孔，其代号为 H，如图 3-6（a）所示。

（2）基轴制配合。基轴制是指基本偏差为一定的轴的公差带与不同基本偏差的孔的公差带形成各种配合的一种制度，称为基轴制配合。对于此标准与配合制，轴的公差带在零线下方，轴的最大极限尺寸等于公称尺寸，轴的上极限偏差 *es* 为零，轴称为基准轴，其代号为 h。如图 3-6（b）所示。

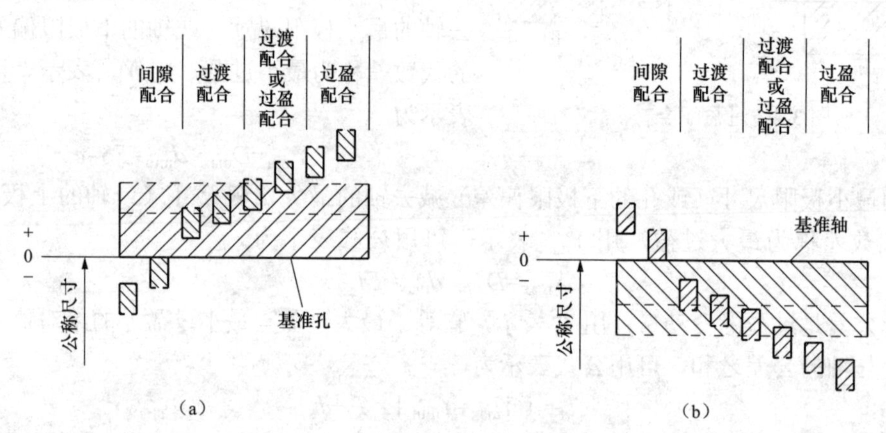

图 3-6 基孔制配合和基轴制配合

（a）基孔制配合；（b）基轴制配合

3.2 公差与配合的标准

公差与配合国家标准是用于尺寸精度设计的一项基础标准，它是按照标准公差系列标准化和基本偏差系列标准化的原则制定。最新的公差与配合的国家标准包括：

GB/T 1800.1—2009《产品几何技术规范（GPS） 极限与配合 第 1 部分：公差、偏差和配合的基础》

GB/T 1800.2—2009《产品几何技术规范（GPS） 极限与配合 第 2 部分：标准公差等级和孔、轴极限偏差表》

GB/T 1801—2009《产品几何技术规范（GPS）极限与配合 公差带和配合的选择》

GB/T 1804—2000《一般公差 未注公差的线性和角度尺寸的公差》

3.2.1 标准公差系列

标准公差系列是国家标准制定的一系列由不同的公称尺寸和不同的公差等级组成的标准公差值。标准公差值是用来确定任一标准公差值的大小，也就是确定公差带的大小（宽度）。

1. 公差单位

公差单位也称公差因子，是计算标准公差值的基本单位，是制定标准公差数值系列的基础。利用统计法在生产中可发现：在相同的加工条件下，公称尺寸不同的孔或轴加工后产生的加工误差不相同，而且误差的大小无法比较；在尺寸较小时加工误差与公称尺寸呈立方抛物线关系，在尺寸较大时接近线性关系。由于误差是由公差来控制，所以利用这个规律可反映公差与公称尺寸之间的关系。

当公称尺寸≤500mm 时，公差单位（以 i 表示）按式（3-16）计算：

$$i = 0.45\sqrt[3]{D} + 0.001D \tag{3-16}$$

D 为公称尺寸的计算尺寸，单位为 mm。

在式（3-16）中，前面一项主要反映加工误差，第二项用来补偿测量时温度变化引起的与公称尺寸成正比的测量误差。但是随着公称尺寸逐渐增大，第二项的影响越来越显著。

对大尺寸而言，温度变化引起的误差随直径的增大呈线性关系。

当公称尺寸＞500～3150mm 时，公差单位（以 I 表示）按式（3-17）计算：

$$I = 0.004D + 2.1 \tag{3-17}$$

当公称尺寸＞3150mm 时，以式（3-17）来计算标准公差，也不能完全反映误差出现的规律，但目前没有发现更加合理的公式，仍然用式（3-17）来计算。

2. 公差等级

根据公差系数等级的不同，国家标准把公差等级分为 20 个等级，用 IT（ISO tolerance）加阿拉伯数字表示，即 IT01、IT0、IT1、IT2、…、IT18。公差等级逐渐降低，而相应的公差值逐渐增大。

标准公差是由公差等级系数和公差单位的乘积决定。当公称尺寸≤500mm 的常用尺寸范围内，各公差等级的标准公差计算公式见表 3-1，当公称尺寸＞500～3150mm 的各级标准公差计算公式见表 3-2。

表 3-1 公称尺寸≤500mm 的标准公差数值计算公式

标准公差等级	计算公式	标准公差等级	计算公式	标准公差等级	计算公式
IT01	$0.3+0.008D$	IT6	$10i$	IT13	$250i$
IT0	$0.5+0.012D$	IT7	$16i$	IT14	$400i$
IT1	$0.8+0.02D$	IT8	$25i$	IT15	$640i$
IT2	（IT1）（IT5/IT1）$^{1/4}$	IT9	$40i$	IT16	$1000i$
IT3	（IT1）（IT5/IT1）$^{1/2}$	IT10	$64i$	IT17	$1600i$
IT4	（IT1）（IT5/IT1）$^{3/4}$	IT11	$100i$	IT18	$2500i$
IT5	$7i$	IT12	$160i$		

表 3-2　　公称尺寸 500～3150mm 的标准公差数值计算公式

标准公差等级	计算公式	标准公差等级	计算公式	标准公差等级	计算公式
IT01	$1I$	IT6	$10I$	IT13	$250I$
IT0	$2^{1/2}I$	IT7	$16I$	IT14	$400I$
IT1	$2I$	IT8	$25I$	IT15	$640I$
IT2	$(IT1)(IT1/IT5)^{1/4}$	IT9	$40I$	IT16	$1000I$
IT3	$(IT1)(IT1/IT5)^{1/2}$	IT10	$64I$	IT17	$1600I$
IT4	$(IT1)(IT1/IT5)^{3/4}$	IT11	$100I$	IT18	$2500I$
IT5	$7I$	IT12	$160I$		

3．公称尺寸分段

根据公称尺寸和公差因子的计算公式可知：每个公称尺寸都对应一个标准公差值，公称尺寸数目很多，相应的公差值也很多，这将使标准公差数值表相当庞大，使用起来很不方便，而且相近的公称尺寸，其标准公差值相差很小，为了简化标准公差数值表，国家标准将公称尺寸分成若干段，具体分段见表 3-3。分段后的公称尺寸 D 按其计算尺寸代入公式计算标准公差值，计算尺寸即为每个尺寸段内首尾两个尺寸的几何平均值，如 50～80mm 尺寸段的计算尺寸 $D=\sqrt{30\times 50}\approx 38.73$mm。对于≤3mm 的尺寸段用 $D=\sqrt{1\times 3}\approx 1.73$mm 来计算。按几何平均值计算出公差数值，再把尾数化整，就得出标准公差数值，标准公差数值表见表 3-4。实践证明：这样计算公差值差别很小，对生产影响也不大，但是对公差值的标准化很有利。

表 3-3　　公称尺寸分段　　mm

主段落		中间段落	
大于	至	大于	至
—	3	无细分段	
3	6		
6	10		
10	18	10	14
		14	18
18	30	18	24
		24	30
30	50	30	40
		40	50
50	80	50	65
		65	80
80	120	80	100
		100	120
120	180	120	140
		140	160
		160	180
180	250	180	200
		200	225
		225	250

主段落		中间段落	
大于	至	大于	至
250	315	250	280
		280	315
315	400	315	355
		355	400
400	500	400	450
		450	500
500	630	500	560
		560	630
630	800	630	710
		710	800
800	1000	800	900
		900	1000
1000	1250	1000	1120
		1120	1250
1250	1600	1250	1400
		1400	1600
1600	2000	1600	1800
		1800	2000
2000	2500	2000	2240
		2240	2500
2500	3150	2500	2800
		2800	3150

表 3-4 标准公差数值

公称尺寸（mm）	公差等级																			
	IT01	IT0	IT1	IT2	IT3	IT4	IT5	IT6	IT7	IT8	IT9	IT10	IT11	IT12	IT13	IT14	IT15	IT16	IT17	IT18
	（μm）													（mm）						
≤3	0.3	0.5	0.8	1.2	2	3	4	6	10	14	25	40	60	100	0.14	0.25	0.40	0.60	1.0	1.4
>3～6	0.4	0.6	1	1.5	2.5	4	5	8	12	18	30	48	75	120	0.18	0.30	0.48	0.75	1.2	1.8
>6～10	0.4	0.6	1	1.5	2.5	4	6	9	15	22	36	58	90	150	0.22	0.36	0.58	0.90	1.5	2.2
>10～18	0.5	0.8	1.2	2	3	5	8	11	18	27	43	70	110	180	0.27	0.43	0.70	1.10	1.8	2.7
>18～30	0.6	1	1.5	2.5	4	6	9	13	21	33	52	84	130	210	0.33	0.52	0.84	1.30	2.1	3.3
>30～50	0.6	1	1.5	2.5	4	7	11	16	25	39	62	100	160	250	0.39	0.62	1.00	1.60	2.5	3.9
>50～80	0.8	1.2	2	3	5	8	13	19	30	46	74	120	190	300	0.46	0.74	1.20	1.90	3.0	4.6
>80～120	1	1.5	2.5	4	6	10	15	22	35	54	87	140	220	350	0.54	0.87	1.40	2.20	3.5	5.4
>120～180	1.2	2	3.5	5	8	12	18	25	40	63	100	160	250	400	0.63	1.00	1.60	2.50	4.0	6.3
>180～250	2	3	4.5	7	10	14	20	29	46	72	115	185	290	460	0.72	1.15	1.85	2.90	4.6	7.2
>250～315	2.5	4	6	8	12	16	23	32	52	81	130	210	320	520	0.81	1.30	2.10	3.20	5.2	8.1
>315～400	3	5	7	9	13	18	25	36	57	89	140	230	360	570	0.89	1.40	2.30	3.60	5.7	8.9
>400～500	4	6	8	10	15	20	27	40	63	97	155	250	400	630	0.97	1.55	2.50	4.00	6.3	9.7
>500～630	4.5	6	9	11	16	22	32	44	70	110	175	280	440	700	1.10	1.75	2.8	4.4	7.0	11.0
>630～800	5	7	10	13	18	25	36	50	80	125	200	320	500	800	1.25	2.0	3.2	5.0	8.0	12.5
>800～1000	5.5	8	11	15	21	29	40	56	90	140	230	360	560	900	1.40	2.3	3.6	5.6	9.0	14.0
>1000～1250	6.5	9	13	18	24	33	47	66	105	165	260	420	660	1050	1.65	2.6	4.2	6.6	10.5	16.5
>1250～1600	8	11	15	21	29	39	55	78	125	195	310	500	780	1250	1.95	3.1	5.0	7.8	12.5	19.5
>1600～2000	9	13	18	25	35	46	65	92	150	230	370	600	920	1500	2.30	3.7	6.0	9.2	15.0	23.0
>2000～2500	11	15	22	30	41	55	78	110	175	280	440	700	1100	1750	2.80	4.4	7.0	11.0	17.5	28.0
>2500～3150	13	18	26	36	50	68	96	135	210	330	540	860	1350	2100	3.30	5.4	8.6	13.5	21.0	33.0
>3150～4000	16	23	33	45	60	84	115	165	260	410	660	1050	1650	2600	4.10	6.6	10.5	16.5	26.0	41.0
>4000～5000	20	28	40	55	74	100	140	200	320	500	800	1300	2000	3200	5.00	8.0	13.0	20.0	32.0	50.0
>5000～6300	25	35	49	67	92	125	170	250	400	620	980	1550	2500	4000	6.20	9.8	15.5	25.0	40.0	62.0
>6300～8000	31	43	62	84	115	155	215	310	490	760	1200	1950	3100	4900	7.60	12.0	19.5	31.0	49.0	76.0
>8000～10000	33	53	76	105	140	195	270	380	600	940	1500	2400	3800	6000	9.40	15.0	24.0	38.0	60.0	94.0

注　公称尺寸小于 1mm，无 IT14～IT18。

【例 3-1】 公称尺寸为 20mm，求公差等级为 IT6、IT7 的公差数值。

解 公称尺寸为 20mm，在尺寸段 18～30mm 范围内

$$D=\sqrt{18\times 30}=23.24\text{（mm）}$$

公差单位

$$i=0.45\sqrt[3]{D}+0.001D=0.45\sqrt[3]{23.24}+0.001\times 23.24=1.31\text{（μm）}$$

查表 3-1，可得

$$IT6=10i=10\times 1.31\approx 13\text{（μm）}$$

$$IT7=16i=16\times 1.31\approx 21\text{（μm）}$$

3.2.2 基本偏差系列

1. 基本偏差及其代号

基本偏差是指两个极限偏差当中靠近零线或位于零线的哪个偏差，它是用来确定公差带位置的参数。为了满足各种不同配合的需要，国家标准对孔和轴分别规定了 28 种基本偏差(见图 3-7)，它们用拉丁字母表示，其中孔用大写拉丁字母表示，轴用小写拉丁字母表示。在 26 个字母中除去 5 个容易和其他参数混淆的字母 I（i）、L（l）、O（o）、Q（q）、W（w），再加上 7 个双写字母 CD（cd）、EF（ef）、FG（fg）、JS（js）、ZA（za）、ZB（zb）、ZC（zc）作

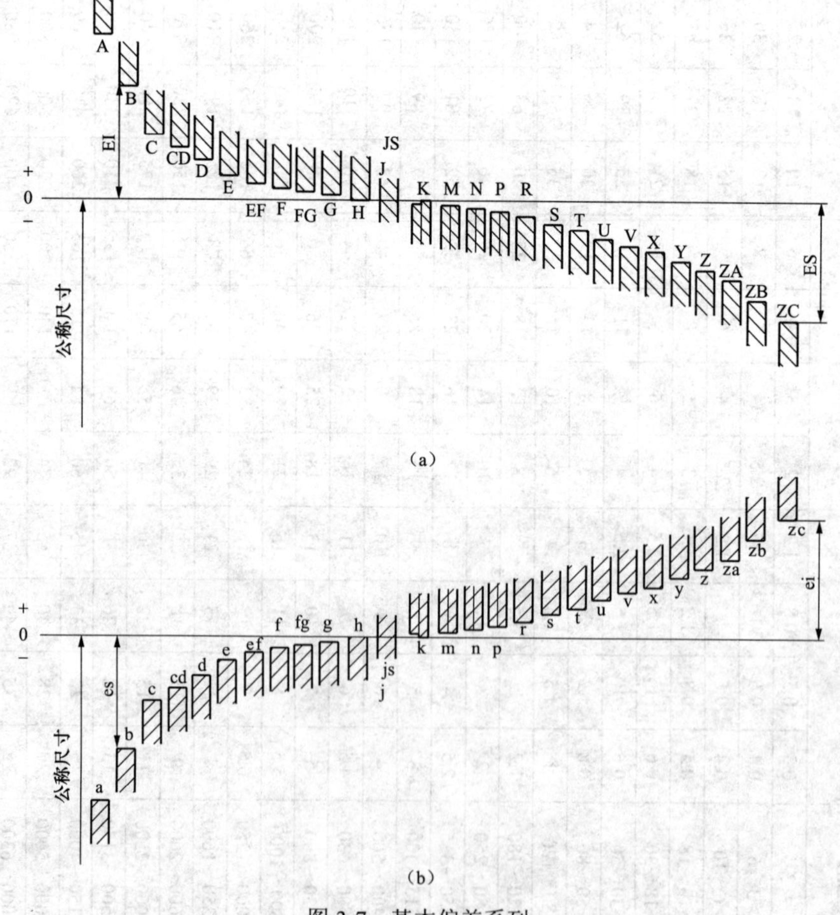

图 3-7 基本偏差系列

（a）孔的基本偏差系列；（b）轴的基本偏差系列

为28种基本偏差的代号，基本偏差代号见表3-5。在28个基本偏差代号中，JS和js的公差带是关于零线对称的，并且逐渐代替近似对称的基本偏差J和j，它的基本偏差和公差等级有关，而其他基本偏差和公差等级没有关系。

表3-5　　基本偏差代号

孔或轴	基本偏差		注
孔	下极限偏差	A、B、C、CD、D、E、EF、FG、G、H	H为基准孔，它的下极限偏差为零
	上极限偏差或下极限偏差	JS=±IT/2	
	上极限偏差	J、K、M、N、P、R、S、T、U、V、X、Y、Z、ZA、ZB、ZC	
轴	下极限偏差	a、b、c、cd、d、e、ef、fg、g、h	h为基准轴，它的上极限偏差为零
	上极限偏差或下极限偏差	js=±IT/2	
	上极限偏差	j、k、m、n、p、r、s、t、u、v、x、y、z、za、zb、zc	

2. 轴的基本偏差

在基孔制的基础上，根据大量科学试验和生产实践，总结出了轴的基本偏差的计算公式，见表3-6。a～h的基本偏差是上极限偏差，与基准孔配合是间隙配合，最小间隙正好等于基本偏差的绝对值；j、k、m、n的基本偏差是下极限偏差，与基准孔配合是过渡配合；j～zc的基本偏差是下偏差，与基准孔配合是过盈配合。公称尺寸≤500mm轴的基本偏差数值表见表3-6，而轴的另一个偏差是根据基本偏差和标准公差的关系，按照$es=ei+IT$或$ei=es-IT$计算得出。

表3-6　　公称尺寸≤500mm轴的基本偏差计算公式

基本偏差代号	适用范围	基本偏差为上极限偏差 *es*（μm）的计算公式	基本偏差代号	适用范围	基本偏差为下极限偏差 *ei*（μm）的计算公式
a	*D*≤120mm	$-(265+1.3D)$	k	IT4～IT7	$+0.6D^{1/3}$
	D>120mm	$-3.5D$		≥IT8	0
b	*D*≤160mm	$-(140+0.85D)$	m		+（IT7–IT6）
	D>160mm	$-1.8D$	n		$+5D^{0.34}$
c	*D*≤40mm	$-52D^{0.2}$	p		+IT7+（0～5）
	D>40mm	$-(95+0.8D)$	r		$+ps^{1/2}$
cd		$-(cd)^{1/2}$	s	*D*≤120mm	+IT8+（1～4）
d		$-16D^{0.44}$		*D*>50mm	+IT7+0.4*D*
e		$-11D^{0.41}$	t	*D*>24mm	+IT7+0.63*D*
ef		$-(ef)^{1/2}$	u		+IT7+*D*
f		$-5.5D^{0.41}$	v	*D*>14mm	+IT7+1.25*D*
fg		$-(fg)^{1/2}$	x		+IT7+1.6*D*
g		$-2.5D^{0.34}$	y	*D*>18mm	+IT7+2*D*
h		0	z		+IT7+2.5*D*
js		±IT/2	za		+IT8+3.15*D*
j	IT5～IT8	—	zb		+IT9+4*D*
k	≤IT3	0	zc		+IT10+5*D*

注　*D*为公称尺寸的计算尺寸。

3. 孔的基本偏差

对于公称尺寸≤500mm 的孔的基本偏差是根据轴的基本偏差换算得出的。换算原则是：在孔、轴同级配合或孔比轴低一级的配合中，基轴制配合中孔的基本偏差代号与基孔制配合中轴的基本偏差代号相当时，例如ϕ40G7/h6 中孔的基本偏差 G 对应于ϕ40H6/g7 中轴的基本偏差 g，应该保证基轴制和基孔制的配合性质相同（极限间隙或极限过盈相同）。

根据上述原则，孔的基本偏差可以按下面两种规则计算：

（1）通用规则。通用规则是指同一个字母表示的孔、轴的基本偏差绝对值相等，符号相反。孔的基本偏差与轴的基本偏差关于零线对称，相当于轴基本偏差关于零线的倒影，所以又称为倒影规则。

对于孔的基本偏差 A～H，不论孔、轴是否采用同级配合，都有 $EI=-es$；而对于 K～ZC 当中，标准公差大于 IT8 的 K、M、N，以及大于 IT7 的 P～ZC 一般都采用同级配合，按照该规则，则有 $ES=-ei$。但是有一个例外，公称尺寸大于 3mm，标准公差大于 IT8 的 N，它的基本偏差 $ES=0$。

（2）特殊规则。特殊规则是指孔的基本偏差和轴的基本偏差符号相反，绝对值相差一个 Δ 值。在较高的公差等级中常采用异级配合（配合中孔的公差等级常比轴低一级），因为相同公差等级的孔比轴难加工。对于公称尺寸≤500mm，标准公差≥IT8 的 J、K、M、N 和标准公差≤IT7 的 P～ZC，孔的基本偏差 ES 适用特殊规则。

即

$$ES=-ei+\Delta \tag{3-18}$$

其中，$\Delta=\mathrm{IT}_n-\mathrm{IT}_{n-1}$。

按照换算原则，要求两种配合制的配合性质相同。下面以过盈配合为例证明式（3-18）。

证明　过盈配合中，基孔制和基轴制的最小过盈与轴和孔的基本偏差有关，所以取最小过盈为计算孔基本偏差的依据。

在图 3-8 中，最小过盈等于孔的上极限偏差减去轴的下极限偏差所得的代数差，即

基孔制

$$Y_{\min}=T_{\mathrm{h}}-ei$$

基轴制

$$Y'_{\min}=ES+T_{\mathrm{s}}$$

根据换算原则可知

$$Y_{\min}=Y'_{\min}$$

即

$$T_{\mathrm{h}}-ei=ES+T_{\mathrm{s}}$$

$$ES=-ei+T_{\mathrm{h}}-T_{\mathrm{s}}$$

一般 T_{h} 和 T_{s} 公差等级相差一级，即 $T_{\mathrm{h}}=\mathrm{IT}_n$，$T_{\mathrm{s}}=\mathrm{IT}_{n-1}$。

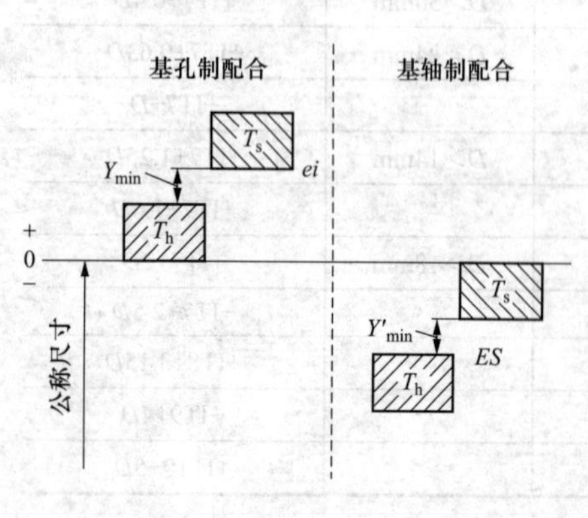

图 3-8　过盈配合特殊规则的计算

令

$$T_{\mathrm{h}}-T_{\mathrm{s}}=\mathrm{IT}_n-\mathrm{IT}_{n-1}=\Delta$$

所以

$$ES=-ei+\Delta$$

过渡配合经过类似的证明，也可得出式（3-18）的结果，读者可自行证明。

孔的另一个偏差，可根据孔的基本偏差和标准公差的关系，按照 $EI=ES$-IT 或 $ES=EI$+IT 计算得出。

按照轴的基本偏差计算公式和孔的基本偏差换算原则，国家标准列出轴、孔基本偏差数值表，见表 3-7 和表 3-8。在孔、轴基本偏差数值表中查找基本偏差时，不要忘记查找表中的修正值 Δ。

【例 3-2】 用查表法确定ϕ25H8/p8 和ϕ25P8/h8 的极限偏差。

解 查表 3-4 得 IT8=33μm

轴的基本偏差为下极限偏差，查表 3-7 得 ei=+22μm

轴 p8 的上极限偏差为 $es=ei+\text{IT8}=+22+33=+55$（μm）

孔 H8 的下极限偏差为 0，上极限偏差为 $ES=EI+\text{IT8}=0+33=+33$（μm）

孔 P8 的基本偏差为上极限偏差，查表 3-8 得 $ES=-22$μm

孔 P8 的下极限偏差为 $EI=ES-\text{IT8}=-22-33=-55$（μm）

轴 h8 的上极限偏差为 0，下极限偏差为 $ei=es-\text{IT8}=0-33=-33$（μm）

由上可得$\phi25\text{H8}=\phi25^{+0.033}_{0}$，$\phi25\text{p8}=\phi25^{+0.055}_{+0.022}$

$\phi25\text{P8}=\phi25^{-0.022}_{-0.055}$，$\phi25\text{h8}=\phi25^{0}_{-0.033}$

孔、轴配合的公差带图如图 3-9 所示。

【例 3-3】 确定ϕ25H7/p6 和ϕ25P7/h6 的极限偏差，其中轴的极限偏差用查表法确定，孔的极限偏差用公式计算确定。

解 查表 3-4 得 IT6=13μm，IT7=21μm

轴 p6 的基本偏差为下极限偏差，查表 3-7 得 $ei=+22$μm

轴 p6 的上极限偏差为 $es=ei+\text{IT6}=+22+13=35$（μm）

基准孔 H7 的下极限偏差 EI=0，H7 的上极限偏差为 $ES=EI+\text{IT7}=0+21=21$（μm）

孔 P7 的基本偏差为上极限偏差 ES，应该按照特殊规则进行计算 $ES=-ei+\Delta$

$$\Delta=\text{IT7}-\text{IT6}=21-13=8\text{（μm）}$$

所以 $ES=-ei+\Delta=-22+8=-14$（μm）

孔 P7 的下极限偏差为 $EI=ES-\text{IT7}=-14-21=-35$（μm）

轴 h6 的上极限偏差 es=0，下极限偏差为 $ei=es-\text{IT6}=0-13=$（μm）

由上可得 $\phi25\text{H7}=\phi25^{+0.021}_{0}$，$\phi25\text{p6}=\phi25^{+0.035}_{+0.022}$

$\phi25\text{P7}=\phi25^{-0.014}_{-0.035}$，$\phi25\text{h6}=\phi25^{0}_{-0.013}$

孔、轴配合的公差带图如图 3-10 所示。

在公称尺寸大于 500mm 时，孔、轴一般都采用同级配合，只要孔、轴基本偏差代号相当，它们的基本偏差数值相等，符号相反。公称尺寸大于 500～3150mm 范围轴和孔的基本偏差计算公式见表 3-9，轴、孔的基本偏差数值表见表 3-10。

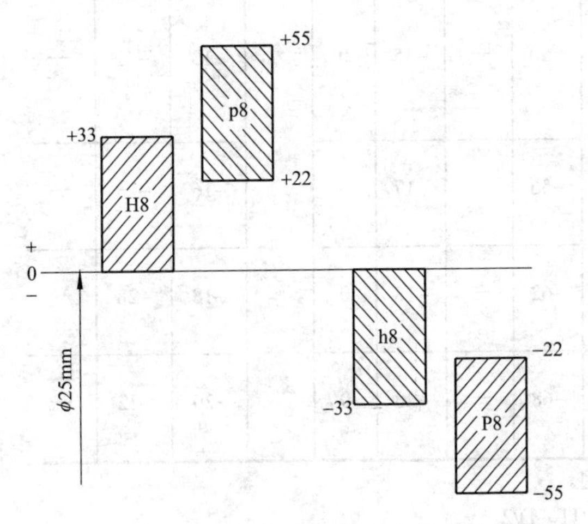

图 3-9 ［例 3-2］孔、轴配合的公差带图

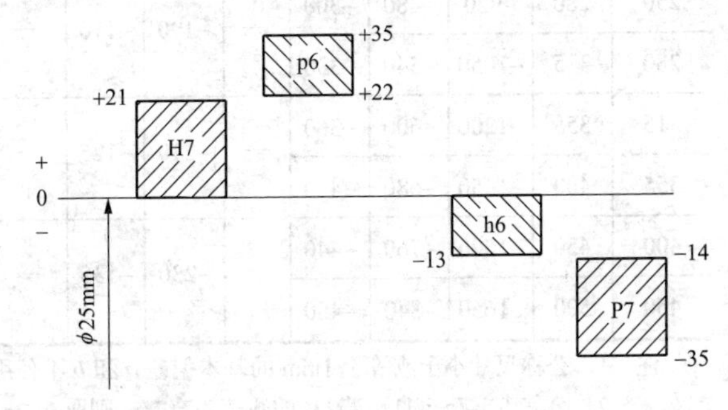

图 3-10 ［例 3-3］孔、轴配合的公差带图

表 3-7 **公称尺寸≤500mm 轴的基本偏**

基本偏差		上极限偏差 *es*											js			
		a	b	c	cd	d	e	ef	f	fg	g	h		j		
公称尺寸（mm）														公差		
大于	至	所有的级												5、6	7	8
—	3	−270	−140	−60	−34	−20	−14	−10	−6	−4	−2	0		−2	−4	−6
3	6	−270	−140	−70	−46	−30	−20	−14	−10	−6	−4	0		−2	−4	—
6	10	−280	−150	−80	−56	−40	−25	−18	−13	−8	−5	0		−2	−5	—
10	14	−290	−150	−95	—	−50	−32	—	−16	—	−6	0		−3	−6	—
14	18															
18	24	−300	−160	−110	—	−65	−40	—	−20	—	−7	0		−4	−8	—
24	30															
30	40	−310	−170	−120	—	−80	−50	—	−25	—	−9	0		−5	−10	—
40	50	−320	−180	−130												
50	65	−340	−190	−140	—	−100	−60	—	−30	—	−10	0		−7	−12	—
65	80	−360	−200	−150												
80	100	−380	−220	−170	—	−120	−72	—	−36	—	−12	0	偏差等于 $\pm\frac{IT}{2}$	−9	−15	—
100	120	−410	−240	−180												
120	140	−460	−260	−200	—	−145	−85	—	−43	—	−14	0		−11	−18	—
140	160	−520	−280	−210												
160	180	−580	−310	−230												
180	200	−660	−340	−240	—	−170	−100	—	−50	—	−15	0		−13	−21	—
200	225	−740	−380	−260												
225	250	−820	−420	−280												
250	280	−920	−480	−300	—	−190	−110	—	−56	—	−17	0		−16	−26	—
280	315	−1050	−540	−330												
315	355	−1200	−600	−360	—	−210	−125	—	−62	—	−18	0		−18	−28	—
355	400	−1350	−680	−400												
400	450	−1500	−760	−440	—	−230	−135	—	−68	—	−20	0		−20	−32	—
450	500	−1650	−840	−480												

注 1．公称尺寸小于或等于 1mm 的基本偏差 *a* 和 *b* 不使用。

2．公差带 js7～js11，若 IT_n 的数值为奇数，则取 js=±(IT_n−1)/2。

差（摘自 GB/T 1800.1—2009） μm

下极限偏差 *ei*															
k		m	n	p	r	s	t	u	v	x	y	z	za	zb	zc
等级															
4～7	≤3 或 >7	所有的级													
0	0	+2	+4	+6	+10	+14	—	+18	—	+20	—	+26	+32	+40	+60
+1	0	+4	+8	+12	+15	+19	—	+23	—	+28	—	+35	+42	+50	+80
+1	0	+6	+10	+15	+19	+23	—	+28	—	+34	—	+42	+52	+67	+97
+1	0	+7	+12	+18	+23	+28	—	+33	—	+40	—	+50	+64	+90	+130
									+39	+45	—	+60	+77	+108	+150
+2	0	+8	+15	+22	+28	+35	—	+41	+47	+54	+63	+73	+90	+136	+188
							+41	+48	+55	+64	+75	+88	+118	+160	+218
+2	0	+9	+17	+26	+34	+43	+48	+60	+68	+80	+94	+112	+148	+200	+274
							+54	+70	+81	+97	+114	+136	+180	+242	+325
+2	0	+11	+20	+32	+41	+53	+66	+87	+102	+122	+144	+172	+226	+300	+405
					+43	+59	+75	+102	+120	+146	+174	+210	+274	+360	+480
+3	0	+13	+23	+37	+51	+71	+91	+124	+146	+178	+214	+258	+335	+445	+585
					+54	+79	+104	+144	+172	+210	+254	+310	+400	+525	+690
+3	0	+15	+27	+43	+63	+92	+122	+170	+202	+248	+300	+365	+470	+620	+800
					+65	+100	+134	+190	+228	+280	+340	+415	+535	+700	+900
					+68	+108	+146	+210	+252	+310	+380	+465	+600	+780	+1000
+4	0	+17	+31	+50	+77	+122	+166	+236	+284	+350	+425	+520	+670	+880	+1150
					+80	+130	+180	+258	+310	+385	+470	+575	+740	+960	+1250
					+84	+140	+196	+284	+340	+425	+520	+640	+820	+1050	+1350
+4	0	+20	+34	+56	+94	+158	+218	+315	+385	+475	+580	+710	+920	+1200	+1550
					+98	+170	+240	+350	+425	+525	+650	+790	+1000	+1300	+1700
+4	0	+21	+37	+62	+108	+190	+268	+390	+475	+590	+730	+900	+1150	+1500	+1900
					+114	+208	+294	+435	+530	+660	+820	+1000	+1300	+1650	+2100
+5	0	+23	+40	+68	+126	+232	+330	+490	+595	+740	+920	+1100	+1450	+1850	+2400
					+132	+252	+360	+540	+660	+820	+1000	+1250	+1600	+2100	+2600

表 3-8 **公称尺寸≤500mm 孔的基本偏差**

基本偏差		下偏差 EI											JS									
		A	B	C	CD	D	E	EF	F	FG	G	H		J			K		M		N	
公称尺寸（mm）														公差								
大于	至	所有的级												6	7	8	≤8	>8	≤8	>8	≤8	>8
—	3	+270	+140	+60	+34	+20	+14	+10	+6	+4	+2	0	偏差等于 $\pm\frac{IT}{2}$	+2	+4	+6	0	0	−2	−2	−4	−4
3	6	+270	+140	+70	+46	+30	+20	+14	+10	+6	+4	0		+5	+6	+10	$-1+\Delta$	—	$-4+\Delta$	−4	$-8+\Delta$	0
6	10	+280	+150	+80	+56	+40	+25	+18	+13	+8	+5	0		+5	+8	+12	$-1+\Delta$	—	$-6+\Delta$	−6	$-10+\Delta$	0
10	14	+290	+150	+95	—	+50	+32	—	+16	—	+6	0		+6	+10	+15	$-1+\Delta$	—	$-7+\Delta$	−7	$-12+\Delta$	0
14	18																					
18	24	+300	+160	+110	—	+65	+40	—	+20	—	+7	0		+8	+12	+20	$-2+\Delta$	—	$-8+\Delta$	−8	$-15+\Delta$	0
24	30																					
30	40	+310	+170	+120	—	+80	+50	—	+25	—	+9	0		+10	+14	+24	$-2+\Delta$	—	$-9+\Delta$	−9	$-17+\Delta$	0
40	50	+320	+180	+130																		
50	65	+340	+190	+140	—	+100	+60	—	+30	—	+10	0		+13	+18	+28	$-2+\Delta$	—	$-11+\Delta$	−11	$-20+\Delta$	0
65	80	+360	+200	+150																		
80	100	+380	+220	+170	—	+120	+72	—	+36	—	+12	0		+16	+22	+34	$-3+\Delta$	—	$-13+\Delta$	−13	$-23+\Delta$	0
100	120	+410	+240	+180																		
120	140	+460	+260	+200	—	+145	+85	—	+43	—	+14	0		+18	+26	+41	$-3+\Delta$	—	$-15+\Delta$	−15	$-27+\Delta$	0
140	160	+520	+280	+210																		
160	180	+580	+310	+230																		
180	200	+660	+340	+240	—	+170	+100	—	+50	—	+15	0		+22	+30	+47	$-4+\Delta$	—	$-17+\Delta$	−17	$-31+\Delta$	0
200	225	+740	+380	+260																		
225	250	+820	+420	+280																		
250	280	+920	+480	+300	—	+190	+110	—	+56	—	+17	0		+25	+36	+55	$-4+\Delta$	—	$-20+\Delta$	−20	$-34+\Delta$	0
280	315	+1050	+540	+330																		
315	355	+1200	+600	+360	—	+210	+125	—	+62	—	+18	0		+29	+39	+60	$-4+\Delta$	—	$-21+\Delta$	−21	$-37+\Delta$	0
355	400	+1350	+680	+400																		
400	450	+1500	+760	+440	—	+230	+135	—	+68	—	+20	0		+33	+43	+66	$-5+\Delta$	—	$-23+\Delta$	−23	$-40+\Delta$	0
450	500	+1650	+840	+480																		

（摘自 GB/T 1800.1—2009） μm

上极限偏差 *ES*													Δ					
P 到 ZC	P	R	S	T	U	V	X	Y	Z	ZA	ZB	ZC						
等 级																		
≤7 级	>7 级												3	4	5	6	7	8
在大于7级的相应数值上增加一个Δ值	−6	−10	−14	—	−18	—	−20	—	−26	−32	−40	−60	0					
	−12	−15	−19	—	−23	—	−28	—	−35	−42	−50	−80	1	1.5	1	3	4	6
	−15	−19	−23	—	−28	—	−34	—	−42	−52	−67	−97	1	1.5	2	3	6	7
	−18	−23	−28	—	−33	—	−40	—	−50	−64	−90	−130	1	2	3	3	7	9
						−39	−45	—	−60	−77	−108	−150						
	−22	−28	−35	—	−41	−47	−54	−63	−73	−98	−136	−188	1.5	2	3	4	8	12
				−41	−48	−55	−64	−75	−88	−118	−160	−218						
	−26	−34	−43	−48	−60	−68	−80	−94	−112	−148	−200	−274	1.5	3	4	5	9	14
				−54	−70	−81	−97	−114	−136	−180	−242	−325						
	−32	−41	−53	−66	−87	−102	−122	−144	−172	−226	−300	−405	2	3	5	6	11	16
		−43	−59	−75	−102	−120	−146	−174	−210	−274	−360	−480						
	−37	−51	−71	−91	−124	−146	−178	−214	−258	−335	−445	−585	2	4	5	7	13	19
		−54	−79	−104	−144	−172	−210	−254	−310	−400	−525	−690						
	−43	−63	−92	−122	−170	−202	−248	−300	−365	−470	−620	−800	3	4	6	7	15	23
		−65	−100	−134	−190	−228	−280	−340	−415	−535	−700	−900						
		−68	−108	−146	−210	−252	−310	−380	−465	−600	−780	−1000						
	−50	−77	−122	−166	−236	−284	−350	−425	−520	−670	−880	−1150	3	4	6	9	17	26
		−80	−130	−180	−258	−310	−385	−470	−575	−740	−960	−1250						
		−84	−140	−196	−284	−340	−425	−520	−640	−820	−1050	−1350						
	−56	−94	−158	−218	−315	−385	−475	−580	−710	−920	−1200	−1550	4	4	7	9	20	29
		−98	−170	−240	−350	−425	−525	−650	−790	−1000	−1300	−1700						
	−62	−108	−190	−268	−390	−475	−590	−730	−900	−1150	−1500	−1900	4	5	7	11	21	32
		−114	−208	−294	−435	−530	−660	−820	−1000	−1300	−1650	−2100						
	−68	−126	−232	−330	−490	−595	−740	−920	−1100	−1450	−1850	−2400	5	5	7	13	23	34
		−132	−252	−360	−540	−660	−820	−1000	−1250	−1600	−2100	−2600						

表 3-9 公称尺寸＞500～3150mm 轴的基本偏差计算公式

轴			基本偏差（μm）	孔			轴			基本偏差（μm）	孔		
d	*es*	—	$16D^{0.44}$	+	*EI*	D	m	*ei*	+	$0.024D+12.6$	—	*ES*	M
e	*es*	—	$11D^{0.41}$	+	*EI*	E	n	*ei*	+	$0.04D+21$	—	*ES*	N
f	*es*	—	$5.5D^{0.41}$	+	*EI*	F	p	*ei*	+	$0.072D+37.8$	—	*ES*	P
（g）	*es*	—	$2.5D^{0.34}$	+	*EI*	（G）	r	*ei*	+	$(ps)^{1/2}$ 或 $(PS)^{1/2}$	—	*ES*	R
h	*es*	—	0	+	*EI*	H	s	*ei*	+	IT7+0.4*D*	—	*ES*	S
js	*ei*	—	$0.5IT_n$	+	*ES*	JS	t	*ei*	+	IT7+0.63*D*	—	*ES*	T
k	*ei*	—	0	-	*ES*	K	u	*ei*	+	IT7+*D*	—	*ES*	U

注 *D*为公称尺寸的计算尺寸。

表 3-10 公称尺寸＞500～3150mm 国家标准孔与轴的基本偏差

			d	e	f	（g）	h	js	k	m	n	p	r	s	t	u
轴	代号	基本偏差代号	d	e	f	（g）	h	js	k	m	n	p	r	s	t	u
轴	代号	公差等级	6～18													
轴	偏差	表中偏差	*es*						*ei*							
轴	偏差	另一偏差	*ei*=*es*–IT						*es*=*ei*+IT							
轴	偏差	偏差正负号	–	–	–	–				+	+	+	+	+	+	+
直径分段（mm）	＞500～560	偏差数值（μm）	260	145	76	22	0	偏差为±IT/2	0	26	44	78	150	280	400	600
	＞560～630												155	310	450	660
	＞630～710		290	160	80	24	0		0	30	50	88	175	340	500	740
	＞710～800												185	380	560	840
	＞800～900		320	170	86	26	0		0	34	56	100	210	430	620	940
	＞900～1000												220	470	680	1050
	＞1000～1120		350	195	98	28	0		0	40	60	120	250	520	780	1150
	＞1120～1250												260	580	840	1300
	＞1250～1400		390	220	110	30	0		0	48	78	140	300	640	960	1450
	＞1400～1600												330	720	1050	1600
	＞1600～1800		430	240	120	32	0		0	58	92	170	370	820	1200	1850
	＞1800～2000												400	920	1350	2000
	＞2000～2240		480	260	130	34	0		0	68	110	195	440	1000	1500	2300
	＞2240～2500												460	1100	1650	2500
	＞2500～2800		520	290	145	38	0		0	76	135	240	550	1250	1900	2900
	＞2800～3150												580	1400	2100	3200
孔	偏差	偏差正负号	+	+	+	+				–	–	–	–	–	–	–
孔	偏差	另一偏差	*ES*=*EI*+IT						*EI*=*ES*–IT							
孔	偏差	表中偏差	*EI*						*ES*							
孔	代号	公差等级	6～18													
孔	代号	基本偏差代号	D	E	F	（G）	H	JS	K	M	N	P	R	S	T	U

3.2.3 常用公差带及配合

国家标准提供了 20 种公差等级和 28 种基本偏差代号，其中基本偏差 j 限用于 4 个公差等级，基本偏差 J 限用于 3 个公差等级，由此可组成孔的公差带有 543 种、轴的公差带有 544 种。孔和轴又可以组成大量的配合，为减少定值刀具、量具、设备等的数目对公差带和配合应该加以限制。

在公称尺寸≤500mm 的常用尺寸段范围内，国家标准推荐了孔、轴的一般、常用和优先选用的公差带，见图 3-11 和图 3-12。对于轴的一般、常用和优先公差带国家标准规定了 119 种，图 3-11 中方框内的 59 种为常用公差带，在方框内 13 种黑体标示的为优先选用的公差带；对于孔的一般、常用和优先公差带国家标准规定了 105 种，其中图 3-12 中方框内的 44 种为常用公差带，在方框内 13 种黑体标示的为优先选用的公差带。

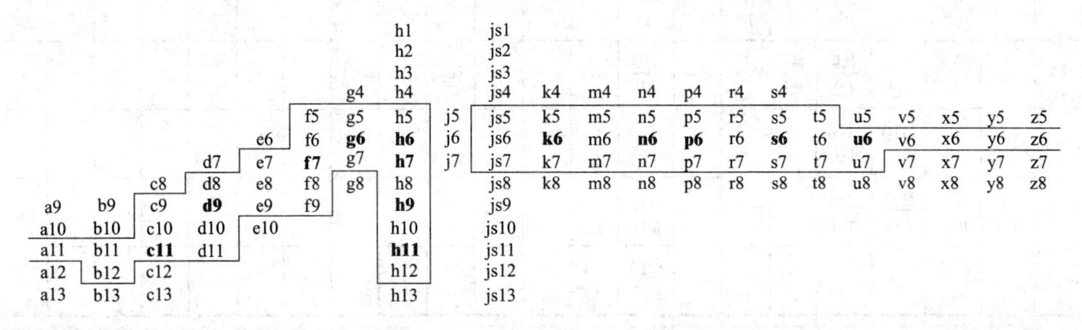

图 3-11 公称尺寸≤500mm 轴的一般、常用和优先公差带

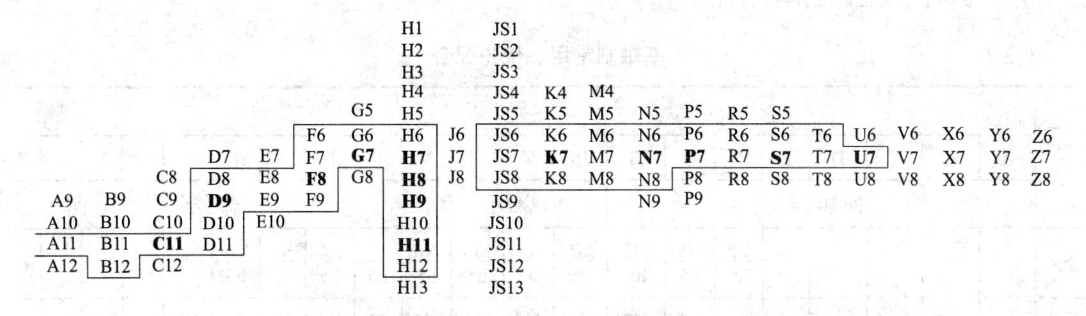

图 3-12 公称尺寸≤500mm 孔的一般、常用和优先公差带

国家标准在推荐了孔、轴公差带的基础上，还推荐了孔、轴公差带的配合，见表 3-11 和表 3-12。对于基孔制规定了 59 个常用配合，在常用配合中又规定了 13 个优先配合（表 3-11 中用黑体标示）；对于基轴制规定了 47 个常用配合，在常用配合中又规定了 13 个优先配合（表 3-12 中用黑体标示）。表 3-11 中，与基准孔配合，当轴的公差小于或等于 IT7 时，是与低一级的基准孔配合，其余是与同级的基准孔配合。表 3-12 中，与基准轴配合，当孔的公差小于或等于 IT8 时，是与高一级的基准轴配合，其余是与同级的基准轴配合。

3.2.4 未注公差

1. 未注公差的概念

未注公差（也称为一般公差）是指在普通工艺条件下，普通机床设备一般加工能力就可达到的公差，它包括线性和角度的尺寸公差。在正常维护和操作情况下，它代表车间一般加工精度。

表 3-11　基孔制常用、优先配合

基准孔	a	b	c	d	e	f	g	h	js	k	m	n	p	r	s	t	u	v	x	y	z
	间隙配合								过渡配合				过盈配合								
H6						H6/f5	H6/g5	H6/h5	H6/js5	H6/k5	H6/m5	H6/n5	H6/p5	H6/r5	H6/s5	H6/t5					
H7						H7/f6	**H7/g6**	**H7/h6**	H7/js6	**H7/k6**	H7/m6	**H7/n6**	**H7/p6**	H7/r6	**H7/s6**	H7/t6	**H7/u6**	H7/v6	H7/x6	H7/y6	H7/z6
H8					H8/e7	**H8/f7**	H8/g7	**H8/h7**	H8/js7	H8/k7	H8/m7	H8/n7	H8/p7	H8/r7	H8/s7	H8/t7	H8/u7				
H8				H8/d8	H8/e8	H8/f8		H8/h8													
H9			H9/c9	**H9/d9**	H9/e9	H9/f9		**H9/h9**													
H10			H10/c10	H10/d10				H10/h10													
H11	H11/a11	H11/b11	**H11/c11**	H11/d11				**H11/h11**													
H12		H12/b12						H12/h12													

注　1. 公称尺寸小于或等于 3mm 的 H6/n5 与 H7/p6 为过渡配合，公称尺寸小于或等于 100mm 的 H8/r7 为过渡配合。

2. 表中黑体标注的配合为优先配合。

表 3-12　基轴制常用、优先配合

基准轴	A	B	C	D	E	F	G	H	JS	K	M	N	P	R	S	T	U	V	X	Y	Z
	间隙配合								过渡配合				过盈配合								
h5						F6/h5	G6/h5	H6/h5	JS6/h5	K6/h5	M6/h5	N6/h5	P6/h5	R6/h5	S6/h5	T6/h5					
h6						F7/h6	**G7/h6**	**H7/h6**	JS7/h6	**K7/h6**	M7/h6	**N7/h6**	**P7/h6**	R7/h6	**S7/h6**	T7/h6	**U7/h6**				
h7					E8/h7	**F8/h7**		**H8/h7**	JS8/h7	K8/h7	M8/h7	N8/h7									
h8				D8/h8	E8/h8	F8/h8		H8/h8													
h9				**D9/h9**	E9/h9	F9/h9		**H9/h9**													
h10				D10/h10				H10/h10													
h11	A11/h11	B11/h11	**C11/h11**	D11/h11				**H11/h11**													
h12		B12/h12						H12/h12													

注　表中黑体标注的配合为优先配合。

未注公差可简化制图，使图样清晰易读；节省图样设计的时间，设计人员只要熟悉未注公差的有关规定并加以应用，可不必考虑其公差值；未注公差在保证车间的正常精度下，一般不用检验；未注公差可突出图样上标注的公差，在加工和检验时可以引起足够的重视。

2. 有关国家标准

国家标准把未注公差规定了4个等级。这4个公差等级分别为精密级（f）、中等级（m）、粗糙级（c）和最粗级（v）。线性尺寸的极限偏差数值见表3-13，倒圆半径和倒角高度尺寸的极限偏差数值见表3-14，角度的极限偏差数值见表3-15。

表3-13　线性尺寸的极限偏差数值　mm

公差等级	尺寸分段							
	0.5～3	>3～6	>6～30	>30～120	>120～400	>400～1000	>1000～2000	>2000～4000
f（精密级）	±0.05	±0.05	±0.1	±0.15	±0.2	±0.3	±0.5	-
m（中等级）	±0.1	±0.1	±0.2	±0.3	±0.5	±0.8	±1.2	±2
c（粗糙级）	±0.2	±0.3	±0.5	±0.8	±1.2	±2	±3	±4
v（最粗级）	—	±0.5	±1	±1.5	±2.5	±4	±6	±8

表3-14　倒圆半径与倒角高度尺寸的极限偏差数值　mm

公差等级	尺寸分段			
	0.5～3	>3～6	>6～30	>30
f（精密级）	±0.2	±0.5	±1	±2
m（中等级）				
c（粗糙级）	±0.4	±1	±2	±4
v（最粗级）				

注　倒圆半径与倒角高度的含义见GB/T 6403.4—2008《零件倒圆与倒角》。

表3-15　角度尺寸的极限偏差数值

公差等级	长度分段（mm）				
	～10	>10～50	>50～120	>120～400	>400
f（精密级）	±1°	±30′	±20′	±10′	±5′
m（中等级）					
c（粗糙级）	±1°30′	±1°	±30′	±15′	±10′
v（最粗级）	±3°	±2°	±1°	±30′	±20′

3. 未注公差的表示方法

未注公差在图样上只标注公称尺寸，不标注基本偏差，但是应该在图样上的技术要求中的有关技术文件或标准中，用本标准号和公差等级代号表示。

3.3　公差与配合的选用

尺寸公差与配合的选用是机械设计和制造的一个很重要的环节，公差与配合的选择是否合适，直接影响到机器的使用性能、寿命、互换性和经济性。公差与配合的选用主要包括配合制的选用、公差等级的选用和配合种类的选用。

3.3.1　配合制度的选择

设计时，为了减少定值刀具和量具的规格和种类，应该优先选用基孔制。

但是有些情况下采用基轴制比较经济合理。

（1）在农业机械、纺织机械、建筑机械中经常使用具有一定公差等级的冷拉钢材直接做轴，不需要再进行加工，这种情况下，应该选用基轴制。

（2）同一公称尺寸的轴上装配几个零件而且配合性质不同时，应该选用基轴制。例如，内燃机中活塞销与活塞孔和连杆套筒的配合，如图 3-13（a）所示，根据使用要求，活塞销与活塞孔的配合为过渡配合，活塞销与连杆套筒的配合为间隙配合。如果选用基孔制配合，三处配合分别为 H6/m5、H6/h5 和 H6/m5，公差带如图 3-13（b）所示；如果选用基轴制配合，三处配合分别为 M6/h5、H6/h5 和 M6/h5，公差带如图 3-13（c）所示。选用基孔制时，必须把轴做成台阶形式才能满足各部分的配合要求，而且不利于加工和装配；如果选用基轴制，就可把轴做成光轴，这样有利于加工和装配。

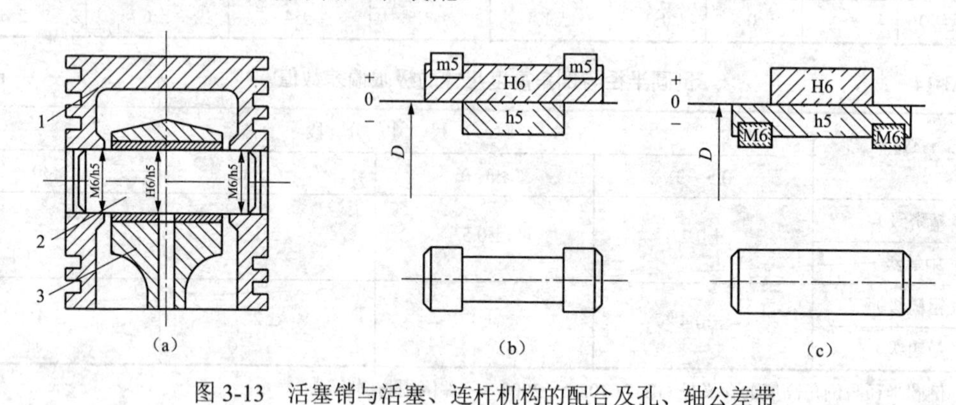

图 3-13　活塞销与活塞、连杆机构的配合及孔、轴公差带

（a）活塞销与活塞、连杆的配合；（b）基孔制配合的孔、轴公差带；（c）基轴制配合的孔、轴公差带

1—活塞；2—活塞销；3—连杆

（3）与标准件或标准部件配合的孔或轴，必须以标准件为基准件来选择配合制。例如，滚动轴承内圈和轴颈的配合必须采用基孔制，外圈和壳体的配合必须采用基轴制。

此外，在一些经常拆卸和精度要求不高的特殊场合可以采用非基准制。例如，滚动轴承端盖凸缘与箱体孔的配合，轴上用来轴向定位的隔套与轴的配合，采用的都是非基准制，如图 3-14 所示。

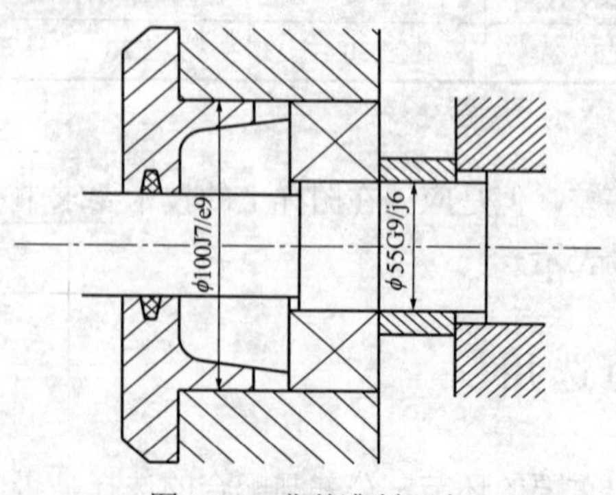

图 3-14　非基准制配合

3.3.2　公差等级选择

公差等级的选择有一个基本原则，就是在能够满足使用要求的前提下，应尽量选择较低的公差等级。

公差等级的选择除遵循上述原则外，还应考虑以下问题。

1. 工艺等价性

在确定有配合的孔、轴的公差等级的时候，还应该考虑到孔、轴的工艺等价性，公称尺寸≤500mm 且标准公差≤IT8 的孔比同级的轴加工困难，国家标准推荐孔与比它高一级的轴配合，而公称尺寸≤500mm 且标准公差＞IT8 的孔以及公称尺寸＞500mm 的孔，测量精度容易保证，国家标准推荐孔、轴采用同级配合。

2. 各公差等级的应用范围

具体的公差等级的选择，可参考国家标准推荐的公差等级的应用范围（见表 3-16）。

表 3-16　　各公差等级应用范围

公差等级	应用范围
IT01～IT1	高精度量块和其他精密尺寸标准块的公差
IT2～IT5	用于特别精密零件的配合
IT5～IT12	用于配合尺寸公差。IT5 的轴和 IT6 的孔用于高精度和重要的配合处
IT6	用于要求精密配合的情况
IT7～IT8	用于一般精度要求的配合
IT9～IT10	用于一般要求的配合或精度要求较高的键宽与键槽宽的配合
IT11～IT12	用于不重要的配合
IT12～IT18	用于未注尺寸公差的尺寸精度

3. 各种加工方法的加工精度

各种加工方法所能达到的加工精度见表 3-17。

表 3-17　　各种加工方法的加工精度

加工方法	公差等级（IT）																		
	01	0	1	2	3	4	5	6	7	8	9	10	11	12	13	14	15	16	17	18
研磨	—	—	—	—	—	—	—													
珩磨						—	—	—	—											
圆磨							—	—	—	—										
平磨							—	—	—	—										
金刚石车							—	—	—											
金刚石镗							—	—	—											
拉削							—	—	—	—										
铰孔									—	—	—	—								
车									—	—	—	—	—							
镗									—	—	—	—	—							
铣										—	—	—	—							
刨、插												—	—							

续表

加工方法	公差等级（IT）																			
	01	0	1	2	3	4	5	6	7	8	9	10	11	12	13	14	15	16	17	18
钻												—	—	—	—					
液压、挤压												—	—							
冲压												—	—	—	—	—				
压铸													—	—	—	—				
粉末冶金成型								—	—	—										
粉末冶金烧结									—	—	—	—								
砂型铸造																		—	—	—
锻造																	—	—		

4. 相关件和相配件的精度

例如，齿轮孔与轴的配合，它们的公差等级决定于相关件齿轮的精度等级，与标准件滚动轴承相配合的外壳孔和轴颈的公差等级决定于相配件滚动轴承的公差等级。

5. 加工成本

为了降低成本，对于一些精度要求不高的配合，孔、轴的公差等级可以相差 2～3 级，如图 3-14 所示，轴承端盖凸缘于箱体孔的配合为ϕ100J7/e9，轴上隔套与轴的配合为ϕ55G9/j6，它们的公差等级相差分别为 2 级和 3 级。

3.3.3 配合的选择

配合的选择主要是根据使用要求确定配合种类和配合代号。

1. 配合类别的选择

配合类别的选择主要是根据使用要求选择间隙配合、过盈配合和过渡配合三种配合类型之一。当相配合的孔、轴间有相对运动，选择间隙配合；当相配合的孔、轴间无相对运动，不经常拆卸，而需要传递一定的扭矩，选择过盈配合；当相配合的孔、轴间无相对运动，而需要经常拆卸，选择过渡配合。

2. 配合代号的选择

配合代号的选择是指在确定配合制度和标准公差等级之后，确定与基准件配合的孔或轴的基本偏差代号。

（1）配合种类选择的基本方法。配合种类的选择方法通常有三种，分别是计算法、试验法和类比法。

计算法是根据一定的理论和公式，经过计算得出所需的间隙或过盈，计算结果也是一个近似值，实际中还需要经过试验来确定；试验法是对产品性能影响很大的一些配合，常用试验法来确定最佳的间隙或过盈，这种方法要进行大量试验，成本比较高；类比法是参照类似的经过生产实践验证的机械，分析零件的工作条件及使用要求，以它们为样本来选择配合种类，类比法是机械设计中最常用的方法。使用类比法设计时，各种基本偏差的选择可参考表 3-18 来选择。

表 3-18　各种基本偏差选用说明

配合	基本偏差	特性及应用
间隙配合	a（A）、b（B）	可得到特大的间隙，应用很少。主要用于工作温度高、热变形大的零件之间的配合
	c（C）	可得到很大的间隙，一般用于缓慢、松弛的动配合。用于工作条件差（如农用机械），受力易变形，或方便装配而需有较大的间隙时。推荐使用配合H11/c11。其较高等级的配合H8/c7适用较高温度的动配合，例如内燃机排气阀和导管的配合
	d（D）	对应于IT7～IT11，用于较松的转动配合，例如密封盖、滑轮、空转带轮与轴的配合，也用大直径的滑动轴承配合
	e（E）	对应于IT7～IT9，用于要求有明显的间隙，易于转动的轴承配合，比如大跨距轴承、多支点轴承等处的配合。e轴适用于高等级的、大的、高速、重载支承，例如内燃机主要轴承、大型电动机、涡轮发动机、凸轮轴承等的配合为H8/e7
	f（F）	对应于IT6～IT8的普通转动配合。广泛用于温度影响小，普通润滑油和润滑脂润滑的支承，例如小电动机，主轴箱、泵等的转轴和滑动轴承的配合
	g（G）	多与IT5～IT7对应，形成很小间隙的配合，用于轻载装置的转动配合，其他场合不推荐使用转动配合，也用于插销的定位配合，例如、滑阀、连杆销精密连杆轴承等
	h（H）	对应于IT4～IT7，作为普通定位配合，多用于没有相对运动的零件。在温度、变形影响小的场合也用于精密滑动配合
过渡配合	js（JS）	对应于IT4～IT7，用于平均间隙小的过渡配合和略有过盈的定位配合，例如联轴节、齿圈和轮毂的配合。用木锤装配
	k（K）	对应于IT4～IT7，用于平均间隙接近零的配合和稍有过盈的定位配合。用木锤装配
	m（M）	对应于IT4～IT7，用于平均间隙较小的配合和精密定位配合。用木锤装配
	n（N）	对应于IT4～IT7，用于平均过盈较大和紧密组件的配合，一般得不到间隙。用木锤和压力机装配
过盈配合	p（P）	用于小的过盈配合，p轴与H6和H7形成过盈配合，与H8形成过渡配合，对非铁零件为较轻的压入配合。当要求容易拆卸，对于钢、铸铁或铜、钢组件装配时标准压入装配
	r（R）	对钢铁类零件是中等打入配合，对于非钢铁类零件是轻打入配合，可以较方便地进行拆卸。与H8配合时，直径大于100mm为过盈配合，小于100mm为过渡配合
	s（S）	用于钢和铁制零件的永久性和半永久性装配，能产生相当大的结合力。当用轻合金等弹性材料时，配合性质相当于钢铁类零件的p轴。为保护配合表面，需用热胀冷缩法进行装配
	t（T）	用于过盈量较大的配合，对钢铁类零件适合作永久性结合，不需要键可传递力矩。用热胀冷缩法装配
	u（U）	过盈量很大，需验算在最大过盈量时工件是否损坏。用热胀冷缩法装配
	v（V）、x（X）、y（Y）、z（Z）	一般不推荐使用

（2）标准规定的公差带的优先、常用和一般的配合。在选用配合时应尽量选择国家标准中规定的公差带和配合。在实际设计中，应该首先采用优先配合（优先配合的选用说明见表

3-19)，当优先配合不能满足要求时，再从常用配合中选择，常用配合不能满足要求时，再选择一般的配合。在特殊情况下，可根据国家标准的规定，用标准公差系列和基本偏差系列组成配合，以满足特殊的要求。

表 3-19 优先配合选用

优先配合		说明
基孔制	基轴制	
$\frac{H11}{c11}$	$\frac{C11}{h11}$	间隙很大，常用于很松转速低的动配合，也用于装配方便的松配合
$\frac{H9}{d9}$	$\frac{D9}{h9}$	用于间隙很大的自由转动配合，也用于非主要精度要求时，或者温度变化大、转速高和轴颈压力很大的场合
$\frac{H8}{f7}$	$\frac{F8}{h7}$	用于间隙不大的转动配合，也用于中等转速与中等轴颈压力的精确传动和较容易的中等定位配合
$\frac{H7}{g6}$	$\frac{G7}{h6}$	用于小间隙的滑动配合，也用于不能转动，但可自由移动和能滑动并能精密定位
$\frac{H7}{h6}$ $\frac{H8}{h7}$ $\frac{H9}{h9}$ $\frac{H11}{h11}$	$\frac{H7}{h6}$ $\frac{H8}{h7}$ $\frac{H9}{h9}$ $\frac{H11}{h11}$	用于在工作时没有相对运动，但装拆很方便的间隙定位配合
$\frac{H7}{k6}$	$\frac{K7}{h6}$	用于精密定位的过渡配合
$\frac{H7}{n6}$	$\frac{N7}{h6}$	有较大过盈的更精密定位的过盈配合
$\frac{H7}{p6}$	$\frac{P7}{h6}$	用于定位精度很重要的小过盈配合，并且能以最好的定位精度达到部件的刚性和对中性要求
$\frac{H7}{s6}$	$\frac{S7}{h6}$	用于普通钢件压入配合和薄壁件的冷缩配合
$\frac{H7}{u6}$	$\frac{U7}{h6}$	用于可承受高压入力零件的压入配合和不适宜承受大压入力的冷缩配合

3.4 大尺寸、小尺寸公差与配合简介

3.4.1 大尺寸公差与配合

大尺寸指的是公称尺寸大于 500mm 的零件尺寸。在矿山机械、飞机船舶制造、大型的发电机组等行业中，经常会遇到大尺寸公差与配合的问题。

影响大尺寸加工误差的主要因素是测量误差。大尺寸的孔、轴测量比较困难，测量时很难找到真正的直径位置，测量结果值往往小于实际值；大尺寸外径的测量，受测量方法和测量器具的限制，比测量内径更困难、更难掌握，测量误差也更大；大尺寸测量时的温度变化对测量误差有很大的影响；大尺寸测量中，基准的准确性和工件与量具中心轴线的同轴误差对测量也有很大影响。

国家标准规定公称尺寸＞500～3150mm 的大尺寸段的轴的公差带见图 3-15，孔公差带见

图 3-16。其中，轴的公差带 41 种，孔的公差带 31 种。在大尺寸段内，配合一般采用同级配合。国家标准没有推荐配合，但在实际中常用配制公差来处理问题，配制公差是以一个零件的实际尺寸来配制另一个零件的一种工艺措施。标注时在代号后面加写大写字母 MF。代号中的 H 表示先做孔，h 表示先做轴。

			g6	h6	js6	k6	m6	n6	p6	r6	s6	t6	u6
		f7	g7	h7	js7	k7	m7	m7	p7	r7	s7	t7	u7
d8	e8	f8		h8	js8								
d9	e9	f9		h9	js9								
d10				h10	js10								
d11				h11	js11								
				h12	js12								

图 3-15 公称尺寸＞500～3150mm 常用轴公差带

			G6	H6	JS6	K6	M6	N6
		F7	G7	H7	JS7	K7	M7	N7
D8	E8	F8		H8	JS8			
D9	E9	F9		H9	JS9			
D10				H10	JS10			
D11				H11	JS11			
				H12	JS12			

图 3-16 公称尺寸＞500～3150mm 常用孔公差带

3.4.2 小尺寸公差与配合

小尺寸是相对大尺寸和中尺寸而言的，国家标准对小尺寸和中尺寸并没有严格的划分界线。

尺寸至 18mm 的零件，尤其是尺寸小于 3mm 的零件，在加工、检测、装配、使用等诸多方面与中尺寸段和大尺寸段不同，主要体现在加工误差和测量误差上。由于小尺寸零件刚性差，受切削力很容易变形，在加工过程中，小尺寸零件的定位和装夹都很困难，这就造成小尺寸零件的加工误差很大。在测量过程中，由于量具误差、温度变化、测量力等因素的影响，至少尺寸在 10mm 范围内，测量误差和零件公称尺寸不成正比关系。

在 GB/T 1800.2—2009 中，规定了尺寸至 18mm 轴的公差带（图 3-17）和孔的公差带（见图 3-18），其中轴的公差带 163 种，孔的公差带 145 种。对于小尺寸，轴比孔难加工，所以在配合中多选用基轴制，而配合也多采用同级配合，少数配合相差 1～3 级，孔的公差等级也往往高于轴的公差等级。

										h1		js1													
										h2		js2													
						ef3	f3	fg3	g3	h3		js3	k3	m3	n3	p3	r3								
						ef4	f4	fg4	g4	h4		js4	k4	m4	n4	p4	r4	s4							
		c5	cd5	d5	e5	ef5	f5	fg5	g5	h5	j5	js5	k5	m5	n5	p5	r5	s5	u5	v5	x5	z5			
		c6	cd6	d6	e6	ef6	f6	fg6	g6	h6	j6	js6	k6	m6	n6	p6	r6	s6	u6	v6	x6	z6	za6		
		c7	cd7	d7	e7	ef7	f7	fg7	g7	h7	j7	js7	k7	m7	n7	p7	r7	s7	u7	v7	x7	z7	za7	zb7	zc7
	b8	c8	cd8	d8	e8	ef8	f8	fg8	g8	h8		js8	k8	m8	n8	p8	r8	s8	u8	v8	x8	z8	za8	zb8	zc8
a9	b9	c9	cd9	d9	e9	ef9	f9			h9		js9	k9			p9	r9	s9	u9		x9	z9	za9	zb9	zc9
a10	b10	c10	cd10	d10	e10					h10		js10	k10												
a11	b11	c11		d11						h11		js11													
a12	b12	c12								h12		js12													
a13	b13	c13								h13		js13													

图 3-17 公称尺寸至 18mm 常用轴公差带

小尺寸孔、轴公差带主要用于仪器仪表和钟表工业，由于国家标准没有推荐优先、常用和一般公差带的选用次序，也没有推荐配合，所以选用公差带组成配合时可根据实际情况自行选用和组合。

										H1		JS1													
										H2		JS2													
						EF3	F3	FG3	G3	H3		JS3	K3	M3	N3	P3	R3								
										H4		JS4	K4	M4											
					E5	EF5	F5	FG5	G5	H5	J5	JS5	K5	M5	N5	P5	R5	S5	U6	V6	X6	Z6			
			CD6	D6	E6	EF6	F6	FG6	G6	H6	J6	JS6	K6	M6	N6	P6	R6	S6	U7	V7	X7	Z7	ZA7	ZB7	ZC7
			CD7	D7	E7	EF7	F7	FG7	G7	H7	J7	JS7	K7	M7	N7	P7	R7	S7	U8	V8	X8	Z8	ZA8	ZB8	ZC8
	B8	C8	CD8	D8	E8	EF8	F8	FG8	G8	H8		JS8	K8	M8	N8	P8	R8	S8	U9		X9	Z9	ZA9	ZB9	ZC9
A9	B9	C9	CD9	D9	E9	EF9	F9			H9		JS9	K9		N9	P9	R9	S9							
A10	B10	C10	CD10	D10	E10		F10			H10		JS10	K10		N10										
A11	B11	C11		D11						H11		JS11													
A12	B12	C12								H12		JS12													
										H13		JS13													

图 3-18 公称尺寸至 18mm 常用孔公差带

本章主要介绍了有关尺寸、公差、偏差、配合等方面的基本术语、表达方式与计算公式、公差带与配合的选择等原则和方法，并对相关的国家标准进行了分析和应用方面的指导。

3-1 公称尺寸、极限尺寸、实际尺寸有何区别和联系？

3-2 尺寸公差、极限偏差和实际偏差有何区别和联系？

3-3 配合分为几类？各种配合中孔、轴公差带的相对位置分别有什么特点?配合公差等于相互配合的孔轴公差之和说明了什么？

3-4 什么是标准公差？什么是基本偏差？它们与公差带有何联系？

3-5 什么是标准公差因子？为什么要规定公差因子？

3-6 试分析尺寸分段的必要性和可能性。

3-7 什么是基准制？为什么要规定基准制？

3-8 计算孔的基本偏差为什么有通用规则和特殊规则之分？它们分别是如何规定的？

3-9 什么是线性尺寸的未注公差？它分为几个等级？线性尺寸的未注公差如何表示？为什么优先采用基孔制？在什么情况下采用基轴制？

3-10 公差等级的选用应考虑哪些问题？

3-11 间隙配合、过盈配合与过渡配合各适用于什么场合？每类配合在选定松紧程度时应考虑哪些因素？

3-12 配合的选择应考虑哪些问题？

3-13 什么是配制配合？其应用场合和应用目的是什么？如何选用配制配合？

3-14 判断题

（1）过渡配合的孔、轴结合，由于有些可能得到间隙，有些可能得到过盈，因此过渡配合可能是间隙配合，也可能是过盈配合。（ ）

（2）孔与轴的加工精度越高，其配合精度越高。（ ）

（3）一般而言，零件的实际尺寸越接近公称尺寸越好。（ ）

（4）某配合的最大间隙 X_{max} 等于+20μm，配合公差 T_f 等于 30μm，那么该配合一定是过渡配合。（ ）

（5）配合的松紧程度取决于标准公差的大小。（ ）

3-15 根据表 3-20 中已知数据，填写表中各空格，并按适当比例绘制出各孔、轴的公差带图。

表 3-20 **习题 3-15 表** mm

序号	尺寸标注	公称尺寸	极限尺寸		极限偏差		公差
			最大	最小	上极限偏差	下极限偏差	
1	孔 $\phi40^{+0.039}_{0}$						
2	轴		ϕ60.041			+0.011	
3	孔	ϕ15			+0.017		0.011
4	轴	ϕ90		ϕ89.978			0.022

3-16 根据表 3-21 中已知数据，填写表中各空格，并按适当比例绘制出各对配合的尺寸公差带图和配合公差带图。

表 3-21 **习题 3-16 表** mm

公称尺寸	孔			轴			X_{max} 或 Y_{min}	X_{min} 或 Y_{max}	T_f	配合种类
	ES	*EI*	T_h	*es*	*ei*	T_s				
ϕ50		0				0.039	+0.103		0.078	
ϕ25			0.021	0				−0.048		
ϕ80			0.046	0			+0.035			

3-17 利用有关表格查表确定下列公差带的极限偏差。

（1）ϕ50d8；（2）ϕ90r8；（3）ϕ40n6；

（4）ϕ40R7；（5）ϕ50D9；（6）ϕ30M7。

3-18 某配合的公称尺寸是ϕ30mm，要求装配后的间隙在（+0.018～+0.088）mm 范围内，是按照基孔制确定它们的配合代号。

3-19 试计算孔$\phi35^{+0.025}_{0}$ mm 与轴$\phi35^{+0.033}_{+0.017}$ mm 配合中的极限间隙（或极限过盈），并指明配合性质。

3-20 ϕ18M8/h7 和ϕ18H8/js7 中孔、轴的公差 IT7=0.018mm，IT8=0.027mm，ϕ18M8 孔的基本偏差为+0.002，试分别计算这两个配合的极限间隙或极限过盈，并分别绘制出它们的孔、轴公差带图。

4 几何公差与检测

教学提示

几何公差是在零件加工过程中，由于工件、刀具、机床的变形、相对运动关系的不准确、各种频率的振动、定位不准确等各种因素的影响，使加工后零件各几何要素的形状及其相对位置偏离设计图样的理想状态而产生的误差。它是表达机械零件质量高低的技术指标，也是评定产品质量的重要指标。正确选择几何公差是机械产品几何量精度设计的重要内容。

教学要求

本章的要求是让学生掌握几何公差带的特征（形状、大小、方向和位置）以及几何公差在图样上的标注；掌握几何误差的确定方法；掌握几何公差的选用原则；掌握公差原则的特点；了解几何误差的检测原则。

4.1 概　　述

机械产品质量不仅取决零件的尺寸制造准确，还取决于零件的几何形状和相互位置的准确。几何公差是表达机械零件质量高低的技术指标，也是评定产品质量的重要指标。

在零件加工过程中，由于机床、夹具、刀具和零件所组成的工艺系统本身具有一定的误差，以及受力变形、热变形、振动、磨损等各种因素的影响，使加工后零件各几何体的形状及其相对位置偏离设计图样的理想状态而产生误差，这种误差称为几何误差。

几何公差的研究对象是构成零件的几何特征的点、线、面，统称为几何要素。

4.1.1 几何要素及其分类

构成零件几何特征的点、线、面统称要素。如图 4-1 所示，球面、圆柱面、圆锥面、平面、槽形两平行平面、各个面上的素线及两平面相交的棱线称为组成要素。球面的中心点、圆柱面和圆锥面的轴线、槽面的对称中心平面称为导出要素。导出要素是随组成要素的存在而假想存在的，在实际零件上看不见导出要素。

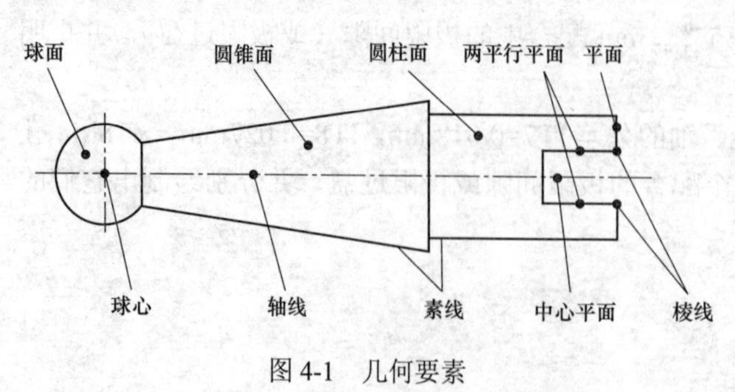

图 4-1　几何要素

要素的几何特征表现在具有一定的形状和位置关系，形状是指一个要素本身所处的状态。位置是指两个或几个要素之间所形成的方位关系。

图样上给出要素的形状和位置关系都是理想的。由于加工时机床—工件—刀具系统的相对运动不准确，受切削力引起的变形错位等因素的影响，使加工的零件上要素的形状和位置关系发生了歪曲。

在形状和位置关系上，具有几何学意义的要素称为公称要素（即理想要素），如构成零件形体的点、线、面，而实际零件上存在的要素称为实际要素，测量时由测得要素来代替。此时它并非该要素的真实状况。实际要素偏离公称要素的变动量称为几何误差，允许变动的全量称为几何公差。

给出了形状或位置公差要求的要素称为被测要素。只对要素本身要求形状公差的被测要素称单一要素，对与别的要素之间要求位置公差的被测要素称关联要素；某一要素若同时给出了形状公差与位置公差，则研究它的形状公差时，它是单一要素，而研究它的位置公差时，它就是关联要素。

用来确定被测要素方向或位置的要素称为基准要素，理想基准要素简称基准，有基准点、基准直线（包括轴线）、基准平面（包括中心平面）。作为一个基准使用的单个要素，称为单一基准要素，例如一个平面。作为一个基准使用的一组要素，称为组合基准要素，例如分布在同一圆周上的一组孔。

4.1.2 几何公差项目及其符号

国家标准（GB/T 1182—2008）规定了 19 个几何公差项目，其中，形状公差 6 个，方向公差 5 个，位置公差 6 个，跳动公差 2 个。由于 6 个形状公差项目都是针对单一要素提出要求，因此没有基准要求；而其他的 13 个项目都是针对关联要素提出要求，所以大多数情况下都有基准要求。国家标准对几何公差项目的具体几何特征及相应符号的规定见表 4-1。

表 4-1　几何公差各项目的符号

公差类型	几何特征	符号	有无基准
形状公差	直线度	⏤	无
	平面度	▱	无
	圆度	○	无
	圆柱度	⌭	无
	线轮廓度	⌒	无
	面轮廓度	⌓	无
方向公差	平行度	//	有
	垂直度	⊥	有
	倾斜度	∠	有
	线轮廓度	⌒	有
	面轮廓度	⌓	有

续表

公差类型	几何特征	符号	有无基准
位置公差	位置度	⌖	有或无
	同心度（用于中心点）	◎	有
	同轴度（用于轴线）	◎	有
	对称度	⌯	有
	线轮廓度	⌒	有
	面轮廓度	⌓	有
跳动公差	圆跳动	↗	有
	全跳动	⌰	有

4.1.3 几何公差带概念

几何公差对被测要素的限制可用几何公差带来直观、形象地表示。GB/T 1800.1—2009中对几何公差带的定义是：由一个或几个理想的几何线或面所限定的、由线性公差值表示其大小的区域。简单地讲，几何公差带就是限制被测要素变动的区域。被测提取要素若全部位于给定的公差带内，就表示被测要素符合设计要求；反之，则不合格。

形状、大小、方向和位置是几何公差带的四个要素。

1. 形状

形状公差国家标准所规定的几何公差项目中，用到的公差带的基本形状共有十二种，见表4-2。

表4-2　几何公差带的形状

序号	形状			举例	备注
1	面公差带	两平行直线之间的区域		直线度公差	
2		两等距曲线之间的区域	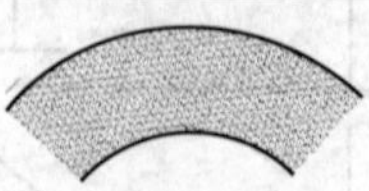	线轮廓度公差	
3		两个同心圆之间的区域	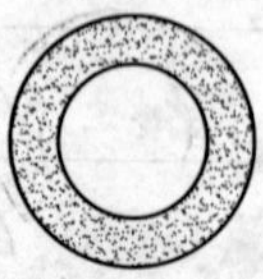	圆度公差	

续表

序号	形状			举例	备注
4	面公差带	一个圆内的区域	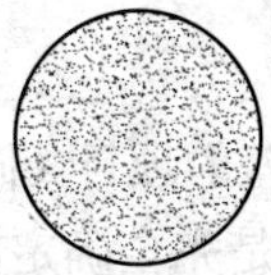	平面上点的位置度公差	
5		一段圆柱表面上的区域	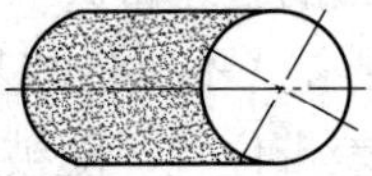	端面圆跳动公差	在一个直径处的公差带
6		一段圆锥表面上的区域	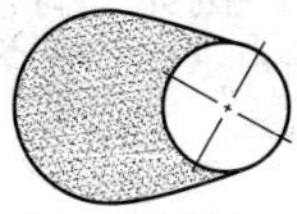	斜向圆跳动公差	在一个测量圆锥面上的公差带
7	体公差带	一个球内的区域	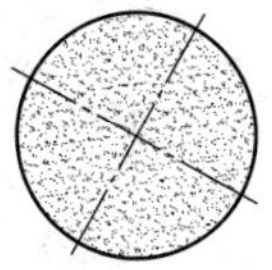	空间点的位置度公差	
8		一个圆柱内的区域	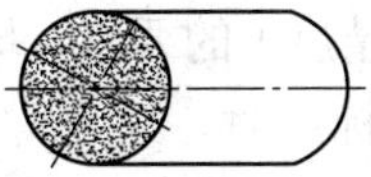	任意方向的直线度公差	
9		一个四棱柱内的区域	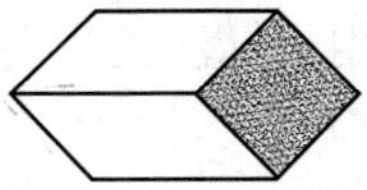	线对线的平行度、给定两个互相垂直方向的公差	
10		两平行平面之间的区域	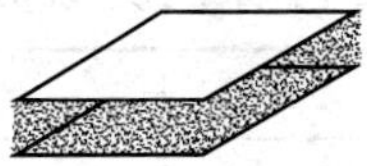	平面度公差	
11		两等距曲面之间的区域	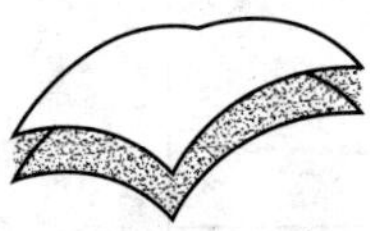	面轮廓度公差	
12		两等距圆柱面之间的区域	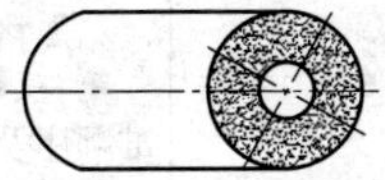	圆柱度公差	

2. 大小

公差带的大小是指给定的公差值 t 的大小。公差值 t 可以是距离，例如两平行平面之间的距离；可以是半径差，例如两同轴圆柱面的半径差；也可以是直径，例如圆柱面的直径应在公差值前加注“ϕ”，表示球的直径时应在公差值前加注“$S\phi$”。

3. 方向

公差带的方向是指评定被测要素误差的方向，因此对于形状公差带，其方向应符合最少条件的方向。对于定向公差与定位公差，其公差带的方向，则应根据基准来确定，例如平行度公差带必须平行于基准，垂直度公差带必须垂直于基准。

4. 位置

公差带的位置有以下两种情况：

（1）固定位置的公差带。对于定位公差的项目（同轴度、对称度与位置度公差），被测要素的公差带位置相对于其基准要素而言，是完全确定的，不随被测要素的实际形状和有关尺寸的大小而改变，因此可以称为固定位置的公差带。

（2）浮动位置的公差带。对于形状公差（不包括与基准有确定关系的轮廓度公差）、定向公差和跳动公差的项目，被测要素的公差带位置，随被测要素的实际形状和有关尺寸的大小而改变，因此可以称为浮动位置的公差带。例如平行度公差带，其位置就是随被测要素的实际形状及其与基准之间的实际距离而变化的。

4.2 几何公差的标注

4.2.1 公差框格与基准符号

1. 公差框格

在 GB/T 1182—2008 中，规定了技术图样中几何公差的标注方法。标准中规定，只要对几何公差有特殊要求（包括高精度和低精度）的要素，均应在图样中按规定的标注方法注出。一般应采用代号标注。当无法采用代号标注时，才允许在技术要求中用文字说明。代号标注在矩形框格中注出。框格有两格的和三格、四格、五格的。两格的用于标注单一要素的几何公差，没有基准。三格、四格、五格的用于标注关联要素的位置公差，需要填写基准。图示及有关说明见表 4-3。

表 4-3　　框格内容及其说明

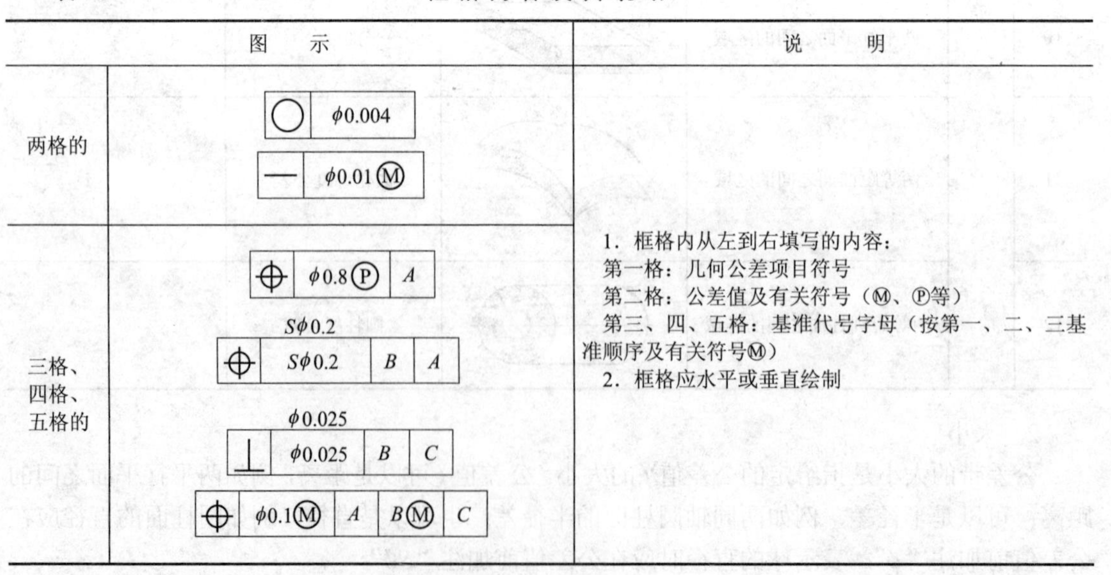

图示		说明
两格的	○ | ϕ0.004 — | ϕ0.01Ⓜ	1．框格内从左到右填写的内容： 第一格：几何公差项目符号 第二格：公差值及有关符号（Ⓜ、Ⓟ等） 第三、四、五格：基准代号字母（按第一、二、三基准顺序及有关符号Ⓜ） 2．框格应水平或垂直绘制
三格、四格、五格的	⌖ | ϕ0.8Ⓟ | A $S\phi$0.2 ⌖ | $S\phi$0.2 | B | A ϕ0.025 ⊥ | ϕ0.025 | B | C ⌖ | ϕ0.1Ⓜ | A | BⓂ | C	

2. 基准符号

GB/T 1182—2008 中规定，与被测要素相关的基准用一个大写字母表示。字母标注在基准方格内，与一个涂黑的或空白的三角形相连以表示基准，如图 4-2 所示；表示基准的字母还应标注在公差框格内。涂黑的和空白的基准三角形含义相同。有关基准符号的规定见表 4-4。

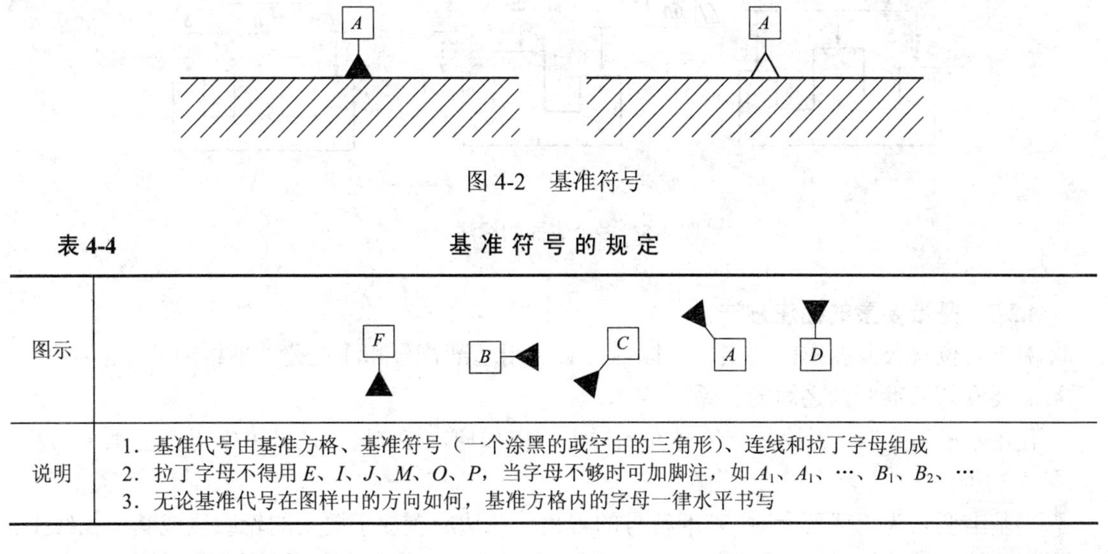

图 4-2　基准符号

表 4-4　基准符号的规定

图示	F　B　C　A　D
说明	1．基准代号由基准方格、基准符号（一个涂黑的或空白的三角形）、连线和拉丁字母组成 2．拉丁字母不得用 E、I、J、M、O、P，当字母不够时可加脚注，如 A_1、A_1、…、B_1、B_2、… 3．无论基准代号在图样中的方向如何，基准方格内的字母一律水平书写

4.2.2　被测要素的标注方法

被测要素的标注方法是用带箭头的指引线将公差框格与被测要素相连。指引线可从框格任一端垂直引出，其箭头应指向公差带的宽度方向或直径方向，并注意区分被测要素是组成要素还是导出要素。

当被测要素为组成要素时，指引线箭头应置于该要素的轮廓线或其延长线上，并应明显地与尺寸线错开，如图 4-3（a）、（b）所示。

当指向实际表面时，箭头可置于带点的参考线上，该点指在实际表面上，如图 4-3（c）所示。

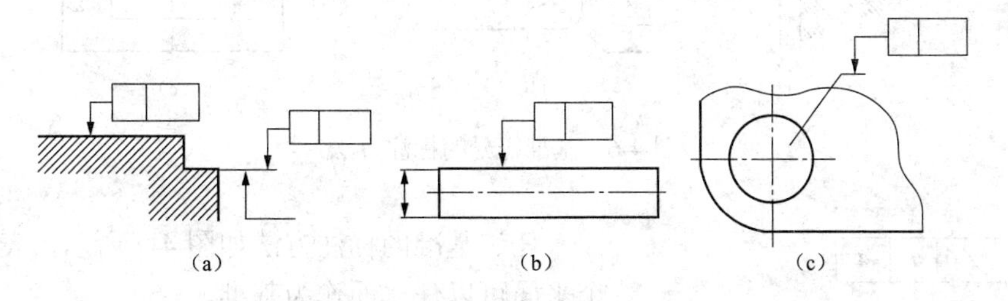

图 4-3　被测组成要素的标注方法

当公差涉及被测要素的中心线、中心面或中心点时，指引线箭头应与构成该要素的组成要素的尺寸线对齐，如图 4-4 所示。

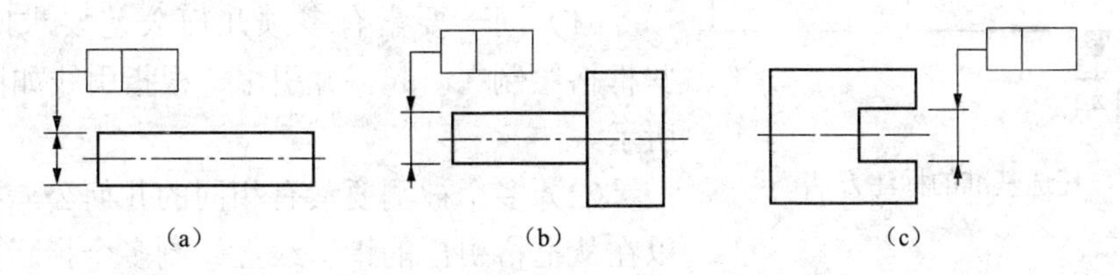

图 4-4　被测要素的标注方法

当对几个被测要素有同一数值的公差要求时，标注方法如图 4-5 所示。

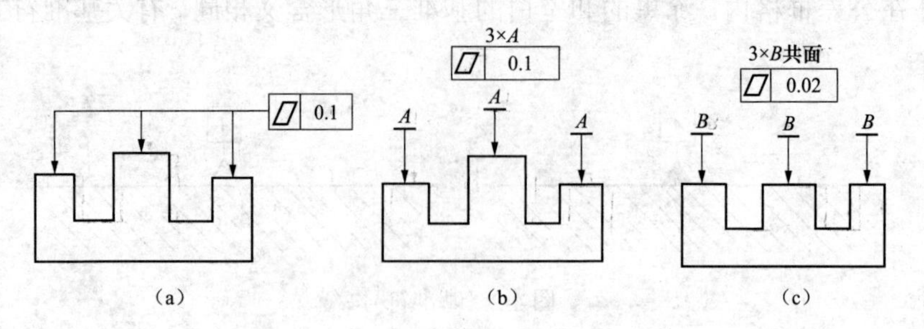

图 4-5 多个表面的标注方法

4.2.3 基准要素的标注方法

对于有位置公差要求的要素，在图样上必须用基准符号和注在公差框格内的基准字母表示被测要素与基准要素之间的关系。

使用基准符号时，无论基准符号在图样上方向如何，其方格内的基准字母都应水平书写，如图 4-2 所示。

当基准要素为组成要素时，基准符号的三角形底边应置放于要素的轮廓线或其延长线上，并应明显地与尺寸线错开，如图 4-6（a）所示。基准符号还可置于用圆点指向实际表面的参考线上，如图 4-6（b）所示。

当基准要素为导出要素时，基准符号中的细连线应与构成该要素的组成要素的尺寸线对齐，如图 4-6（c）所示。

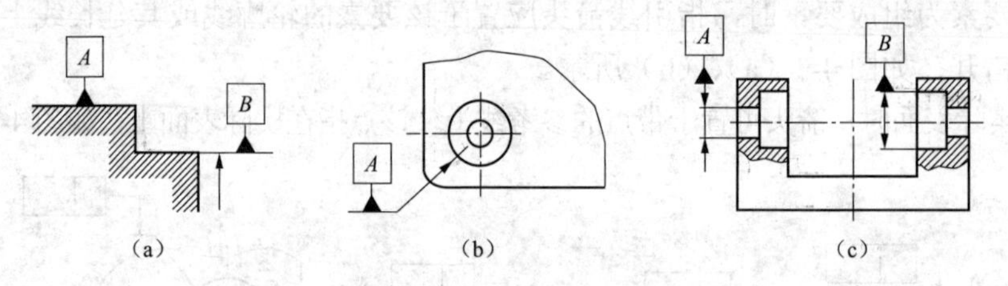

图 4-6 基准符号的标注方法

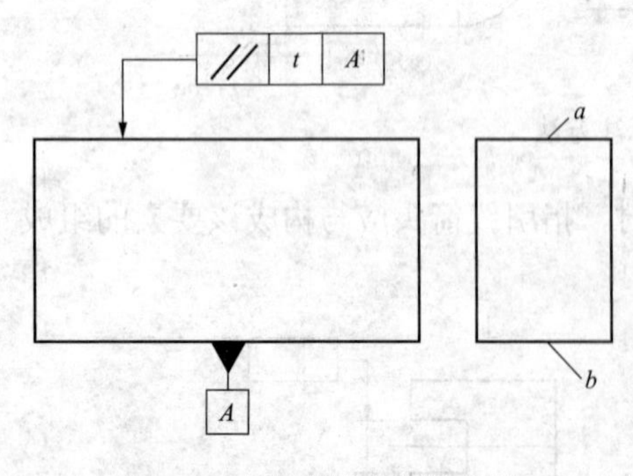

图 4-7 任选基准的标注方法

任选基准的标注方法如图 4-7 所示，表示 *a*、*b* 两个平面可以任一面作为基准。

4.2.4 常用的简化标注方法

当技术图样上标注几何公差要求时，为减少图样是上公差框格的数量，可采用以下简化注法：

（1）同一要素有多项几何公差要求时，可将这些框格绘制在一起，并引用一根指引线如图 4-8（a）所示。

（2）多个被测要素有相同的几何公差要求时，可以在从框格引出的指引线上绘制多个指示箭头并分别与各被测要素相连，如图 4-8（b）所示。

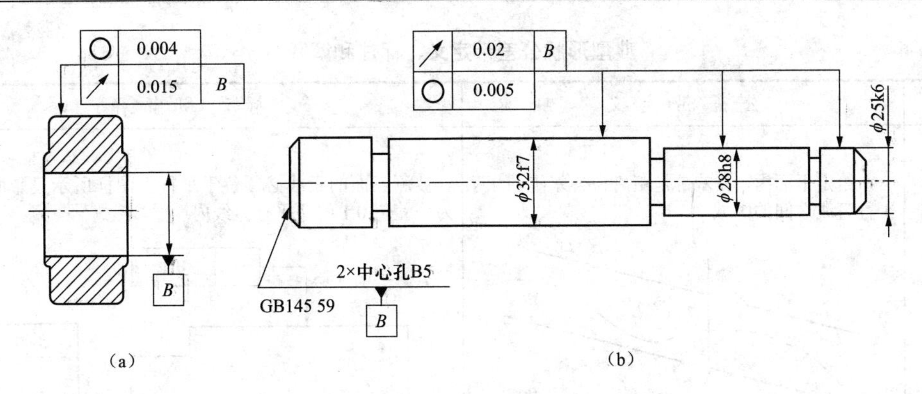

图 4-8 简化注法

4.2.5 其他标注方法

为了说明公差框格中所标注的几何公差的其他附加要求，可以在公差框格周围附加文字说明。如图 4-9 所示，属于被测要素数量或尺寸等说明写在公差框格的上方，属于解释性的说明写在公差框格的下方。

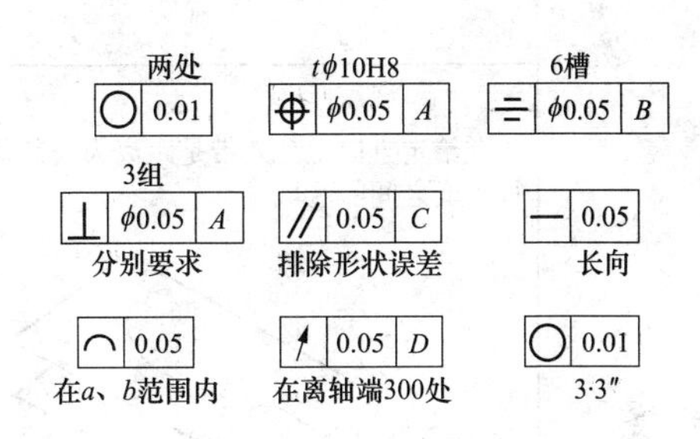

图 4-9 附加说明

·——检测方案的说明

表 4-5 给出了图样上经常使用的几何公差的其他符号。

表 4-5 几何公差其他符号

项目	符号	项目	符号
最大实体要求	Ⓜ	基准目标	$\frac{\phi 20}{A}$（圆圈内）
最小实体要求	Ⓛ	理论正确尺寸	[15]
包容要求	Ⓔ	不准凹下	(+)
可逆要求	(RR)	不准凸起	(−)
延伸公差带	Ⓟ	只许向小端减小	(◁)

4.3 几何公差带的特点分析

4.3.1 形状公差带的特点

典型形状公差带的定义、标注示例和解释见表 4-6。

形状公差带的特点如下：

形状公差都是对单一要素本身提出的要求。因此，形状公差带都不涉及基准，没有方向或位置的约束，可以随被测要素的有关尺寸、形状及位置的改变而浮动。

表 4-6 **典型形状公差带定义、标注和解释**

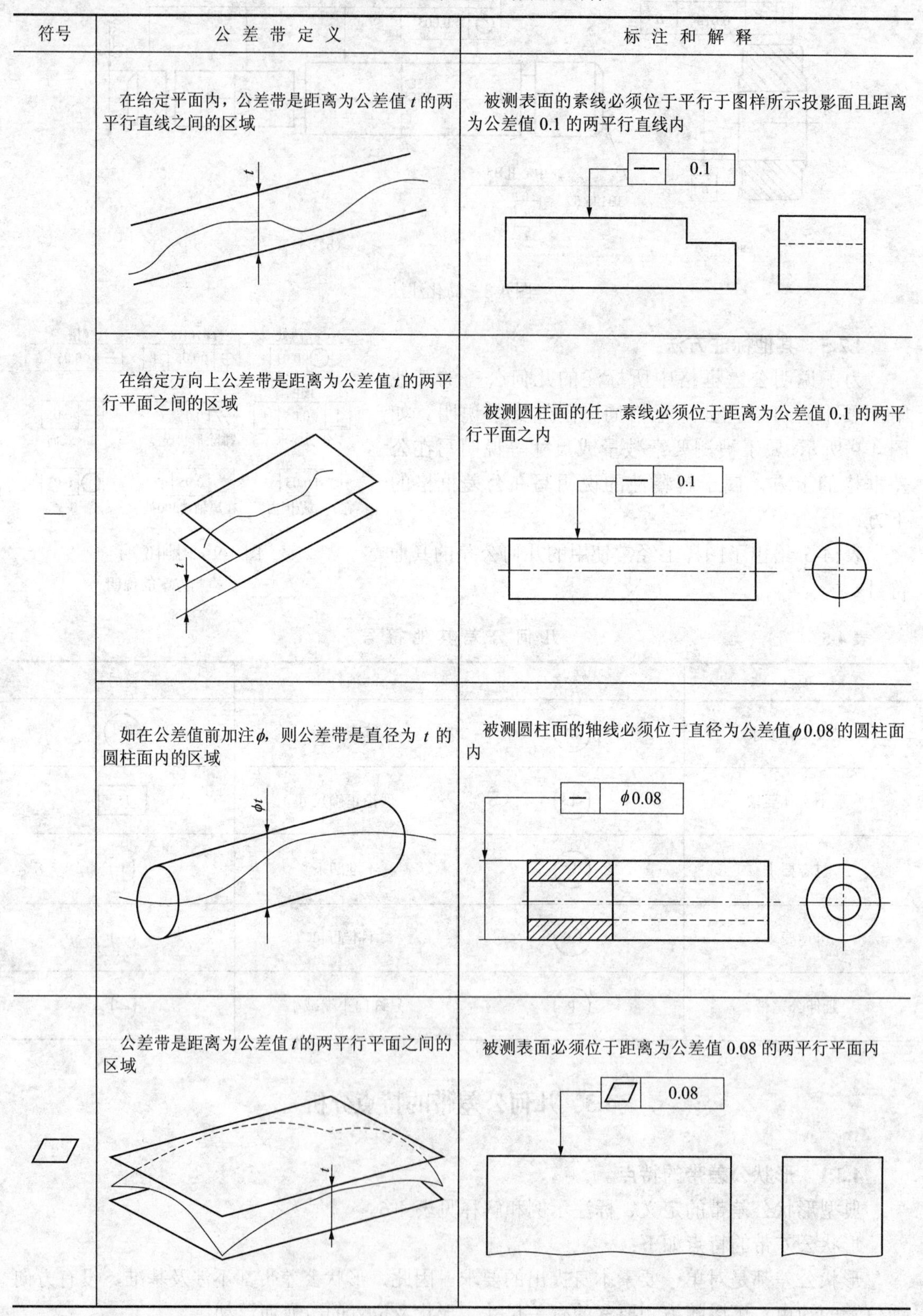

符号	公差带定义	标注和解释
—	在给定平面内，公差带是距离为公差值 t 的两平行直线之间的区域	被测表面的素线必须位于平行于图样所示投影面且距离为公差值 0.1 的两平行直线内
	在给定方向上公差带是距离为公差值 t 的两平行平面之间的区域	被测圆柱面的任一素线必须位于距离为公差值 0.1 的两平行平面之内
	如在公差值前加注 ϕ，则公差带是直径为 t 的圆柱面内的区域	被测圆柱面的轴线必须位于直径为公差值 ϕ0.08 的圆柱面内
▱	公差带是距离为公差值 t 的两平行平面之间的区域	被测表面必须位于距离为公差值 0.08 的两平行平面内

续表

符号	公差带定义	标注和解释
○	公差带是在同一正截面上，半径差为公差值 t 的两同心圆之间的区域 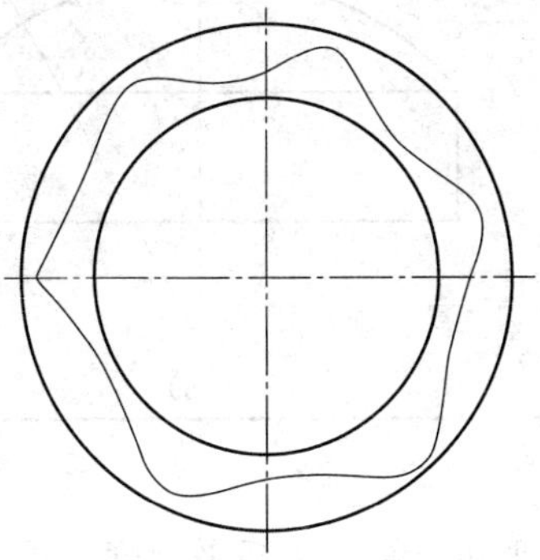	被测圆柱面任一正截面的圆周必须位于半径差为公差值 0.03 的两同心圆之间 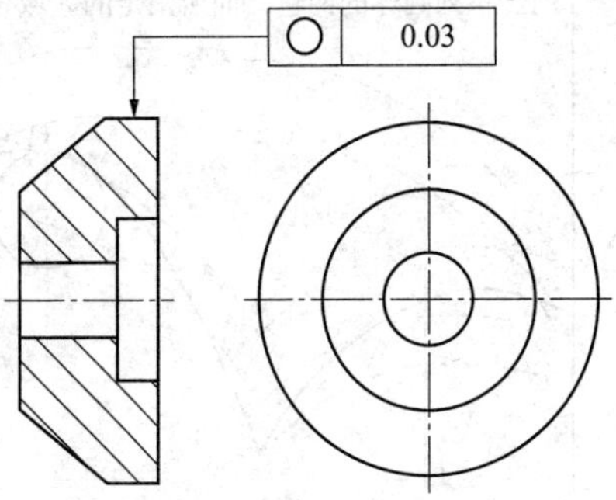 ○ 0.03 被测圆锥面任一正截面上的圆周必须位于半径差为公差值 0.1 的两同心圆之间 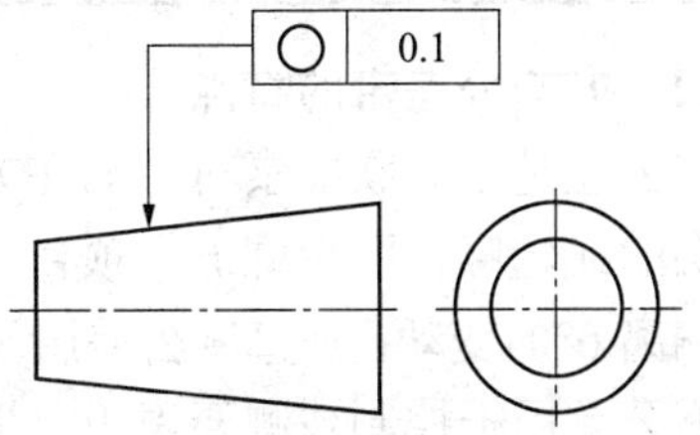 ○ 0.1
⌭	公差带是半径差为公差值 t 的两同轴圆柱面之间的区域 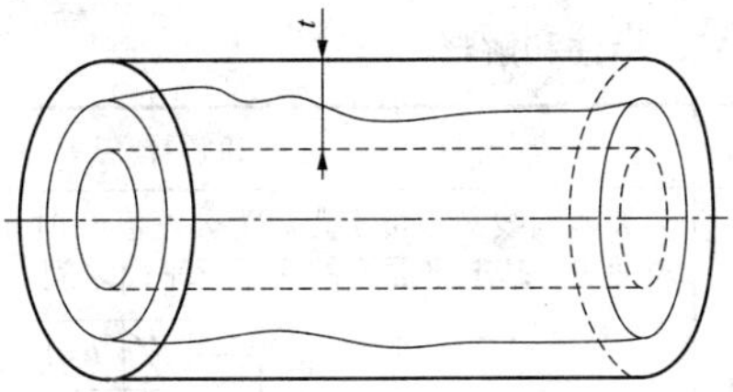 t	被测圆柱面必须位于半径差为公差值 0.1 的两同轴圆柱面之间 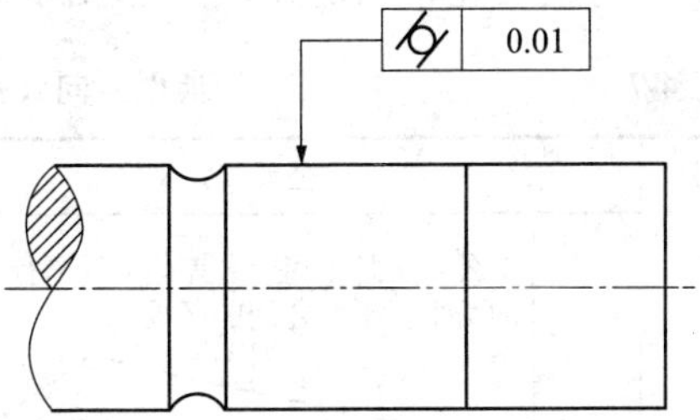 ⌭ 0.01
⌒	无基准要求的线轮廓度公差的公差带是直径为公差值 t，圆心位于具有理论正确几何形状上的一系列圆的两包络线所限定的区域 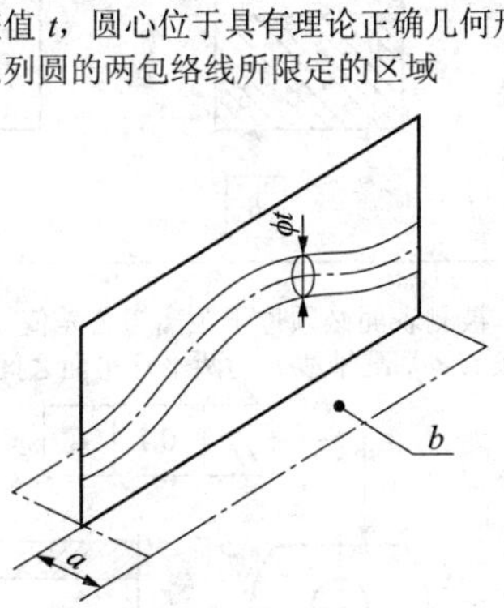 ϕt b a 图中：a 为任意距离；b 为与图（a）所示平面垂直的平面	在平行于图样所示投影面的任一截面上。被测轮廓线必须位于包络一系列直径为公差值 0.04、圆心位于具有理论正确几何形状的线上的两包络线所限定的区域 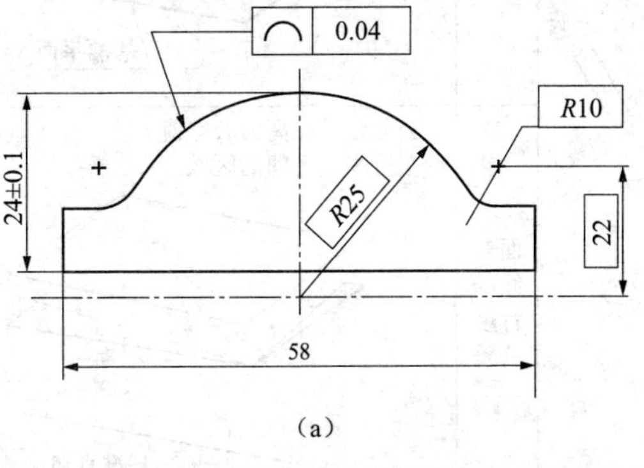 ⌒ 0.04 R10　24±0.1　R25　22　58 （a）

续表

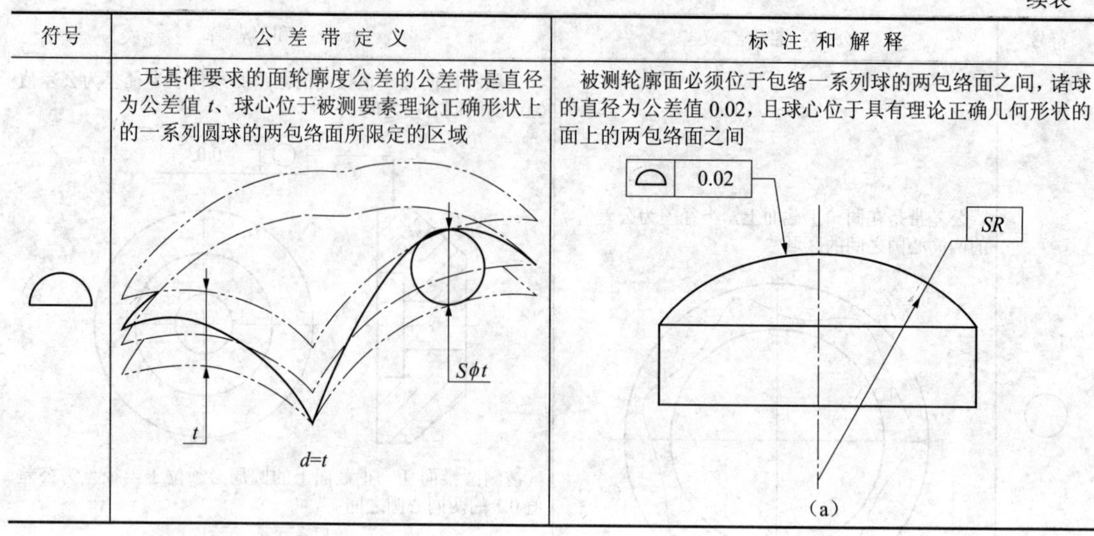

符号	公差带定义	标注和解释
（面轮廓度符号）	无基准要求的面轮廓度公差的公差带是直径为公差值 t、球心位于被测要素理论正确形状上的一系列圆球的两包络面所限定的区域	被测轮廓面必须位于包络一系列球的两包络面之间，诸球的直径为公差值 0.02，且球心位于具有理论正确几何形状的面上的两包络面之间 (a)

4.3.2 方向公差带的特点

方向公差是指关联要素对基准在方向上允许的变动全量，包括平行度、垂直度、倾斜度和有基准的线轮廓、面轮廓五个项目。其中，平行度公差用于控制被测要素相对于基准要素的方向偏离 0°的变动；垂直度公差用于控制被测要素相对于基准要素的方向偏离 90°的变动；而倾斜度公差用于控制被测要素相对于基准要素的方向偏离某一给定角度（介于 0°和 90°之间）的变动。

典型方向公差带的定义、标注示例和解释见表 4-7。

表 4-7　　典型方向公差带的定义、标注和解释

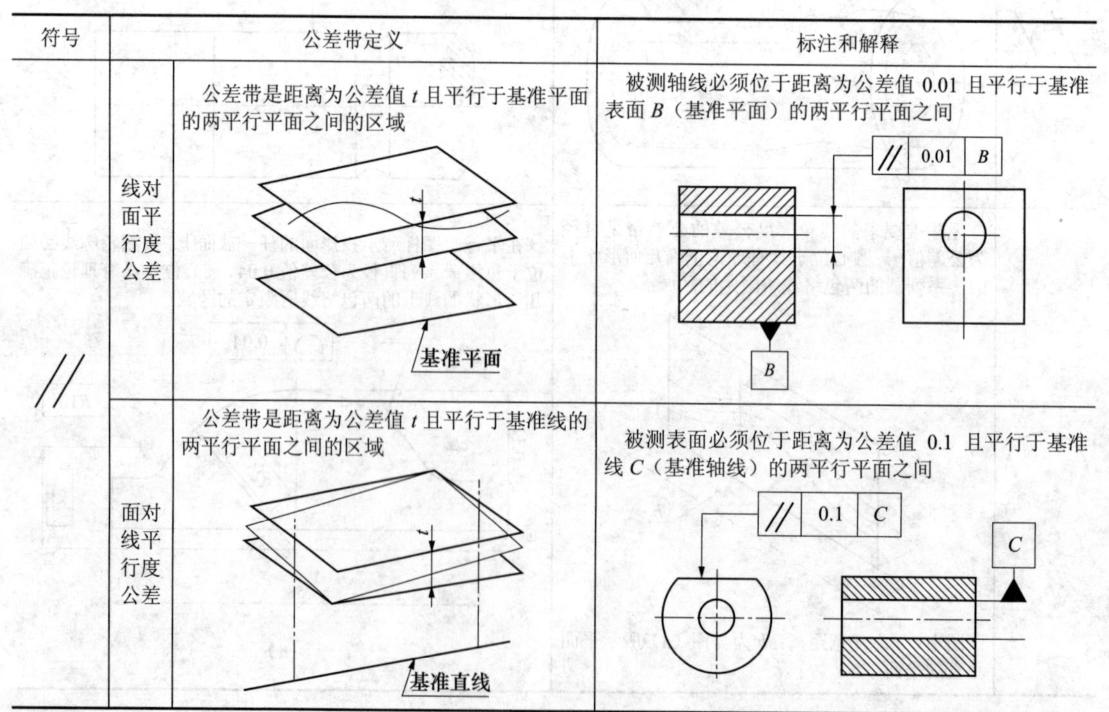

符号		公差带定义	标注和解释
//	线对面平行度公差	公差带是距离为公差值 t 且平行于基准平面的两平行平面之间的区域	被测轴线必须位于距离为公差值 0.01 且平行于基准表面 B（基准平面）的两平行平面之间
	面对线平行度公差	公差带是距离为公差值 t 且平行于基准线的两平行平面之间的区域	被测表面必须位于距离为公差值 0.1 且平行于基准线 C（基准轴线）的两平行平面之间

续表

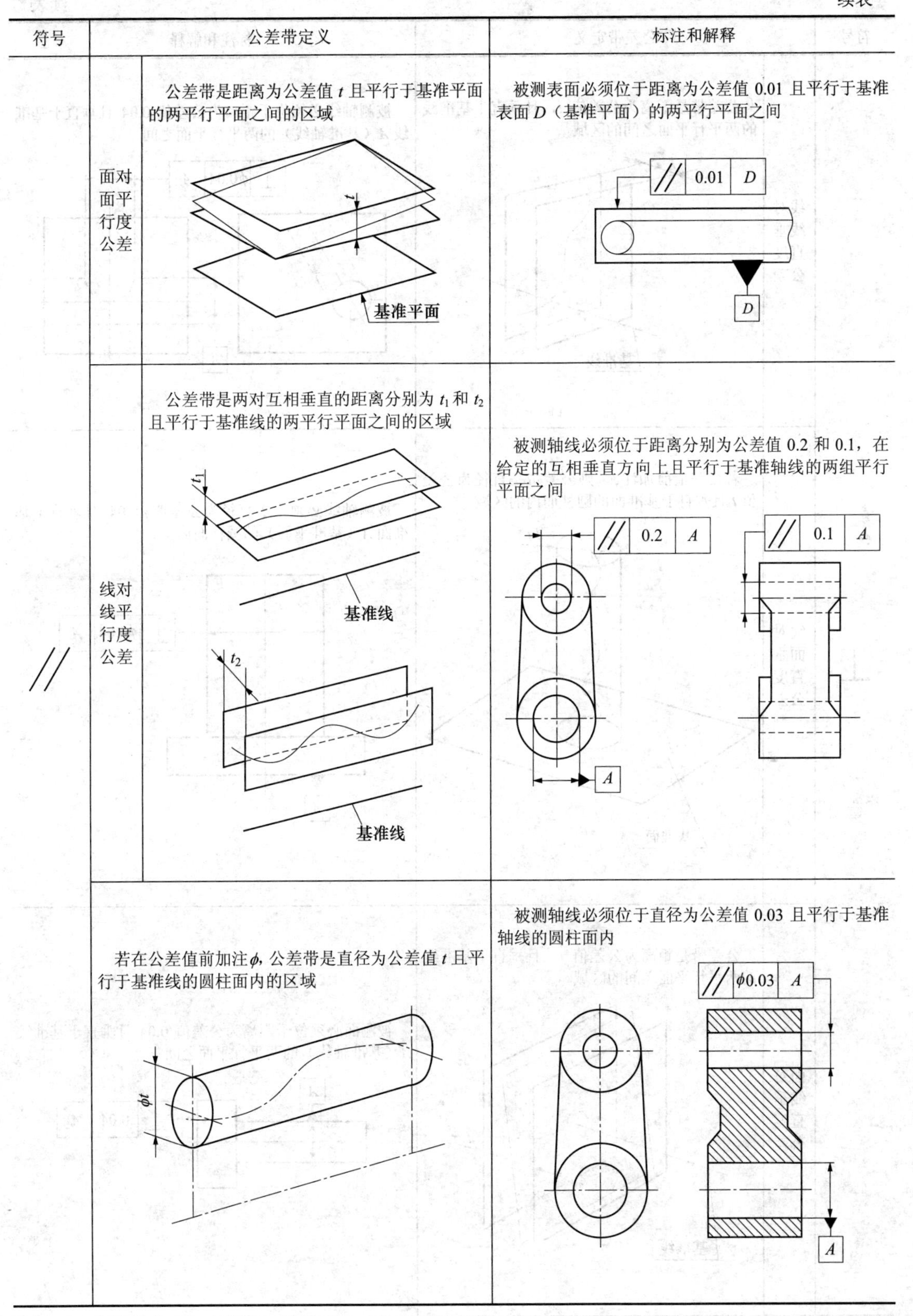

符号	公差带定义		标注和解释
//	面对面平行度公差	公差带是距离为公差值 t 且平行于基准平面的两平行平面之间的区域	被测表面必须位于距离为公差值 0.01 且平行于基准表面 D（基准平面）的两平行平面之间
	线对线平行度公差	公差带是两对互相垂直的距离分别为 t_1 和 t_2 且平行于基准线的两平行平面之间的区域	被测轴线必须位于距离分别为公差值 0.2 和 0.1，在给定的互相垂直方向上且平行于基准轴线的两组平行平面之间
		若在公差值前加注ϕ，公差带是直径为公差值 t 且平行于基准线的圆柱面内的区域	被测轴线必须位于直径为公差值 0.03 且平行于基准轴线的圆柱面内

续表

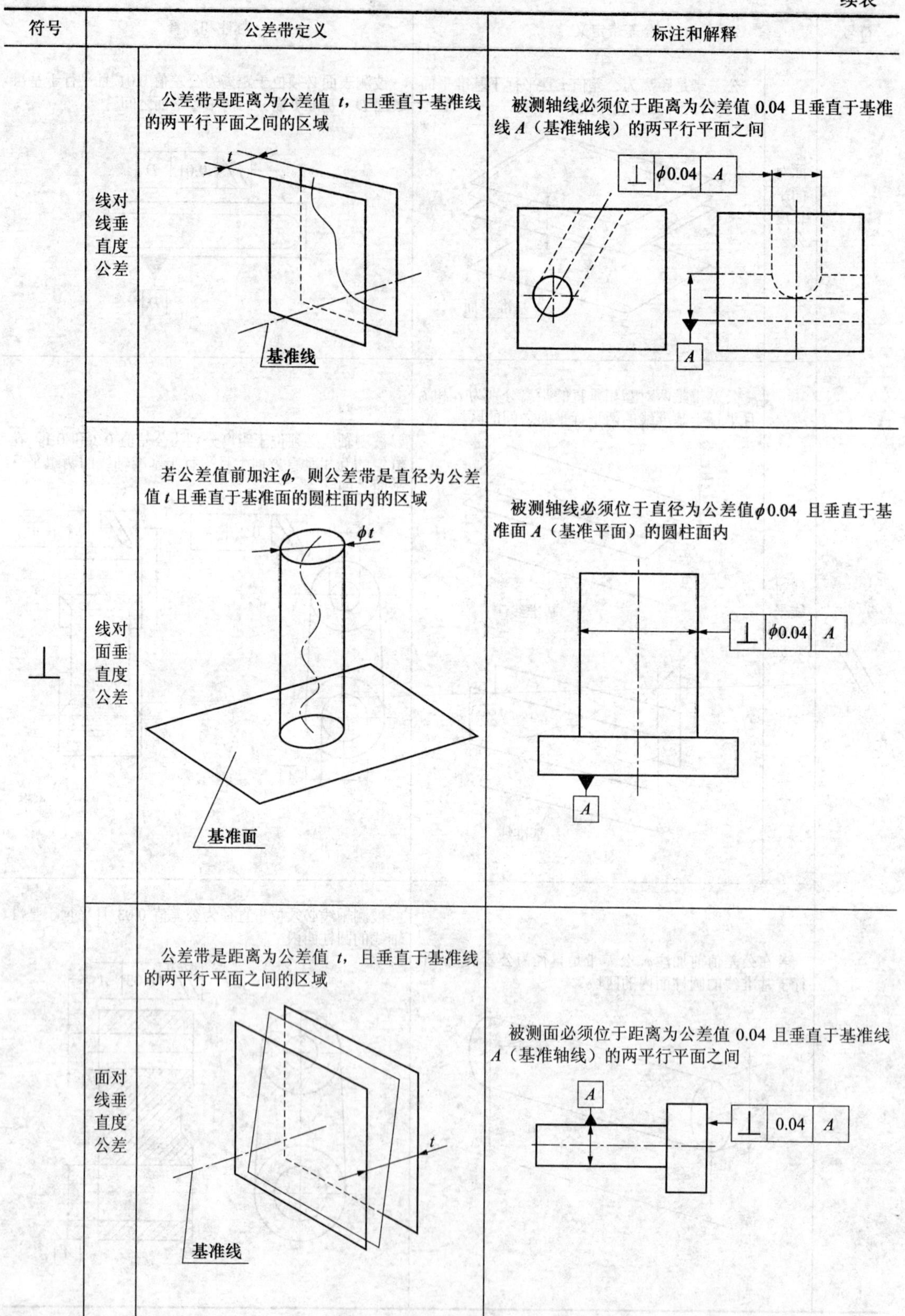

符号	公差带定义		标注和解释
⊥	线对线垂直度公差	公差带是距离为公差值 t，且垂直于基准线的两平行平面之间的区域	被测轴线必须位于距离为公差值 0.04 且垂直于基准线 A（基准轴线）的两平行平面之间
	线对面垂直度公差	若公差值前加注ϕ，则公差带是直径为公差值 t 且垂直于基准面的圆柱面内的区域	被测轴线必须位于直径为公差值ϕ0.04 且垂直于基准面 A（基准平面）的圆柱面内
	面对线垂直度公差	公差带是距离为公差值 t，且垂直于基准线的两平行平面之间的区域	被测面必须位于距离为公差值 0.04 且垂直于基准线 A（基准轴线）的两平行平面之间

续表

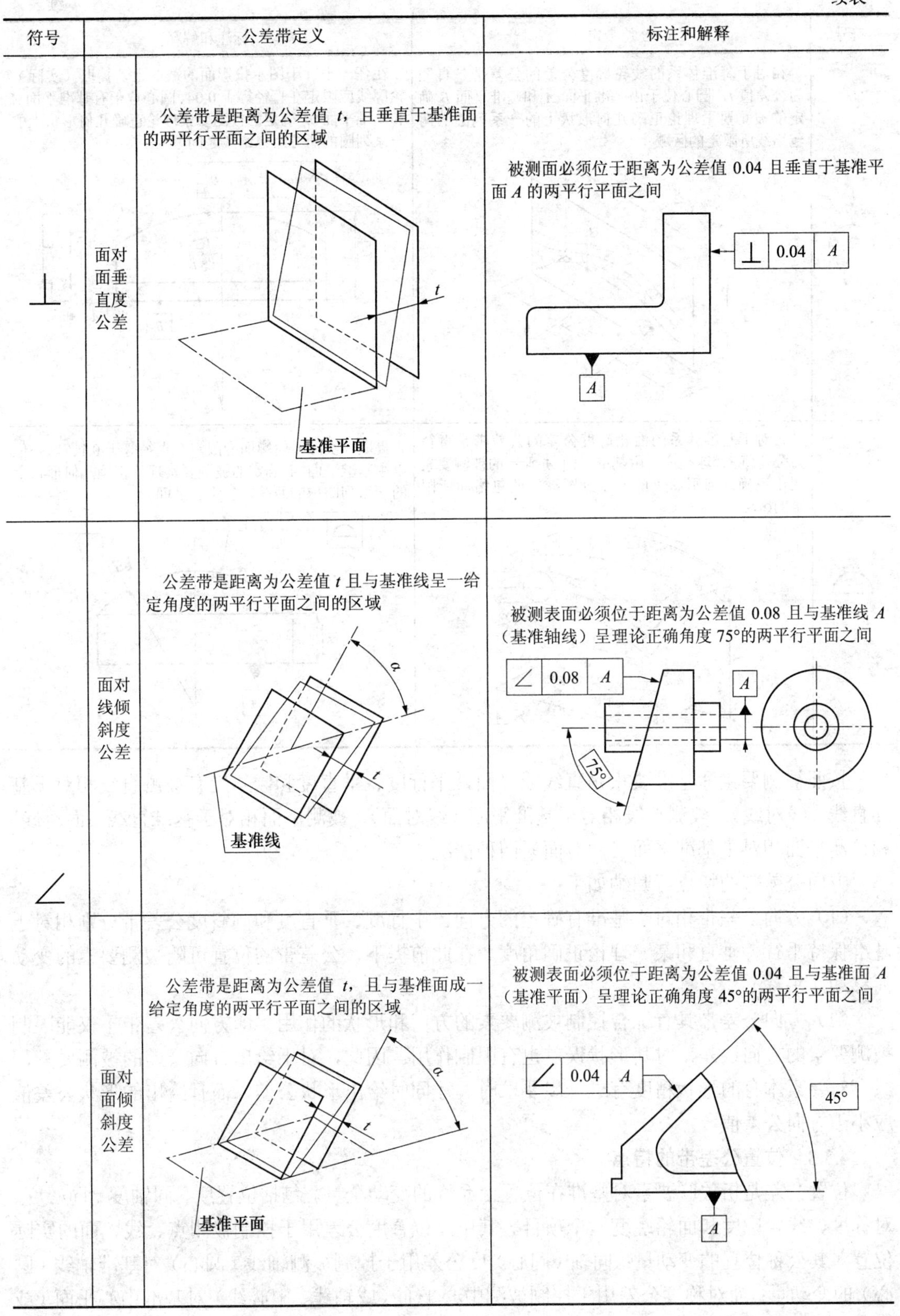

符号	公差带定义		标注和解释
⊥	面对面垂直度公差	公差带是距离为公差值 t，且垂直于基准面的两平行平面之间的区域	被测面必须位于距离为公差值 0.04 且垂直于基准平面 A 的两平行平面之间
∠	面对线倾斜度公差	公差带是距离为公差值 t 且与基准线呈一给定角度的两平行平面之间的区域	被测表面必须位于距离为公差值 0.08 且与基准线 A（基准轴线）呈理论正确角度 75°的两平行平面之间
	面对面倾斜度公差	公差带是距离为公差值 t，且与基准面成一给定角度的两平行平面之间的区域	被测表面必须位于距离为公差值 0.04 且与基准面 A（基准平面）呈理论正确角度 45°的两平行平面之间

续表

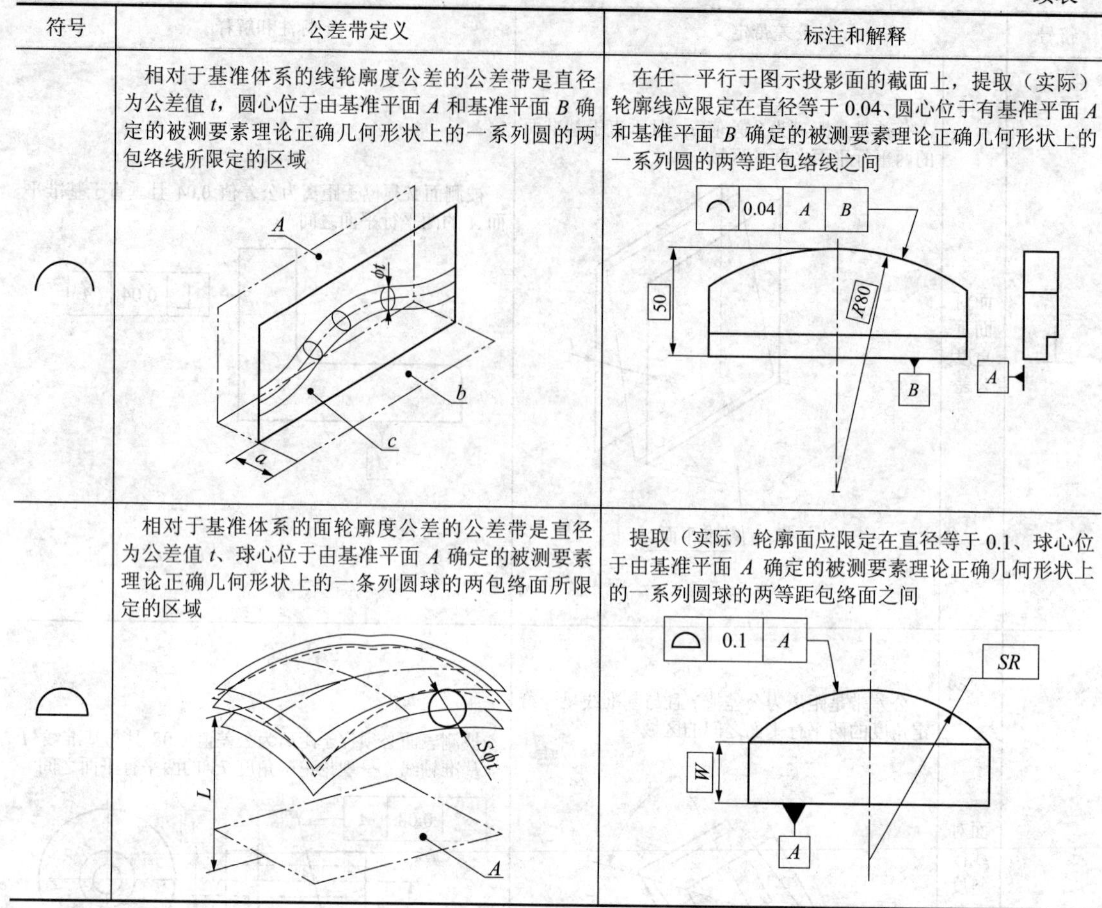

符号	公差带定义	标注和解释
⌒	相对于基准体系的线轮廓度公差的公差带是直径为公差值 t，圆心位于由基准平面 A 和基准平面 B 确定的被测要素理论正确几何形状上的一系列圆的两包络线所限定的区域	在任一平行于图示投影面的截面上，提取（实际）轮廓线应限定在直径等于 0.04、圆心位于有基准平面 A 和基准平面 B 确定的被测要素理论正确几何形状上的一系列圆的两等距包络线之间
⌓	相对于基准体系的面轮廓度公差的公差带是直径为公差值 t、球心位于由基准平面 A 确定的被测要素理论正确几何形状上的一条列圆球的两包络面所限定的区域	提取（实际）轮廓面应限定在直径等于 0.1、球心位于由基准平面 A 确定的被测要素理论正确几何形状上的一系列圆球的两等距包络面之间

按照被测要素和基准要素是直线或平面，平行度、垂直度和倾斜度有被测直线相对于基准直线（线对线）、被测直线相对于基准平面（线对面）、被测平面相对于基准直线（面对线）和被测平面相对于基准平面（面对面）四种情况。

方向公差带的特点可归纳如下：

（1）方向公差带相对于基准有确定的方向。平行度、垂直度和倾斜度公差带分别相对于基准保持平行、垂直和某一理论正确角度。在此前提下，公差带的位置可随被测要素的变动而移动（平移）。

（2）方向公差带具有综合控制被测要素的方向和形状的作用。即方向公差带不仅能限制被测要素的方向误差，对其形状误差也有限制作用。因此，对于给出方向公差的被测要素，只有对要素本身的形状精度有进一步要求时，才同时给出形状公差，而且给出的形状公差值应小于方向公差值。

4.3.3 位置公差带的特点

位置公差是指关联要素对基准在位置上允许的变动全量。包括位置度、同轴度、同心度、对称度、线轮廓度和面轮廓度六个项目。其中，位置度公差用于控制被测点、线、面的实际位置对其公称位置的变动量；同轴（同心）度公差用于控制被测轴线（圆心）对基准轴线（圆心）的变动量；而对称度公差用于控制被测中心平面（或轴线、中心线）对基准中心平面（或轴线、中心线）的变动量。

表 4-8 列出了典型位置公差带的定义、标注示例和解释。

对称度公差有面对面、线对面、面对线和线对线四种情况；相对于基准体系的线轮廓度和面轮廓度同方向公差带特点。

位置公差带的特点可归纳如下：

（1）位置公差带具有确定的位置，不能浮动，其位置是由理论正确尺寸相对于基准决定的。同轴度和对称度公差带的特点是公称被测要素与基准要素重合，因此用于确定公差带相对于基准位置的理论正确尺寸为零。

（2）位置公差带具有综合控制被测要素的位置、方向和形状的作用。即定位公差带不仅能控制被测要素的位置误差，对其方向和形状误差也有控制作用。因此，对于给出位置公差的被测要素，只有对其形状和方向精度有更高的要求时，才另行给出形状或定向公差，且公差值应满足 $t_{定位} > t_{定向} > t_{形状}$。

表 4-8　典型位置公差带的定义、标注和解释

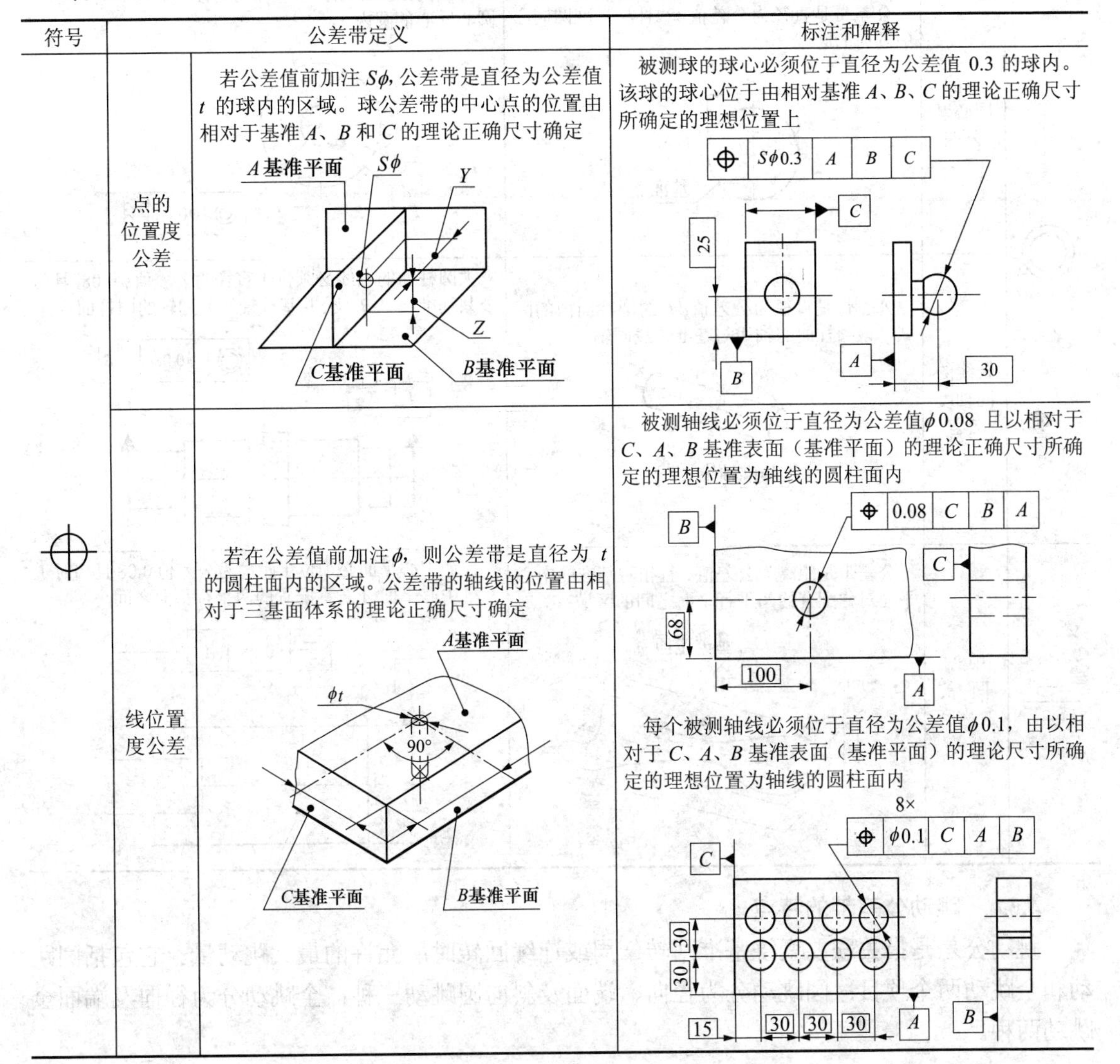

符号	公差带定义		标注和解释
⌖	点的位置度公差	若公差值前加注 $S\phi$，公差带是直径为公差值 t 的球内的区域。球公差带的中心点的位置由相对于基准 A、B 和 C 的理论正确尺寸确定	被测球的球心必须位于直径为公差值 0.3 的球内。该球的球心位于由相对基准 A、B、C 的理论正确尺寸所确定的理想位置上
	线位置度公差	若在公差值前加注 ϕ，则公差带是直径为 t 的圆柱面内的区域。公差带的轴线的位置由相对于三基面体系的理论正确尺寸确定	被测轴线必须位于直径为公差值 $\phi 0.08$ 且以相对于 C、A、B 基准表面（基准平面）的理论正确尺寸所确定的理想位置为轴线的圆柱面内 每个被测轴线必须位于直径为公差值 $\phi 0.1$，由以相对于 C、A、B 基准表面（基准平面）的理论尺寸所确定的理想位置为轴线的圆柱面内

续表

符号	公差带定义		标注和解释
⌖	平面或中心平面的位置度公差	公差带是距离为公差值 t，且以面的理想位置为中心对称配置的两平行平面之间的区域。面的理想位置是由相对于三基面体系的理论正确尺寸确定的 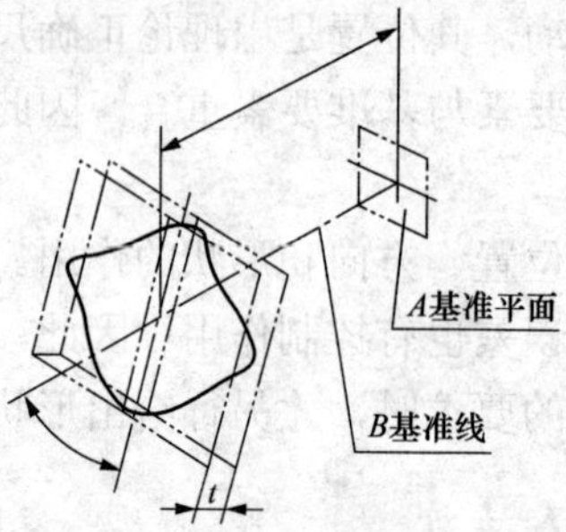	被测表面必须位于距离为公差值 0.05，由以相对于基准线 B（基准轴线）和基准表面 A（基准平面）的理论正确尺寸所确定的理想位置对称配置的两平行平面之间 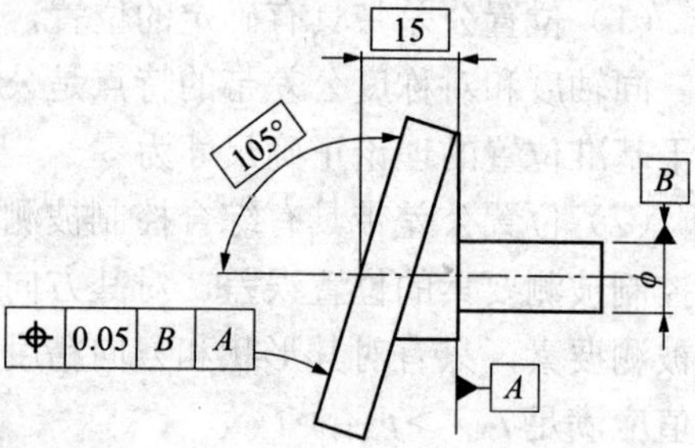
◎	点的同心度公差	公差带是直径为公差值 ϕt 且与基准圆同心的圆内的区域 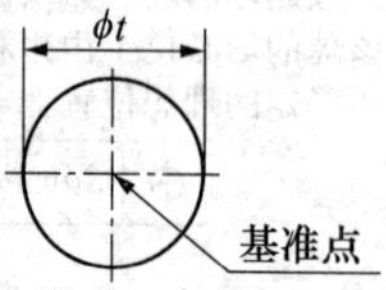	外圆的圆心必须位于直径为公差值 $\phi 0.01$ 且与基准圆心同心的圆内 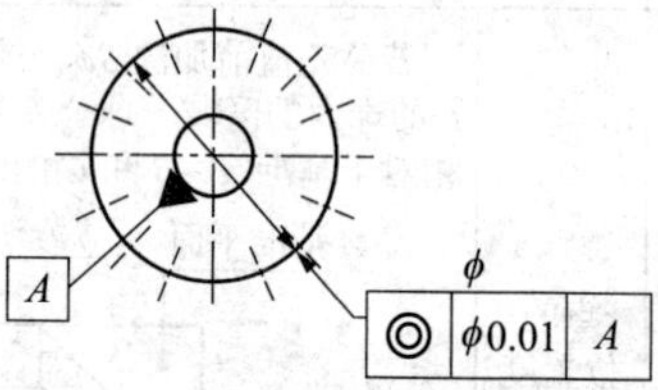
	轴线的同轴度公差	公差带是直径为公差值 ϕt 的圆柱面内的区域，该圆柱面的轴线与基准轴线同轴 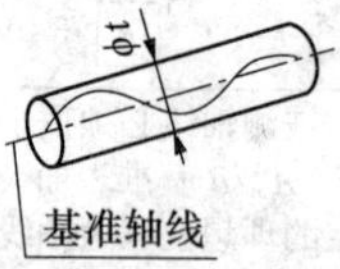	大圆柱面的轴线必须位于直径为公差值 $\phi 0.08$ 且与公共基准线 A-B（公共基准轴线）同轴的圆柱面内 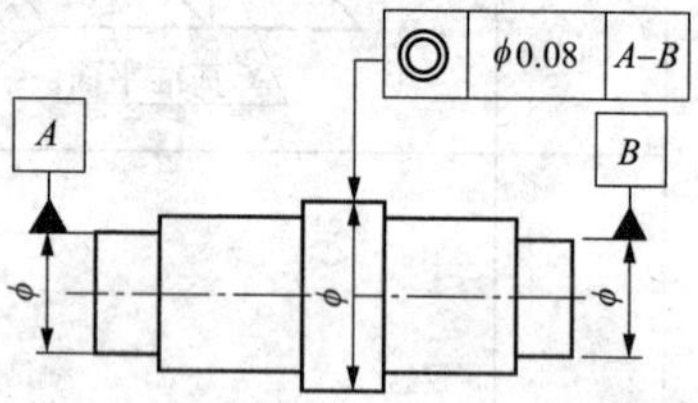
═	中心平面的对称度公差	公差带是距离为公差值 t 且相对基准的中心平面对称配置的两平行平面之间的区域 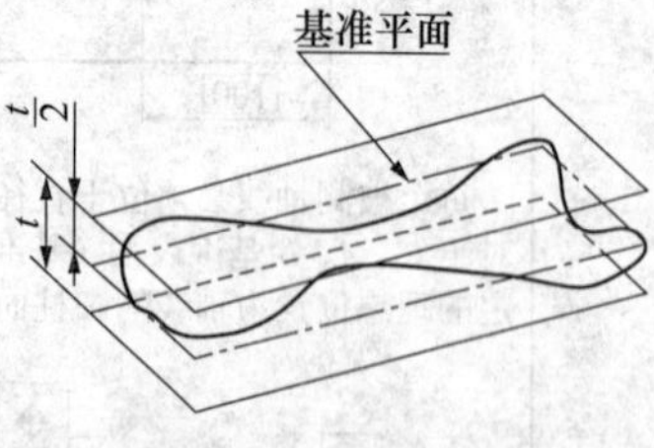	被测中心平面必须位于距离为公差值 0.08 且相对于基准中心平面 A 对称配置的两平行平面之间 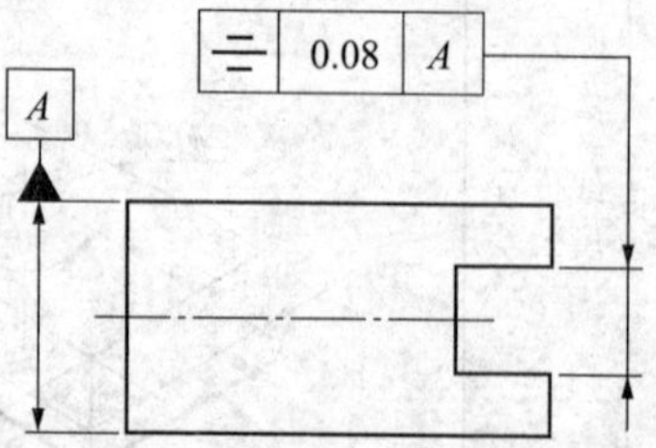

4.3.4 跳动公差带的特点

跳动公差是指关联要素绕基准回转一周或连续回转时所允许的最大跳动量。它包括圆跳动和全跳动两个项目：圆跳动分为径向、端面及斜向圆跳动三种；全跳动分为径向及端面全跳动两种。

典型跳动公差带的定义、标注示例和解释见表 4-9。

表 4-9　　典型跳动公差带的定义、标注示例和解释

符号	公差带定义		标注和解释
↗	径向圆跳动公差	公差带是在垂直于基准轴线的任一测量平面内，半径差为公差值 t，且圆心在基准轴线上的两同心圆之间的区域 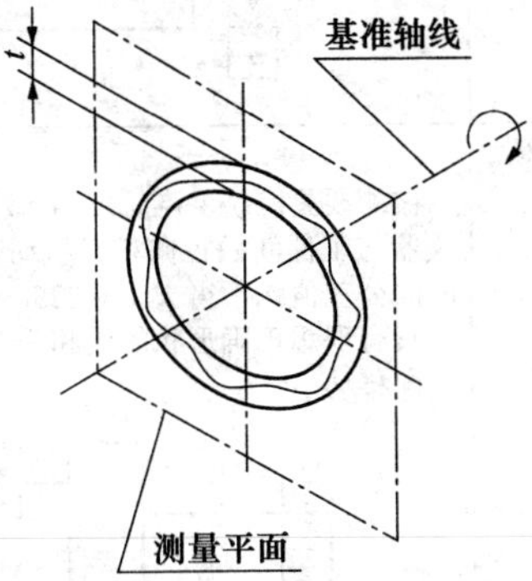 基准轴线 测量平面	当被测要素围绕准线 A（基准轴线）并同时受基准表面 B（基准平面）的约束旋转一周时，在任一测量平面内的径向圆跳动量均不得大于 0.2 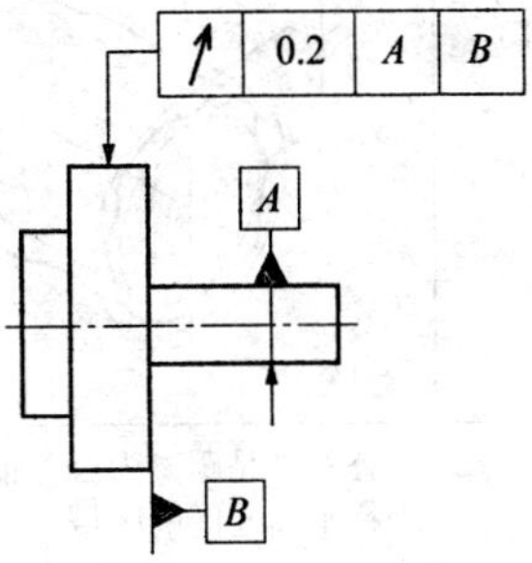 当被测要素围绕公共基准线 A-B（公共基准轴线）旋转一周时，在任一测量平面内的径向圆跳动量均不得大于 0.2 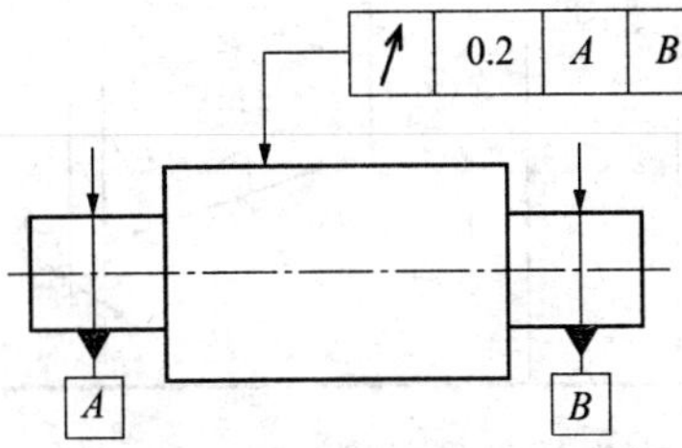
	端面圆跳动公差	公差带是在与基准同轴的任一半径位置的测量圆柱面上距离为 t 的两圆之间的区域 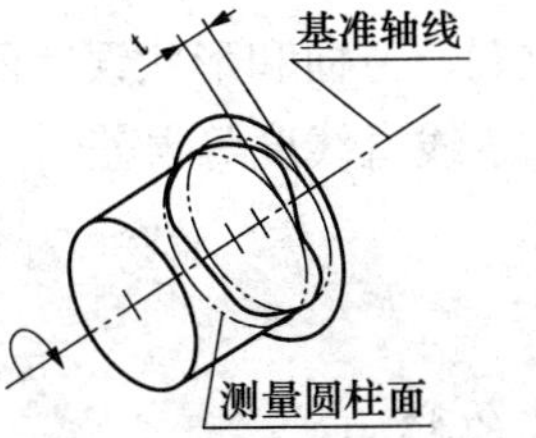 基准轴线 测量圆柱面	被测面围绕基准线 D（基准轴线）旋转一周时，在任一测量圆柱面内轴向的跳动量均不得大于 0.1 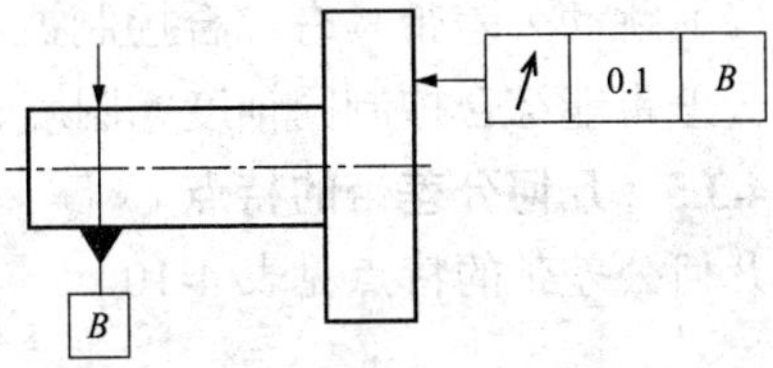
	斜向圆跳动公差	公差带是在与基准同轴的任一测量圆锥面上距离为 t 的两圆之间的区域。 除另有规定、其测量方向应与被测面垂直 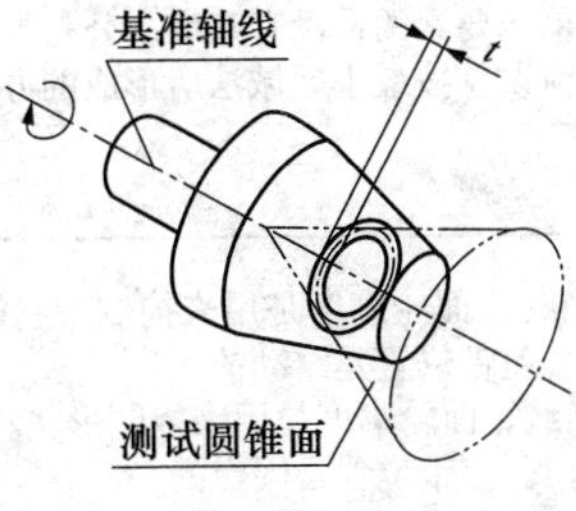 基准轴线 测试圆锥面	被测面绕基准线 C（基准轴线）旋转一周时，在任一测量圆锥面上的跳动量均不得大于 0.1 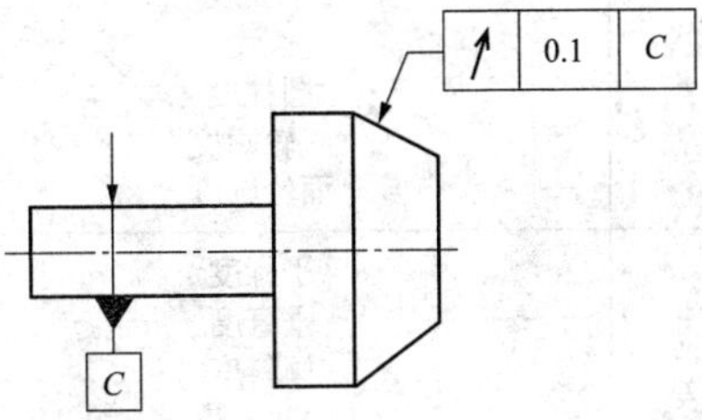

续表

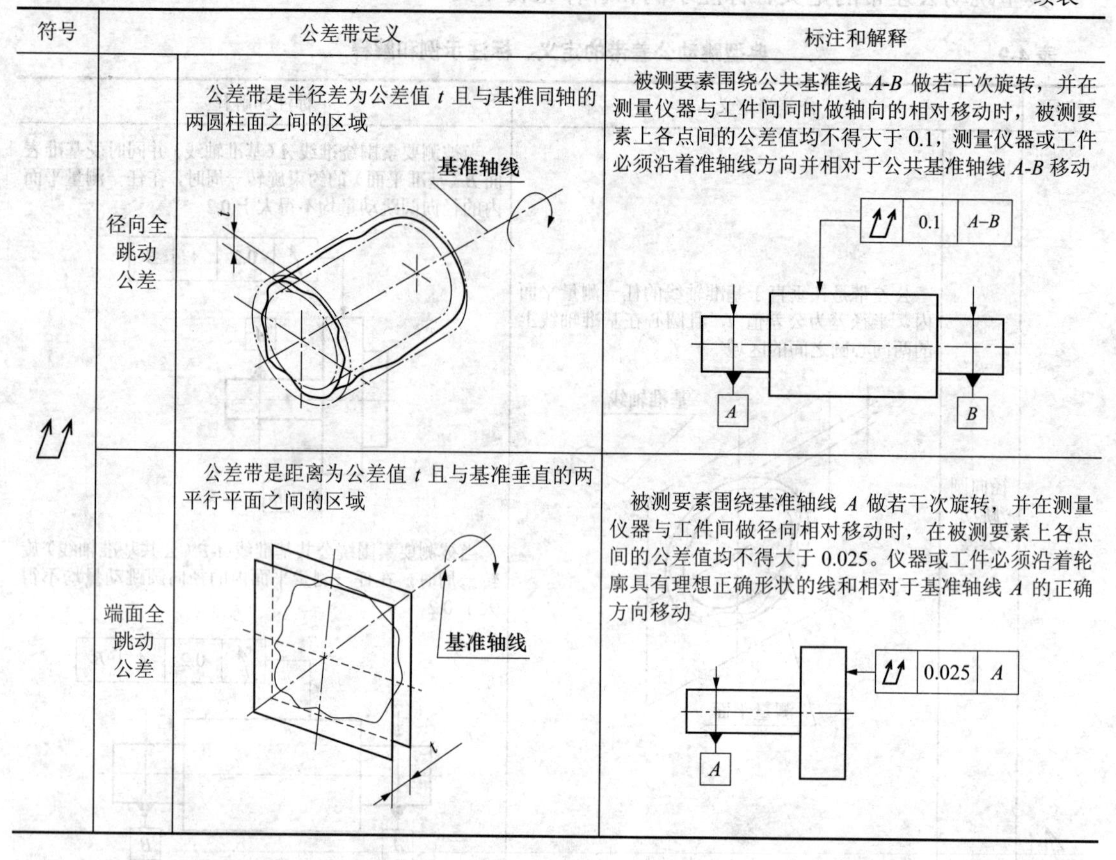

符号		公差带定义	标注和解释
↗↗	径向全跳动公差	公差带是半径差为公差值 t 且与基准同轴的两圆柱面之间的区域 基准轴线	被测要素围绕公共基准线 A-B 做若干次旋转，并在测量仪器与工件间同时做轴向的相对移动时，被测要素上各点间的公差值均不得大于 0.1，测量仪器或工件必须沿着准轴线方向并相对于公共基准轴线 A-B 移动 ↗↗ 0.1 A–B A B
	端面全跳动公差	公差带是距离为公差值 t 且与基准垂直的两平行平面之间的区域 基准轴线	被测要素围绕基准轴线 A 做若干次旋转，并在测量仪器与工件间做径向相对移动时，在被测要素上各点间的公差值均不得大于 0.025。仪器或工件必须沿着轮廓具有理想正确形状的线和相对于基准轴线 A 的正确方向移动 ↗↗ 0.025 A A

跳动公差带的特点可归纳如下：

（1）跳动公差带相对于基准轴线有确定的位置或方向。例如，圆跳动和径向全跳动公差带的中心（或轴线）必须在基准轴线上。

（2）跳动公差带具有综合控制被测要素的位置、方向和形状误差的作用。例如，径向全跳动公差带能综合控制同轴度、圆度、圆柱度、素线直线度等误差。

4.3.5 几何公差带的特点

几何公差带的特点见表 4-10。

表 4-10 几何公差带的特点

公差类型		特点
形状公差	直线度 平面度 圆度 圆柱度 线轮廓度 面轮廓度	都是单一要素的；没有基准；公差带位置是浮动的；公差带方向与几何误差按最小区域法所形成的方向一致
方向公差	平行度 垂直度 倾斜度 线轮廓度 面轮廓度	1．当线、面轮廓度是用来控制形状时，它是单一要素，没有基准，公差带位置是浮动的 2．当线、面轮廓度是用来控制形状和位置时，它是关联要素，有基准，公差带位置是固定的

续表

<table>
<tr><th colspan="2">公差类型</th><th>特点</th></tr>
<tr><td>位置公差</td><td>位置度
同心度
同轴度
对称度
线轮廓度
面轮廓度</td><td rowspan="2">都是关联要素，有基准，公差带都是浮动的，方向都为框格指引线所指方向</td></tr>
<tr><td>跳动公差</td><td>圆跳动
全跳动</td></tr>
</table>

4.4 公差原则

零件几何参数的质量取决于尺寸、形状、位置、粗糙度等各种加工误差的综合结果。例如一件加工弯曲了的轴，尽管各处局部实际尺寸都在规定的公差带内，但由于形状误差过大就不能与相配的孔顺利装配，如图 4-10（a）所示。此时要想能够顺利装配，对于轴来说，若不减小其形状误差，则必须减小轴的直径，如图 4-10（b）所示；若不减小轴的直径，则必须减小形状误差，如图 4-10（c）所示。前者能达到装配的目的，且对制造工艺要求较低，可降低成本，但会影响运动精度、对中精度、耐磨性等其他方面的功能要求；后者则可全面提高零件质量，但对制造工艺要求较高，增加了成本。

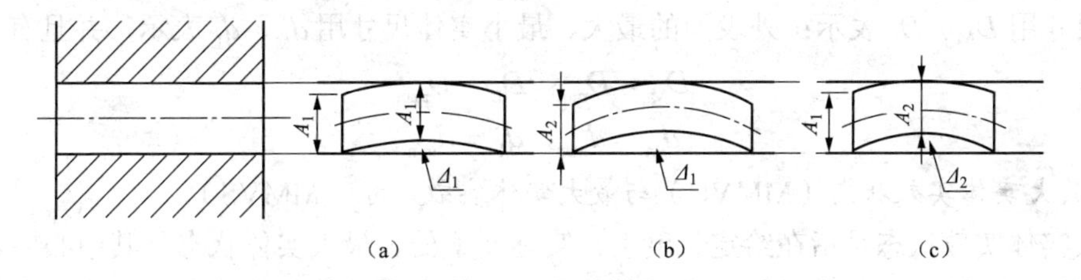

图 4-10 尺寸误差与形状误差的综合影响

有些情况，可能要求形状很精确，而尺寸的变化可以相对大一些。

在设计零件时，就必须根据各种具体情况合理地规定尺寸公差和几何公差。这就需要正确处理尺寸公差与几何公差之间的关系。

目前，处理尺寸公差与几何公差之间的关系，有两种原则，即独立原则与相关原则。所谓独立原则，就是图样上给定的几何公差与尺寸公差相互无关，分别满足要求的公差原则。所谓相关要求，就是图样上给定的几何公差与尺寸公差相互有关的公差要求。采用相关要求时，被测要素的尺寸公差和几何公差在一定条件下可以互相转化。相关要求中又有包容要求和最大实体要求、最小实体要求之分。

4.4.1 有关公差原则的术语及定义

有关公差原则的术语和定义及主要涉及的相关原则，主要有以下 6 项：

1. 体外作用尺寸

在被测要素的给定长度上，与实际内表面体外相接的最大理想面或与实际外表面体外相接的最小理想面的直径或宽度。对于单一要素，简称体外作用尺寸，如图 4-11（a）所示；对于关联要素，则简称关联体外作用尺寸，此时该理想面的轴线或中心平面必须与基准保持图样上给定的几何关系，如图 4-11（b）所示。内、外表面的体外作用尺寸分别用 D_{fe} 和 d_{fe} 表示。

2. 体内作用尺寸

在被测要素的给定长度上，与实际内表面体内相接的最小理想面或与实际外表面体内相接的最大理想面的直径或宽度。对单一要素，简称体内作用尺寸，如图 4-12（a）所示；对关联要素，则简称关联体内作用尺寸，此时该理想面的轴线或中心平面必须与基准保持图样上给定的几何关系，如图 4-12（b）所示。内、外表面的体内作用尺寸分别用 D_{fi} 和 d_{fi} 表示。

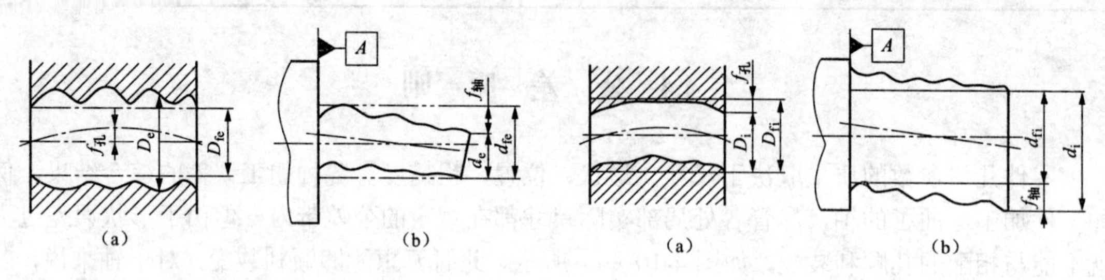

图 4-11 体外作用尺寸　　　　图 4-12 体内作用尺寸

3. 最大、最小实体状态（MMC，LMC）与最大、最小实体尺寸（MMS，LMS）

最大（最小）实体状态是指实际要素在给定长度上处处位于尺寸极限之内并具有实体最大（最小）时的状态。该状态下的极限尺寸称为最大（最小）实体尺寸。内表面的最大、最小实体尺寸用 D_M、D_L 表示；外表面的最大、最小实体尺寸用 d_M、d_L 表示，并且有

$$D_M = D_{min},\ D_L = D_{max} \tag{4-1}$$

$$d_M = d_{max},\ d_L = d_{min} \tag{4-2}$$

4. 最大实体实效状态（MMVC）与最大实体实效尺寸（MMVS）

最大实体实效状态是指在给定长度上，实际要素处于最大实体状态且其中心要素的形状或位置误差等于给出公差值时的综合极限状态。该状态下的体外作用尺寸称为最大实体实效尺寸。对于关联要素，简称为关联最大实体实效尺寸。内、外表面的最大实体实效尺寸分别用 D_{MV}、d_{MV} 表示，其计算公式为

$$D_{MV} = D_M - t \tag{4-3}$$

$$d_{MV} = d_M + t \tag{4-4}$$

式中　t——中心要素的几何公差值。

5. 最小实体实效状态（LMVC）与最小实体实效尺寸（LMVS）

最小实体实效状态是指在给定长度上，实际要素处于最小实体状态且其中心要素的形状或位置误差等于给出公差值时的综合极限状态。该状态下的体内作用尺寸称为最小实体实效尺寸。对于关联要素，简称为关联最小实体实效尺寸。内、外表面的最小实体实效尺寸分别用 D_{LV}、d_{LV} 表示，其计算公式为

$$D_{LV} = D_L + t \tag{4-5}$$

$$d_{LV} = d_L - t \tag{4-6}$$

例如，图 4-13（a）所示的轴，当轴分别处于最大实体状态［见图 4-13（b）］和最小实

体状态［见图 4-13（c）］，且其轴线的直线度误差正好等于给出的直线度公差ϕ0.012mm 时，则轴分别处于最大、最小实体实效状态。

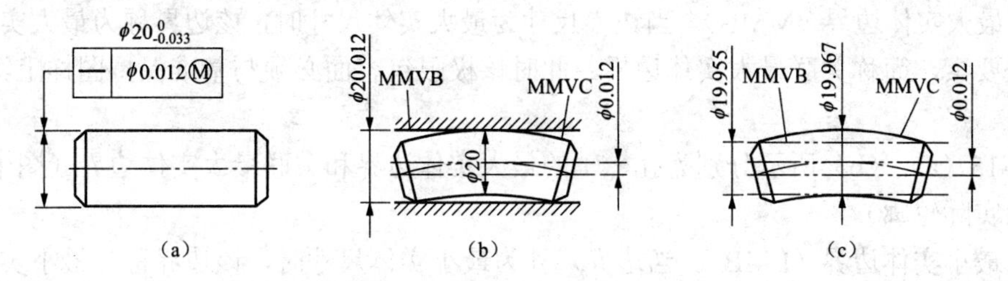

图 4-13 单一要素的实效状态

轴的最大实体实效尺寸

$$d_{\mathrm{MV}}=d_{\mathrm{M}}+t=20+0.012=20.012\ (\mathrm{mm})$$

最小实体实效尺寸

$$d_{\mathrm{LV}}=d_{\mathrm{L}}-t=19.967-0.012=19.955\ (\mathrm{mm})$$

又如图 4-14（a）所示的孔，当孔分别处于最大实体状态［见图 4-14（b）］和最小实体状态［见图 4-14（c）］，且孔的轴线对基准端面 A 的垂直度误差正好等于给出的垂直度公差ϕ0.3mm 时，则孔分别处于最大、最小实体实效状态。

孔的关联最大实体实效尺寸

$$D_{\mathrm{MV}}=D_{\mathrm{M}}-t=15-0.3=14.7\ (\mathrm{mm})$$

关联最小实体实效尺寸

$$D_{\mathrm{LV}}=D_{\mathrm{L}}+t=15.5+0.3=15.8\ (\mathrm{mm})$$

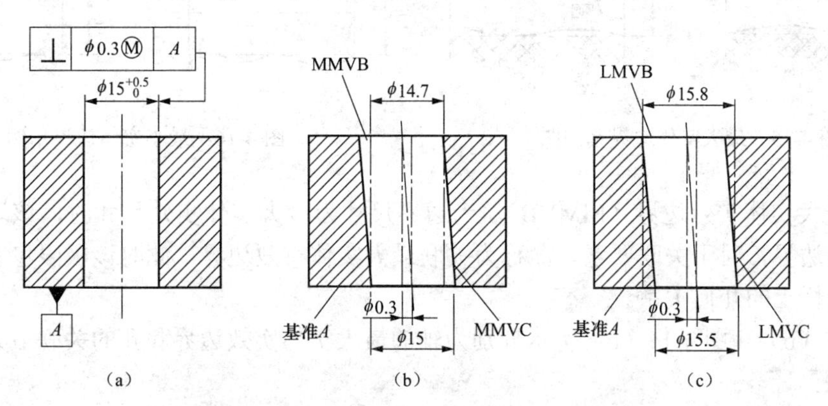

图 4-14 关联要素的实效状态

由式（4-3）～式（4-6）可以看出，实效尺寸为合格要素的作用尺寸的极限值。即对于外表面，最大、最小实体实效尺寸分别为体外作用尺寸的最大值、体内作用尺寸的最小值；对于内表面，最大、最小实体实效尺寸分别为体外作用尺寸的最小值、体内作用尺寸的最大值。

6. 边界

边界是由设计时给定的具有理想形状的极限包容面（圆柱面或两平行平面）。该包容面的直径或距离称为边界尺寸。

边界的作用是综合控制要素的尺寸和几何误差。根据要素的功能和经济性要求，可定义几种不同的边界。

（1）最大实体边界（MMB）。当边界尺寸为最大实体尺寸时，该边界称为最大实体边界。对于关联要素，简称关联最大实体边界，此时该极限包容面必须与基准保持图样上给定的几何关系。

图 4-15（a）、（b）所示分别为孔、轴的最大实体边界和关联最大实体边界（图中 *S* 为被测要素的实际轮廓）。

（2）最小实体边界（LMB）。当边界尺寸为最小实体尺寸时，该边界称为最小实体边界。对于关联要素，简称关联最小实体边界，此时该极限包容面必须与基准保持图样上给定的几何关系。

图 4-16（a）、（b）所示分别为孔、轴的最小实体边界和关联最小实体边界（图中 *S* 为被测要素的实际轮廓）。

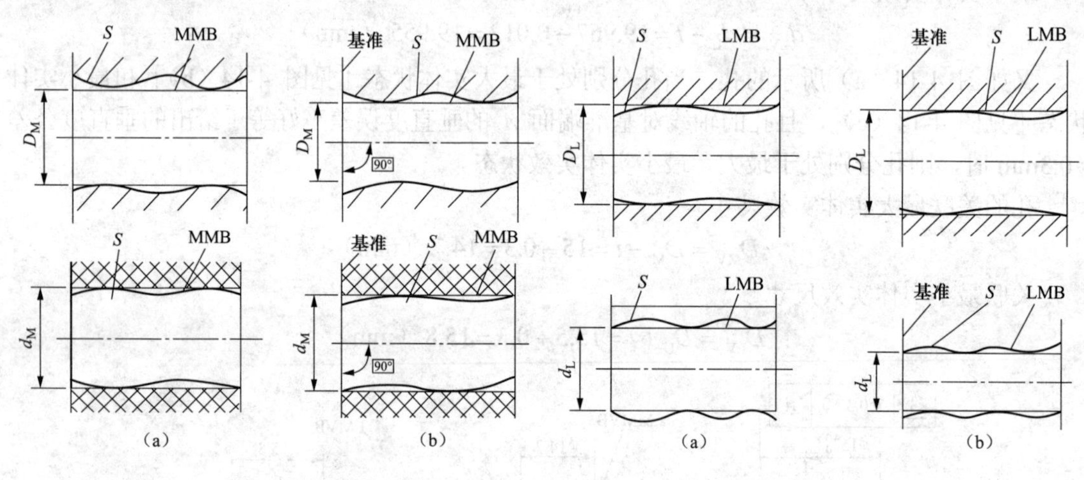

图 4-15　最大实体边界示例图　　图 4-16　最小实体边界示例

（3）最大实体实效边界（MMVB）。当边界尺寸为最大实体实效尺寸时，该边界称为最大实体实效边界。对于关联要素，简称为关联最大实体实效边界，此时该极限包容面必须与基准保持图样上的几何关系。

图 4-13（b）和图 4-14（b）所示分别为轴的最大实体实效边界和孔的关联最大实体实效边界的示例。

（4）最小实体实效边界（LMVB）。当边界尺寸为最小实体实效尺寸时，该边界称为最小实体实效边界。对于关联要素，简称为关联最小实体实效边界、此时该极限包容面必须与基准保持图样上的几何关系。

图 4-13（c）和图 4-14（c）所示分别为轴的最小实体实效边界和孔的关联最小实体实效边界的示例。

根据设计要求而采用相关要求中的不同要求时，被测要素的实际轮廓要遵守不同的边界。即体外作用尺寸不得超越最大实体尺寸或最大实体实效尺寸；体内作用尺寸不得超越最小实体尺寸或最小实体实效尺寸。

4.4.2 独立原则

1. 独立原则的含义

独立原则是指图样上给定的尺寸公差与几何公差相互独立，分别满足要求的公差原则。它是尺寸公差和几何公差相互关系遵循的基本原则。当被测要素的尺寸公差和几何公差采用独立原则时，图样上给出的尺寸公差只控制要素的尺寸偏差，不控制要素的几何误差；而图样上给定的几何公差只控制被测要素的几何误差，与要素的实际尺寸无关。几何公差与尺寸公差遵守独立原则时，在图样上不做任何附加标记。

图4-17所示为独立原则应用于单一要素的示例。加工完成的轴，实际尺寸必须在49.975～50.025mm之间，轴线直线度误差不得大于ϕ0.012mm。只有同时满足上述两个条件，轴才合格。图4-18所示为独立原则应用于关联要素的示例。加工后的轴，实际尺寸必须在9.972～9.988mm之间；轴线对基准端面A的垂直度误差不得大于ϕ0.04mm。只有同时满足上述两个条件时，轴才合格。

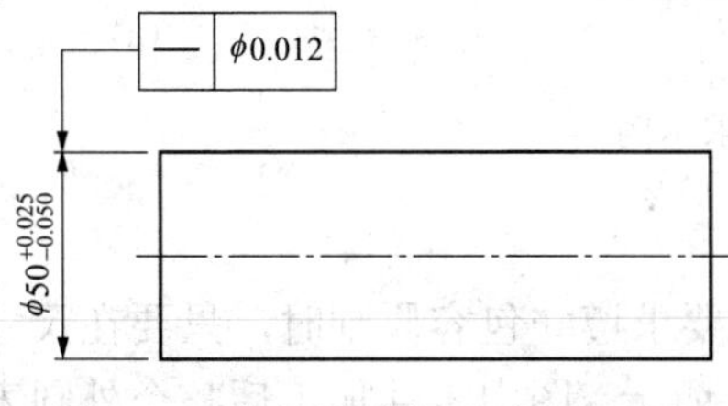

图4-17 独立原则应用于单一要素

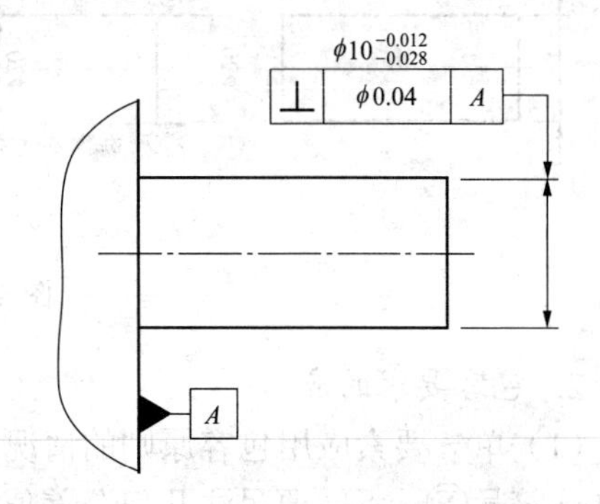

图4-18 独立原则应用于关联要素

对于尺寸公差和几何公差采用独立原则的被测要素，应对实际尺寸和几何误差分别检测，实际尺寸采用两点法测量，几何误差使用通用或专用量仪测量。

2. 独立原则的应用

独立原则主要用于要求严格控制要素的几何误差的场合。例如，齿轮箱轴承孔的同轴度公差和孔径的尺寸公差必须按独立原则给出，否则将影响齿轮的啮合质量。又如，轧机的轧辊，对它的直径无严格的精度要求，但对其形状精度有较高的要求，以保证轧制品的质量，故其形状公差应按独立原则给出。再如，要求密封性良好的零件，常对其形状精度提出较严格的要求，其尺寸公差与形状公差也应采用独立原则。

值得指出，尺寸公差和几何公差采用独立原则，可以满足被测要素的功能要求，故独立原则的应用十分广泛。除非采用相关要求有明显的优越性，一般都按独立原则给出尺寸公差和几何公差。

4.4.3 包容要求

1. 包容要求的含义

包容要求是指用最大实体边界来限定实际要素，即要求被测实际要素的体外作用尺寸不得超出其最大实体尺寸；其局部实际尺寸不得超出最小实体尺寸，即

对于孔 $$D_{fe} \geqslant D_M,\ D_a \leqslant D_L \tag{4-7}$$

对于轴 $$d_{fe} \leqslant d_M,\ d_a \geqslant d_L \tag{4-8}$$

包容要求适用于单一要素如圆柱表面或两平行平面。单一要素采用包容要求时，应在其尺寸极限偏差或公差带代号之后加注符号Ⓔ，此时要素的尺寸公差可以综合控制要素的实际

尺寸和几何误差。

如图 4-19（a）所示的轴采用了包容要求。按包容要求的含义，轴的实际表面不得超越最大实体边界，该边界是直径为最大实体尺寸ϕ20mm，长为结合长度的理想圆柱面。即轴的体外作用尺寸不得大于ϕ20mm，其局部实际尺寸不得小于最小实体尺寸ϕ19.979mm。当轴处于最大实体状态时，不允许有形状误差，即形状公差为零，如图 4-19（b）所示；当实际尺寸偏离最大实体尺寸时，允许有形状误差，偏离多少，允许形状误差达到多少；当实际尺寸等于最小实体尺寸ϕ19.979mm 时，形状误差允许达到的最大值（即形状公差）为尺寸公差 0.021mm［见图 4-19（c）］，图 4-19（d）所示为尺寸公差转换为形状公差的动态公差图。

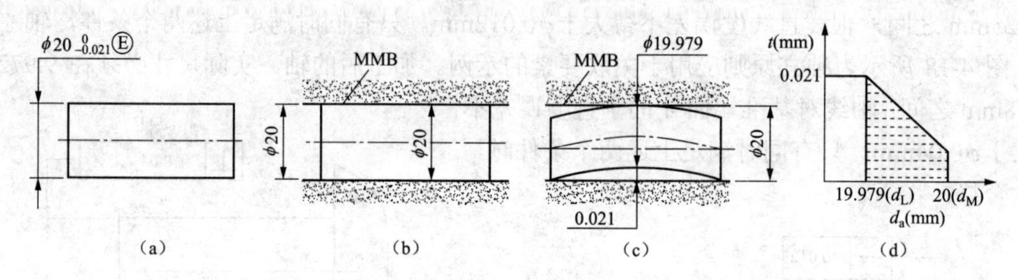

图 4-19 包容要求示例

2. 包容要求的应用

（1）单一要素应用包容原则的情况。单一要素要求遵守包容原则时，只要在尺寸公差之后加注符号Ⓔ，不需要另注几何公差值，如图 4-20 所示。图中零件加工后整个外圆表面都必须包容在直径为最大实体尺寸ϕ10mm 的理想圆柱面（即最大实体边界）内，且任一位置的局部实际尺寸（用两点法测量），都不得小于轴的最小实体尺寸ϕ9.97mm。实际上是把圆柱面的各种形状误差，包括圆度误差、圆柱度误差、圆柱面轴线的直线度误差等，综合地控制在尺寸公差的范围之内。

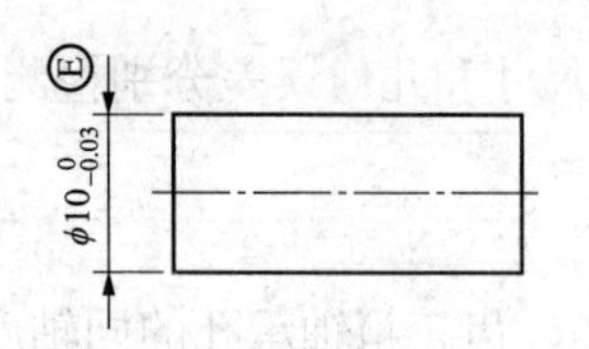

图 4-20 销轴要求遵守包容原则

图 4-21 所示为要求孔$\phi 10_{-0.03}^{0}$ mm 遵守包容原则。此时，该孔的实际表面必须处处以孔的最大实体尺寸所形成的理想圆柱面为内边界，而任一位置的局部实际尺寸都不得大于孔的最小实体尺寸。

（2）关联要素应用包容原则的情况。关联要素要求遵守包容原则时，用 0Ⓜ的形式注在几何公差的框格中。如图 4-22（a）所示，表示当衬套孔的直径处于最大实体状态时，孔的轴线对基准平面 A 的垂直度公差为零。此时，一个以最大实体尺寸中ϕ49.92mm 为直径，且垂直于基准平面 A 的理想圆柱面形成一个极限边界，如图 4-22（b）所示，即最大实体边界。孔的实际表面在任何情况下不允许越过此边界。当孔径偏离最大实体状态时，才允许轴线有垂直度误差，偏离越多，允许的垂直度误差越大。孔的直径达到最小实体尺寸时，轴线的垂直度公差达到最大值，为最大和最小实体尺寸之差的绝对值，即孔径的公差值 0.21。

4.4.4 最大实体要求

最大实体要求是指被测要素的实际轮廓应遵守其最大实体实效边界，当其实际尺寸偏离最大实体尺寸时，允许其几何误差值超出在最大实体状态下给出的公差值的一种公差要求，它适用于中心要素。

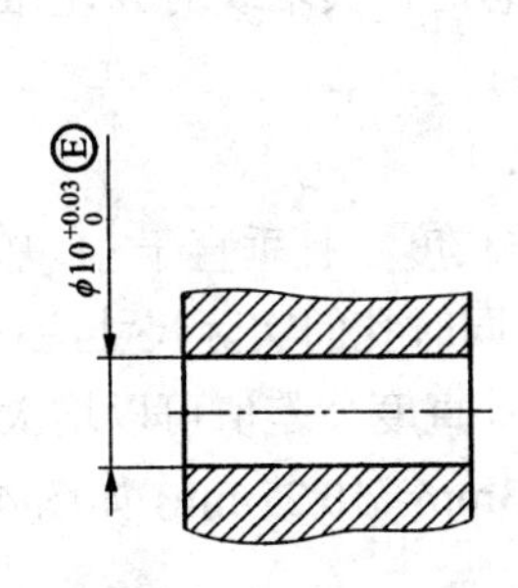

图 4-21 孔要求遵守包容原则

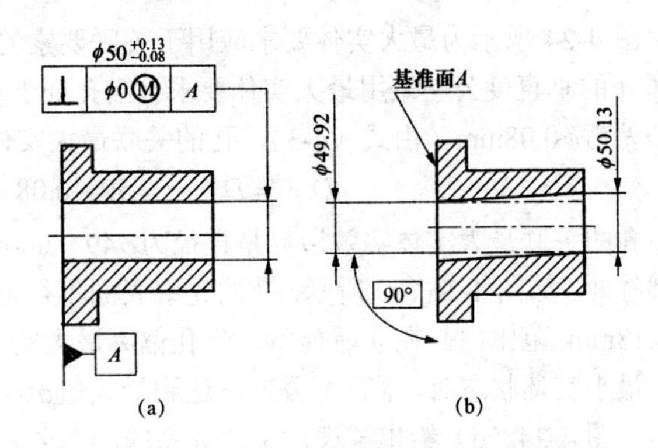

图 4-22 衬套孔轴线的垂直度公差按包容原则

最大实体要求既可应用于被测要素，又可应用于基准要素。对于前一种情形，应在被测要素几何公差框格中的公差值后标注符号Ⓜ；对于后一种情形，应在几何公差框格内的基准字母代号后标注符号Ⓜ。

1. *最大实体要求应用于被测要素*

最大实体要求应用于被测要素时，被测要素的实际轮廓在给定的长度上处处不得超出最大实体实效边界，即其体外作用尺寸不应超出最大实体实效尺寸，且其局部实际尺寸不得超出最大实体尺寸和最小实体尺寸，即

对于孔 $$D_{fe} \geqslant D_{MV}, \quad D_M \leqslant D_a \leqslant D_L \tag{4-9}$$

对于轴 $$d_{fe} \leqslant d_{MV}, \quad d_L \geqslant d_a \geqslant d_M \tag{4-10}$$

最大实体要求应用于被测要素时，被测要素的几何公差值是在该要素处于最大实体状态时给出的，当被测要素的实际轮廓偏离最大实体状态，即其实际尺寸偏离最大实体尺寸时，几何误差值可超出在最大实体状态下给出的几何公差值，即此时的几何公差值可以增大。

图 4-23 所示为最大实体要求用于单一要素的示例。图 4-23（a）所示轴的轴线直线度公差采用最大实体要求。当轴处于最大实体状态时，轴线直线度公差为给定值ϕ0.01mm。由式（4-4）知，轴的最大实体实效尺寸为

$$d_{MV} = d_M + t = 20 + 0.01 = 20.01\ (\text{mm})$$

轴的最大实体实效边界是直径为ϕ20.01mm，长为给定长度的理想圆柱面，如图 4-23（b）所示。轴的实际表面不得超越该边界，同时轴的实际尺寸应在ϕ19.979～ϕ20mm 范围内。在此前提下，当轴偏离最大实体状态时，轴线直线度误差可超出ϕ0.01mm，即轴线直线度公差值可以增大。当轴处于最小实体状态，即轴的实际尺寸处处为最小实体尺寸ϕ19.979mm 时，轴线直线度公差值达到最大值ϕ0.01mm+ϕ0.021mm=ϕ0.031mm，如图 4-23（c）所示。图 4-23（d）给出了表达上述关系的动态公差图。

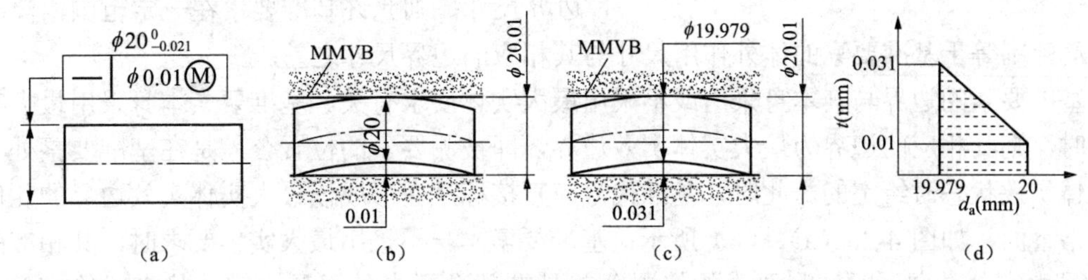

图 4-23 最大实体要求应用于单一要素示例

图 4-24 所示为最大实体要求应用于关联要素的示例。图 4-24（a）所示孔的轴线对基准端面 A 的垂直度公差采用最大实体要求。当孔处于最大实体状态时，其轴线对 A 基准的垂直度公差为 $\phi 0.08$mm。由式（4-3），孔的关联最大实体实效尺寸为

$$D_{MV} = D_M - t = 50 - 0.08 = 49.92 \text{（mm）}$$

孔的关联最大实体实效边界是直径为 $\phi 49.92$mm，长为给定长度，且垂直于 A 基准的理想圆柱面，如图 4-24（b）所示。孔的轮廓表面不得超越该边界，同时孔的实际尺寸应在 $\phi 50$～$\phi 50.13$mm 范围内。在此前提下，当孔偏离最大实体状态时，垂直度公差值可以增大，当孔处于最小实体状态时，垂直度公差值达到最大值 $\phi 0.08$mm+$\phi 0.13$mm=$\phi 0.21$mm，如图 4-24（c）所示。图 4-24（d）给出了表达上述关系的动态公差图。

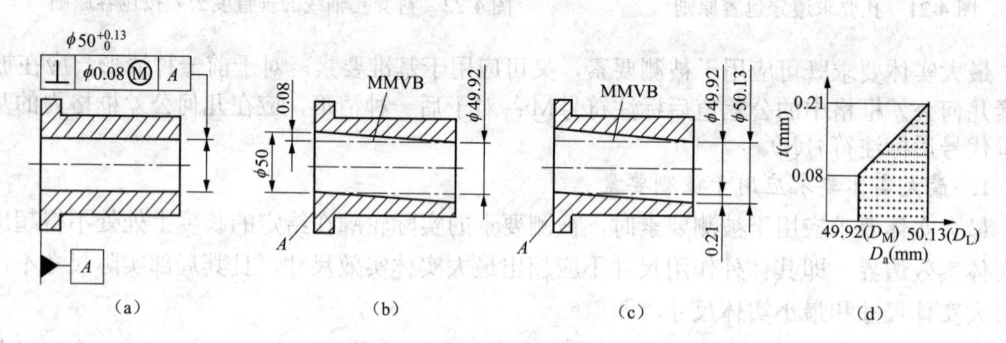

图 4-24　最大实体要求应用于关联要素的示例

当给出的几何公差值为零时，则称为零几何公差。此时被测要素的最大实体实效尺寸等于最大实体尺寸。图 4-25（a）表示孔的轴线对 A 基准的垂直度公差采用最大实体要求的零几何公差。该孔应满足下列要求：实际尺寸不大于 $\phi 50.13$mm；实际轮廓不超出关联最大实体边界，即其关联体外作用尺寸不小于最大实体尺寸 $\phi 49.92$mm。这种要求的含义相当于包容要求，即当孔处于最大实体状态时，其轴线对 A 基准的垂直度误差值应为零；当孔偏离最大实体状态时，允许有垂直度误差；当孔处于最小实体状态时，垂直度误差允许达到最大值，即孔的尺寸公差值 $\phi 0.13$mm。图 4-25（b）给出了表达上述关系的动态公差图。

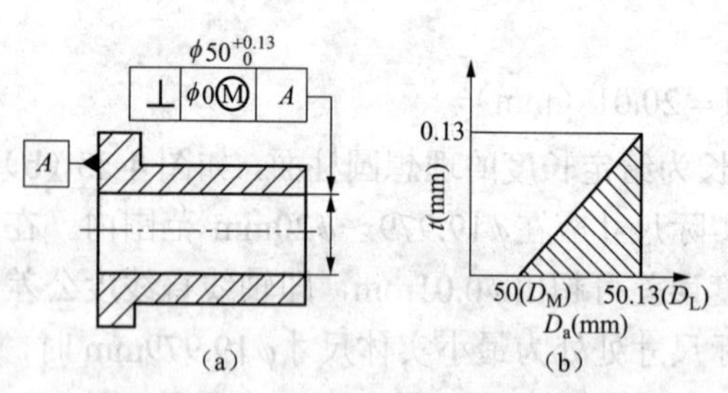

图 4-25　最大实体要求的零几何公差

2. 最大实体要求应用于基准要素

最大实体要求应用于基准要素时，基准要素应遵守相应的边界。若基准要素的实际轮廓偏离其相应的边界，即其体外作用尺寸偏离其相应的边界尺寸，则允许基准要素在一定范围内浮动，其浮动范围等于基准要素的体外作用尺寸与其相应的边界尺寸之差。

基准要素的边界与其本身采用或不采用最大实体要求有关。基准要素本身采用最大实体要求时，则其相应的边界为最大实体实效边界，即被测要素的位置公差是在基准要素处于最大实体实效状态时给定的。此时，基准代号应直接标注在形成该最大实体实效边界的几何公差框格下面，如图 4-26（a）、（b）所示；基准要素本身不采用最大实体要求时，其相应的边界为最大实体边界，即被测要素的位置公差是在基准要素处于最大实体状态时给定的。图

4-26（c）、（d）所示分别为基准要素采用独立原则和包容要求的示例。

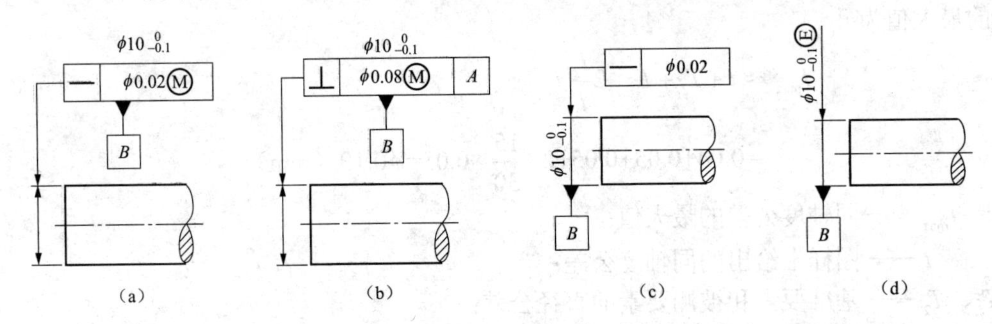

图 4-26　基准要素遵守不同的边界

图 4-27（a）所示为被测要素和基准要素均采用最大实体要求的示例。当被测要素处于最大实体状态时，其轴线对 A 基准的同轴度公差为$\phi0.04$mm，如图 4-27（b）所示。被测轴应满足下列要求：实际尺寸在$\phi11.95$～$\phi12$mm 范围内；实际轮廓不超出关联最大实体实效边界，即其关联体外作用尺寸不大于关联最大实体实效尺寸。

$$d_{MV}=d_M+t=12+0.04=\phi12.04\text{（mm）}$$

当被测轴处于最小实体状态时，其轴线对 A 基准轴线的同轴度误差允许达到最大值，即等于图样给出的同轴度公差（$\phi0.04$mm）与轴的尺寸公差（0.05mm）之和$\phi0.09$mm，如图 4-27（c）所示。

当 A 基准的实际轮廓处于最大实体边界上，即其体外作用尺寸等于最大实体尺寸 $d_M=\phi25$mm 时，基准轴线不能浮动，如图 4-27（b）、（c）所示。当 A 基准的实际轮廓偏离最大实体边界，即其体外作用尺寸偏离最大实体尺寸时，基准轴线可以浮动。当其体外作用尺寸等于最小实体尺寸 $d_L=\phi24.95$mm 时，其浮动范围达到最大值$\phi0.05$mm（$=d_M-d_L=25-24.95$），如图 4-27（d）所示。

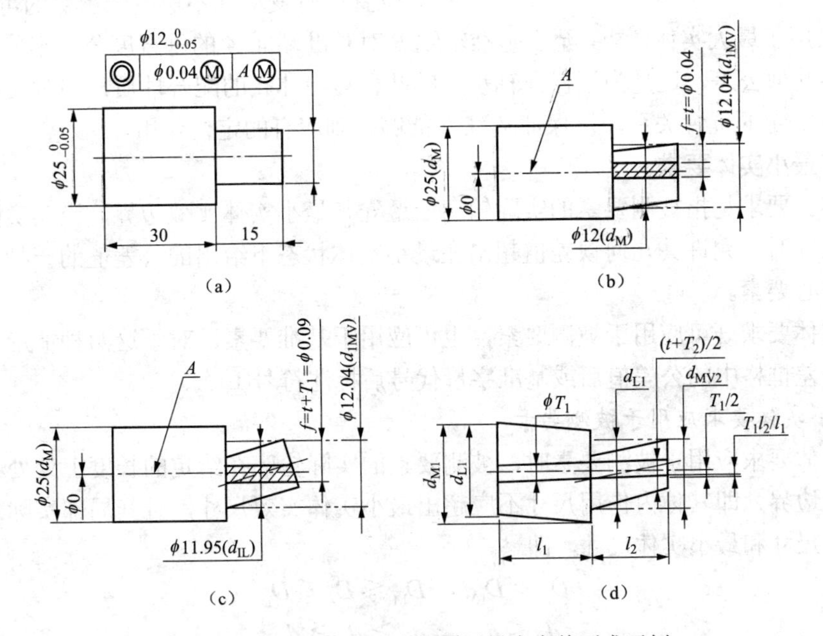

图 4-27　被测和基准要素均采用最大实体要求示例

基准轴线可以浮动，意味着被测轴线的同轴度公差可以增大。由以上分析可知，同轴度公差的最大值为

$$f_{max} \approx t + T_2 + T_1 + 2\frac{l_2}{l_1}T_1$$

$$= 0.04+0.05+0.05+2\times\frac{15}{30}\times0.05=\phi0.19\text{（mm）}$$

式中 f_{max}——同轴度公差的最大值；

t——图样上给出的同轴度公差；

T_1、T_2——基准要素和被测要素的直径公差；

l_1、l_2——基准要素和被测要素的长度。

3. 最大实体要求的应用

由于最大实体要求在几何公差与尺寸公差之间建立了联系，因此，只有被测要素或基准要素为中心要素时，才能应用最大实体要求。

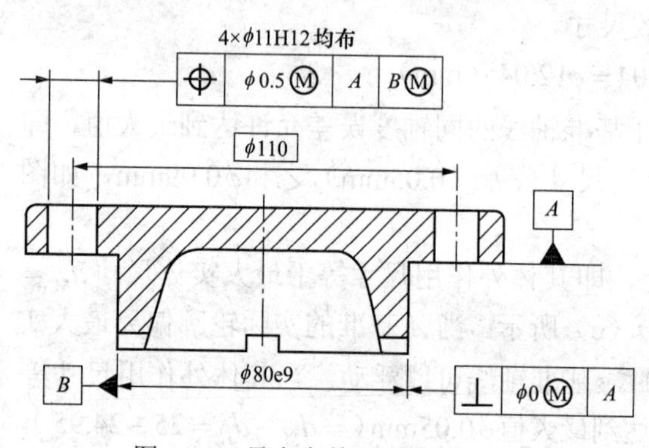

图 4-28 最大实体要求应用示例

最大实体要求一般用在主要保证可装配性，而对其他功能要求较低的零件要素。这样可以充分利用尺寸公差补偿几何公差，提高零件的合格率，从而获得显著的经济效益。

图 4-28 所示为减速器的轴承盖，用四个螺钉把它紧固于箱体上，轴承盖上四个通孔的位置只要求满足可装配性，因此位置度公差采用了最大实体要求。此外，第二基准 B 虽然起到一定的定位作用，但在保证轴承盖端面（基准 A）与箱体孔端面贴合的前提下，基准 B 的位置略有变动并不影响轴承盖的可装配性，故基准 B 也采用了最大实体要求。至于基准轴线 B 对基准端面 A 的垂直度公差则采用了最大实体要求的零几何公差，这是为了保证轴承盖的凸台与箱体孔的配合性质，同时又使基准 B 对基准 A 保持一定的位置关系，以保证基准 B 能够起到应有的定位作用。

4.4.5 最小实体要求

最小实体要求是指被测要素的实际轮廓应遵守其最小实体实效边界，当其实际尺寸偏离最小实体尺寸时，允许其几何误差值超出在最小实体状态下给出的公差值的一种公差要求。它适用于中心要素。

最小实体要求既可应用于被测要素，也可应用于基准要素。对于这两种情形，应在被测要素几何公差框格中的公差值后或基准字母代号后标注符号Ⓛ。

1. 最小实体要求应用于被测要素

最小实体要求应用于被测要素时，被测要素的实际轮廓在给定的长度上处处不得超出最小实体实效边界，即其体内作用尺寸不应超出最小实体实效尺寸，且其局部实际尺寸不得超出最大实体尺寸和最小实体尺寸，即

对于孔 $$D_{fi} \geqslant D_{LV}，\ D_M \leqslant D_a \leqslant D_L \quad (4\text{-}11)$$

对于轴 $$d_{fi} \leqslant d_{LV}，\ d_L \geqslant d_a \geqslant d_M \quad (4\text{-}12)$$

最小实体要求应用于被测要素时，被测要素的几何公差值是在该要素处于最小实体状态时给出的，当被测要素的实际轮廓偏离其最小实体状态，即其实际尺寸偏离最小实体尺寸时，几何误差值可超出在最小实体状态下给出的几何公差值，即此时的几何公差值可以增大。

如图 4-29(a)所示孔 $d_{\mathrm{M}}=\phi 8_{\ 0}^{+0.25}$ mm 的轴线对 A 基准的位置度公差采用了最小实体要求。当孔处于最小实体状态时，其轴线对基准 A 的位置度公差为ϕ0.4mm，如图 4-29（b）所示。由式（4-5），孔的关联最小实体实效尺寸为

$$D_{\mathrm{LV}}=D_{\mathrm{L}}+t=8.25+0.4=\phi 8.65\text{（mm）}$$

孔的关联最小实体实效边界是直径为ϕ8.65mm，长为给定长度，且其轴线距 A 基准为理论正确尺寸 6mm 的理想圆柱面。孔的轮廓表面不得超越该边界（即孔的关联体内作用尺寸不大于ϕ8.65mm）；同时孔的实际尺寸应在ϕ8～ϕ8.25mm 范围内。在此前提下，当孔偏离最小实体状态时，位置度公差值可以增大。当孔处于最大实体状态时，位置度公差达到最大值，即等于图样给出的位置度公差ϕ0.4mm 与孔的尺寸公差 0.25mm 之和ϕ0.65mm。图 4-29（c）给出了表达上述关系的动态公差图。

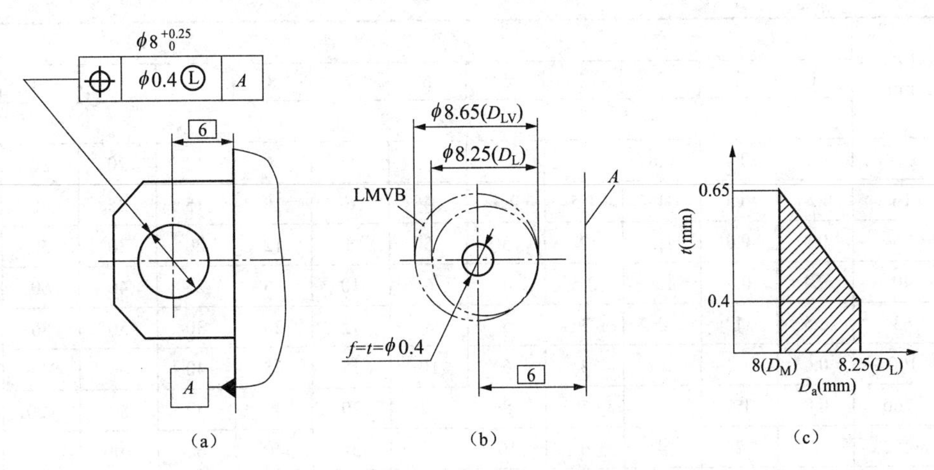

图 4-29 最小实体要求应用

最小实体要求采用零几何公差时，被测要素的最小实体实效尺寸等于最小实体尺寸，最小实体实效边界即为最小实体边界，其他解释不变。

2. *最小实体要求应用于基准要素*

最小实体要求应用于基准要素时，基准要素应遵守相应的边界。若基准要素的实际轮廓偏离相应的边界，即其体内作用尺寸偏离相应的边界尺寸，则允许基准要素在一定范围内浮动，其浮动范围等于基准要素的体内作用尺寸与相应边界尺寸之差。

基准要素的边界与基准要素本身是否采用最小实体要求有关；采用最小实体要求时，则相应的边界为最小实体实效边界，此时，基准代号应直接标注在形成该最小实体实效边界的几何公差框格下面；不采用最小实体要求时，则相应的边界为最小实体边界。由此可知，当基准本身采用最小实体要求时，基准要素的最大浮动范围为其尺寸公差与几何公差之和；否则，其最大浮动范围仅为自身的尺寸公差。

3. *最小实体要求的应用*

最小实体要求的实质是控制要素的体内作用尺寸：对于孔类零件，体内作用尺寸将使孔

件的壁厚减薄，如图 4-29（a）所示；对于轴类零件，体内作用尺寸将使轴的直径变小，如图 4-29（b）所示。所以，最小实体要求可用于保证孔件的最小壁厚及轴件的最小强度的场合。在产品设计中，对薄壁结构及要求强度高的轴件，应考虑合理地应用最小实体要求，以保证产品质量。

4.5 几何公差的标准与选用

4.5.1 几何公差值的标准

几何公差值的标准化，有利于设计时经济合理地选用几何公差值，有利于提高产品的互换性，有利于加工及装配，有利于测量仪器精度的统一。

几何公差 GB/T 1184—1996 的附录中，给出了下列项目的公差值或数系表：

（1）直线度、平面度（见表 4-11）。

表 4-11 直线度和平面度公差值 μm

主参数 L（D），mm	公差等级											
	1	2	3	4	5	6	7	8	9	10	11	12
	公差值											
≤10	0.2	0.4	0.8	1.2	2	3	5	8	12	20	30	60
＞10～16	0.25	0.5	1	1.5	2.5	4	6	10	15	25	40	80
＞16～25	0.3	0.6	1.2	2	3	5	8	12	20	30	50	100
＞25～40	0.4	0.8	1.5	2.5	4	6	10	15	25	40	60	120
＞40～63	0.5	1	2	3	5	8	12	20	30	50	80	150
＞63～100	0.6	1.2	2.5	4	6	10	15	25	40	60	100	200
＞100～160	0.8	1.5	3	5	8	12	20	30	50	80	120	250
＞160～250	1	2	4	6	10	15	25	40	60	100	150	300
＞250～400	1.2	2.5	5	8	12	20	30	50	80	120	200	400
＞400～630	1.5	3	6	10	15	25	40	60	100	150	250	500

主参数 L 图例

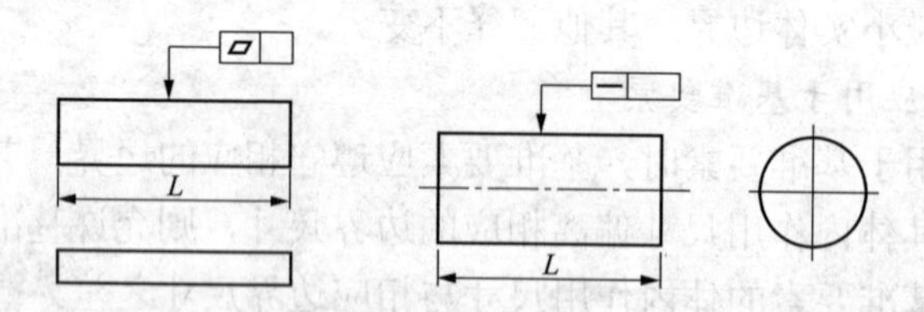

（2）圆度、圆柱度（见表 4-12）。

表 4-12 圆度和圆柱度公差值 μm

主参数 d（D），mm	公差等级												
	0	1	2	3	4	5	6	7	8	9	10	11	12
	公差值												
≤3	0.1	0.2	0.3	0.5	0.8	1.2	2	3	4	6	10	14	25

续表

主参数 d（D），mm	公差等级												
	0	1	2	3	4	5	6	7	8	9	10	11	12
	公差值												
>3～6	0.1	0.2	0.4	0.6	1	1.5	2.5	4	5	8	12	18	30
>6～10	0.12	0.25	0.4	0.6	1	1.5	2.5	4	6	9	15	22	36
>10～18	0.15	0.25	0.5	0.8	1.2	2	3	5	8	11	15	27	43
>18～30	0.2	0.3	0.6	1	1.5	2.5	4	6	9	13	21	33	52
>30～50	0.25	0.4	0.6	1	1.5	2.5	4	7	11	16	25	39	62
>50～80	0.3	0.5	0.8	1.2	2	3	5	8	13	19	30	46	74
>80～120	0.4	0.6	1	1.5	2.5	4	6	10	15	22	35	54	87
>120～180	0.6	1	1.2	2	3.5	5	8	12	18	25	40	63	100
>180～250	0.8	1.2	2	3	4.5	7	10	14	20	29	46	72	115
>250～315	1	1.6	2.5	4	6	8	12	16	23	32	52	81	130
>315～400	1.2	2	3	5	7	9	13	18	25	36	57	89	140
>400～500	1.5	2.5	4	6	8	10	15	20	27	40	63	97	155

主参数 L 图例

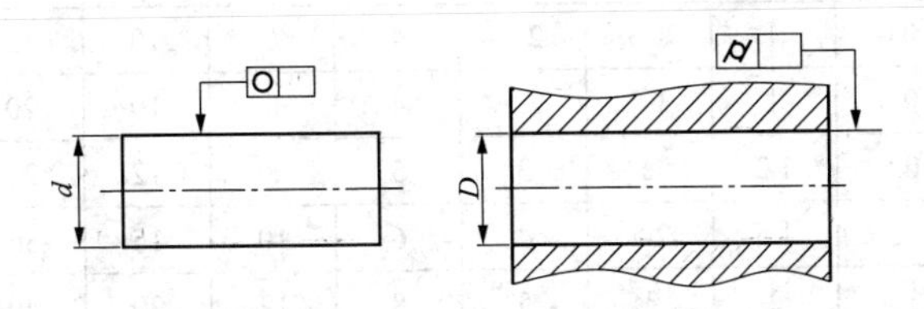

（3）平行度、垂直度、倾斜度（见表 4-13）。

表 4-13　平行度、垂直度和倾斜度公差值　μm

主参数 L、d（D），mm	公差等级											
	1	2	3	4	5	6	7	8	9	10	11	12
	公差值											
≤10	0.4	0.8	1.5	3	5	8	12	20	30	50	80	120
>10～16	0.5	1	2	4	6	10	15	25	40	60	100	150
>16～25	0.6	1.2	2.5	5	8	12	20	30	50	80	120	200
>25～40	0.8	1.5	3	6	10	15	25	40	60	100	150	250
>40～63	1	2	4	8	12	20	30	50	80	120	200	300
>63～100	1.2	2.5	5	10	15	25	40	60	100	150	250	400
>100～160	1.5	3	6	12	20	30	50	80	120	200	300	500
>160～250	2	4	8	15	25	40	60	100	150	250	400	600
>250～400	2.5	5	10	20	30	50	80	120	200	300	500	800

续表

主参数 L、d（D），mm	公差等级											
	1	2	3	4	5	6	7	8	9	10	11	12
	公差值											
＞400～630	3	6	12	25	40	60	100	150	250	400	600	1000

主参数 L 图例

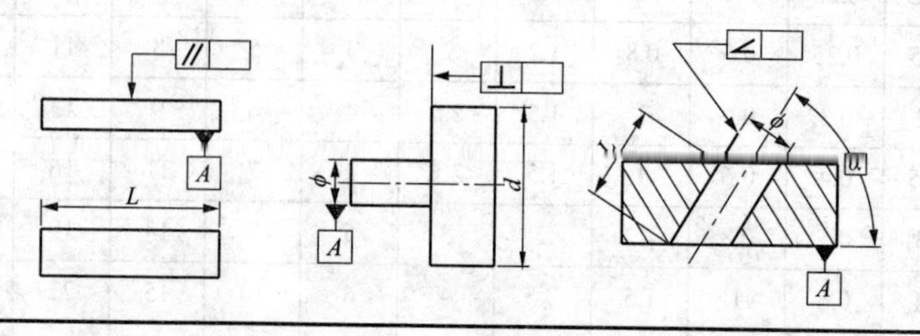

（4）同轴度、对称度、圆跳动和全跳动（见表 4-14）。

表 4-14 同轴度、对称度、圆跳动和全跳动公差值 μm

主参数 L、B、d（D），mm	公差等级											
	1	2	3	4	5	6	7	8	9	10	11	12
	公差值											
≤1	0.4	0.6	1	1.5	2.5	4	6	10	15	25	40	60
＞1～3	0.4	0.6	1	1.5	2.5	4	6	10	20	40	60	120
＞3～6	0.5	0.8	1.2	2	3	5	8	12	25	50	80	150
＞6～10	0.6	1	1.5	2.5	4	6	10	15	30	60	100	200
＞10～18	0.8	1.2	2	3	5	8	12	20	40	80	120	250
＞18～30	1	1.5	2.5	4	6	10	15	25	50	100	150	300
＞30～50	1.2	2	3	5	8	12	20	30	60	120	200	400
＞50～120	1.5	2.5	4	6	10	15	25	40	80	150	250	500
＞120～250	2	3	5	8	12	20	30	50	100	200	300	600
＞250～500	2.5	4	6	10	15	25	40	60	120	250	400	800

主参数 L 图例

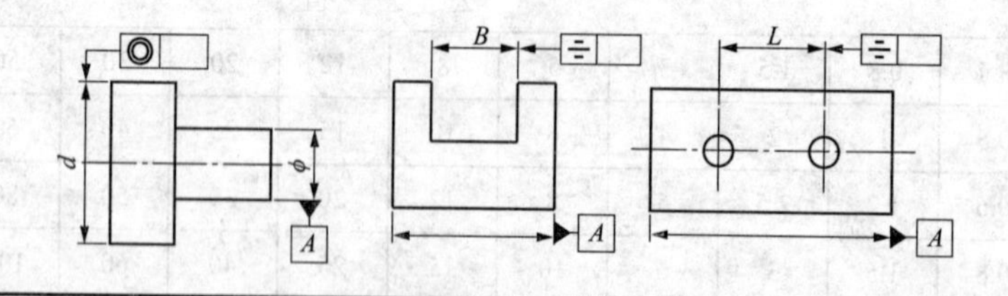

（5）位置度（见表 4-15）。

表 4-15 位置度公差值

1	1.2	1.5	2	2.5	3	4	5	6	8
1×10^n	1.2×10^n	1.5×10^n	2×10^n	2.5×10^n	3×10^n	4×10^n	5×10^n	6×10^n	8×10^n

注 n 为正整数。

4.5.2 未注几何公差的规定

图样上零件的所有要素并非都是重要的，没有必要一律注出几何公差。但是未注出几何公差的要素，也需要适当控制其几何误差。对于这些要素的几何公差，可按GB/T 1184—1996的规定。为清楚起见，现将其列于表4-16中，此表适用于机械加工零件。直线度和平面度未注公差值见表4-17，对称度未注公差值见表4-18。

表4-16 未注公差的规定

<table>
<tr><th colspan="2">几何公差项目（或控制对象）</th><th>规　　定</th></tr>
<tr><td colspan="2">直线度、平面度</td><td>按表4-18选公差值</td></tr>
<tr><td colspan="2">圆　　度</td><td>公差值应不大于尺寸公差值</td></tr>
<tr><td rowspan="2">圆柱面</td><td>对标注Ⓔ的圆柱面</td><td>圆柱度公差值不应大于尺寸公差值，并应遵守包容原则</td></tr>
<tr><td>对不标注Ⓔ的圆柱面</td><td>不规定圆柱度公差，而分别控制以下各项：
1．圆度公差，不大于直径的尺寸公差值；
2．素线的直线度：按表4-18；
3．直径的尺寸公差</td></tr>
<tr><td rowspan="2">平行要素</td><td>标注有Ⓔ时</td><td>平行度应在尺寸公差内，并应遵守包容原则</td></tr>
<tr><td>标注没有Ⓔ时</td><td>不规定平行度公差，而分别控制以下各项：
1．平面度（或直线度）：按表4-18；
2．平行要素间的距离公差</td></tr>
<tr><td colspan="2">垂直要素、倾斜要素</td><td>不规定垂直度公差与倾斜度公差而分别控制以下各项：
1．角度公差；
2．直线度（或平面度），按表4-18</td></tr>
<tr><td colspan="2">对称度、同轴度</td><td>按表4-19选用公差值，需选择稳定的设计支承面的轴线或中心平面作基准</td></tr>
<tr><td colspan="2">圆跳动、全全动</td><td>公差值应不大于该要素的形状和位置的未注公差的综合值</td></tr>
</table>

表4-17 直线度和平面度未注公差值

公差等级	基本长度范围					
	≤10	＞10～30	＞30～100	＞100～300	＞300～1000	＞1000～3000
H	0.02	0.05	0.1	0.2	0.3	0.4
K	0.05	0.1	0.2	0.4	0.6	0.8
L	0.1	0.2	0.4	0.8	1.2	1.6

表4-18 对称度未注公差值

公差等级	基本长度范围			
	≤100	＞100～300	＞300～1000	＞1000～3000
H	0.5	0.5	0.5	0.5
K	0.6	0.6	0.8	1
L	0.6	1	1.5	2

4.5.3 几何公差的选用原则

几何公差是评定产品质量的重要指标。正确地选用几何公差项目和基准、合理地确定公差值是一项复杂而又重要的技术工作。它不仅影响产品的质量和寿命，而且关系着零件加工的难易程度、生产效率和经济效益。

1. 几何公差项目的选择

选择几何公差项目要综合考虑被测要素的几何特征、零件的功能要求、检测手段和经济效果等。

被测要素的几何特征是选择公差项目的主要依据，如圆柱形零件用圆柱度、平面用平面度公差限制其形状误差最为理想。对于关联要素，根据要素间的几何方位关系，如平行、垂直、同轴等，也必然会选择平行度、垂直度、同轴度等作为误差控制项目。但被测要素几何特征不是选择几何公差项目的唯一依据，如图 4-30 所示，图中两孔轴线的几何特征是相互垂直，若选用垂直度公差项目则不能保证两轴线相交这一功能要求。选用位置度公差并注明交点尺寸（图中为 65），则被测轴线的公差带延伸至基准轴线处[见图 4-30(b)]，既保证了两轴线垂直，又满足了相交的功能要求。圆柱度虽是综合控制圆柱面形状误差的理想项目，但受检测条件限制，也可选用圆度、素线直线度和平行度，或选用检测极为简便的径向全跳动综合限制等。

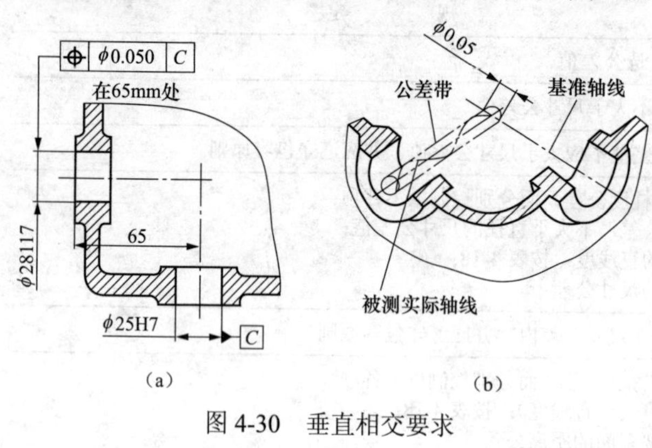

图 4-30　垂直相交要求

2. 基准的选择最小实体要求的应用

在给定位置公差时，需要正确选用基准。选用时主要考虑以下几点：

（1）考虑零件各要素的功能要求。一般应以主要的配合表面，如旋转轴的轴颈、轴承孔、安装定位表面、重要的支承表面、导向表面等作为基准。这些表面本身的尺寸精度与形状精度均要求较高，正好符合作为基准的条件。

（2）考虑加工时零件在机床夹具中安装定位的情况，必要时应以工艺基准作为给定位置公差的基准，这样有利于加工时对位置精度的保证。

（3）考虑测量检验时便于稳定的安装或支承在仪器或专用测具上。如果能将使用基准、工艺基准与测量基准统一起来，则应尽可能使其统一，以便作为给定位置公差的基准。

（4）在采用两个或两个以上的基准时，还应注意根据对零件使用要求影响的程度，确定基准的顺序。

3. 几何公差值的选用

确定几何公差值的方法有计算法和类比法。一般凭经验跟同样功能要求的类似零件进行比较，经过分析后确定，必要时用计算法进行验算。例如，可利用尺寸链来计算位置公差值，像平行度、垂直度、倾斜度、位置度、同轴度、对称度公差值等。又如，孔组位置度可根据间隙计算，定向公差可用尺寸链分析计算。最后定下的公差值最好在公差值标准表中选用。类比法是根据零件的结构特点和功能要求，参考现有资料和经过实际生产验证的同类产品中类似零件的几何公差要求，经过分析后确定较为合理的公差值的方法。选用几何公差值总的原则是根据零件的功能要求，考虑工艺的经济性和零件的结构、刚性等情况，从表中选用公差值。但同时应注意以下几点：

（1）形状、位置、尺寸公差间的关系应相互协调。其一般原则是形状公差＜位置公差＜尺寸公差。但应注意特殊情况：细长轴轴线的直线度公差远大于尺寸公差；位置度和对称度公差往往与尺寸公差相当；当形状或位置公差与尺寸公差相等时，对同一要素按包容要求处理。

（2）定位公差大于定向公差。一般情况下，定位公差可包含定向公差的要求；反之，不然。

（3）综合公差大于单项公差。例如，圆柱度公差大于圆度公差、素线和轴线直线度公差。

（4）协调形状公差与表面粗糙度之间的关系。同一表面的形状误差与表面粗糙度的数值之间，并无直接的确定的关系，但在具体的加工条件下，它们之间常有大致的比例关系。对于中等尺寸、中等精度的零件，粗糙度 Ra 与形状公差 $t_{形}$ 之关系，一般为 $Ra = (0.2\sim0.3)t_{形}$，而对高精度及小尺寸零件则为 $Ra = (0.5\sim0.7)t_{形}$。

此外，在满足零件功能要求的前提下，当遇到下列某种情况时，可适当降低选用的几何公差值（降低 1～2 级）：

（1）孔相对于轴。

（2）有较大细长比的孔或轴。

（3）位置相距较远的孔和轴。

（4）宽度较大（一般大于 1/2 长度）的零件表面。

（5）线对线和线对面相对于面对面的平行度。

（6）线对线和线对面相对于面对面的垂直度。

4.6 几何误差的评定与检测原则

4.6.1 最小包容区域

几何误差与尺寸误差的特征不同，尺寸误差是两点之间距离对标准值之差，几何误差是实际要素偏离理想状态，且在要素上各点的偏离量又可以不相等。

用公差带虽可将整个要素的偏离限定在一定区域内，但实际要素是否处于公差带范围内，就要对要素的实际状态进行测量，并从中找出相对理想要素的变动量，再与公差值相比较。

由于实际要素是个不规则状态，因此在评定几何误差的数值时应从实际要素上找出理想要素的位置。这一过程要遵循一条原则，就是使理想要素的位置符合最小条件。如图 4-31（a）所示，实际轮廓不规则，评定它的误差可用 A_1B_1、A_2B_2 或 A_3B_3 三对平行的理想直线包容实际要素，它们的距离分别为 h_1、h_2 或 h_3。理想直线的位置还可作无限个，但其中必有一对平行直线之间的距离最小，如图中 h_1，这时就说 A_1B_1 的位置符合最小条件。由 A_1B_1 及与之平行的另一条直线紧紧包容了整个实际要素。相比其他情况，这个包容区域也是最小的，故称最小包容区域。遂将 h_1 定为直线度误差。

又如图 4-31（b）所示，实际轮廓不圆，评定它的误差也可用多组理想圆。图中画了 C_1 和 C_2 两组，C_1 组同心圆包容区域的半径差 r_1 小于 C_2 组同心圆包容区域的半径差 r_2。这时，认为 C_1 组圆的位置符合最小条件，区域是最小的，区域宽度 r_1 就定为圆度误差。

由上可见，最小条件是指被测实际要素对其理想要素的最大变动量为最小，此时包容实际要素的区域为最小包容区域。最小包容区域是指与公差带形状相同、包容被测实际要素且具有最小宽度或直径的包容区域。但需注意，公差带的宽度或直径是由公差值决定的，而最小区域的宽度或直径是由被测实际要素决定的。此区域宽度或直径就是几何误差的最大变动量，就定为几何误差值。

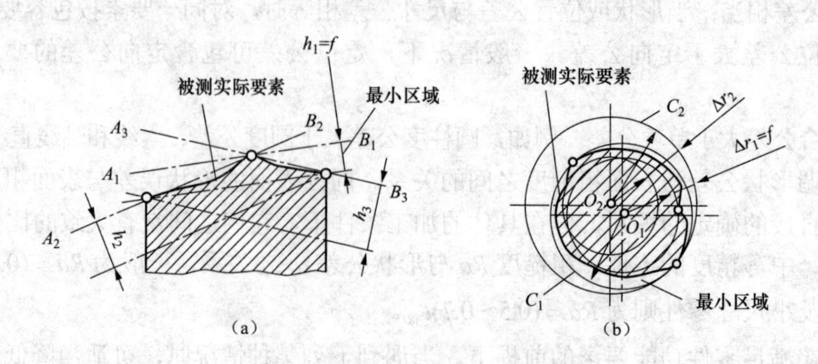

图 4-31 最小条件和最小区域

(a) $h_1<h_2<h_3$；(b) $\Delta r_1<\Delta r_2$

4.6.2 几何误差的评定

1. 形状误差的评定

形状误差是被测实际要素对其理想要素的变动量。将被测实际要素与其理想要素比较时，理想要素处于不同的位置，评定的形状误差值也不同。

习惯上规定，对于组成要素（线、面轮廓度除外），其拟合要素位于实体之外并与被测提取要素相接触。对于导出要素，其拟合要素位于被测提取要素之中。如图 4-32 所示，被测提取轴线符合最小条件的理想轴线为 L_1。

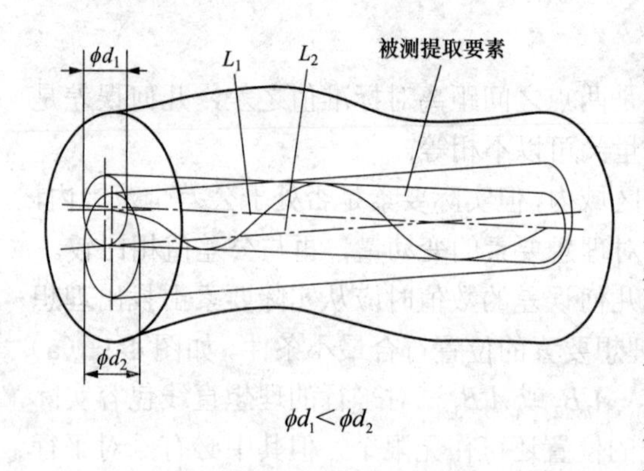

图 4-32 轴线直线度误差的最小值

最小包容区域法是评定形状误差的基本方法。相对其他评定方法来说，评定的数值是最小的，结果是唯一的。但在实际检测时，在满足功能要求的前提下，允许采用其他近似的方法。例如，评定直线度误差时，常以两端点连线作为理想直线（两端点连线法）；评定平面度误差时，常以相距最远的三点建立理想平面（三点法）或由两对角线建立理想平面（对角线法）；评定圆度误差时，常以最小二乘圆作为拟合圆（最小二乘圆法）等。用近似方法评定得到的形状误差值一般大于用最小包容区域法评定得到的误差值。当采用不同评定方法得到不同误差值而引起争议时，应以最小包容区域法评定的误差值作为仲裁依据。

2. 定向误差的评定

定向误差是被测提取要素对一具有确定方向的拟合要素的变动量，拟合要素的方向由基准确定。

定向误差值用定向最小包容区域（简称定向最小区域）的宽度或直径表示。例如，面对面的平行度误差，就是包容被测提取面，平行于基准平面，且距离为最小的两平行平面之间的距离 f，如图 4-33（a）所示；轴线对平面的垂直度误差，就是包容被测提取轴线，垂直于基准平面，且直径为最小的圆柱面的直径 ϕf，如图 4-33（b）所示。

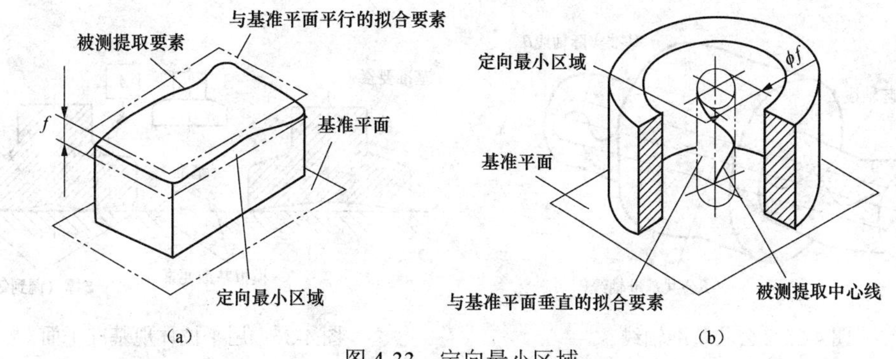

图 4-33 定向最小区域

3. 定位误差及其评定

定位误差是被测提取要素对一具有确定位置的拟合要素的变动量，拟合要素的位置由基准和理论正确尺寸确定。对于同轴度和对称度，理论正确尺寸为零。

定位误差值用定位最小包容区域（简称定位最小区域）的宽度或直径表示。如图 4-34（a）所示的同轴度误差，就是包容被测提取中心线，与基准轴线同轴，且直径为最小的圆柱面的直径 ϕf ；如图 4-34（b）所示的面对面的对称度误差，就是包容被测提取中心面，与基准中心平面对称，且距离为最小的两平行平面间的距离 f；如图 4-34（c）所示的平面上点的位置度误差，就是包容被测提取点，以点的拟合位置为圆心，且直径为最小的圆的直径 ϕf 。

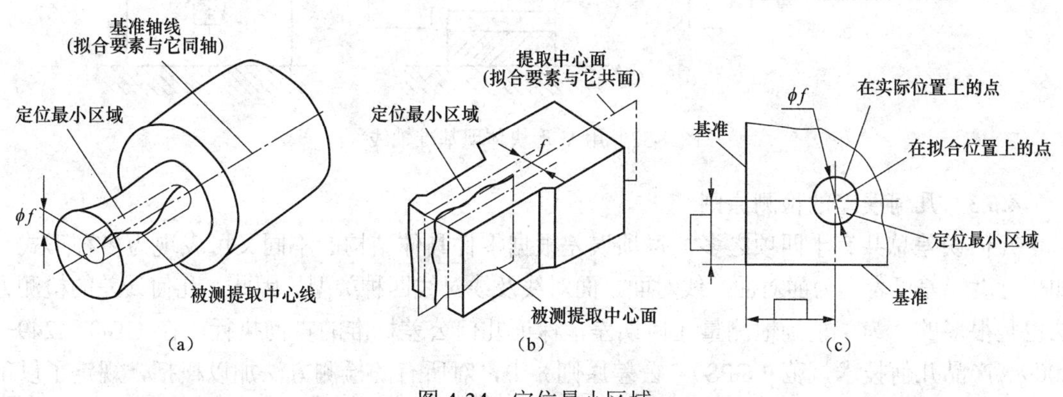

图 4-34 定位最小区域

4. 基准的建立和体现

在评定位置误差时，基准是确定被测提取要素的理想方向或位置的参考对象。但基准提取要素本身也有形状误差。因此，必须解决如何根据基准提取要素建立其拟合要素——基准的问题。

国家标准规定，由基准要素建立基准时，基准为该基准要素的符合最小条件的拟合要素。例如，由给定平面内的提取线建立基准直线时，基准直线为该提取线的符合最小条件的拟合直线，如图 4-34 所示；由两条或两条以上提取中心线建立公共基准轴线时，公共基准轴线为这些提取中心线所共有的拟合轴线，即同时包容各提取中心线且直径为最小的圆柱面的轴线，如图 4-35 所示；由提取表面建立基准平面时，基准平面为该提取表面的符合最小条件的拟合平面，如图 4-36 所示。

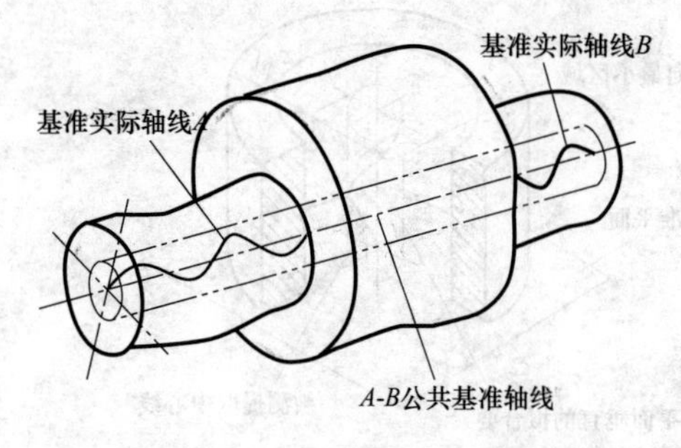

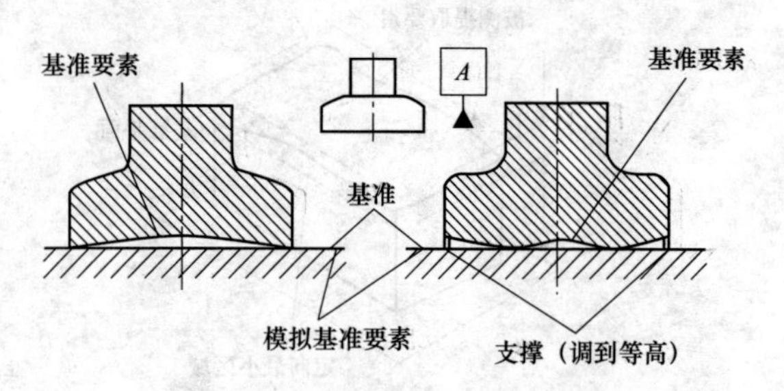

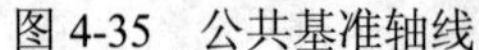

图 4-35　公共基准轴线　　　　图 4-36　用平板体现基准平面

基准是确定要素间几何方位关系的依据，必须是理想要素，其符合最小条件是建立基准的基本原则。但在实际测量中，基准也常用近似的方法来体现。例如，采用形状精度足够高的表面与基准要素相接触（稳定接触）来体现基准；采用平板工作面来体现基准平面（见图 4-36）；以 V 形块来体现基准轴线（见图 4-37）等。这些方法都属于近似测量方法，会产生一定的原理误差。

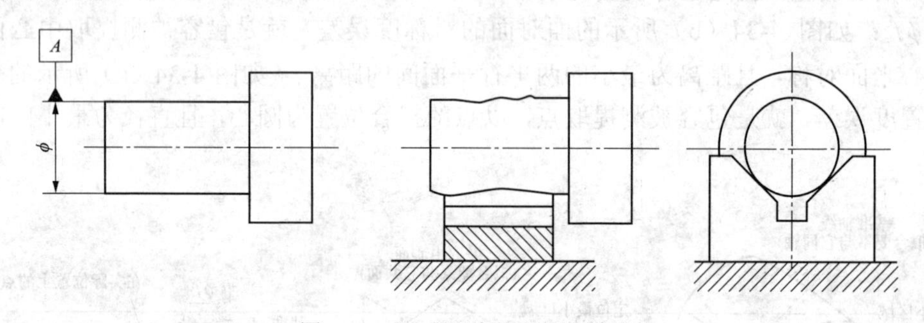

图 4-37　用 V 形块体现基准轴线

4.6.3　几何误差的检测原则

几何误差总共有十四项之多，每项误差根据零件具体结构的不同又可表现为多种形式，如平行度误差可表现为面对面、线对面、面对线及线对线四种类型。因此，几何误差的检测方法也是很多的。为了正确地测量几何误差，保证几何公差标准的贯彻执行，在 GB/T 4249—2009《产品几何技术规范（GPS）　公差原则》中，对所有的检测方法加以概括，规定了以下五种检测原则。

1. 与理想要素比较原则

使被测实际要素与其理想要素相比较，在测量过程中，理想要素用模拟的方法获得。如图 4-38 所示，测量短小零件的直线度误差时，利用刀口尺，使其与被测表面直接接触，被测表面与刀口尺间的最大透光间隙即该表面的直线度误差。这里刀口尺的刀口就是模拟的理想直线，其相对实际要素的位置根据最小条件确定。

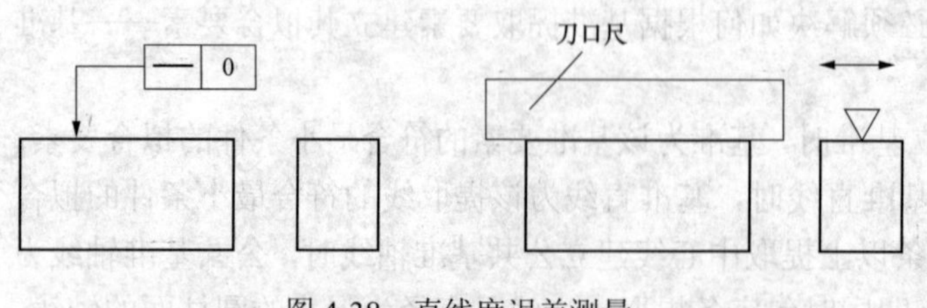

图 4-38　直线度误差测量

与理想要素比较的原则与误差定义的概念一致，因此是基本的检测原则。

2. 测量坐标值原则

根据被测要素的几何特征，采用直角坐标系、极坐标系和圆柱面坐标系测量被测实际要素的坐标值，并经过数据处理的方法获得几何误差值。如图 4-39 所示，图中测量平板上孔ϕD的位置度误差，首先按基准调整被测件，使其与坐标测量装置（如大型工具显微镜）的坐标方向一致，随后用投影的方法测量x_1、x_2和y_1、y_2值，分别计算出坐标尺寸$x=(x_1+x_2)/2$，$y=(y_1+y_2)/2$。将实测的x、y值分别与图纸上规定的理论正确尺寸比较，得到f_x、f_y，孔的位置误差为

$$f=2\sqrt{f_x^2+f_y^2}$$

可见测得的坐标值经过数据处理后可以获得与定义一致的误差值。应用这一检测原则可以测量除跳动以外的各项几何误差，随着电子技术的应用，数据处理烦琐的问题将会得以合理解决。

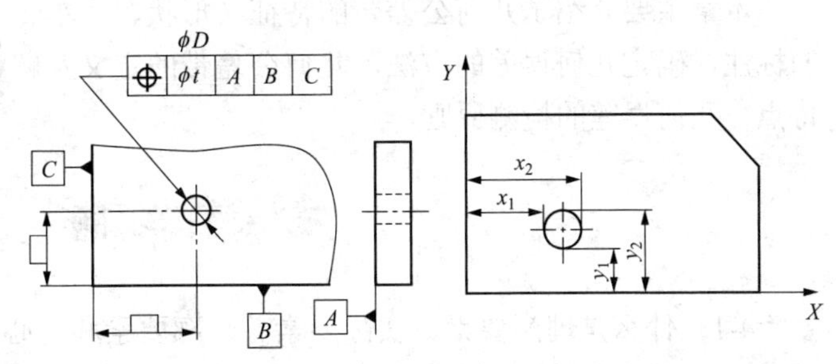

图 4-39　位置误差测量

3. 测量特征参数原则

测量被测实际要素上具有代表性的特征参数来表示几何误差值。如图 4-40 所示，测量轴线任意方向的直线度误差，将被测零件安装在平行于平板的两顶尖之间，沿铅垂轴截面的两条素线测量，同时分别记录两指示器在各自测点的读数M_a、M_b，取各测点读数差的一半［即$(M_a-M_b)/2$］中的最大差值作为该截面轴线的直线度误差。按同样方法测量若干个截面，取其中最大的误差值作为该零件轴线的直线度误差。

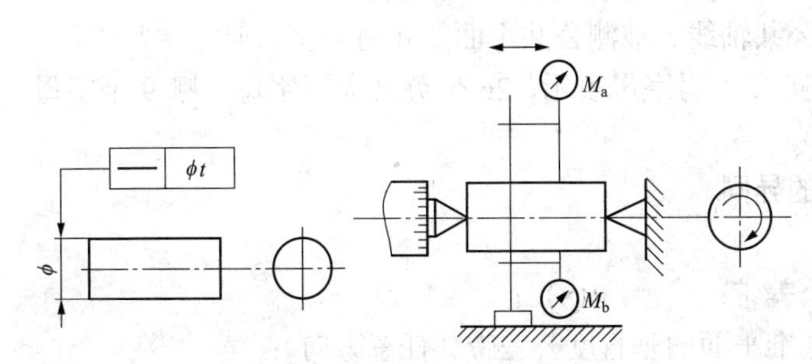

图 4-40　轴线直线度误差测量

显然，按此原则确定的几何误差是近似的，与误差定义的概念并不符合。但由于这类测量方法容易实现，且不需要烦琐的数据处理，因此这一检测原则在车间条件下经常使用。

4. 测量跳动原则

被测实际要素绕基准轴线回转过程中，沿给定方向测量其对某参考点或线的变动量。此原则主要用于跳动测量。

5. 控制实效边界原则

检验被测实际要素是否超过实效边界以判断合格与否。如图 4-41 所示的用综合量规检验两孔的同轴度，量规的直径等于孔的实效尺寸，若能通过被测零件，则可认为该零件是合格的。

这一检测原则适用于采用最大实体原则，即公差值和基准处标有符号Ⓜ的场合。

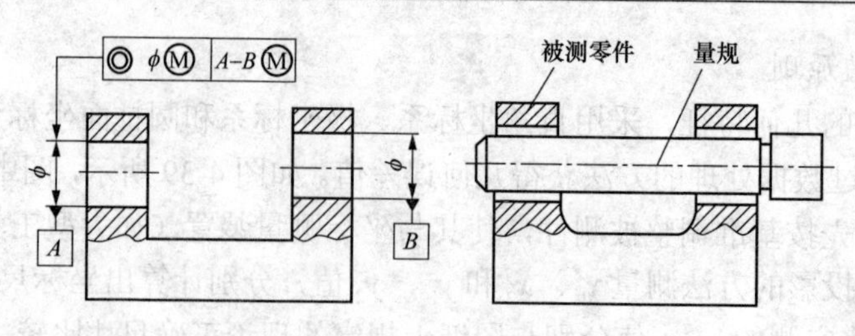

图 4-41 用综合量规控制实效边界

小 结

本章主要介绍了几何公差带的特征（形状、大小、方向和位置）以及几何公差在图样上的标注，确定几何误差的方法，几何公差带的定义及解释、特点，几何公差的选用原则及其特点，几何误差的检测原则。

习 题

4-1 什么是理想要素、实际要素、轮廓要素和中心要素？

4-2 什么是被测要素、基准要素、单一要素和关联要素？

4-3 何谓形状公差？何谓位置公差？

4-4 几何公差框格指引线的箭头如何指向被测轮廓要素？如何指向被测中心要素？

4-5 对于基准要素应标注基准符号，基准符号是由哪几部分组成的？基准符号的粗短横线如何置放于基准轮廓要素？如何置放于基准中心要素？

4-6 由几个同类要素构成的被测公共轴线、被测公共平面的几何公差如何标注？

4-7 被测要素的基准在图样上用英文大写字母表示，26 个英文大写字母中哪 9 个字母不得采用？

4-8 比较下列每两种几何公差带的异同。

（1）圆度公差带与径向圆跳动公差带；

（2）圆柱度公差带和径向全跳动公差带；

（3）轴线直线度公差带和轴线对基准平面的垂直度公差带（任意方向）；

（4）平面度公差带与被测平面对基准平面的平行度公差带。

4-9 按照直线度公差的不同标注形式，直线度公差带有哪三种不同的形状。

4-10 轮廓度公差带分为无基准要求和有基准要求两种，它们分别有什么特点？

4-11 什么是体外作用尺寸、体内作用尺寸？

4-12 什么是最大实体状态、最大实体尺寸、最小实体状态、最小实体尺寸？

4-13 什么是最大实体实效状态、最大实体实效尺寸、最小实体实效状态、最小的实体实效尺寸？

4-14 试述独立原则的含义、在图样上的表示方法和主要应用场合。

4-15 试述包容要求的含义、在图样上的表示方法和主要应用场合。

4-16 试述最大实体要求应用于被测要素的含义、在图样上的表示方法和主要应用场合。

4-17 比较独立原则和包容要求的优缺点。

4-18 试述最小条件和最小包容区域的含义，试述定向最小包容区域和定位最小包容区域的含义。

4-19 试述圆度误差最小包容区域的判别准则。

4-20 试述面对面平行度、垂直度和倾斜度误差的定向最小包容区域的判别准则。

5 表面粗糙度与检测

▲ **教学提示**

表面粗糙度与零件的尺寸精度和几何精度共同构成了零件精度的三个方面，表面粗糙度对机器零件的功能（使用性能）影响很大。为保证产品质量、提高机器的使用寿命，以及降低生产成本，设计时，需根据功能要求提出合理的表面粗糙度要求并正确地表示在图样上；制造时，要通过适当的检测方法来判断合格品、控制表面质量。

▲ **教学要求**

本章要求学生掌握表面粗糙度的基本概念及其国家标准；国家标准规定的表面粗糙度涉及的主要参数及其数值系列。学会根据机械产品及其零部件的使用要求选择粗糙度的相关参数及其数值，并予以正确标注。

5.1 表面粗糙度的概念及其对零件使用性能的影响

5.1.1 表面粗糙度的概念

无论是用机械加工还是其他方法获得的零件实际表面，不可能是理想的，都存在宏观和微观的几何形状误差，这种几何形状误差常使用表面粗糙度、表面波纹度和表面形状误差来描述（见图 5-1），三者之间按零件表面产生的微小峰谷中相邻两波峰或波谷之间的距离（即波距的大小）来划分，或按波距与波幅（峰谷高度）的比值来划分。波距λ=10mm 且无明显周期变化的，属于表面形状误差；波距λ=1～10mm 并呈周期性变化的，属于表面波纹度范围；波距λ<1mm 并呈周期性变化的，属于表面粗糙度范围，称为表面粗糙度，它是一种微观几何形状误差。

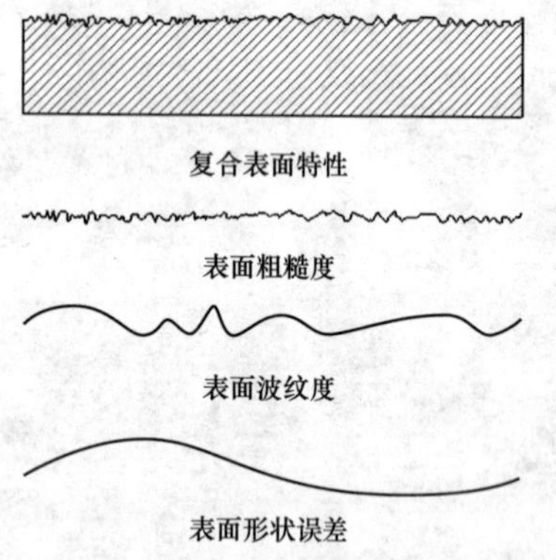

图 5-1 表面几何形状误差

5.1.2 表面粗糙度对于零件使用性能的影响

表面粗糙度数值越小，表面越光滑。表面粗糙度对机械零件的使用性能及寿命的影响很大，主要表现在以下几个方面：

（1）影响零件的耐磨性。当相互接触的两零件表面产生相对运动时，峰顶间接触就会产生摩擦，造成零件磨损。一般而言，零件表面越粗糙，零件的磨损就越快。但需指出，表面过于光滑，磨损量不一定小。磨损量除受表面粗糙度的影响外，还与磨损下来的金属微粒的刻划作用，以及润滑油被挤出与分子间的吸附作用等因素有关，所以对于特别光滑的表面其磨损反而加剧。

（2）影响配合性质的稳定性。表面粗糙度会影响配合性质的稳定性。对于间隙配合，表面越粗糙，轮廓峰顶磨损就会越快，进而使得配合间隙增大，以致破坏配合性质。特别是在尺寸小的情况下，表面粗糙度对配合性质的影响更大。对于过盈配合，表面粗糙度使得实际过盈量小于公称过盈量，降低连接强度。

（3）影响零件的抗疲劳强度。零件承受重载荷及交变载荷时，由于应力集中的影响，其抗疲劳强度降低，零件会很快产生疲劳裂缝而损坏。其破坏大部分是因为表面产生疲劳裂纹所造成的，零件表面越粗糙，凹痕越深，根部的曲率半径就越小，对应力集中越敏感，零件疲劳损坏的可能性就越大。

（4）影响零件的耐蚀性。零件表面越粗糙，越容易使腐蚀性气体或液体积存在凹谷处，并渗入零件内部，加剧腐蚀。

（5）影响结合件的密封性能。若相互结合的表面较为粗糙，则无法严密贴合，使气体或液体通过接触面间的缝隙渗漏。

此外，表面粗糙度对液体管壁表面的流动性、材料接触刚度、密封性、产品外观、表面反射能力等都有明显的影响。因此，为保证机械零件的使用性能，在对其进行精度设计时，必须提出合理的表面粗糙度要求。

5.2 表面粗糙度的评定

5.2.1 取样长度与评定长度

评定表面粗糙度时，需要规定取样长度、评定长度等技术参数，以限制和减弱表面波纹度与表面不均匀性对表面粗糙度测量结果的影响。

1. 取样长度 l_r

取样长度为测量或评定表面粗糙度时所规定的一段基准线长度，国家标准中其定义为“用于判别被评定轮廓的不规则特征的 X 轴方向上的长度”。它至少包含 5 个以上的轮廓峰和谷，如图 5-2 所示。取样长度在数值上与 λ_c 滤波器的标志波长相等，X 轴的方向与轮廓走向一致。取样长度值大小对表面粗糙度测量结果有影响，一般表面越粗糙，取样长度就越大。国家标准规定的取样长度选用值见表 5-1。

表 5-1　取样长度和评定长度的选用值（摘自 GB/T 1031—2009）

Ra(μm)	Rz(μm)	l_r(mm)	l_n(l_n>5l_r)(mm)
≥0.08～0.05	≥0.025～0.10	0.08	0.4
>0.02～0.10	>0.10～0.50	0.25	1.25
>0.10～2.0	>0.50～10.0	0.8	4.0
>2.0～10.0	>10.0～50.0	2.5	12.5
>10.0～80.0	>50.0～320	8.0	40.0

2. 评定长度

评定长度是指用于判别被评定轮廓的 X 轴方向上粗糙度的长度。由于零件表面粗糙度不均匀，为了合理地反映其特征，在测量和评定时所规定的一段最小长度称为评定长度。与任意一个取样长度上的单个评定参数相比，评定长度内的评定参数往往能更客观合理地反映某一表面粗糙度特征。评定长度的作用是保证测量结果有较好的重复性。

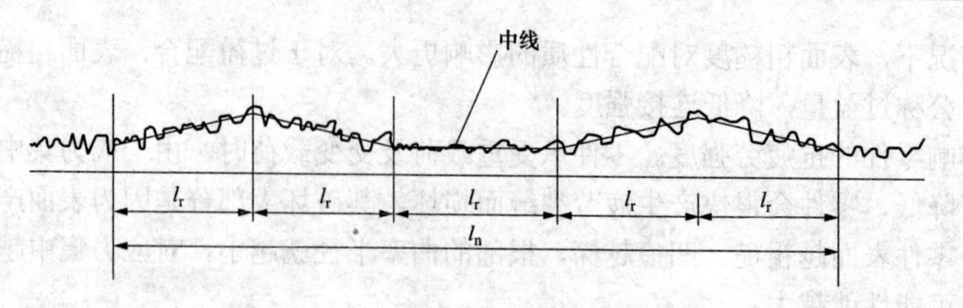

图 5-2 取样长度与评价长度

l_r —取样长度；l_n —评定长度

评定长度包括一个或几个取样长度，一般取 $l_n = 5l_r$。如果被测表面比较均匀，可选 $l_n < 5l_r$；如果均匀性差，则选 $l_n > 5l_r$。按表 5-1 选用对应的取样长度及评定长度值，在图样上可省略标注取样长度值，当有特殊要求不能选用表 5-1 中的数值时，应在图样上标注出取样长度值。

5.2.2 粗糙度轮廓中线

粗糙度轮廓中线是指用轮廓滤波器 λ_c 抑制了长波轮廓成分相对应的中线，是具有理想几何轮廓形状并划分轮廓的基准线。粗糙度轮廓中线基准线有两种。

1. 轮廓最小二乘中线

轮廓最小二乘中线是指在取样长度内，使轮廓线上各点轮廓偏距 $z(x)$ 的平方和为最小的线，即 $\int_0^b z^2(x)\mathrm{d}x$ 为最小。轮廓偏距的测量方向 z 如图 5-3 所示。

2. 轮廓算术平均中线

轮廓算术平均中线是指在取样长度范围内，将实际轮廓划分为上、下两部分，且使上、下两部分面积相等的直线，即 $\sum_{i=1}^{n} F_i = \sum_{i=1}^{n} F_i'$，这条假想线就是最小二乘中线，如图 5-4 所示。

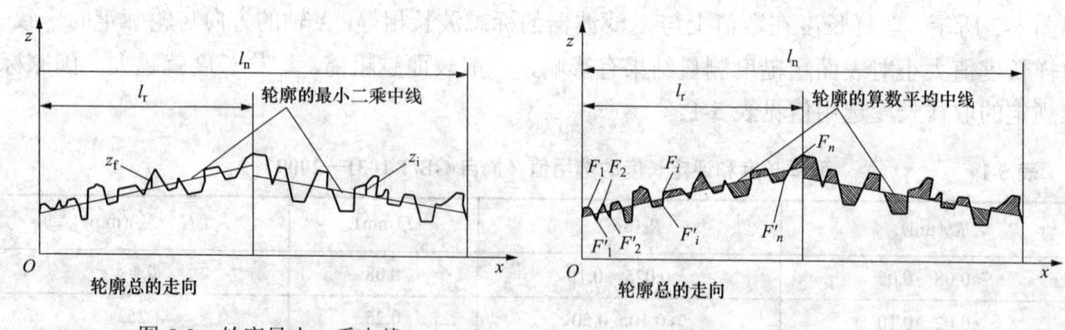

图 5-3 轮廓最小二乘中线　　图 5-4 轮廓算术平均中线

5.2.3 评定参数

为了满足对零件表面不同的功能要求，GB/T 3505—2009 规定的评定参数有幅度参数、间距参数、混合参数、曲线和相关参数。下面介绍几种主要的评定参数。

1. 幅度参数

（1）轮廓的算术平均偏差 Ra。在一个取样长度内纵坐标 $z(x)$ 绝对值的算术平均值，如图 5-5 所示，即

$$Ra = \frac{1}{l_r}\int_0^{l_r}|z(x)|\mathrm{d}x \tag{5-1}$$

或近似为

$$Ra = \frac{1}{n}\sum_{i=1}^{n}\left|z_i\right| \tag{5-2}$$

测得的 Ra 值越大，表面越粗糙。Ra 值能客观地反映表面微观几何形状误差，但因受到计量器具功能的限制，不宜用做过于粗糙或太光滑表面的评定参数。

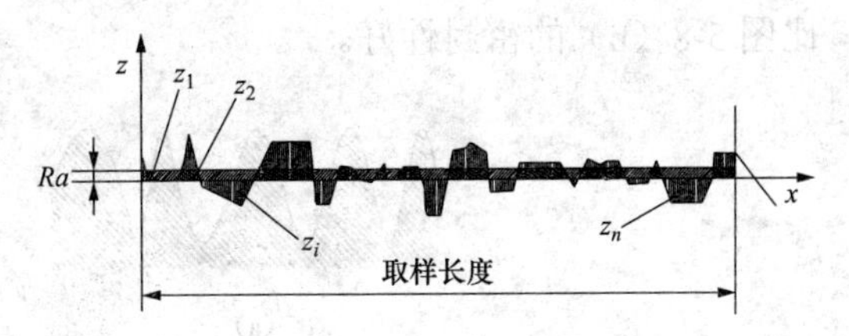

图 5-5 轮廓的算术平均偏差

（2）轮廓的最大高度 Rz。在一个取样长度内，最大轮廓峰高 z_{p} 和最大轮廓谷深 z_{v} 之和的高度，称为轮廓的最大高度，如图 5-6 所示，即

$$Rz = z_{\mathrm{p}} + z_{\mathrm{v}} \tag{5-3}$$

式中：z_{p}、z_{v} 都取绝对值。

最大轮廓峰高 z_{p}，$z_{\mathrm{p}} = z_{\mathrm{p}i\max}$ 即在一个取样长度内，被评定轮廓上各个高极点至中线的距离 $z_{\mathrm{p}i}$（轮廓峰高）最大的距离，用符号 z_{p} 表示。最大轮廓谷深 $z_{\mathrm{v}} = z_{\mathrm{v}i\max}$，即被评定轮廓上各个低极点至中线的距离 $z_{\mathrm{v}i}$ 最大的距离称为轮廓谷深，用符号表示 z_{v}，如图 5-6 所示。

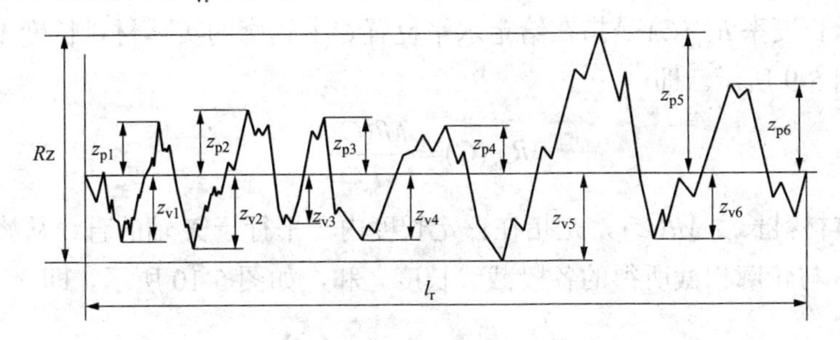

图 5-6 轮廓的最大高度 Rz

Rz 在 GB/T 3505—1983 中用 Ry 表示，新国家标准符号修改为 Rz，但目前使用的许多粗糙度测量仪中，大多测量的是旧版本规定的参数（微观不平度的 10 点高度）。因此，在使用 Rz 时应予以注意。新国家标准规定 Ra、Rz 必须标注或两者至少取其一。

2. 间距特性参数

轮廓单元的平均宽度 RS_{m} 是指在一个取样长度内轮廓单元宽度 x_{si} 的平均值，如图 5-7 所示。即

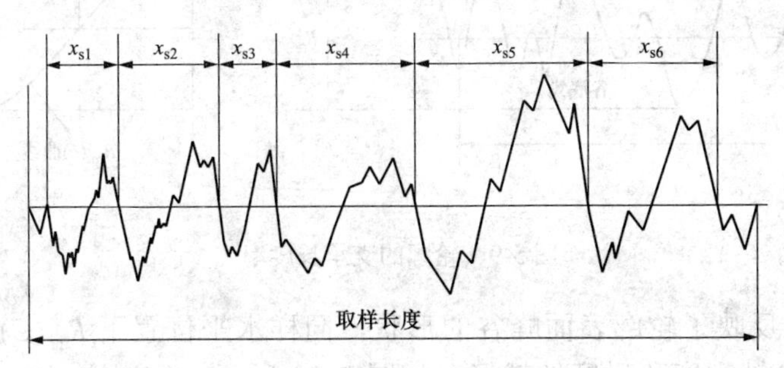

图 5-7 轮廓单元宽度

$$RS_{\mathrm{m}}=\frac{1}{m}\sum_{i=1}^{m}x_{si} \tag{5-4}$$

RS_{m} 反映了轮廓表面峰谷的疏密程度，RS_{m} 越大，峰谷越稀，密封性越差。图 5-8（a）比图 5-8（b）的密封性好。

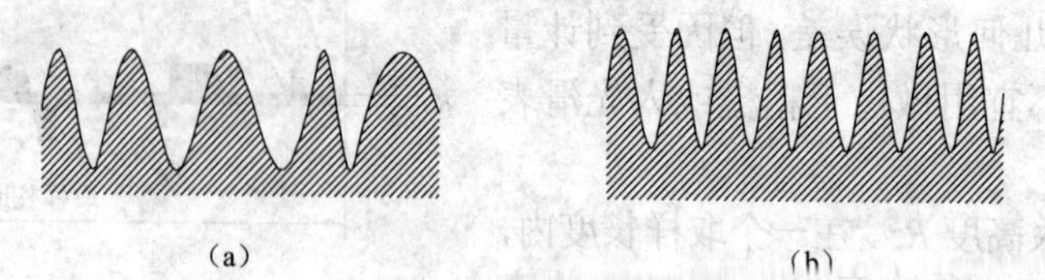

图 5-8　高度参数相同，疏密度不同，密封性不同

3. 混合参数

轮廓的均方根斜率 $R\Delta q$ 是指在取样长度内纵坐标斜率为 $\mathrm{d}z/\mathrm{d}x$ 的均方根值。

$$R\Delta q=\sqrt{\frac{1}{l_{\mathrm{r}}}\int_{0}^{l_{\mathrm{r}}}\left(\frac{\mathrm{d}z}{\mathrm{d}x}\right)^{2}\mathrm{d}x} \tag{5-5}$$

4. 曲线和相关参数

轮廓的支承长度率 $R_{\mathrm{mr}}(C)$ 是指在给定水平位置 C 上轮廓的实体材料长度 $Ml(C)$ 与评定长度的比率，如图 5-9 所示。即

$$R_{\mathrm{mr}}(C)=\frac{Ml(C)}{l_{\mathrm{n}}} \tag{5-6}$$

轮廓的实体材料长度 $Ml(C)$，是指在评定长度内一平行于 X 轴的直线从峰顶线向下移一水平截距 C 时，与轮廓相截所得的各段截线长度之和，如图 5-10 所示。即

$$Ml(C)=b_1+b_2+\cdots+b_n=\sum_{i=1}^{n}b_i \tag{5-7}$$

轮廓的水平截距 C 可用微米或用它占 Rz 的百分比表示。由图 5-9（a）可以看出，支承长度率是随着水平位置不同而变化的，其关系曲线称为支承长度率曲线，如图 5-9（b）所示。支承长度率曲线对于反映表面耐磨性具有显著的功效，即从中可以直观地看出支承长度率的变化趋势。

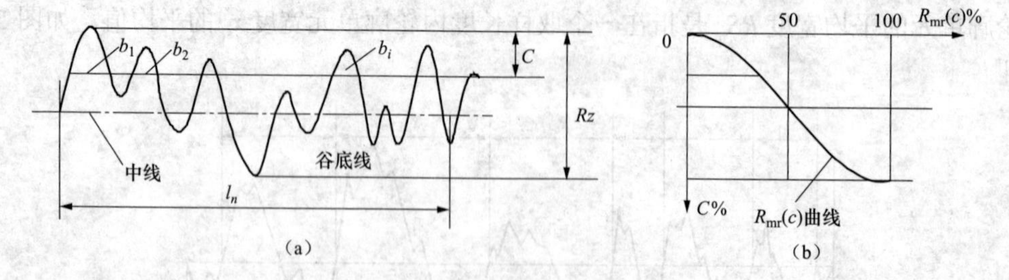

图 5-9　轮廓的支承长度率

$Ml(C)$ 的大小反映了轮廓表面峰谷的形状，同样水平位置下 $R_{\mathrm{mr}}(C)$ 值越大，表面实体材料越长，其接触刚度和耐磨性越好。如图 5-10 所示，（a）比（b）的接触刚度和耐磨性好。

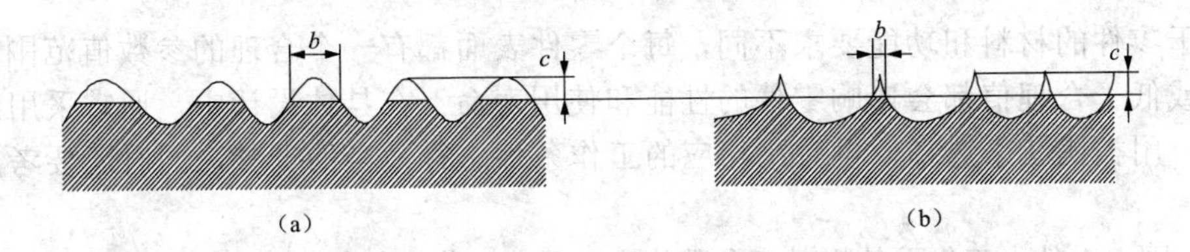

图 5-10 幅度参数相同，轮廓支承长度率不同，接触刚度不同

5.3 表面粗糙度参数及其数值的选择

正确选择零件表面粗糙度参数和数值，对改善机器和仪表的工作性能及提高其使用寿命意义重大。表面粗糙度的选用包括评定参数和评定参数值的选用。

5.3.1 表面粗糙度评定参数选择

表面粗糙度评定参数的选用原则应根据零件的工作条件和使用性能，同时，考虑表面粗糙度检测仪器（或测量方法）的测量范围和工艺的经济性。

选择时一般可根据选用原则，选定一个或几个表面粗糙度的评定参数，以表达设计要求。在图样上标注表面粗糙度时，一般只给出幅度参数，只有少数零件的重要表面有特殊使用要求时，才给出附加参数。表面粗糙度的参数值已经标准化，设计时应按国家标准规定的参数值系列选取。

1. 幅度参数的选用

幅度参数是标准规定的基本参数（如 *Ra* 和 *Rz*），可以独立选用。对于有粗糙度要求的表面必须选用一个幅度参数，一般采用 *Ra* 作为评定参数。对于极光滑和粗糙的表面，不能用 *Ra* 仪器测量，应采用 *Rz* 作为评定参数。

幅度方向的粗糙度参数值为 0.025～6.3μm 时，推荐优先选用 *Ra*。因为通常采用电动轮廓仪测量 *Ra* 值，而轮廓仪的测量范围为 0.02～8μm，且 *Ra* 能较充分合理地反映被测零件表面的粗糙度特征。

幅度方向的粗糙度参数值要求特别高或特别低（$Ra<0.025\mu m$ 或 $Ra>6.3\mu m$）时选用 *Rz*。*Rz* 可用光学仪器（双管显微镜或干涉显微镜）测量。所以当表面不允许出现较深加工痕迹（防止应力集中），或测量部位小、峰谷过大过小而不宜用 *Ra* 时，零件表面用 *Rz* 评定。

2. 附加评定参数的选用

附加评定参数 $R_{mr}(C)$ 和 RS_m 一般情况下不作为独立的参数选用，只有零件的表面有特殊使用要求时，仅用幅度参数不能满足零件表面的功能要求时，才在选用了幅度参数的基础上，选用附加参数。

一般情况下，对密封性、光亮度有特殊要求的表面及少数零件的重要表面且有特殊功能要求时，附加选用 RS_m。在冲压成形中，对抗裂纹、抗振、抗腐蚀、减小流体流动摩擦阻力等有要求时也可选用。

支承长度率 $R_{mr}(C)$ 主要在对耐磨性、接触刚度要求较高的场合附加选用。

5.3.2 表面粗糙度参数值的选择

表面粗糙度参数值的选用原则是，在满足功能要求的前提下，尽量选用较大的表面粗糙度参数值［除 $R_{mr}(C)$ 外］，从而降低生产成本，减小加工难度。

由于零件的材料和功能要求不同，每个零件表面都有一个合理的参数值范围，参数值高于或低于合理值都会影响零件的性能和使用寿命。在具体设计中，通常采用经验统计资料，用类比法来选择，再对比相应的工作条件进行适当的调整，同时还要考虑以下因素：

（1）同一零件上工作面的粗糙度参数值应小于非工作面的粗糙度参数值。

（2）摩擦表面的粗糙度参数值应小于非摩擦表面的，滚动摩擦表面比滑动摩擦表面的粗糙度参数值要小。

（3）运动精度要求高、受循环载荷的表面，以及易引起应力集中的部位（如圆角、沟槽等），应选取较小的粗糙度参数值。

（4）配合性质要求高的结合面，配合间隙小的配合面及要求连接可靠、受重载的过盈面，应选取较小的粗糙度参数值。

（5）配合性质相同和公差等级相同的零件，公称尺寸越小则表面粗糙度数值应越小，轴的表面粗糙度数值应小于孔的表面粗糙度数值。

（6）有耐蚀性和密封性能要求的表面有美观性要求的外表面，应选用较小的粗糙度参数值。

（7）对于操作手柄、食品用具等，为保证外观光滑、亮洁，也应选取较小的粗糙度参数值。

表 5-2 列出了各种加工方法能达到的 *Ra* 值，表 5-3 和表 5-4 列出了表面粗糙度参数值的应用实例，供选择时参考。

表 5-2　　各种加工方法能达到的 *Ra* 值

加工方法		表面粗糙度 *Ra*(μm)													
		0.012	0.025	0.05	0.100	0.20	0.40	0.80	1.60	3.20	6.30	12.5	25	50	100
砂模铸造															
精密铸造															
模锻															
冷拉															
刨削	粗														
	半精														
	精														

续表

加工方法		表面粗糙度 *Ra*(μm)													
		0.012	0.025	0.05	0.100	0.20	0.40	0.80	1.60	3.20	6.30	12.5	25	50	100
钻															
端面铣	粗														
	半精														
	精														
滚铣	粗														
	半精														
	精														
车外圆	粗														
	半精														
	精														
车端面	粗														
	半精														
	精														
磨外圆	粗														
	半精														
	精														
磨平面	粗														
	半精														
	精														
研磨	粗														

续表

加工方法		表面粗糙度 Ra(μm)													
		0.012	0.025	0.05	0.100	0.20	0.40	0.80	1.60	3.20	6.30	12.5	25	50	100
研磨	半精														
	精														
齿轮	刨														
	滚														
花键加工	插														
	磨														
	剃														

表 5-3　表面粗糙度的表面特征、经济加工方法及应用举例

表面微观特征		Ra(μm)	Rz(μm)	加工方法	应用举例
粗糙表面	微见刀痕	≤20	≤80	粗车、粗刨、粗铣、钻、毛锉、锯断	半成品粗加工过的表面，非配合的加工表面，如轴端面、倒角、钻孔、齿轮皮带轮侧面、键槽底面、垫圈接触面
半光表面	微见加工痕迹	≤10	≤40	车、刨、铣、镗、钻、粗铰	轴上不安装轴承、齿轮处的非配合表面，紧固件的自由装配表面，轴和孔的退刀槽
	微见加工痕迹	≤5	≤20	车、刨、铣、镗、磨、拉、粗刮、滚压	半精加工表面，箱体、支架、盖面、套筒等和其他零件结合而无配合要求的表面，需要发蓝的表面等
	看不清加工痕迹	≤2.5	≤10	车、刨、铣、镗、磨、拉、刮、滚压、铣齿	接近于精加工表面，箱体上安装轴承的镗孔表面，齿轮的工作面
光表面	可辨加工痕迹方向	≤1.25	≤6.3	车、镗、磨、拉、刮、精铰、磨齿、滚压	圆柱销、圆锥销，与滚动轴承配合的表面，普通车床导轨面，内、外花键定心表面
	微辨加工痕迹方向	≤0.63	≤3.2	精铰、精镗、磨、刮、滚压	要求配合性质稳定的配合表面，工作时受交变应力的重要零件，较高精度车床的导轨面
	不可辨加工痕迹方向	≤0.32	≤1.6	精磨、珩磨、研磨、超精加工	精密机床主轴锥孔，顶尖圆锥面，发动机曲轴，凸轮轴工作表面，高精度齿轮齿面
极光表面	暗光泽面	≤0.16	≤0.8	精磨、研磨、普通抛光	精密机床主轴轴颈表面，一般量规工作表面，汽缸套内表面，活塞销表面

续表

表面微观特征		Ra(μm)	Rz(μm)	加工方法	应用举例
极光表面	亮光泽面	≤0.08	≤0.4	超精磨、精抛光、镜面磨削	精密机床主轴轴颈表面，滚动轴承的滚珠、高压油泵中柱塞孔和柱塞配合的表面
	镜状光泽面	≤0.04	≤0.2		
	镜面	≤0.01	≤0.05	镜面磨削、超精研	高精度量仪、量块的工作表面光学仪器中的金属镜面

表 5-4　　表面粗糙度参数值应用实例

Ra(μm)	应用实例
12.5	粗加工非配合表面，如轴端面、倒角、钻孔、键槽非配合表面、垫圈接触面、不重要安装支承面、螺钉、螺钉孔表面等
6.3	半精加工表面，不重要零件的非配合表面，如支柱、轴、支架、外壳、衬套、盖的端面；螺钉、螺栓和螺母的自由表面；不要求定心及配合特性的表面，如螺栓孔、螺钉孔、铆钉孔等，飞轮、皮带轮、离合器、联轴节、凸轮、偏心轮的侧面；平键及键槽的上、下面，花键非定心表面、齿顶圆表面，所有轴和孔的退刀槽；不重要的连接配合表面；犁铧、犁侧板、深耕铲等零件的摩擦工作面等
3.2	半精加工表面，如外壳、箱体、盖、套筒、支架和其他零件连接而不形成配合的表面；不重要的紧固螺纹表面；非传动用梯形螺纹、锯齿形螺纹表面；燕尾槽表面；键和键槽工作面；要发蓝的表面；需滚花的预加工表面；低速滑动轴承和轴的摩擦表面；张紧链轮、导向滚轮与轴的配合表面；滑块及导向面（速度为 20～50m/min）；收割机械切割器的摩擦器动刀片、压力片的摩擦面等
1.6	要求有定心及配合特性的固定支承、衬套、轴承和定位销的压入孔表面；不要求定心及配合特性的活动支承面，活动关节及花键结合面；8 级齿轮的齿面、齿条齿面；传动螺纹工作面；低速传动的轴颈表面；楔形键及键槽上、下面；轴承盖凸肩（对中心用）三角皮带轮槽表面；电镀前的金属表面等
0.8	要求保证定心及配合特性的表面，如锥销和圆柱销表面；与 0 和 6 级滚动轴承相配合的孔和轴颈表面，中速转动和轴颈过盈配合的孔 IT7，间隙配合的孔 IT8、IT9，花键轴定心表面，滑动导轨面；不要求保证定心及配合特性的活动支承面，如高精度的活动球状接头表面，支承垫圈、磨削的轮齿、榨油机螺旋轧辊表面等
0.4	要求能长期保持配合特性的孔 IT6、IT7，7 级精度齿轮工作面，蜗杆齿面 7、8 级与 5 级滚动轴承配合的孔和轴颈表面；要求保证定心及配合特性的表面滑动轴承轴瓦工作表面、分度盘表面；工作时受交变应力的重要零件表面，如受力螺栓的圆柱表面、曲轴和凸轮轴工作表面、发动机气门圆锥面与橡胶油封相配合的轴表面等
0.2	工作时受交变应力作用的重要零件表面，保证零件的疲劳强度、防蚀性和耐久性，并在工作时不破坏配合特性要求的表面，如轴颈表面、活塞表面，要求气密的表面和支承面，精密机床主轴锥孔顶尖圆锥表面，精确配合的 IT5、IT6 孔，3～5 级精度齿轮的工作表面，与 4 级滚动轴承配合的孔的轴颈表面，喷油器针阀体的密封配合面，液压油缸和柱塞的表面，齿轮泵轴颈等

表 5-5　　轴和孔的表面粗糙度参数推荐值

表面特征			Ra 的上限值（μm）	
	公差等级	尺寸要素	公称尺寸（mm）	
			≤50	＞50～100
轻度装卸零件的配合表面	IT5	轴	0.2	0.4
		孔	0.4	0.8
	IT6	轴	0.4	0.8
		孔	0.4～0.8	0.8～1.6
	IT7	轴	0.4～0.8	0.8～1.6
		孔	0.8	1.6
	IT8	轴	0.8	1.6
		孔	0.8～1.6	1.6～3.2

续表

表面特征			*Ra*的上限值（μm）		
	公差等级	尺寸要素	公称尺寸		
			≤50	＞50～120	＞120～500
过盈配合的配合表面、装配按机械压入法装配按热胀法	IT5	轴	0.1～0.2	0.4	0.4
		孔	0.2～0.4	0.8	0.8
	IT6～IT7	轴	0.4	0.8	1.6
		孔	0.8	1.6	1.6
过盈配合的配合表面、装配按机械压入法装配按热胀法	IT8	轴	0.8	0.8～1.6	1.6～3.2
		孔	1.6	1.6～3.2	1.6～3.2
		轴	1.6		
		孔	1.6～3.2		

5.3.3 表面粗糙度的代号标注方法

图样上所标注的表面粗糙度符号、代号应符合 GB/T 131—2006 的规定。

1. 表面粗糙度的符号

图样上表示的零件表面粗糙度符号及其说明见表 5-6。

表 5-6 表面粗糙度的符号（摘自 GB/T 131—2006）

符号	意义及说明
	表面结构的基本图形符号，表示表面可用任何方法获得。仅适用于简化代号标注，没有补充说明（如表面处理、局部热处理状况等）时不能单独使用
	表面结构的扩展图形符号，要求去除材料的图形符号（基本符号加一短画线），表示表面是用去除材料的方法获得的，如车、铣、钻、磨、剪切、抛光、腐蚀、电火花加工、气割等；如果单独使用，仅表示所标注表面“被加工并去除材料”
	表面结构的扩展图形符号，为不允许去除材料的图形符号（基本符号加一小圆），表示表面是用不去除材料的方法获得的。例如，铸、锻、冲压变形、热轧、冷轧、粉末冶金等，或者是用于保持原供应状况的表面（包括保持上道工序的状况）
	表面结构的完整图形符号（在上述 3 个符号的长边上均可加一横线），用于标注补充信息，如评定参数和数值、取样长度、加工工艺、表面纹理及方向、加工余量等
	在上述 3 个符号上均可加一小圆，表示视图上构成封闭轮廓的各表面具有相同的表面粗糙度要求

2. 表面粗糙度的代号及其注法

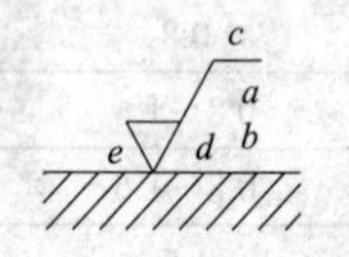

图 5-11 表面粗糙度代号注法

在表面粗糙度符号的基础上，注出表面粗糙度数值及其有关的规定项目后就形成表面粗糙度的代号。表面粗糙度数值及其有关的规定在符号中注写的位置如图 5-11 所示。

位置 *a*：有关评定参数及数值的信息（第一个要求），包括传输带或取样长度（mm），粗糙度参数代号，评定长度，极限判断规则，评定长度，评定参数数值（μm）。

例如 U 0.08 – 0.8 / *Rz* 8 max 3.2 中，U 为上限，0.08–0.8 为传输带，*Rz* 为评定参数代号，8 为评定长度包含的取样长度个数，max 为最大规则，3.2 为评定参数极限值。

位置 *b*：有关评定参数及数值的信息（第二个要求）。

位置 *c*：加工要求、镀覆、涂覆、表面处理、其他说明等。

位置 *d*：加工纹理方向符号。

位置 *e*：加工余量（mm）。

3. 极限判断规则及标注

位置 *a* 注出的表面结构中给定极限值的判断规则有两种。

（1）16%规则。16%规则是指允许在表面粗糙度参数的所有实测值中超过规定值的个数少于总数的 16%。16%规则是表面粗糙度轮廓技术要求中的默认规则，图样上不需注出。

（2）最大规则。最大规则是指在表面粗糙度参数的所有实测值中不得超过规定值。若采用最大规则，在参数代号（如 *Ra* 或 *Rz* ）的后面标注 max 或 min，如图 5-12 所示。

4. 传输带和取样长度、评定长度的标注

（1）传输带的标注。传输带是检测表面粗糙度仪器中两个定义的滤波器之间的波长范围，传输带被一个短波滤波器和另一个长波滤波器限制。滤波器由截止波长值表示，长波滤波器的截止波长值就是取样长度。传输带标注时，短波滤波器在前，长波滤波器在后，用“-”隔开。如果只标注一个滤波器，应保留连字号“-”以区分是短波滤波器还是长波滤波器。传输带标注在幅度参数符号的前面，并用斜线“/”隔开，如图 5-13 所示。

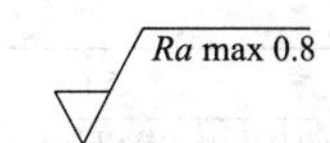

图 5-12 最大规则标注示例

（2）评定长度的标注。如果采用的是默认的评定长度，即 $l_n = 5l_r$，则评定长度可以不标注。如果评定长度内取样长度个数不等于 5，应在相应参数代号后面标注出个数，如图 5-14 所示。

5. 上限或下限符号的标注

在完整符号中表示双向极限时应标注极限代号。上限值在上方，用 U 表示；下限值在下方，用 L 表示。如果同一参数有双向极限要求，在不引起歧义时，可不加注 U 和 L。当只有单向极限要求时，如果是单向上限值，则可不加注 U；若为单向下限值，应加注 L，如图 5-15 所示。

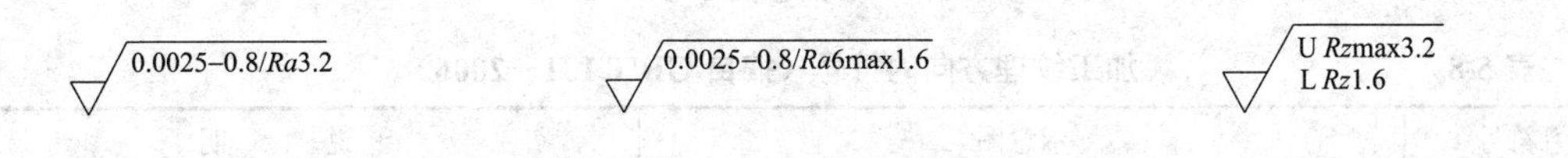

图 5-13 传输带标注示例　　图 5-14 评定长度的标注　　图 5-15 上限或下限符号的标注

6. 表面粗糙度基本参数的标注

表面粗糙度幅度参数的各种标注方法及其意义见表 5-7。

表 5-7 表面粗糖度幅度参数的标注（摘自 GB/T 131—2006）

代号	意义	代号	意义
*Ra*3.2	用任何方法获得的表面粗糙度，*Ra* 的上限值为 3.2μm	*Ra* max 3.2	用任何方法获得的表面粗糙度，*Ra* 的最大值为 3.2μm
Ra 3.2	用去除材料方法获得的表面粗糙度，*Ra* 的上限值为 3.2μm	*Ra* max 3.2	用去除材料方法获得的表面粗糙度，*Ra* 的最大值为 3.2μm

续表

代号	意义	代号	意义
Ra 3.2	用不去除材料方法获得的表面粗糙度，*Ra* 的上限值为 3.2μm	*Ra* max 3.2	用不去除材料方法获得的表面粗糙度 *Ra* 的最大值为 3.2μm
U *Ra* 3.2 L *Ra* 1.6	用去除材料方法获得的表面粗糙度，*Ra* 的上限值为 3.2μm，*Ra* 下限值为 1.6μm	*Ra* max 3.2 *Ra* min 1.6	用去除材料方法获得的表面粗糙度，*Ra* 的最大值为 3.2μm，*Ra* 的最小值为 1.6μm
Rz 3.2	用任何方法获得的表面粗糙度 *Rz* 的上限值为 3.2μm	*Rz* max 3.2	用任何方法获得的表面粗糙度 *Rz* 的最大值为 3.2μm
U *Rz* 3.2 L *Rz* 1.6 *Rz* 3.2 *Rz* 1.6	用去除材料方法获得的表面粗糙度，*Rz* 的上限值为 3.2μm，*Rz* 的下限值为 1.6μm，在不引起误会的情况下，也可省略标注 U、L	*Rz* max 3.2 *Rz* min 1.6	用去除材料方法获得的表面粗糙度，*Rz* 的最大值为 3.2μm，*Rz* 的最小值为 1.6μm
U *Ra* 3.2 U *Rz* 1.6	用去除材料方法获得的表面粗糙度，*Ra* 的上限值为 3.2μm，*Rz* 的上限值为 1.6μm	*Ra* max 3.2 *Rz* max 6.3	用去除材料方法获得的表面粗糙度的 *Ra* 最大值为 3.2μm，*Rz* 的最大值为 6.3μm
0.008−0.8/*Ra* 3.2	用去除材料方法获得的表面粗糙度，*Ra* 的上限值为 3.2μm，传输带 0.008－0.8mm	−0.8/*Ra* 3 3.2	用去除材料方法获得的表面粗糙度，*Ra* 的上限值为 3.2μm，取样长度 0.8μm，评定包含 3 个取样长度

7. 加工方法、加工余量和表面纹理的标注

若某表面的粗糙度要求由指定的加工方法（如车、磨）获得时，其标注如图 5-16 所示。

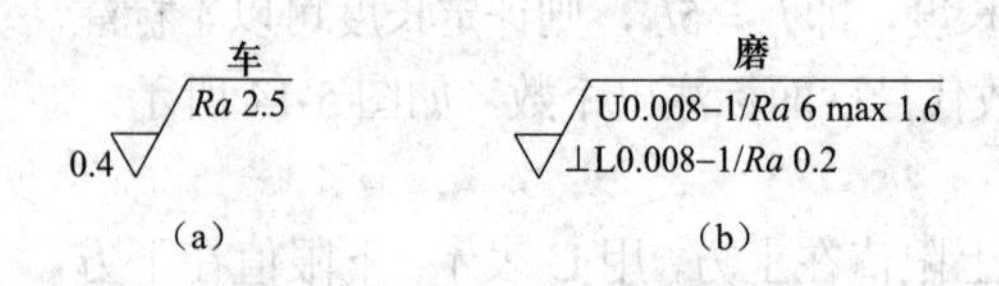

图 5-16 加工方法、加工余量和表面纹理的标注示例

若需要标注加工余量（如加工余量为 0.4mm），其标注如图 5-16（a）所示；若需要控制表面加工纹理方向，其标注如图 5-16（b）所示。

若需要控制表面加工纹理方向时，可在图 5-11 的规定之处，标注加工纹理方向符号，如图 5-16（b）所示。国家标准规定的各种加工纹理方向的符号见表 5-8。

表 5-8　　加工纹理方向的符号（摘自 GB/T 131—2006）

符号	示意图	说　明
=	纹理方向	纹理垂平行标注代号的视图的投影面
X	纹理方向	纹理呈现两相交方向

续表

符号	示意图	说明
P	P	纹理无方向或呈凸起颗粒状
⊥	⊥ 纹理方向	纹理垂直于标注代号的视图的投影面
M	M	纹理呈现多方向
C	C	纹理对于注有符号表面的中心而言近似同心圆
R	R	纹理对于注有符号表面的中心而言近似放射形

8. 表面粗糙度附加参数的标注

在基本参数未标注前，附加参数不能单独标，图 5-17（a）所示为 RS_m 上限值的标注示例；图 5-17（b）所示为 RS_m $R_{mr}(C)$ 标注示例，表示水平截距 C 在 Rz 的 50%位置上，$R_{mr}(C)$ 为 70%，此时 $R_{mr}(C)$ 为下限值。

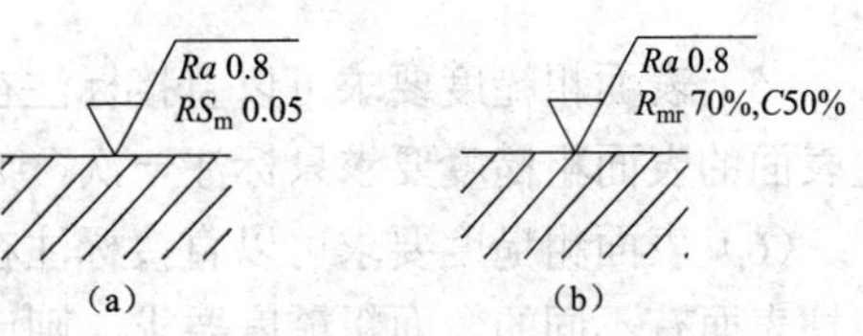

图 5-17　表面粗糙度附加参数标注

5.3.4 表面粗糙度在图样上的一般标注方法

表面粗糙度要求对每一表面一般只标注一

次，并尽可能注在相应的尺寸及其公差的同一视图上，使表面粗糙度的注写和读取方向与尺寸的注写和读取方向一致。

（1）表面粗糙度的注写和读取方向与尺寸的注写方向一致，如图 5-18 所示。

（2）表面粗糙度要求可标注在轮廓线上，其符号应从材料外指向并接触表面，必要时也可用箭头或带黑点的指引线引出标注，如图 5-19 和图 5-20 所示。

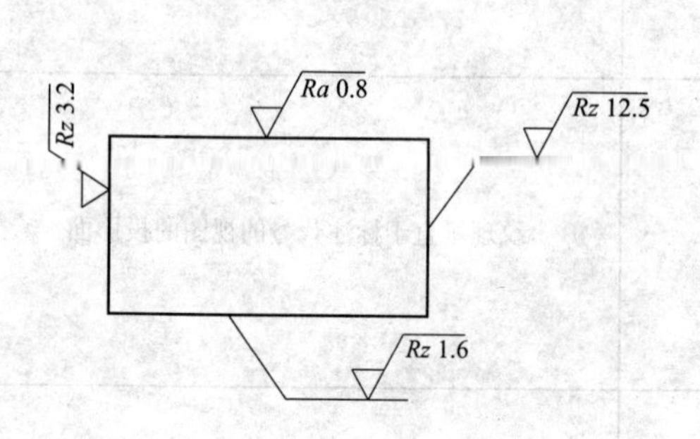

图 5-18 表面粗糙度要求的注写方向

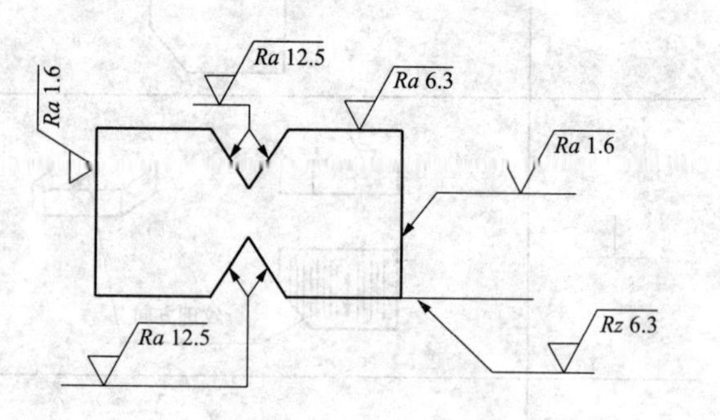

图 5-19 表面粗糙度要求在轮廓线上的标注

（3）在不致引起误解时，表面粗糙度可以标注在给定的尺寸线上，如图 5-21 所示。

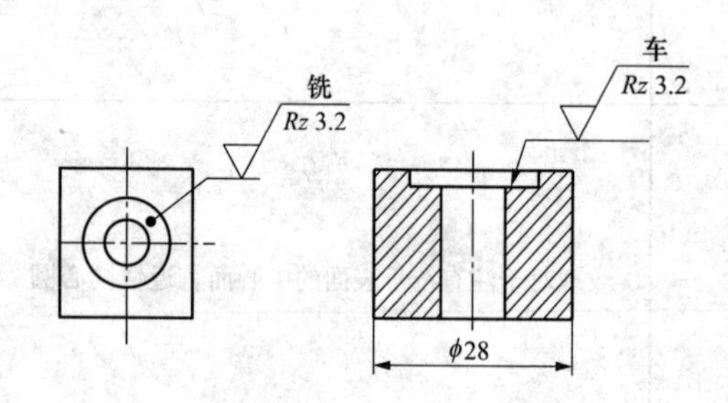

图 5-20 用指引线引出标注表面粗糙度

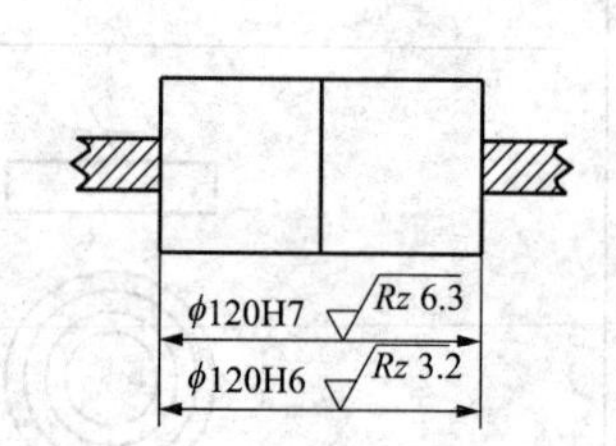

图 5-21 表面粗糙度在给定的尺寸线上

（4）表面粗糙度要求可以标注在几何公差框格的上方，如图 5-22 所示。

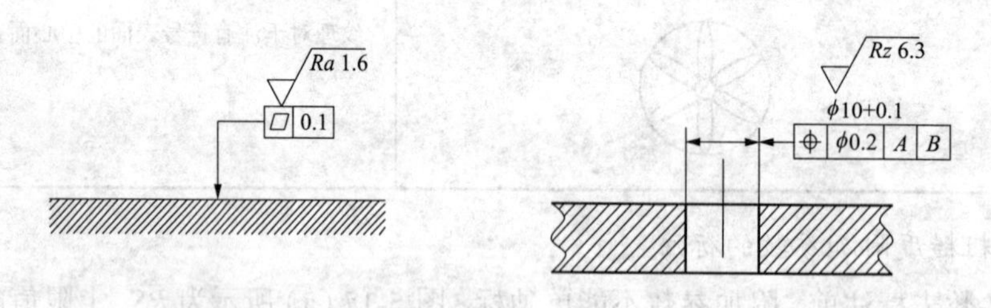

图 5-22 表面粗糙度标注在几何公差框格的上方

（5）表面粗糙度要求可以直接标注在延长线上或用带箭头的指引线引出标注，圆柱和棱柱表面的表面粗糙度要求只标注一次，如图 5-23 所示。

（6）表面粗糙度要求可以直接标注在延长线上或用带箭头的指引线引出标注，如果每个棱柱表面有不同的表面粗糙度要求，则应分别单独标注，如图 5-24 所示。

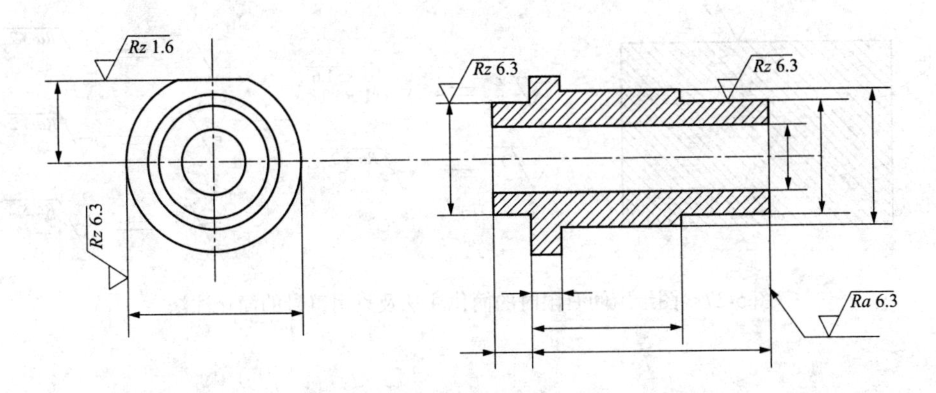

图 5-23 圆柱表面的表面粗糙度标注

（7）键槽、圆角和倒角的表面粗糙度标注法，如图 5-25 所示。

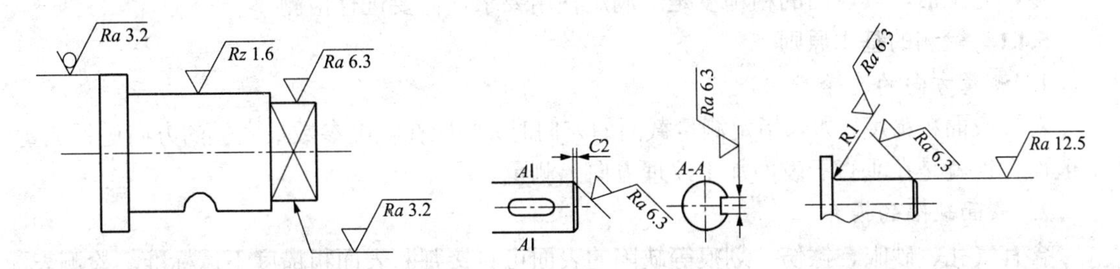

图 5-24 棱柱表面的表面粗糙度标注　　　图 5-25 键槽、圆角和倒角的表面粗糙度标注

5.3.5 表面粗糙度在图样上的简化标注方法

当多数表面（包括全部）具有相同的表面粗糙度要求时，其符号、代号可统一标注在标题栏附近，如图 5-26 所示。此时，表面粗糙度要求符号后面应有必要的解释，例如在圆括号内给出无任何其他标注的基本符号，如图 5-26（a）所示；或者在圆括号内给出其他已注出的表面粗糙度要求，如图 5-26（b）所示。图 5-26（a）、（b）均表示除 *Rz* 值为 1.6μm 和 6.3μm 的表面外，其余所有表面粗糙度 *Ra* 值均为 3.2μm。

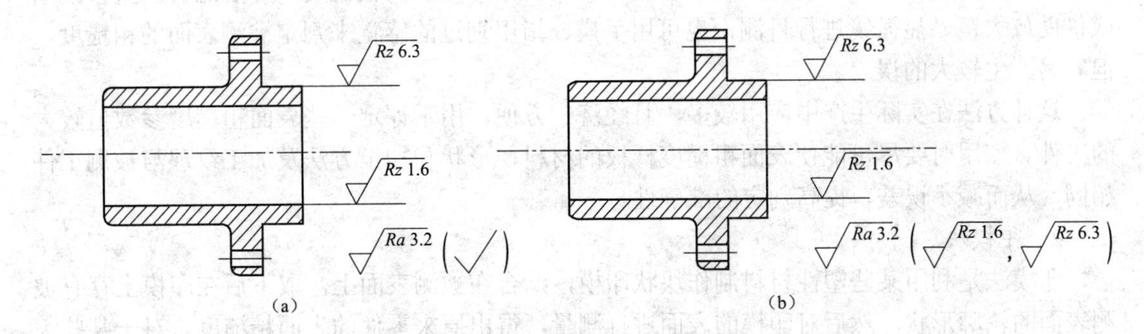

图 5-26 多数表面有相同表面粗糙度要求时的简化标注

当多个表面具有相同的表面结构要求或图纸空间有限时，可采用简化注法，以等式的形式给出，如图 5-27 所示。

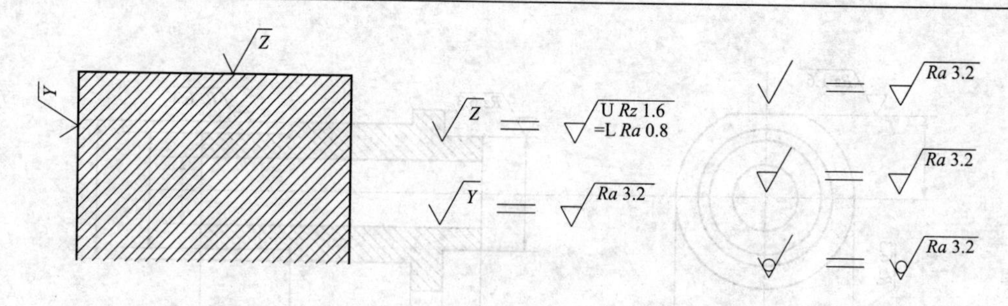

图 5-27 图纸空间有限时的简化注法及只用符号的简化注法

5.4 表面粗糙度的检测

零件完工后，其表面的粗糙度是否满足使用要求，需要进行检测。

5.4.1 检测的基本原则

1. 测量方向的选择

对于表面粗糙度，如未指定测量截面的方向时，则应在幅度参数最大值的方向进行测量，一般而言也就是在垂直于表面加工纹理方向上测量。

2. 表面缺陷的摒弃

含有气孔、砂眼、擦伤、划痕等缺陷的表面可直接判断表面粗糙度不达标准，检测表面粗糙度时予以摒弃。

3. 测量部位的选择

检测表面粗糙度一般在零件上若干有代表性的区段上测量。

5.4.2 测量方法

表面粗糙度的测量方法基本上可分为接触式测量和非接触式测量两类。在接触式测量中，主要有接触法、印模法、触针法等；非接触式测量中，常用的有光切法、干涉法、激光反射法等。

1. 接触法

接触法是指将被测表面与粗糙度样块进行比较来评定表面粗糙度。可通过目测直接判断或借助放大镜、显微镜进行目测，也可用手摸、指甲划过的感觉来判定被测表面的粗糙度，但容易产生较大的误差。

这种方法在实际生产中应用较多，且经济、方便，用于评定一些表面粗糙度参数值较大的工件。使用时要尽可能使表面粗糙度样板的材料、形状和加工方法及加工纹理与被测工件相同，从而减小误差，提高判定的准确性。

2. 印模法

印模法是利用某些塑性材料制作块状印模，贴合在被测表面上，取下后在印模上存有被测表面的轮廓形状，然后对印模的表面进行测量，得出原来零件的表面精糙度。对于某些大型零件的内表面不便使用仪器测量，可用印模法来间接测量，但这种方法的测量精度不高且过程烦琐。

3. 触针法

触针法又称针描法，它是将一个很尖的触针（半径可以做到微米量级的金刚石针尖）垂直安置在被测表面上做横向移动。触针将随着被测表面轮廓形状做垂直起伏运动。将这种微小位移通过电路转换成电信号并加以放大和运算处理，即可得到测量表面粗糙度参数值，其垂直分辨力最高可达到几纳米。仪器按传感器分为电感式、压电式、感应式等。

4. 光切法

光切法是利用光切原理来测量表面粗糙度的方法，它将一束平行光带以一定角度投射与被测表面上，光带与表面轮廓相交的曲线影像反映出被测表面的微观几何形状，测出表面的轮廓峰谷的最大和最小高度，但受仪器物镜的景深和鉴别率的限制。当如果峰谷高度超出一定的范围，就不能在仪器目镜视场中成清晰的真实图像而导致无法测量或者测量误差很大。但由于该方法成本低、易于操作，所以仍被广泛应用。

5. 干涉法

干涉法是利用光波干涉原理测量表面粗糙度的方法。根据干涉原理设计制造的仪器称为干涉显微镜，干涉显微镜主要用来测量 Rz，其测量范围为 0.8～80μm。

6. 激光反射法

激光反射法的基本原理是用激光束以一定的角度照射到被测表面，根据反射光与散射光的强度及其分布来评定被照射表面的微观不平度状况。

小　结

本章主要介绍了表面粗糙度的概念，以及对零件使用性能的影响、表面粗糙度的国家标准和参数选择。表面粗糙度的评定参数分为幅度参数、间距参数、混合参数、形状参数（曲线和相关参数）等，表面粗糙度参数值的选择原则，以及表面粗糙度在图样上的注写、表面粗糙度的测量方法。

习　题

5-1　实际表面、表面轮廓有何关系？

5-2　表面粗糙度对零件的工作性能有何影响？

5-3　规定评定长度有何意义？

5-4　表面粗糙度评定参数种类及其含义是什么？

5-5　选择表面粗糙度参数值时，应考虑哪些因素？

5-6　常用的表面粗糙度测量方法有哪几种？

5-7　在一般情况下，ϕ40H7 和ϕ80H7 相比，ϕ40H7/f5 和ϕ40H6/s5 相比，哪个应选用较小的 Ra 值？

5-8　根据技术要求，在如图 5-28 所示的轴承套图中规定位置标注表面粗糙度要求。

位置 1：去除材料，算术平均偏差 Ra 为 0.8μm。

位置 2：去除材料，算术平均偏差 Ra 为 6.3μm。

位置 3：去除材料，算术平均偏差 Ra 为 3.2μm。

位置 4：去除材料，算术平均偏差 Ra 为 1.6μm。

位置 5：去除材料，算术平均偏差 Ra 为 3.2μm。

其余表面的表面粗糙度要求：去除材料，算术平均偏差为 $Ra12.5\mu m$。

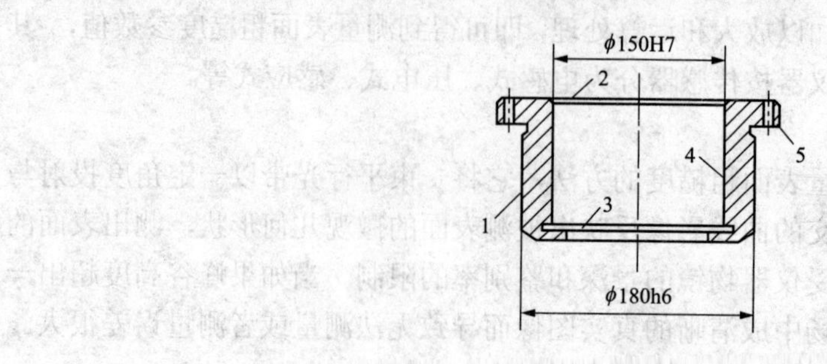

图 5-28 题 5-8 图

6 光滑工件尺寸检验和光滑极限量规设计

教学提示

在完成相关零件加工后，要知道零件是否满足设计要求，需要进行检验、测量或检测，如相关零件相关表面的尺寸、形状、位置和表面粗糙度的测量，根据测量结果，判断工件的合格性等。那么如何选择检测方法及其计量器具？各项误差是分别进行测量还是进行综合检验？如何既保证检测要求，又使检测方便与经济？进行测量或检测时，会不会有误判现象？如何防止误判与控制误判概率？

通过本章学习，使学习者掌握从满足测量精度要求、经济方便的角度出发，正确合理地选择通用计量器具；掌握光滑极限量规的设计方法，学会绘制光滑极限量规工作图，并会正确地标注。

6.1 光滑工件尺寸检验

为了满足机械产品的功能要求和保证零件互换性，需要对完工部件进行测量和检验来判断是否合格。检验就是将被测量对象与规定的尺寸极限进行比较，确定被测量对象是否合格的过程。其特点是只评定被测量对象是否合格，不给出被测量对象的尺寸大小。

由于计量器具存在测量误差、轴或孔的形状误差、测量条件偏离标准规定范围等原因，因此测量所得到尺寸都不等于尺寸的真实值。由于存在测量误差，在测量的过程中，会存在误收与误废。为了保证足够的测量精度，实现零件具有互换性，必须正确地、合理地选择计量器具，按 GB/T 3177—2009《光滑工件尺寸的检验》规定的验收原则及要求验收工件。

6.1.1 工件验收原则、安全裕度与验收极限

1. 验收原则

由第 3 章可知，轴、孔的提取要素的局部尺寸在尺寸公差带内，该尺寸合格。但是，当工件被测真值在极限尺寸附近时，由于存在测量误差，则容易做出错误判断——误废或误收。

误废即由于测量不确定度的存在，当工件被测尺寸真值处于极限尺寸附近时，可能将验收极限内的合格品误认为废品而给予报废。相反，也可能将验收极限外的不合格品误认为合格品予以接收，称为误收。误废会给厂家带来不应有的经济损失；误收会影响产品的质量，损害用户的利益。

例如，用示值误差为±0.005mm 的外径千分尺测量某轴实际零件上ϕ55d9 轴颈的实际尺寸，被测轴颈尺寸公差带图见图 6-1，合格产品尺寸带为 54.826～54.900mm。当被测真值在上、下极限尺寸附近时，由于千分尺存在测量误差，设测得值呈正态分布曲线，其极限误差为±5μm。因此，当轴径真值在 54.900～54.905mm 和 54.821～54.826mm 范围时，因千分尺

存在示值误差，千分尺测得的实际尺寸有可能在尺寸公差带内而造成误收；同理，而当轴径真值在 54.90～54.895mm 和 54.826～54.831mm 范围时，则可能产生误废。

根据国家标准规定的工件验收原则是：所用验收方法原则上是应只接收位于规定的尺寸极限以内的工件，即只允许误废而不允许误收。由图 6-1 所示可知，若要防止由于计量器具误差造成的误收，可将尺寸公差带上、下极限偏差线各内缩 5μm 作为合格尺寸的验收范围。

2. 安全裕度和验收极限

从规定的最大实体尺寸和最小实体尺寸分别向工件公差带内移动一个尺寸值，该尺寸值称为安全裕度。它由被测工件的尺寸公差值确定，一般取工件尺寸公差值的 10%左右，其数值可查表 6-1。国家标准通过安全裕度来防止因测量不确定度的影响导致的工件误收和误废，即设置验收极限，以执行标准规定的验收原则。

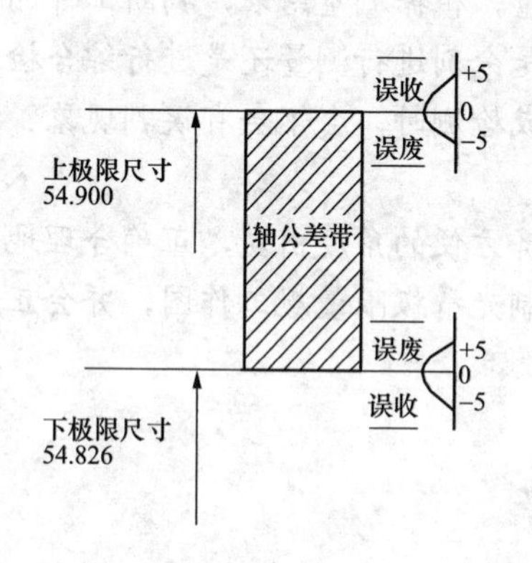

图 6-1 测量误差对检验结果的影响

工件验收原则在实际工作中是使用验收极限代表，验收极限是判断所检验工件尺寸合格与否的尺寸界限。根据 GB/T 3177—2009 规定确定验收极限的两种方式。

（1）验收极限方式一。验收极限方式一中验收极限是从规定的最大实体尺寸（MMS）和最小实体尺寸（LMS）分别向工件公差带内移动一个安全裕度（A）来确定，简称内缩方式，如图 6-2 所示。A 值按工件公差（T）的 1/10 确定，其数值见表 6-1。

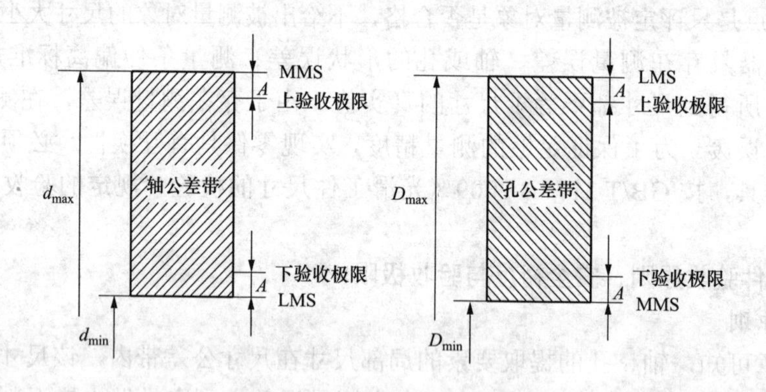

图 6-2 验收极限方式一示意

轴尺寸的验收极限：上验收极限=最大实体尺寸（MMS）−安全裕度（A）

下验收极限=最小实体尺寸（LMS）+安全裕度（A）

孔尺寸的验收极限：上验收极限=最小实体尺寸（LMS）−安全裕度（A）

下验收极限=最大实体尺寸（MMS）+安全裕度（A）

（2）验收极限方式二。验收极限方式二中验收极限等于规定的最大实体尺寸（MMS）和最小实体尺寸（LMS），即 A 值等于零，简称不内缩方式，如图 6-3 所示。

轴尺寸的验收极限：上验收极限=最大实体尺寸（MMS）

下验收极限=最小实体尺寸（LMS）

孔尺寸的验收极限：上验收极限=最小实体尺寸（LMS）

下验收极限=最大实体尺寸（MMS）

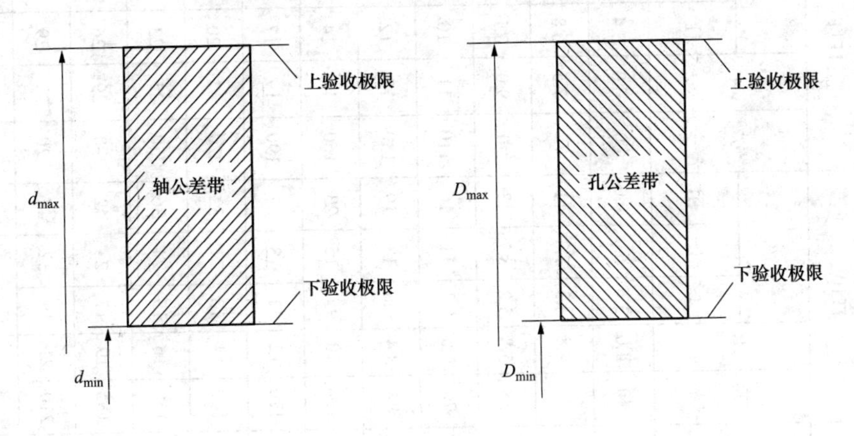

图 6-3 验收极限方式二示意

3. 验收极限方式的选择

验收极限方式的选择要结合尺寸功能要求及其重要程度、尺寸公差等级、测量不确定度、过程能力等因素综合考虑。验收极限方式的选择原则如下：

（1）对遵循包容要求的尺寸、公差等级高的尺寸，其验收极限按方式一确定。

（2）当过程能力指数C_p>1时（过程能力指数$C_p = T/6\sigma$，T为工件尺寸公差值，σ为标准偏差），其验收极限可以按方式二确定；但对遵循包容要求的尺寸，其最大实体尺寸一边的验收极限仍应按方式一确定。

（3）对偏态分布的尺寸，其验收极限可以仅对尺寸偏向的一边按方式一确定。

（4）对非配合和一般公差的尺寸，其验收极限按方式二确定。

6.1.2 计量器具的选择

使用通用计量器具（游标卡尺、千分尺、车间使用的比较仪、投影仪等量具量仪）测量工件尺寸，应按 GB/T 3177—2009《光滑工件尺寸的检验》中计量器具的选择原则选择计量器具，以保证测量结果的可靠性。

选择时应使计量器具的测量不确定度$u_1' \leqslant u_1$（测量不确定度允许值），即按照计量器具所导致的测量不确定度的允许值u_1选择计量器具。按测量不确定度u与工件公差的比值分挡：对于测量工件公差等级处于 IT6～IT11 的可分为Ⅰ、Ⅱ、Ⅲ三挡；对于公差等级处于 IT12～IT18 的分为Ⅰ、Ⅱ两挡。Ⅰ、Ⅱ、Ⅲ三挡时：

$$u_1 = 0.9u \tag{6-1}$$

式中：u_1为计量器具的测量不确定度允许值；u为测量不确定度值。

测量不确定度u的三挡值分别为工件公差的 1/10、1/6、1/4。其三挡数值见表 6-1。对于表 6-1 中计量器具的测量不确定度允许值u_1，一般情况下优先选用Ⅰ挡，其次选用Ⅱ挡、Ⅲ挡。常用的游标卡尺、千分尺、指示表和比较仪的测量不确定度u_1'见表 6-2～表 6-4。在选择计量器具时，不仅要符合选择原则，而且选择检测成本低、车间或生产现场具备的计量器具。

表 6-1　尺寸公差、安全裕度和计量器具的测量不确定度允许值 u_1

公差等级		IT6					IT7					IT8					IT9					IT10					IT11				
公称尺寸		T	A	u_1			T	A	u_1			T	A	u_1			T	A	u_1			T	A	u_1			T	A	u_1		
大于	至			I	II	III			I	II	III			I	II	III			I	II	III			I	II	III			I	II	III
—	3	6	0.6	0.54	0.9	1.4	10	1.0	0.9	1.5	2.3	14	1.4	1.3	2.1	3.2	25	2.5	2.3	3.8	5.6	40	4.0	3.6	6.0	9.0	60	6.0	5.4	9.0	14
3	6	8	0.8	0.72	1.2	1.8	12	1.2	1.1	1.8	2.7	18	1.8	1.6	2.7	4.1	30	3.0	2.7	4.5	6.8	48	4.8	4.3	7.2	11	75	7.5	6.8	11	17
6	10	9	0.9	0.8	1.4	2.0	15	1.5	1.4	2.3	3.4	22	2.2	2.0	3.3	5.0	36	3.6	3.3	5.4	8.1	58	5.8	5.2	8.7	13	90	9.0	8.1	14	20
10	18	11	1.1	1.0	1.7	2.5	18	1.8	1.7	2.7	4.1	27	2.7	2.4	4.1	6.1	43	4.3	3.9	6.5	9.7	70	7.0	6.3	11	16	110	11	10	17	25
18	30	13	1.3	1.2	2.0	2.9	21	2.1	1.9	3.2	4.7	33	3.3	3.0	5.0	7.4	52	5.2	4.7	7.8	12	84	8.4	7.6	13	19	130	13	12	20	29
30	50	16	1.6	1.4	2.4	3.6	25	2.5	2.3	3.8	5.6	39	3.9	3.5	5.9	8.8	62	6.2	5.6	9.3	14	100	10	9.0	15	23	160	16	14	24	36
50	80	19	1.9	1.7	2.9	4.3	30	3.0	2.7	4.5	5.8	46	4.6	4.1	6.9	10	74	7.4	6.7	11	17	120	12	11	18	27	190	19	17	29	43
80	120	22	2.2	2.0	3.3	5.0	35	3.5	3.2	5.3	7.9	54	5.4	4.9	8.1	12	87	8.7	7.8	13	20	140	14	13	21	32	220	22	20	33	50
120	180	25	2.5	2.3	3.8	5.6	40	4.0	3.6	6.0	9.0	63	6.3	5.7	9.5	14	100	10	9.0	15	23	160	16	15	24	36	250	25	23	38	56
180	250	29	2.9	2.6	4.4	6.5	46	4.6	4.0	6.9	10	72	7.2	6.5	11	16	115	12	10	17	26	185	19	17	28	42	290	29	26	44	65
250	315	32	3.2	2.9	4.8	7.2	52	5.2	4.7	7.8	12	81	8.1	7.3	12	18	130	13	12	19	29	210	21	19	32	47	320	32	29	48	72
315	400	36	3.6	3.2	5.4	8.1	57	5.7	5.1	8.4	13	89	8.9	8.0	13	20	140	14	13	21	32	230	23	21	35	52	360	36	32	54	81
400	500	40	4.0	3.6	6.0	9.0	63	6.3	5.7	9.5	14	97	9.7	8.7	15	22	155	16	14	23	35	250	25	23	38	56	400	40	36	60	90

续表

公差等级		IT 12				IT 13				IT 14				IT 15				IT 16				IT 17				IT 18			
公称尺寸		T	A	u_1		T	A	u_1		T	A	u_1		T	A	u_1		T	A	u_1		T	A	u_1		T	A	u_1	
大于	至			I	II			I	II			I	II			I	II			I	II			I	II			I	II
—	3	100	10	9.0	15	140	14	13	21	250	25	23	38	400	40	36	60	600	60	54	90	1000	100	90	150	1400	140	135	210
3	6	120	12	11	18	180	18	16	27	300	30	27	45	480	48	43	72	750	75	68	110	1200	120	110	180	1800	180	160	270
6	10	150	15	14	23	220	22	20	33	360	36	32	54	580	58	52	87	900	90	81	140	1500	150	140	230	2200	220	200	330
10	18	180	18	16	27	270	27	24	41	430	43	39	65	700	70	63	110	1100	110	100	170	1800	180	160	270	2700	270	240	400
18	30	210	21	19	32	330	33	30	50	520	52	47	78	840	84	76	130	1300	130	120	200	2100	210	190	320	3300	330	300	490
30	50	250	25	23	38	390	39	35	59	620	62	56	93	1000	0	90	150	1600	160	140	240	2500	250	220	380	3900	390	350	580
50	80	300	30	27	45	460	46	41	69	740	74	67	110	1200	120	110	180	1900	190	170	290	3000	300	270	450	4600	460	410	690
80	120	350	35	32	53	540	54	49	81	870	87	78	130	1400	140	130	210	2200	220	200	330	3500	350	320	530	5400	540	480	810
120	180	400	40	36	60	630	63	57	95	1000	100	90	150	1600	160	150	240	2500	250	230	380	4000	400	360	600	6300	630	570	940
180	250	460	46	41	69	720	72	65	110	1150	115	100	170	1800	180	170	280	2900	290	260	440	4600	460	410	690	7200	720	650	1080
250	315	520	52	47	78	810	81	73	120	1300	130	120	190	2100	210	190	320	3200	320	290	480	5200	520	470	780	8100	810	730	1210
315	400	570	57	51	86	890	89	80	130	1400	140	130	210	2300	230	210	350	3600	360	320	540	5700	570	510	850	8900	890	800	1330
400	500	630	63	57	95	970	97	87	150	1500	150	140	230	2500	250	230	380	4000	400	360	600	6300	630	570	950	9700	970	870	1450

表 6-2　　千分尺和游标卡尺的测量不确定度

mm

<table>
<tr><th colspan="2" rowspan="2">尺寸范围</th><th colspan="4">计量器具类型</th></tr>
<tr><th>分度值 0.01
外径千分尺</th><th>分度值 0.01
内径千分尺</th><th>分度值 0.02
游标卡尺</th><th>分度值 0.05
游标卡尺</th></tr>
<tr><th>大于</th><th>至</th><th colspan="4">测量不确定度</th></tr>
<tr><td>0</td><td>50</td><td>0.004</td><td rowspan="3">0.008</td><td rowspan="6">0.020</td><td rowspan="4">0.050</td></tr>
<tr><td>50</td><td>100</td><td>0.005</td></tr>
<tr><td>100</td><td>150</td><td>0.006</td></tr>
<tr><td>150</td><td>200</td><td>0.007</td><td rowspan="3">0.013</td></tr>
<tr><td>200</td><td>250</td><td>0.008</td><td rowspan="9">0.100</td></tr>
<tr><td>250</td><td>300</td><td>0.009</td></tr>
<tr><td>300</td><td>350</td><td>0.010</td><td rowspan="3">0.020</td><td rowspan="7">—</td></tr>
<tr><td>350</td><td>400</td><td>0.011</td></tr>
<tr><td>400</td><td>450</td><td>0.012</td></tr>
<tr><td>450</td><td>500</td><td>0.013</td><td>0.025</td></tr>
<tr><td>500</td><td>600</td><td rowspan="3">—</td><td rowspan="3">0.030</td></tr>
<tr><td>600</td><td>700</td></tr>
<tr><td>700</td><td>800</td><td>0.150</td></tr>
</table>

表 6-3　　比较仪的测量不确定度

mm

<table>
<tr><th colspan="2" rowspan="2">工件尺寸范围</th><th colspan="4">计量器具类型</th></tr>
<tr><th>分度值为 0.0005
（相当于放大倍数
2000 倍）比较仪</th><th>分度值为 0.001
相当于放大倍
1000 倍）比较仪</th><th>分度值为 0.002
相当于放大倍数
400 倍）比较仪</th><th>分度值为 0.005
相当于放大倍数
250 倍）比较仪</th></tr>
<tr><th>大于</th><th>至</th><th colspan="4">测量不确定度</th></tr>
<tr><td>—</td><td>25</td><td>0.0006</td><td rowspan="2">0.0010</td><td>0.0017</td><td rowspan="6">0.0030</td></tr>
<tr><td>25</td><td>40</td><td>0.0007</td><td rowspan="3">0.0018</td></tr>
<tr><td>40</td><td>65</td><td rowspan="2">0.0008</td><td rowspan="2">0.0011</td></tr>
<tr><td>65</td><td>90</td></tr>
<tr><td>90</td><td>115</td><td>0.0009</td><td>0.0012</td><td rowspan="2">0.0019</td></tr>
<tr><td>115</td><td>165</td><td>0.0010</td><td>0.0013</td></tr>
<tr><td>165</td><td>215</td><td>0.0012</td><td>0.0014</td><td>0.0020</td><td rowspan="3">0.0035</td></tr>
<tr><td>215</td><td>265</td><td>0.0014</td><td>0.0016</td><td>0.0021</td></tr>
<tr><td>265</td><td>315</td><td>0.0016</td><td>0.0017</td><td>0.0022</td></tr>
</table>

表 6-4　**指示表的测量不确定度**　mm

工件尺寸范围		计量器具类型			
		分度值为 0.001 的千分表（0 级在全程范围内、1 级在 0.2mm 内）、分度值为 0.002 的千分表在 1r 范围内	分度值为 0.001、0.002、0.005 的千分表（1 级在全程范围内）、分度值为 0.01 的百分表（0 级在任意 1mm 内）	分度值为 0.01 的百分表（0 级在全程范围内）（1 级在任意 1mm 内）	分度值为 0.01 的百分表（1 级在全程范围内）
大于	至	测量不确定度			
—	25				
25	40				
40	65	0.005			
65	90		0.010	0.018	0.030
90	115				
115	165	0.006			
165	215				

6.1.3　光滑工件尺寸检验示例

【例 6-1】 试确定某轴直径 $\phi 50\text{d}9\begin{pmatrix}-0.100\\-0.174\end{pmatrix}$ 尺寸（无配合要求）的验收极限，并选择计量器具。

解　(1) 确定轴直径检验尺寸 $\phi 50\text{d}9\begin{pmatrix}-0.100\\-0.174\end{pmatrix}$ 的验收极限。

因为轴直径 $\phi 50\text{d}9\begin{pmatrix}-0.100\\-0.174\end{pmatrix}$ 无配合要求，所以根据验收极限方式的选择原则，验收极限应按照方式二，即按不内缩方式确定，A=0。

轴尺寸的验收极限：上验收极限=最大实体尺寸（MMS）=$d_{\max}$=49.900mm

下验收极限=最小实体尺寸（LMS）=$d_{\min}$=49.826mm

(2) 选择计量器具。查表 6-1 得，尺寸在 50～80mm IT9 对应的 I 挡测量不确定度允许值 u_1 为 0.0056mm。查表 6-2 得，分度值 0.01mm、测量范围为 50～100mm 的外径千分尺的测量不确定度 u_1' 为 0.004mm，该量具满足 $u_1' \leqslant u_1$。如选择分度值为 0.02mm 的游标卡尺的测量不确定度 u_1' 为 0.020mm，分度值为 0.01mm 的游标卡尺的测量不确定度 u_1' 为 0.050mm，这两种量具都不满足 $u_1' \leqslant u_1$ 原则，故不能采用。

因此，应选择分度值为 0.01mm、测量范围在 50～100mm 的外径千分尺。

【例 6-2】 某孔直径 $\phi 20\text{H}6\begin{pmatrix}+0.013\\0\end{pmatrix}$Ⓔ的验收极限，并选择检验直径 $\phi 20\text{H}6\begin{pmatrix}+0.013\\0\end{pmatrix}$ 的计量器具。

解（1）确定检验 $\phi 20\text{H}6\begin{pmatrix}+0.013\\0\end{pmatrix}$Ⓔ的验收极限。因为孔直径 $\phi 20\text{H}6\begin{pmatrix}+0.013\\0\end{pmatrix}$Ⓔ采用包容要求，且根据验收极限方式的选择原则，验收极限应按照方式一，即按内缩方式确定，查表 6-1 得尺寸 18～30mm IT6 范围，安全裕度 A=0.0013mm，故按照方式一，孔尺寸的验收极限：

上验收极限=最小实体尺寸（LMS）−安全裕度（A）

$=D_{max}-A=20.013-0.0013=20.0117$（mm）

下验收极限=最大实体尺寸（MMS）+安全裕度（A）

$=D_{min}+A=20+0.0013=20.0013$（mm）

（2）选择计量器具。查表 6-1 得，尺寸在 18～30mm IT6 对应的 I 挡测量不确定度允许值 $u_1=0.0012$mm。计量器具选用比较仪，故查表 6-3 可得，分度值为 0.001mm、测量范围在 0～25mm、计量器具测量不确定度 $u_1'=0.0010$mm 的比较仪，满足 $u_1'\leqslant u_1$；分度值为 0.002mm、测量范围在 0～25mm、计量器具测量不确定度 $u_1'=0.0018$mm 的比较仪，不满足 $u_1'\leqslant u_1$。故选择分度值为 0.001mm、测量范围在 0～25mm、计量器具测量不确定度 $u_1'=0.0010$mm 的比较仪。

6.2 光滑极限量规设计

6.2.1 光滑极限量规作用与分类

1. 光滑极限量规的作用

光滑极限量规是一种以轴或孔的最大极限尺寸和最小极限尺寸为公称尺寸的无刻度长度测量器具，用光滑极限量规检验零件时，只能判断零件是否在规定的验收极限范围内，而不能测出零件实际尺寸和几何误差的数值。量规结构简单，使用方便、可靠，验收效率高，在大批量生产中得到广泛应用。

光滑极限量规分为塞规和卡规（或称环规）两种。检验孔的量规称为塞规（见图 6-4），检验轴的量规称为卡规（见图 6-5）。

卡规和塞规都分为通规和止规两种，且成对使用。通规用来模拟最大实体边界，检验孔或轴是否超越该理想边界。止规用来检验孔或轴的实际尺寸是否超越最小实体边界，使用量规检验工件时，若通规通过，止规通不过，则被测工件视为合格品，否则即为不合格品。

2. 量规的分类

量规按其用途可分为工作量规、验收量规和校对量规。

（1）工作量规。工作量规是在工件加工制造中操作者检验工件时所使用的量规，通规用代号 T 表示，止规用代号 Z 表示。

（2）验收量规。验收量规是验收工件时检验人员或用户代表所使用的量规。验收量规一般不需要另行制造，它是从磨损较多但未超出磨损极限的量规中挑选出来的。验收量规的止规应接近工件最小实体尺寸。这样，由操作者用工作量规自检合格的工件，检验人员用验收量规验收时也一定合格。

（3）校对量规。校对量规是指用以检验工作量规的量规。孔用工作量规使用通用计量器具测量很方便，不需要校对量规，只有轴用工作量规才使用校对量规。

校对量规分为以下三类：

TT——在制造轴用通规时，用以校对的量规。当校对量规通过时，被校对的新通规合格。

ZT——在制造轴用止规时，用以校对的量规。当校对量规通过时，被校对的新止规合格。

TS——用以检验轴用旧的通规、报废用的校对量规。当校对量规通过，轴用旧的通规磨损达到或超过极限，应做报废处理。

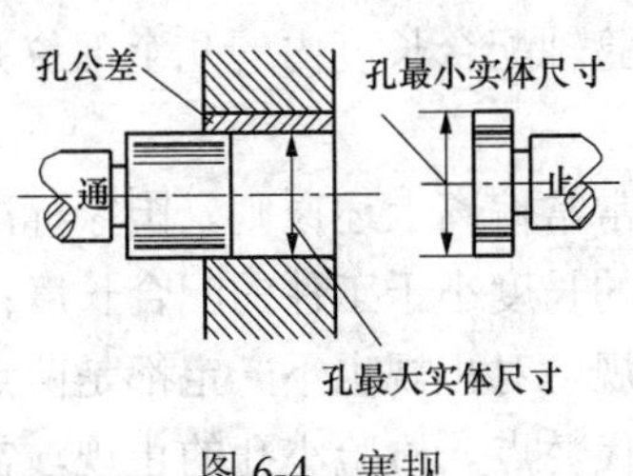

图 6-4 塞规

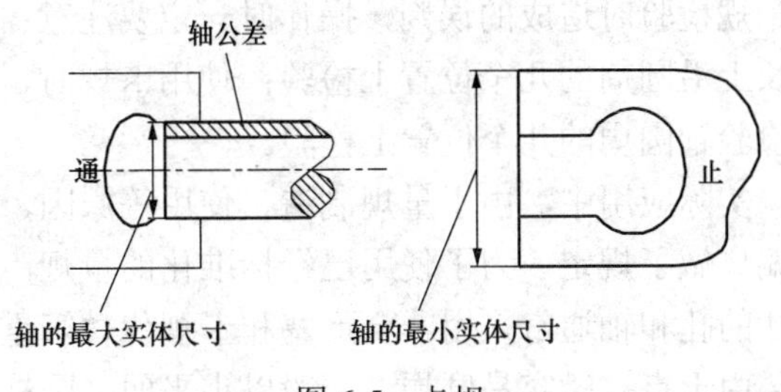

图 6-5 卡规

6.2.2 光滑极限量规的设计原理

1. 泰勒原则

由于工件存在着形状和尺寸误差，加工出来的孔或轴的实际形状和尺寸不可能是一个理想的圆柱体。所以仅控制实际尺寸在极限尺寸范围内，还是不能保证配合性质。因此，国家标准从设计角度出发，提出包容原则。国家标准又从工件验收角度出发，对要求遵守包容原则的孔和轴提出了极限尺寸的判断原则，即泰勒原则。设计光滑极限量规时也应遵守泰勒原则（极限尺寸判断原则）的规定。泰勒原则是指遵守包容要求的单一尺寸要素（孔或轴）的实际尺寸和形状误差综合形成的体外作用尺寸不允许超越最大实体尺寸，在孔或轴的任何位置上的实际尺寸不允许超越最小实体尺寸。泰勒原则（极限尺寸的判断原则）可以用如下公式表示：

对于孔 $D_{作用} \geqslant D_{\min}$，$D_{实际} \leqslant D_{\max}$

对于轴 $d_{作用} \geqslant d_{\min}$，$d_{实际} \leqslant d_{\max}$

当要求采用光滑极限量规检验遵守包容原则且为单一要素的孔或轴时，光滑极限量规应符合泰勒原则。故符合泰勒原则的量规要求如下：

（1）量规尺寸要求：通规的公称尺寸应等于工件的最大实体尺寸（MMS）；止规的公称尺寸应等于工件的最小实体尺寸（LMS）。

（2）量规形状要求：通规用来控制工件的体外作用尺寸，它的测量面应是与孔或轴形状相对应的完整表面，且测量长度等于配合长度，因此通规常称为全形量规。止规用来控制工件的实际尺寸，它的测量面应是点状的，且测量长度可以短些，止规表面与被测件是点接触。

用符合泰勒原则的量规检验工件，若通规能通过，而止规不能通过，就表示工件合格；否则不合格。如图 6-6 所示，孔的实际轮廓已超出尺寸公差带，用全形通规检验时，不能通过，应为废品。但实际工作中对大尺寸的孔和轴通常用非全形的量规检验，以替代笨重的全形量规。用两点状止规检验（见图 6-6）沿 x 方向不能通过，但未沿 y 方向检验，该孔被止规误判断为合格。若用两点状通规检验，可能沿 y 方向通过，但未沿 x 方向检验，该孔被通规误判断为合格，故有可能把该孔误判为合格品。

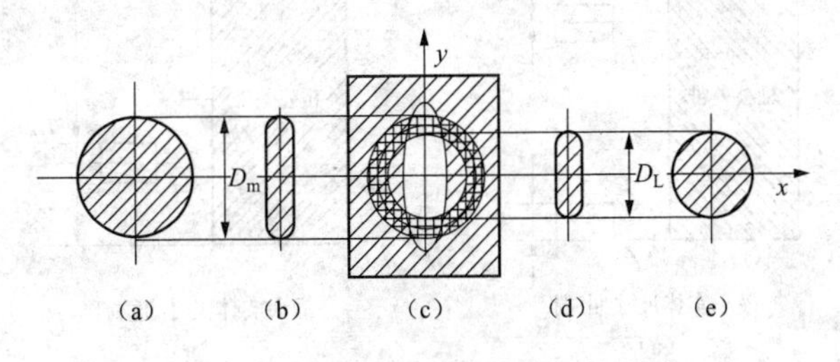

图 6-6 量规形状对检验结果的影响

（a）全形止规；（b）两点状止规；（c）孔；（d）两点状通规；（e）全形通规

为了尽量避免在使用偏离泰勒原则

的量规检验时造成的误判，操作时一定要注意：使用非全形的通端塞规时，应在被检验孔的全长上沿圆周的几个位置上检验；使用卡规时，应在被检验轴配合长度内的几个部位并围绕被检验轴圆周的几个位置上检验。

实际应用中，由于量规制造、使用等原因，极限量规常常偏离上述原则。国家标准对某些偏离做了规定。为了使用已经标准化的量规，允许通规的长度小于工件的配合长度；对大尺寸的孔和轴通常采用非全形塞和卡规代替笨重的全形通规。对止规也不一定都是两点式接触，由于点接触容易磨损，一般以小平面、圆柱面或球面代替点。检验小孔的止规，常采用方便制造的全形塞规。对刚性较差的薄壁件，考虑到受力变形，常采用完全形的止规。

光滑极限量规国家标准规定，在保证被检验工件的形状误差不影响配合的性质时，使用偏离泰勒原则的量规。

泰勒原则是设计极限量规的依据，用依据泰勒原则设计的极限量规检验工件，基本上可保证工件极限与配合的要求，达到互换的目的。

6.2.3 光滑极限量规的公差

光滑极限量规本身是一个精密工件，制造时不可避免地会产生加工误差，同样需要规定制造公差。为确保产品质量，GB/T 1957—2006 规定量规的公差带不得超过工件的公差带。

工作量规的通规由于经常通过被检工件，工件表面会有较大磨损，需要留出适当的磨损储量，规定磨损极限。为使通规有合理的使用寿命，除规定制造公差外还规定了磨损极限，磨损极限值的大小决定了量规的使用寿命。至于止规，由于它不通过工件，则不需要留磨损储量。校对量规使用较少，故也不留磨损储量。

GB/T 11957—2006 规定，量规的公差带不得超越工件的公差带。工作量规的制造公差 T_1 与被检验零件的公差等级和公称尺寸有关（见表 6-5），其公差带分布如图 6-7 所示。在检验工件时，对于合格的工件，由于通规往往要通过被检孔（或轴）的实际轮廓，因此会产生磨损。所以，需要增大通规的最大实体量，即将通规的公差带向被检尺寸公差带内移动一个量，这个量为位置要素 Z_1（见表 6-5）。由于光滑极限量规的通规模拟体现的是最大实体边界（MMB），止规模拟体现的是最小实体尺寸（LMS），所以，通规的尺寸公差带按最大实体尺寸（MMB）设置位置，而且还需考虑内缩一个位置要素（Z_1）；止规的尺寸公差带按最小实体尺寸（LMS）设置位置。通规、止规的尺寸公差带分布如图 6-7 所示。

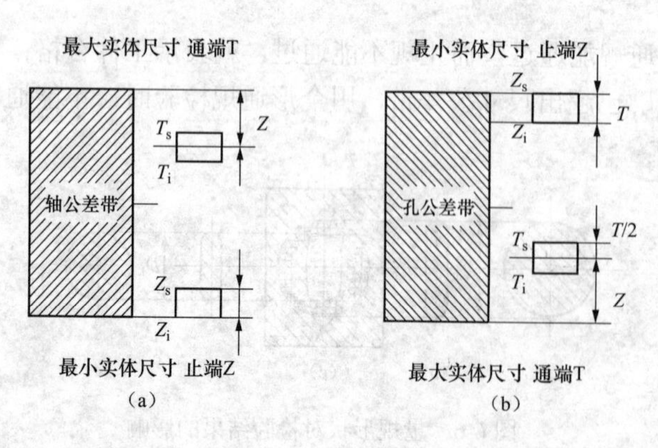

图 6-7 通规、止规的尺寸公差带分布

（a）轴用卡规；（b）孔用塞规

6.2.4 设计步骤及极限尺寸计算

1. 量规设计步骤

量规设计步骤第一步为设计量规工作尺寸，步骤如下：

（1）查出量规检验工件的极限偏差。

（2）查出工作量规的尺寸公差 T_1 和位置要素值 Z_1（见表 6-5），并确定量规的几何公差。

（3）画出工件和量规的公差带图。

（4）计算量规的极限偏差，极限尺

寸及磨损极限尺寸，具体计算公式见表 6-6。

通规、止规的尺寸公差带位置设置在被检工件尺寸公差带以内，即采用“内缩”方式，使光滑极限量规验收工件时可有效防止误收，保证了工件精度，但会出现误废。通规、止规的工作部分的极限尺寸计算见表 6-6。

量规设计步骤第二步为量规的通规、止规的几何精度及表面粗糙度设计。

工作量规的通规、止规的几何公差主要要求：几何公差 t 取值为量规尺寸公差值 T 的一半，即 $t=T/2$ 。当 $T\leqslant 0.002$mm 时，取 t=0.001mm。而且，通规、止规的尺寸公差与形状公差之间的关系遵守包容要求。

量规测量面不应有锈迹、毛刺、黑斑、划痕等明显影响外观和使用质量的缺陷。工作量规测量表面的表面粗糙度参数 Ra 值不应大于表 6-7 的规定。

表 6-5 IT6 ~ IT10 级工作量规的通规、止规的制造公差值 T 和通端位置要素值 Z

（摘自 GB/T 1957—2006）

工作公称尺寸（mm）	IT6			IT7			IT8			IT9			IT10			IT11			IT12		
	IT6	T_1	Z_1	IT7	T_1	Z_1	IT8	T_1	Z_1	IT9	T_1	Z_1	IT10	T_1	Z_1	IT11	T_1	Z_1	IT12	T_1	Z_1
≤3	6	1.0	1.0	10	1.2	1.6	14	1.6	2.0	25	2.0	3	40	2.4	4	60	3	6	100	4	9
＞3～6	8	1.2	1.4	12	1.4	2	18	2	2.6	30	2.4	4	48	3	5	75	4	8	120	5	11
＞6～10	9	1.4	1.6	15	1.8	2.4	22	2.4	3.2	36	2.8	5	58	3.6	6	90	5	9	150	6	13
＞10～18	11	1.6	2	18	2	2.8	27	2.8	4	43	3.4	6	70	4	8	110	6	11	180	7	15
＞18～30	13	2	2.4	21	2.4	3.4	33	3.4	5	52	4	7	84	5	9	130	7	13	210	8	18
＞30～50	16	2.4	2.8	25	3	4	39	4	6	62	5	8	100	6	11	160	8	16	250	10	22
＞50～80	19	2.8	3.4	30	3.6	4.6	46	4.6	7	74	6	9	120	7	13	190	9	19	300	12	26
＞80～120	22	3.2	3.8	35	4.2	5.4	54	5.4	8	87	7	10	140	8	15	220	10	22	350	14	30

表 6-6 通规、止规工作部分的极限尺寸计算公式表

光滑极限量规		极限尺寸计算公式	光滑极限量规		极限尺寸计算公式
孔用塞规	通规	$T_{max}=D+T_s=D+EI+Z+T/2$	轴用卡规	通规	$T_{max}=d+T_s=d+es-Z+T/2$
		$T_{min}=D+T_i=D+EI+Z-T/2$			$T_{min}=d+T_i=D+es-Z-T/2$
	止规	$Z_{max}=D+Z_s=D+ES$		止规	$Z_{max}=d+Z_s=d+ei+T_i$
		$Z_{min}=D+Z_i=D+ES-T$			$Z_{min}=d+Z_i=d+ei$

注 1. D、d 为被检工件表面的公称尺寸，ES、es、EI、ei，分别为孔上、下极限偏差、轴的上、下极限偏差。

2. T 为量规的制造公差，Z 为量规的位置要素。

3. T_s、T_i 为通规尺寸的上、下极限偏差，Z_s、Z_i 为止规尺寸的上、下极限偏差。

表 6-7 量规测量面的表面粗糙度参数 Ra（摘自 GB/T 1957—2006）

工作量规	工作量规的公称尺寸（mm）		
	≤120	＞120～315	＞15～500
	工作量规测量面的表面粗糙度 Ra 值		
IT6 级孔用塞规	≤0.05	≤0.10	≤0.20
IT6～IT9 级轴用环规 IT7～IT9 级孔用塞规	≤0.10	≤0.20	≤0.40

续表

工作量规	工作量规的公称尺寸（mm）		
	≤120	＞120～315	＞15～500
	工作量规测量面的表面粗糙度 *Ra* 值		
IT10～IT12 级轴用环规、孔用塞规	≤0.20	≤0.40	≤0.80
IT13～IT16 级轴用环规、孔用塞规	≤0.40	≤0.80	

量规设计步骤第三步即满足量规其他要求。

量规其他要求主要有量规结构形式及量规构成材料。量规结构形式的选择主要可以参考 GB/T 10920—2008《螺纹量规和光滑极限量规型式与尺寸》及有关资料。

量规测量面的硬度应为 HRC58～65，量规测量面材料可用淬硬钢（合金工具钢、碳素工具钢等）和硬质合金，也可在测量面上镀以耐磨材料。

2. 极限尺寸计算

量规极限尺寸计算见表 6-6。具体计算参考下例。

【例 6-3】 设计检验 ϕ20H7/n6 Ⓔ孔和轴的工作量规。

解 （1）由表 6-5 查出孔用和轴用工作量规的制造公差 T 和位置要素 Z。

塞规（IT8） $T_1 = 0.0034\text{mm}$，$Z_1 = 0.0050\text{mm}$

卡规（IT7） $T_1 = 0.0024\text{mm}$，$Z_1 = 0.0034\text{mm}$

（2）画出工件和量规的公差带图，如图 6-8 所示。

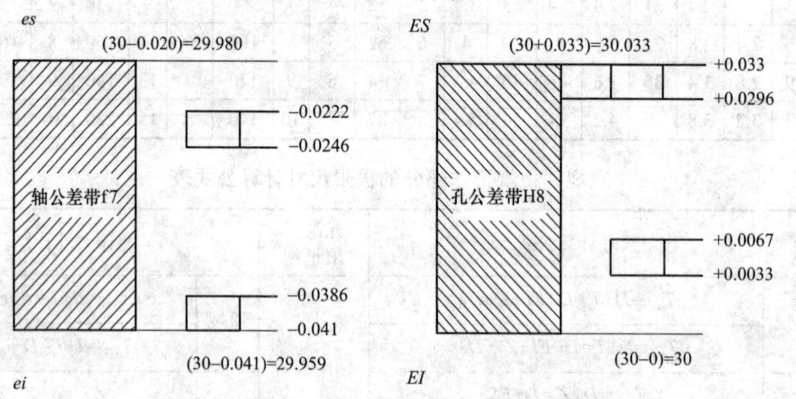

图 6-8 ϕ30H8/f7 孔和轴的工作量规公差带图

（3）根据表 6-6 计算量规的极限偏差，极限尺寸及磨损极限尺寸。由 GB/T 1800.1—2009 的标准公差和基本偏差数值表查出孔、轴的上、下偏差分别如下：

ϕ30H8 孔 $ES = +0.033\text{mm}$，$EI = 0$

ϕ30f7 轴 $es = -0.020\text{mm}$，$ei = -0.041\text{mm}$

确定工作量规的形状公差。

塞规： $t = T_1 / 2 = 0.0017\text{mm}$

卡规： $t = T_1 / 2 = 0.0012\text{mm}$

极限偏差由表 6-6 可得

ϕ30H8 孔用塞规

通端：

上极限偏差=$T_{max}=D+T_s=D+EI+Z-T/2$=30+0+0.0050+0.0017=30.0067（mm）

下极限偏差=$T_{min}=D+T_i=D+EI+Z-T/2$=30+0+0.0050−0.0017=30.0033（mm）

所以，塞规通端尺寸为$\phi30^{+0.0067}_{+0.0033}$mm，转化为工艺尺寸：$\phi30.0067^{\ 0}_{-0.0034}$mm，磨损极限尺寸=$D_{min}$ = 30mm 。

止端：　　上极限偏差=$Z_{max}=D+Z_s=D+ES$=30+0.033=30.033（mm）

下极限偏差=$Z_{min}=D+Z_i=D+ES-T$=30+0.033−0.0034=30.0296（mm）

所以，塞规止端尺寸为$\phi30^{+0.033}_{+0.0296}$mm，转化为工艺尺寸为$\phi30.033^{\ 0}_{-0.0034}$mm 。

ϕ30f7 轴用卡规

通端：上极限偏差=$T_{max}=d+T_s=d+es-Z+T/2$=30−0.02−0.0034+0.0012=30−0.0222(mm)

下极限偏差=$T_{min}=d+T_i=D+es-Z-T/2$=30−0.02−0.0034−0.0012=30−0.0246(mm)

所以，卡规通端尺寸为$\phi30^{-0.0222}_{-0.0246}$mm，转化为工艺尺寸为$\phi29.9754^{+0.0024}_{\ 0}$mm 。

止端：上极限偏差=$Z_{max}=d+Z_s=d+ei+T_1=30-0.041+0.0024=30-0.0386$(mm)

下极限偏差=$Z_{min}=d+Z_i=d+ei$=30 − 0.041（mm）

所以，卡规止端尺寸为$\phi30^{-0.0386}_{-0.0410}$mm，转化为工艺尺寸为$\phi29.959^{+0.0024}_{\ 0}$mm 。

（4）量规其他要求。确定表面粗糙度值及技术要求。按表 6-7 推荐，公称尺寸≤120mm，IT8 级孔用塞规工作表面、IT7 级轴用卡规工作表面 Ra ≤0.10μm。

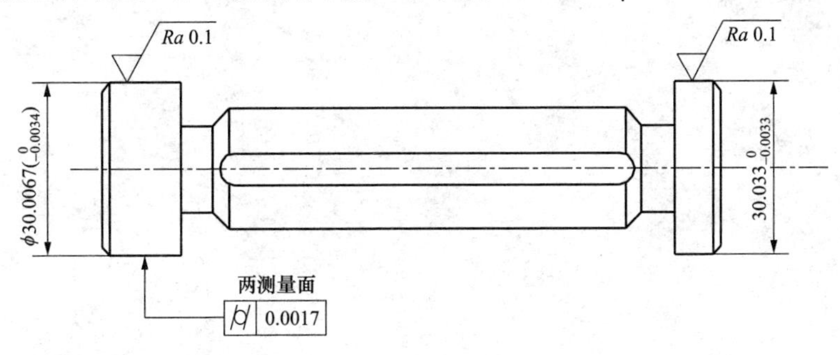

图 6-9　塞规简图

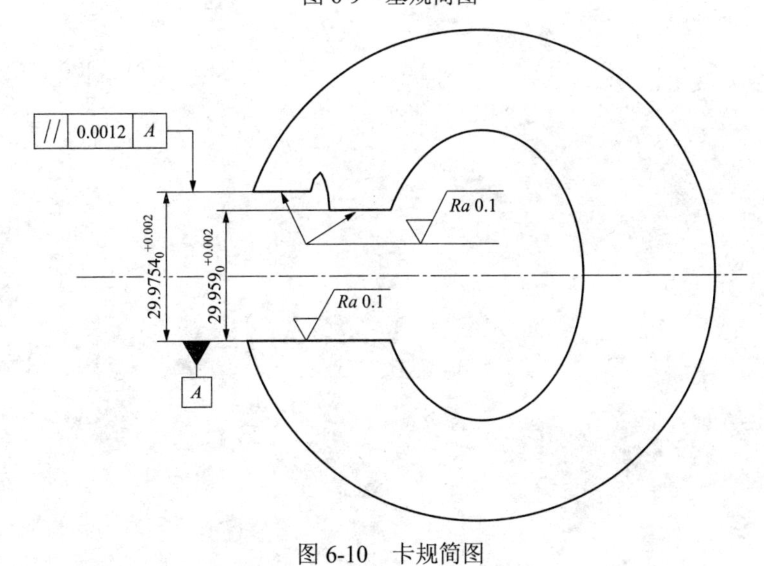

图 6-10　卡规简图

小 结

本章介绍了如何根据工件精度要求选择相应的测量器具，以及测量中的注意事项，同时介绍了光滑极限量规的形式、公差、使用等。工作量规用于检验遵守包容要求的工件。检验工件时，通规和止规应成对使用：如果通规通过并且止规止住，则被检工件合格；否则不合格。设计工作量规时应遵守泰勒原则。符合泰勒原则的工作量规，掌握极限量规的设计方法，学会绘制光滑极限量规的工作图，并能进行正确的标注。

习 题

6-1 试述光滑极限量规的作用和分类。

6-2 孔用、轴用工作量规的公差带是如何布置的？其特点是什么？

6-3 光滑极限量规的设计原则是什么？说明其含义。

6-4 试计算遵守包容要求的ϕ20H7/n6配合的孔、轴工作量规的上、下极限偏差及工作尺寸，并画出量规公差带图。

7 滚动轴承的公差与配合

7.1 滚动轴承的分类及公差特点

滚动轴承是现代机械中广泛使用的一种标准化部件。与滑动轴承相比，它具有摩擦力矩小、消耗功率小、启动容易、更换简单等优点。滚动轴承一般由外圈、内圈、滚动体和保持架四部分组成（见图 7-1），用于支撑轴类零件转动。轴承外径 D 和内径 d 是配合的公称尺寸，分别和外壳孔及轴颈配合。滚动轴承的配合精度要求较高，制造比较困难，因此滚动轴承生产厂在对轴承进行装配前，先将外圈内滚道尺寸、内圈外滚道尺寸和滚动体尺寸，分别进行尺寸分组，然后根据配合公差的要求按不同的尺寸组别进行装配，从而提高滚动轴承的精度。

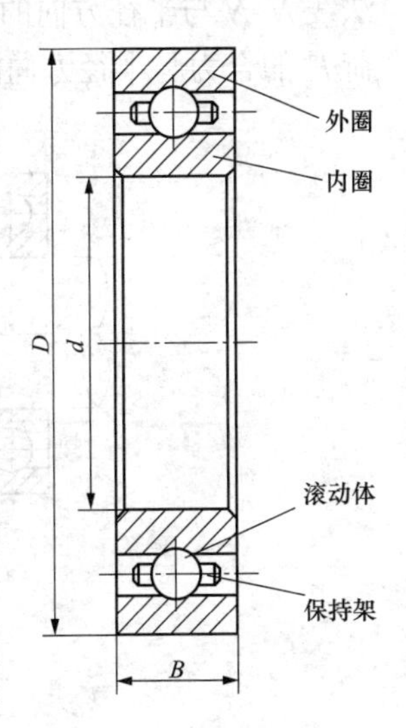

图 7-1 轴承

滚动轴承的基本结构如图 7-2 所示。内圈用来和轴颈装配，外圈用来和轴承座孔装配。通常是内圈随轴颈回转，外圈固定，但也可用于外圈回转而内圈不动，或是内、外圈同时回转的场合。当内、外圈相对转动时，滚动体即在内、外圈的滚道间滚动。常用的滚动体有球、圆柱滚子、圆锥滚子、球面滚子、非对称球面滚子、滚针等几种，如图 7-3 所示。轴承内、外圈的滚道，有限制滚动体沿轴向位移的作用。

保持架的主要作用是均匀地隔开滚动体。如果没有保持架，则相邻滚动体转动时将会由于接触处产生较大的相对滑动速度而引起磨损。保持架分为冲压保持架和实体保持架两种。冲压保持架一般用低碳钢板冲压制成，它与滚动体间有较大的间隙。实体保持架常用铜合金、铝合金、塑料等材料经切削加工制成，有较好的定心作用。

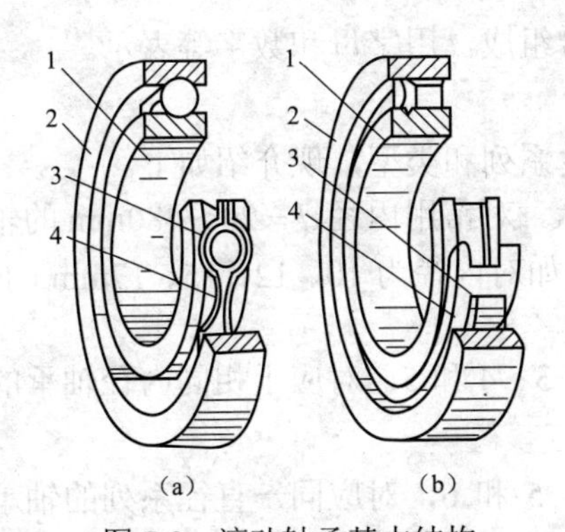

图 7-2 滚动轴承基本结构

1—内圈；2—外圈；3—滚动体；4—保持架

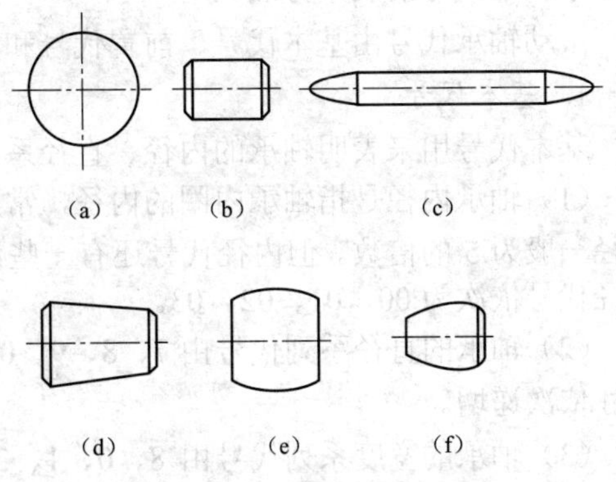

图 7-3 常用的保持架

轴承的内、外圈和滚动体，一般用高碳铬轴承钢或渗碳轴承钢制造，热处理后硬度不低于 HRC60。由于轴承的这些元件均经过 150℃的回火处理，所以通常当轴承工作温度不高于

120℃时，元件的硬度不会下降。

当滚动体是圆柱滚子或滚针时，在某些情况下，可以没有内圈或外圈，这时的轴颈或轴承座就要起到内圈或外圈的作用，因而工作表面应具有相应的硬度和粗糙度。此外，还有一些轴承，除了以上四种基本零件外，还增加其他特殊零件，如带密封盖、在外圈上加止动环等。

如果仅按轴承承受外载荷的不同而分类，滚动轴承可分为向心轴承、推力轴承和向心推力轴承三大类。图 7-4 所示为其承载情况，主要承受径向载荷 F_r 的轴承称为向心轴承，其中有几种类型可同时承受不大的轴向载荷；只能承受轴向载荷 F_a 的轴承称为推力轴承，推力轴承中与轴颈配合在一起的元件称为轴圈，与机座孔配合的元件称为座圈；能同时承受径向载荷和轴向载荷的轴承称为向心推力轴承。向心推力轴承的滚动体与外圈滚道接触点（线）的法线 N-N 与半径方向的夹角α，称为轴承的接触角。轴承实际所承受的径向载荷 F_r 与轴向载荷 F_a 的合力与半径方向的夹角β，称为载荷角。

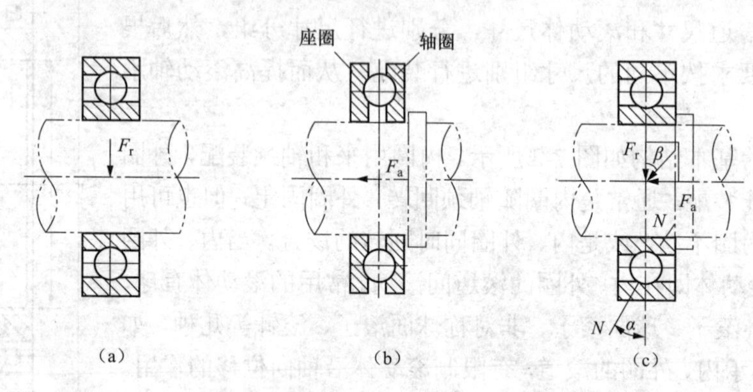

图 7-4　不同类型的轴承的承载情况

（a）向心轴承；（b）推力轴承；（c）向心推力轴承

在通常的各类滚动轴承中，每一种类型又可做成几种不同的结构、尺寸和公差等级，以适应不同的技术要求。为了统一表征各类轴承的特点，便于组织生产和选用，GB/T 272—1993 规定了轴承代号的表示方法。

滚动轴承代号由基本代号、前置代号和后置代号组成，用字母和数字等表示。

1. 基本代号

基本代号用来表明轴承的内径、直径系列、宽度系列和类型，现介绍如下。

（1）轴承内径是指轴承内圈的内径，常用 d 表示。对常用内径 d = 20～480mm 的轴承，内径一般为 5 的倍数。但内径代号还有一些例外的，如对内径为 10、12、15、17mm 的轴承，内径代号依次为 00、01、02、03。

（2）轴承的直径系列代号由 7、8、9、0、1、2、3、4 和 5，对应于相同内径轴承的外径尺寸依次递增。

（3）轴承的宽度系列代号由 8、0、1、2、3、4、5 和 6，对应同一直径系列的轴承，其宽度依次递增。多数轴承的代号中不标出代号 0，但对于调心滚子轴承和圆锥滚子轴承，宽度系列代号 0 应标出。

2. 后置代号

（1）内部结构代号是表示同一类型的不同内部结构，如接触角为 15°、25°和 40°的角接触球轴承分别用 C、AC 和 B 表示其内部结构的不同。

（2）轴承的公差等级分为 2 级、4 级、5 级、6 级（或 6x）和 0 级，共 6 个级别，依次由高级到低级，其代号分别为/P2、/P4、/P5、/P6（或/P6x）和/P0。公差等级中，6x 级仅适用于圆锥滚子轴承；0 级为普通级（在轴承代号中不标出），是最常用的轴承公差等级。

（3）常用的轴承径向游隙系列分为 1 组、2 组、0 组、3 组、4 组和 5 组，共 6 个组别，径向游隙依次由小到大。0 组游隙是常用的游隙组别，在轴承代号中不标出，其余的游隙组别在轴承代号中分别用/C1、/C2、/C3、/C4、/C5 表示。

代号举例：

6308 ——内径为 40mm 的深沟球轴承，尺寸系列 03，0 级公差，0 组游隙。

7211C ——内径为 55mm 的角接触球轴承，尺寸系列 02，接触角 15°，0 级公差，0 组游隙。

7.1.1 滚动轴承的公差等级

GB/T 307.3—2005《滚动轴承　通用技术规则》规定：向心滚动轴承共分为五级，分别为 0、6（6x）、5、4 和 2，其中，0 级精度最低，2 级精度最高（只有深沟轴承有 2 级），6x 级用于圆锥滚子轴承（它没有 6 级）；推力滚动轴承共分为四级，分别为 0、6、5 和 4 级，其中，0 级最低，4 级最高。而向心和推力滚动轴承的各级公差值，则分别在 GB/T 307.1—2005《滚动轴承　向心轴承　公差》和 GB/T 307.4—2005《滚动轴承　推力轴承　公差》中有规定。滚动轴承的精度是按照滚动轴承公称尺寸公差的大小和滚动轴承旋转精度的高低来划分的。

0 级为普通精度，在机械制造业中的应用最广，主要用于中低速及旋转精度要求不高的一般旋转机构中，如机床变速箱和进给箱，汽车、拖拉机的变速箱，普通电机、压缩机、涡轮机等使用的轴承。

除 0 级外，其余各级统称为高精度轴承，主要用于高的线速度或高的旋转精度的场合。6 级、5 级精度轴承主要用于转速较高、旋转精度要求较高的旋转机构。例如，普通机床的主轴前轴采用 5 级轴承，后轴承多采用 6 级轴承。

4 级精度轴承多用于高速、高旋转精度要求的机构。例如，精密机床的主轴轴承、精密仪器仪表的主要轴承多采用 4 级轴承。

2 级精度轴承应用于转速很高、旋转精度要求也很高的精密机械旋转机构中，如高精度齿轮磨床、精密坐标镗床的主轴轴承，数控机床的主轴轴承，高精度仪器仪表的主要轴承等。

7.1.2 滚动轴承内径、外径公差带及特点

国家标准对轴承内径（d）与外径（D）规定了两种公差：一是 d（或 D）的最大值与最小值；二是轴承套圈任意横截面内量得的最大直径 $d_{实max}$（或 $D_{实max}$）与最小直径 $d_{实max}$（或 $D_{实max}$）的平均值 d_m（或 D_m）的公差。

滚动轴承为标准化部件，根据标准件的特点，滚动轴承内圈与轴的配合采用基孔制，轴承外圈与外壳孔的配合应采用基轴制，以便实现完全互换性。但基孔制和基轴制与光滑圆柱结合又有所不同，是由滚动轴承配合的特殊要求所决定的。

轴承内圈通常与轴一起旋转，为防止内圈和轴颈的配合产生相对滑动而磨损，影响轴承的工作性能，因此要求配合面间具有一定的过盈，但过盈量不能太大。如果作为基准孔的轴承内圈采用基本偏差为 H 的公差带，轴颈也选用光滑圆柱结合国家标准中的公差带，则在配合时，无论选过渡配合（过盈量偏小）或过盈配合（过盈量偏大）都不能

满足轴承工作的需要。若轴颈采用非标准公差带，则又违反了标准化与互换性的原则。为此，GB/T 307.1—2005 规定：轴承内圈的基准孔公差带位置位于以公称内径 d 为零线的下方。因而这种特殊的基准孔公差带与 GB/T 1800.2—2009 中基孔制的各种轴公差带构成配合的性质，相应地比这些轴公差带的基本偏差代号所表示的配合性质有不同程度的变紧。

轴承外圈因安装在外壳孔中，通常不旋转，考虑到工作时温度会使轴热胀而产生轴向移动，因此两端轴承中有一段端应是游动支撑，可使外圈与外壳孔的配合稍微松一点，使之能补偿轴的热胀伸长量，不至于使轴变弯而被卡住，影响正常运转，如图 7-5 所示。为此规定轴承外圈的公差带位置位于公称外径 D 为零线的下方，与基本偏差为 h 的公差带类似，但公差值不同。轴承外圈采用这样的基准轴公差带与 GB/T 1800.2—2009 中基轴制配合的孔公差带所组成的配合，基本上保持了 GB/T 1800.2—2009 的配合性质。滚动轴承内圈孔径与外圈轴径的公差带位置如图 7-6 所示。

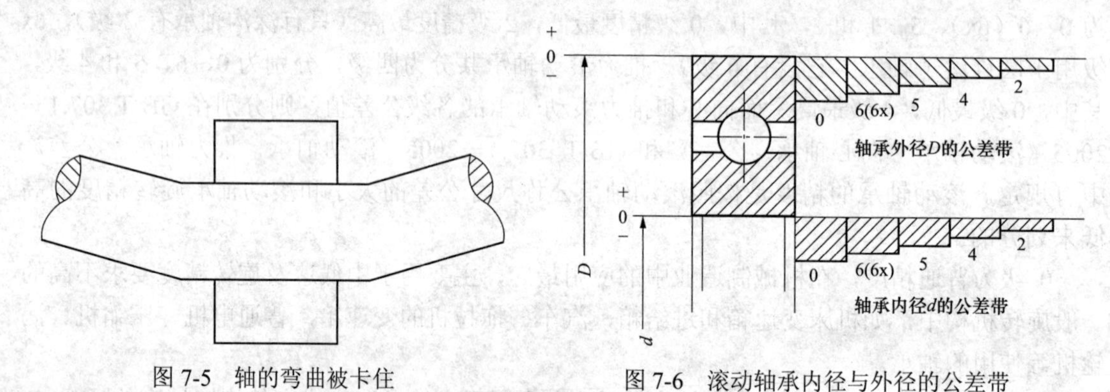

图 7-5 轴的弯曲被卡住　　图 7-6 滚动轴承内径与外径的公差带

因滚动轴承的内圈和外圈均为薄壁零件，在制造和保管过程中极易变形（如变成椭圆形）。若变形量不大，相配零件的形状较正确，则轴承在装进机构以后容易使这种变形得到矫正；若变形量较大，则不易矫正，将影响轴承的工作性能。因此，滚动轴承内圈与轴、外圈与轴孔之间起配合作用的是平均直径。根据这个特点，滚动轴承标准对轴承内径和外径均分别规定了两种公差带：①限定轴承内径或外径实际尺寸变动的公差带；②限定同一轴承内圈孔或轴承外圆柱面最大与最小实际直径的算数平均值 d_{mp} 或 D_{mp} 变动的公差带，以控制轴承装配后配合尺寸的误差。前者在加工过程中控制实际直径，即单一内径 d_s 和单一外径 D_s 的相应公差带；后者控制装配时的轴承平均直径，即平均直径内径 d_{mp} 和平均直径外径 D_{mp} 的相应公差带。

现介绍滚动轴承的各项尺寸及其公差的基本术语与符号。

d 是指轴承公称内径。

D 是指轴承公称外径。

d_s 是指单一内径，它是在同一轴承的单一径向平面内用两点测量法测得的内径，如图 7-7（a）所示。

D_s 是指单一外径，它是在同一轴承的单一径向平面内用用亮点测量法测得的外径。

Δd_s 是指单一内径偏差，其定义为 $\Delta d_s = d_s - d$，主要用来控制制造时的尺寸误差。

ΔD_s 是指单一外径偏差，其定义为 $\Delta D_s = D_s - D$，用来控制制造时的尺寸误差。

V_{d_p} 是指单一径向平面内的内径变动量，$V_{d_p} = d_{s\max} - d_{s\min}$，$d_{s\max}$、$d_{s\min}$ 如图 7-7（b）所示，V_{d_p} 用来限制制造时单一径向平面内的圆度误差。

V_{D_p} 是指单一径向平面内的外径变动量，$V_{D_p} = D_{s\max} - D_{s\min}$，用来限制制造时单一径向平面内的圆度误差。

d_{mp} 是指单一平面平均内径，定义为 $d_{mp} = (d_{s\max} + d_{s\min})/2$，如图 7-7（b）所示。

D_{mp} 是指单一平面平均外径，定义为 $D_{mp} = (D_{s\max} + D_{s\min})/2$。

Δd_{mp} 是指单一平面平均内径偏差，$\Delta d_{mp} = d_{mp} - d$，用来控制轴承内圈与轴装配后在单一平面内配合尺寸的误差。

ΔD_{mp} 是指单一平面平均外径偏差，$\Delta D_{mp} = D_{mp} - D$，用来控制轴承外圈与轴承座孔装配后单一平面内配合尺寸的误差。

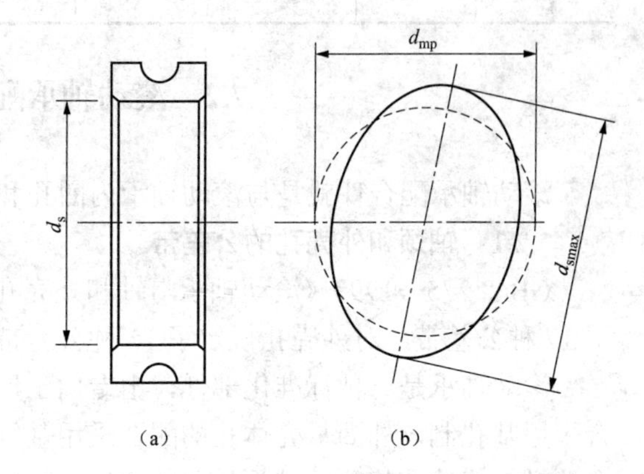

图 7-7 滚动轴承单一内径和单一平面平均内径

$V_{d_{mp}}$ 是指平均内径变动量，定义为 $V_{d_{mp}} = d_{mp\max} - d_{mp\min}$，它是在整个轴承宽度上，用来控制轴承内圈与轴装配后在整圈配合面上的圆柱度误差。

$V_{D_{mp}}$ 是指平均外径变动量，定义为 $V_{D_{mp}} = D_{mp\max} - D_{mp\min}$，用来控制轴承外圈与轴承座孔装配后在整圈配合面上的圆柱度误差。

轴承的内径、外径单一尺寸偏差及其变动量和内、外径平均尺寸偏差及其变动量必须都在规定的公差范围内。滚动轴承单一平面平均内径。外径的允许偏差见表 7-1 及表 7-2。

表 7-1　　向心轴承（圆锥滚子轴承除外）内圈公差　　μm

偏差或公差	精度等级	偏差或允许跳动	内径公称尺寸 d（mm）				
			>10～18	>18～30	>30～50	>50～80	>80～120
单一平面平均内径偏差 Δd_{mp}	0	下极限偏差（上极限偏差为零）	−8	−10	−12	−15	−20
	6		−7	−8	−10	−12	−15
	5		−5	−6	−8	−9	−10
	4		−4	−5	−6	−7	−8
	2		−2.5	−2.5	−2.5	−4	−5

表 7-2　　向心轴承（圆锥滚子轴承除外）外圈公差　　μm

偏差或公差	精度等级	偏差或允许跳动	外径公称尺寸 d（mm）				
			>18～30	>30～50	>50～80	>80～120	>120～150
单一平面平均外径偏差 ΔD_{mp}	0	下极限偏差（上极限偏差为零）	−9	−11	−13	−15	−18
	6		−8	−9	−11	−13	−15
	5		−6	−7	−9	−10	−11

续表

偏差或公差	精度等级	偏差或允许跳动	外径公称尺寸 d（mm）				
			>18～30	>30～50	>50～80	>80～120	>120～150
单一平面平均外径偏差 ΔD_{mp}	4	下极限偏差（上极限偏差为零）	−5	−6	−7	−8	−9
	2		−4	−4	−4	−5	−5

7.2 滚动轴承配合件公差及选用

滚动轴承配合件就是与滚动轴承内圈孔和外圈轴向配合的传动轴轴颈和箱体外壳孔。

7.2.1 轴颈和外壳孔的公差带

GB/T 275—1993《滚动轴承与轴和外壳孔的配合》对与 0 级和 6 级轴承配合的轴径规定了 17 种公差带，对外壳孔规定了 16 种公差带，如图 7-8 所示。

滚动轴承是一种标准化部件，由专门工厂生产。为使轴承便于互换，轴承内圈与轴的配合采用基孔制，外圈与壳体孔的配合采用基轴制。根据生产实际情况，对与轴承内、外圈配合的轴和壳体孔的公差带是从公差与配合标准中选出的。由于轴承内圈孔径和外圈轴径公差带在制造时已经确定，故轴承与轴径、外壳孔的配合要由轴径和外壳孔的公差带决定。选择轴承的配合也就是确定轴径和外壳孔的公差带种类。

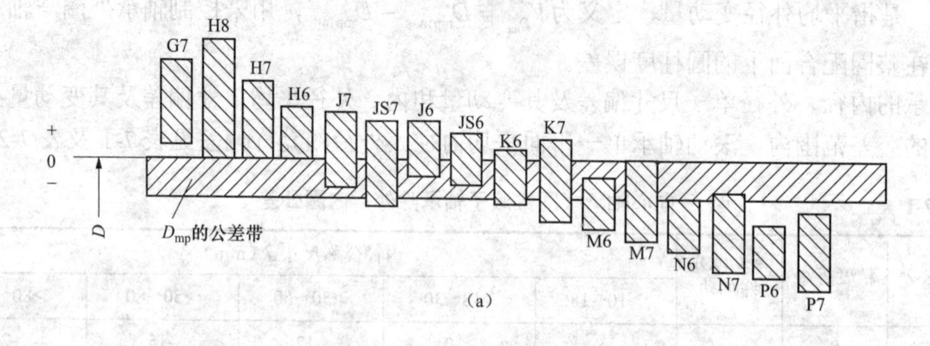

(a)

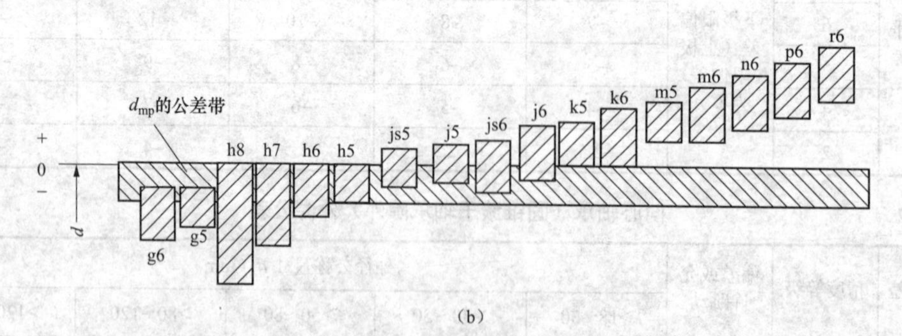

(b)

图 7-8 轴承与孔、轴配合的常用尺寸公差带

由图 7-8 可见，轴承内圈与轴颈的配合比 GB/T 1801—2009 中基孔制同名配合紧一些，g5、g6、h5、h6 轴颈与轴承内圈的配合已经变成过渡配合，k5、k6、m5、m6 已变成过盈配

合，其余也都有所变紧。轴承外圈与外壳孔的配合与GB/T 1801—2009中基轴制的同名配合相比较，虽然尺寸公差有所不同，但配合性质基本相同。

7.2.2　滚动轴承的配合选择

正确地选择配合，对于保证滚动轴承的正常运转，延长其使用寿命影响极大。为了使滚动轴承具有较高的定心精度，一般在选择轴承的两个套圈的配合时，都偏向紧密。但要防止太紧，因内圈的弹件胀大和外圈的收缩会使轴承内部间隙减小甚至完全消除并产生过盈，不仅影响正常运转，还会使套圈材料产生较大的应力，以致轴承的使用寿命降低。

故选择轴承配合时，要全面考虑各个主要因素，应以轴承的工作条件、结构类型和尺寸、精度等级为依据，查表确定轴颈和外壳孔的尺寸公差带、几何公差和表面粗糙度。其主要依据有以下几个方面。

1. 负荷的类型

首先分析轴承的受力情况。滚动轴承是一种将轴支撑在壳体上的标准部件，机械构件中的轴一般都承受力或力矩，因此滚动轴承的内圈和外圈都要受到力的作用。对工程中轴承所承受的合成径向负荷进行分析可知，轴承所受的合成径向负荷有四种受力情况：①作用在轴承上的合成径向负荷为一定值向量P_0，该向量与轴承的外圈或内圈相对静止，如图 7-9（a）所示；②作用在轴承上的是离心力向量P_1，该向量与轴承内圈或外圈一起旋转，也可保持相对静止，如图7-9（b）所示；③一个与轴承某套圈相对静止的定值向量P_0和一个较小的相对旋转的定值向量P_1合成，如图7-9（c）所示；④定值向量P_0和一个较大的相对旋转的定值向量P_1合成，即$P_0 < P_1$。由于第四种受力状况与第三种受力状况相近，因此只考虑前三种受力情况。

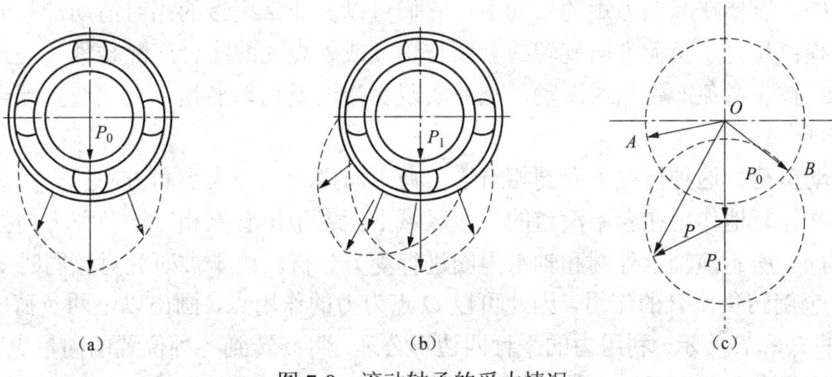

图7-9　滚动轴承的受力情况

（a）合成径向力P_0；（b）离心力P_1；（c）$P_0 > P_1$

根据前述轴承的受力状况，作用在轴承上的径向负荷可以是定向负荷（如带轮的拉力或齿轮的作用力）、旋转负荷（如机件的转动离心力），或者两者的合成负荷。根据作用方向与轴承套圈（内圈或外圈）的不同，负荷可分为以下三种类型：

（1）局部负荷（也称为定向负荷）。这种情况下套圈相对于负荷方向静止（这里套圈一定要区别出内、外圈）。当径向负荷的作用线相对于轴承套圈不旋转，或者套圈相对于径向负荷的作用线不旋转时，该径向负荷始终作用在套圈滚道的某一局部区域上，这表示该套圈相对于负荷方向静止。内圈相对于负荷方向固定的运转状态称为定向负荷。外圈相对于负荷方向固定的运转状态也称为定向负荷，如减速器转轴两端的滚动轴承的外圈，汽车、拖拉机车轮轮毂中滚动轴承的内圈等，都是套圈相对于负荷方向静止的实例。图 7-10 所示为轴承套圈与负荷方向的关系。

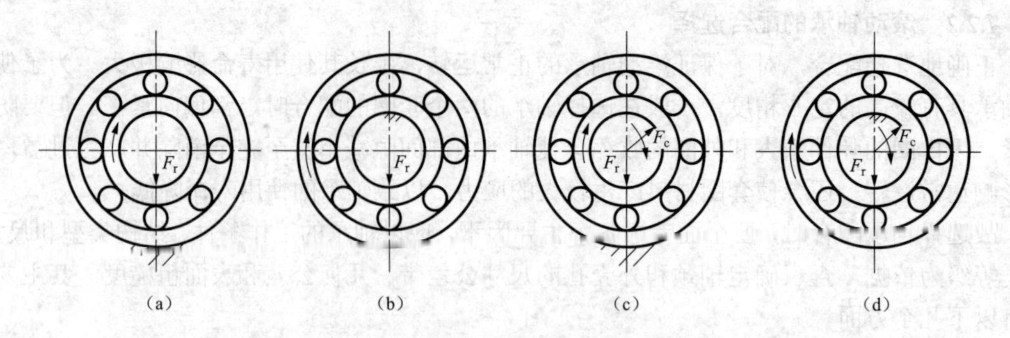

图 7-10 轴承套圈与负荷方向的关系

（a）旋转的内圈负荷和固定的外圈负荷；（b）旋转的外圈负荷和固定的内圈负荷；

（c）旋转的内圈负荷和外圈承受摆动的负荷；（d）旋转的外圈负荷和内圈承受摆动的负荷

（2）循环负荷（也称为旋转负荷）。这种情况下套圈相对于负荷方向旋转。当径向负荷的作用线相对于轴承套圈旋转，或者套圈相对于径向负荷的作用线旋转时，该径向负荷依次作用在套圈整个滚道的各个部位上，这表示该套圈相对于负荷方向旋转。内、外圈相对于负荷旋转的运转状态都称为旋转负荷。例如，减速器转轴两端的滚动轴承的内圈，汽车、拖拉机车轮轮毂中滚动轴承的外圈等都是套圈相对于负荷方向旋转的实例。

有时为了保证套圈滚道的磨损均匀，相对于负荷方向固定的套圈与轴颈或外壳孔的配合应稍微松一些，以便在摩擦力矩的带动下，它们可以做非常缓慢的相对滑动，从而避免套圈滚道局部磨损；相对于负荷方向旋转的套圈与轴颈或外壳孔的配合应配合紧一些，以保证它们能固定成一体，避免产生相对滑动，从而实现套圈滚道均匀磨损。合理选择配合可以提高轴承的使用寿命。

（3）摆动负荷。这种情况下套圈相对于负荷方向摆动。当大小和方向按一定规律变化的径向负荷依次往复地作用在套圈滚道的一段区域上，表示该套圈相对于负荷方向摆动。现在对如图 7-9（c）所示的轴承外圈和轴承内圈进行受力分析。由于被研究对象同时受一个定向负荷 P_0 和一个旋转负荷 P_1 的作用，因此可以 O 点为力的作用点，画出以上两负荷的向量，如图 7-9（c）的 P_0 和 P_1 所示。利用力的平行四边形公理，将旋转到各种位置的向量 P_0 和 P_1 合成，可以证明合成径向负荷向量 P 的箭头端点的轨迹为一个圆，该圆的圆心为定向负荷向量 P_0 的箭头端点，半径为旋转负荷向量 P_1 的长度，过 O 点做该圆的两条切线，分别于该圆相切于 A、B 点，如图 7-9（c）所示。由此可见，轴承外圈和轴承内圈所承受的合成径向负荷在其 AB 弧上一段局部滚道内相对摆动，此时它们所承受的负荷称为摆动负荷。

根据前述滚动轴承受力的三种情况，以及滚动轴承的内圈固定、外圈旋转，或外圈固定、内圈旋转，套圈负荷类型见表 7-3。

一般而言，套圈受局部负荷（定向负荷）时，配合一般应选得松一些，甚至可有不大的间隙，以便在滚动体摩擦力矩的作用下，使套圈产生少许转动，从而改变受力状态使滚道磨损均匀，延长轴承的使用寿命。因此，这种情况下应选过渡配合或极小间隙配合。

当套圈受旋转负荷时，配合一般应选得紧一些，以防止套圈再轴颈和外壳孔的配合表面上打滑，引起配合表面发热、磨损。因此，这种情况下应选用过盈量较小的过盈配合，或过盈可能性较大的过渡配合。

当套圈受摆动负荷时，套圈配合的松紧程度应介于局部负荷和循环负荷的配合之间，即与受旋转负荷的配合相同或比它稍微松一些。

表 7-3　　套圈的负荷类型

	套圈	合成径向力 P_0	离心力 P_1	$P_0>P_1$
外圈固定	内圈	循环负荷（旋转负荷）	局部负荷（定向负荷）	循环负荷（旋转负荷）
	外圈	局部负荷（定向负荷）	循环负荷（旋转负荷）	摆动负荷
内圈固定	内圈	局部负荷（定向负荷）	循环负荷（旋转负荷）	摆动负荷
	外圈	循环负荷（旋转负荷）	局部负荷（定向负荷）	循环负荷（旋转负荷）

2. 负荷大小

轴承套圈与轴或轴承座孔配合的过盈配合的过盈量取决于套圈受负荷的大小。对于相信轴承，GB/T 275—1993 按其径向当量动载荷 P 与径向额定动载荷 C_r 的比值，将负荷状态分为轻负荷、正常负荷和重负荷三类，见表 7-4。选择配合时，应随负荷的增大逐渐较紧。这是因为在重负荷和冲击负荷作用时，为了防止轴承产生变形和受力不均，引起配合松动，随着负荷的增大，过盈量应选得较大，承受变化负荷应比承受平稳负荷的配合选得较紧一些。

表 7-4　　向心轴承负荷状态的分类

负荷状态	P/C_r	正常负荷	$>0.07\sim0.15$
轻负荷	$\leqslant0.07$	重负荷	$\geqslant0.15$

径向当量动载荷 P 是在轴承支撑的组合设计中，按合成径向力作用在轴承上计算出来的，如图 7-11 所示。一般而言，轴承的实际载荷转换为与确定基本额定动载荷条件相一致的动载荷（即径向当量动载荷 P）后，在这一载荷作用下，轴承的寿命与实际载荷作用下的寿命相等。

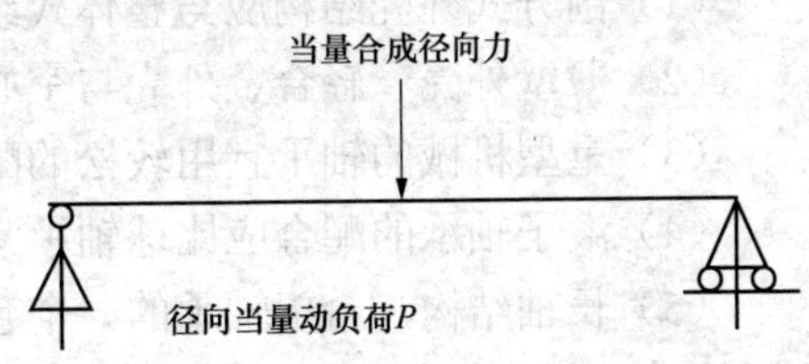

图 7-11　轴承支撑的受力状况

向心轴承的径向额定动载荷 C_r 是指基本额定寿命为 100000r 时所能承受的载荷值，该值可以从机械手册中查出。

3. 径向游隙

轴承的径向游隙按 GB/T 4604.1—2012 规定，分为第二组、基本组、第三组、第四组、第五组，游隙的大小依次由小到大。

游隙大小必须合适，过大不仅使转轴发生较大的径向跳动和轴向窜动，还会使轴承产生较大的振动和噪声；过小又会使轴承滚动体与套圈产生较大的接触应力，使轴承摩擦发热而降低寿命。

在常温状态下工作的具有基本组径向游隙的轴承（供应的轴承无游隙标记，即基本组游隙），轴颈和外壳孔公差带一般都能保证有适度的游隙。但重负荷轴承内径选取过盈量较大的配合时，为了补偿变形引起的游隙过小，应选用大于基本组游隙的轴承，见表 7-5。

4. 轴承的工作条件

轴承工作时，主要考虑轴承工作温度以及旋转精度和旋转速度对配合的影响。

（1）工作温度的影响。轴承运转时，由于摩擦发热和其他热源的影响，轴承套圈的温度经常高于与其相结合的零件的温度，因此轴承内圈因热膨胀与轴的配合可能松动，外圈因热膨胀与壳体孔的配合可能变紧。所以在选择配合时，必须考虑温度的影响，并加以修正。温度升高，内圈选紧，外圈选松。这里所说的紧和松是相对于国家标准规定的推荐公差带而言的。

（2）旋转精度和旋转速度的影响。由于机器要求有较高的旋转精度时，相应地要选用较高精度等级的轴承，因此与轴承相配合的轴和壳体孔也要选择较高精度的标准公差等级。对于承受负荷较大且要求旋转精度较高的轴承，为了消除弹性变形和振动的影响，应避免采用间隙配合。而对一些精密机床的轻负荷轴承，为了避免孔和轴的形状误差对轴承精度的影响，常采用有间隙的配合。

当轴承旋转精度要求较高时，为了消除弹性变形和振动的影响，不仅受旋转负荷的套圈与互配件的配合应选得紧一些，受定向负荷的套圈也应紧一些。

此外，关于轴承旋转速度对配合的影响，一般认为，轴承的旋转速度越高，配合应该越紧。

（3）公差等级的协调。选择轴承和外壳孔精度等级时应与轴承精度等级协调，如 0 级轴承配合轴颈一般为 IT6，外壳孔则为 IT7；对旋转精度和运动平稳性有较高要求的场合（如电动机），轴颈为 IT5 时，外壳孔选为 IT6。

采取类比法选择轴颈和外壳孔的公差带时，可参考表 7-5～表 7-8，按照表所列条件选择。

（4）对于滚针轴承，外壳孔材料为钢或铸铁时，尺寸公差带可选用 N5（或 N6）；为轻合金时，选用 N5（或 N6）。

5. 轴的外壳孔的结构与材料

（1）剖分式外壳结构应与整体式结构选用较松的配合。

（2）薄壁外壳、轻合金外壳与空心轴应选用更紧的配合。

（3）重型机械的轴承宜用较松的配合。

（4）滚子轴承的配合应比球轴承紧一些。

（5）长轴结构，希望轴承的一个套圈在运转中能沿轴向游动时，应选用较松的配合。

6. 安装和拆卸轴承的条件

考虑轴承安装与拆卸方便，宜采用较松的配合，对重型机械用的大型和特大型轴承，这一点尤为重要。当要求拆卸方便，而又需紧配合时，可采用分离型轴承，或内圈带锥孔、带紧定套和退卸套的轴承。

除上述条件外，当要求轴承的内圈或外圈能沿轴向移动时，该内圈与轴或外圈与外壳孔的配合应选较松的配合。一般而言，滚动轴承的尺寸越大，选取的配合应越紧。

表 7-5 向心轴承和轴配合时轴公差带代号（摘自 GB/T275—1993）

运转状态		负荷状态	深沟球轴承、调心球轴承和角接触球轴承	圆柱滚子轴承和圆锥滚子轴承	调心滚子轴承	公差带
说明	举例	轴承公称内径（mm）				
旋转的内圈负荷及摆动负荷	一般通用机械、电动机、机床主轴、泵、内燃机、直齿轮传动装置、铁路机车车辆油箱、破碎机等	轻负荷	≤18 ＞18～100 ＞100～200 —	— ≤40 ＞40～140 ＞140～200	— ≤40 ＞40～100 ＞100～200	h5 j6① k6① m6①
		正常负荷	≤18 ＞18～100 ＞100～140 ＞140～200 ＞200～280 — —	— ≤40 ＞40～100 ＞100～140 ＞140～200 ＞200～400 —	— ≤40 ＞40～65 ＞65～100 ＞100～140 ＞140～280 ＞280～500	j5、js5 k5② m5② m6 n6 p6 r6
		重负荷		＞50～140 ＞140～200 ＞200 —	＞50～100 ＞100～140 ＞140～200 ＞200	n6 p6② r6 r7
固定的内圈负荷	静止轴上的各种轮子，如张紧轮、绳轮、振动筛、惯性振动器	所有负荷	所有尺寸			f6 g6① h6 j6
仅有轴向负荷		所有尺寸				j6、js6
圆锥孔轴承						
所有负荷	铁路机车车辆轴箱	装在退卸套上的所有尺寸				h8（IT6）①③
	一般机械传动	装在紧定套上的所有尺寸				H9（IT7）④⑤

① 凡对精度有较高要求的场合，应用 j5、k5、…，代替 j5、j6、…。

② 圆锥滚子轴承、角接触球轴承配合对游隙影响不大，可用 k6、m6 代替 k5、m5。

③ 重负荷下轴承游隙应选大于 0 组的游隙。

④ 凡有较高精度或转速要求的场合，应用 h7（IT5）代替 h8（IT6）。

⑤ IT6、IT7 表示圆柱度公差数值。

表 7-6 向心轴承和外壳孔配合时孔公差带代号（摘自 GB/T 275—1993）

运转状态		负荷状态	其他状态	公差带①	
说明	举例			球轴承	滚子轴承
固定的外圈负荷	一般机械、铁路机车车辆轴承、电动机、泵、曲轴主轴承	轻、正常、重	轴向易移动，可采用剖分式外壳	H7、G7②	
摆动负荷		冲击	轴向能移动，可采用整体或剖分式外壳	J7、JS7	
		轻、正常			

续表

运转状态		负荷状态	其他状态	公差带[①]	
说明	举例			球轴承	滚子轴承
摆动负荷	一般机械、铁路机车车辆轴承、电动机、泵、曲轴主轴承	正常、重	轴向不移动，采用整体式外壳	K7	
		冲击		M7	
旋转的外圈负荷	张紧滑轮、轮毂轴承	轻		J7	K7
		正常		K7、M7	M7、N7
		重		—	N7、P7

① 并列公差带随尺寸的增大从左至右选择。对旋转精度有较高要求时，可相应提高一个公差等级。

② 不适用于剖分式外壳。

表 7-7　推力轴承和轴配合时轴公差带代号（摘自 GB/T 275—1993）

运转状态	负荷状态	推力球和推力滚子轴承	推力调心滚子轴承[②]	公差带
		轴承公称内径（mm）		
仅有轴向负荷		所有尺寸		j6、js6
固定的轴圈负荷	径向和轴向联合负荷	— —	≤250 >250	j6 js6
旋转的轴圈负荷或摆动负荷		— — —	≤200 >200～400 >400	k6[①] m6 n6

① 当要求较小过盈时，可分别用 j6、k6、m6 代替 k6、m6、n6。

② 也包括推力圆锥棍子轴承和推力角接触球轴承。

表 7-8　推力轴承和外壳配合时孔公差带代号（摘自 GB/T 275—1993）

运转状态	负荷状态	轴承类型	公差带	备注
仅有轴向负荷		推力球轴承	H8	
		推力圆柱、圆锥滚子轴承	H7	
		推力调心滚子轴承		外壳孔与座圈间间隙为 0.001D（D 为轴承公称外径）
固定的座圈负荷	径向和轴向联合负荷	推力角接触球轴承、推力调心滚子轴承、推力圆锥滚子轴承	H7	
旋转的座圈负荷或摆动负荷			K7	普通使用条件
			M7	有效大径向负荷时

7.2.3　轴颈和外壳孔的几何公差与表面粗糙度

为了保证轴承正常运转，除正确选择轴承与轴颈和外壳孔的尺寸公差带外，还应对轴颈和外壳孔的配合表面几何公差及表面粗糙度提出要求。

之所以提出形状公差要求，是因为轴承套圈为薄壁件，易变形，但其形状误差在装配后靠轴颈和外壳孔的正确形状可得到校正。为保证轴承安装正确，转动平稳，轴颈和外壳孔应分别采用包容要求，并对轴颈和外壳孔表面提出圆柱度要求，其公差值见表 7-9。

表 7-9　　轴和外壳孔的几何公差（摘自 GB/T 275—2015）

公称尺寸（mm）		圆柱度 t				端面圆跳动 t_1			
		轴颈		外壳孔		轴肩		外壳孔肩	
		轴承公差等级							
		0	6（6x）	0	6（6x）	0	6（6x）	0	6（6x）
大于	至	公差值（μm）							
	6	2.5	1.5	4	2.5	5	3	8	5
6	10	2.5	1.5	4	2.5	6	4	10	6
10	18	3.0	2.0	5	3.0	8	5	12	8
18	30	4.0	2.5	6	4.0	10	6	15	10
30	50	4.0	2.5	7	4.0	12	8	20	12
50	80	5.0	3.0	8	5.0	15	10	25	15
80	120	6.0	4.0	10	6.0	15	10	25	15
120	180	8.0	5.0	12	8.0	20	12	30	20
180	250	10.0	7.0	14	10.0	20	12	30	20

提出位置公差要求是为了保证轴承工作时有较高的旋转精度，应限制与套圈端面接触的轴肩及外壳孔肩的倾斜，从而避免轴承装配后滚道位置不正确，旋转不平稳，因此，应规定轴肩和外壳孔肩的端面对基准轴线的端面圆跳动公差，其公差值见表 7-9，轴颈及外壳孔的几何公差的标注如图 7-12 所示。

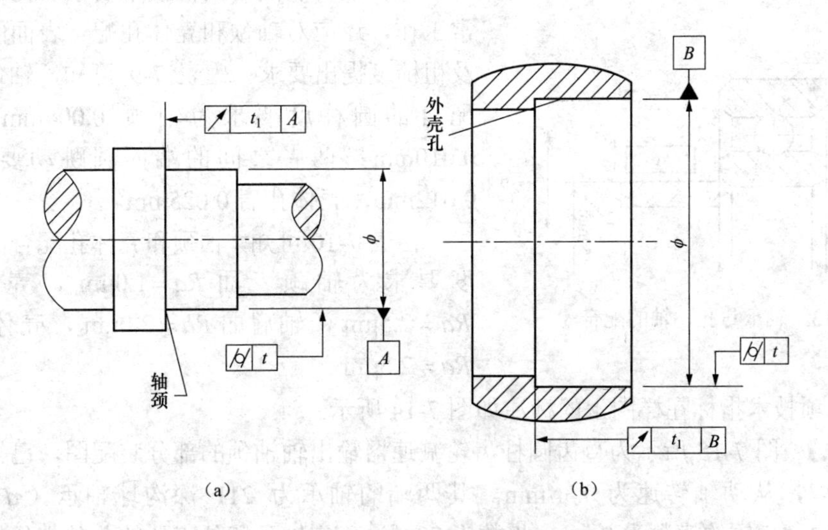

图 7-12　轴颈及外壳孔的几何公差的标注

孔、轴表面存在表面粗糙度，会使有效过盈量减小，使接触刚度下降，从而导致支撑不良。因此，孔、轴的配合表面还应规定严格的表面粗糙度，其参数值根据表 7-10 所示的条件选用。一般而言，轴颈或外壳孔的表面粗糙度的最低要求如下：圆柱表面 0.8～1.6mm，轴肩 1.6～3.2mm。

表 7-10 配合表面的表面粗糙度（摘自 GB/T 275—2015） μm

<table>
<tr><td colspan="2" rowspan="3">轴或轴承座直径（mm）</td><td colspan="9">轴或外壳配合表面直径公差等级</td></tr>
<tr><td colspan="3">IT7</td><td colspan="3">IT6</td><td colspan="3">IT5</td></tr>
<tr><td colspan="9">表面粗糙度（μm）</td></tr>
<tr><td rowspan="2">大于</td><td rowspan="2">至</td><td rowspan="2">Ra</td><td colspan="2">Ra</td><td rowspan="2">Ra</td><td colspan="2">Ra</td><td rowspan="2">Ra</td><td colspan="2">Ra</td></tr>
<tr><td>磨</td><td>车</td><td>磨</td><td>车</td><td>磨</td><td>车</td></tr>
<tr><td></td><td>80</td><td>10</td><td>1.6</td><td>3.2</td><td>6.3</td><td>0.8</td><td>1.6</td><td>4</td><td>0.4</td><td>0.8</td></tr>
<tr><td>80</td><td>500</td><td>16</td><td>1.6</td><td>3.2</td><td>10</td><td>1.6</td><td>3.2</td><td>6.3</td><td>0.8</td><td>1.6</td></tr>
<tr><td colspan="2">端面</td><td>25</td><td>3.2</td><td>6.3</td><td>25</td><td>3.2</td><td>6.3</td><td>10</td><td>1.6</td><td>3.2</td></tr>
</table>

7.2.4 滚动轴承的配合选择实例

【例 7-1】 有一圆柱齿轮减速器，小齿轮轴要求较高的旋转精度，装有 G 级单列深沟球轴承（型号 G310），轴承尺寸为 50mm×110mm×27mm，额定动负荷 C=32000N，径向负荷 F=4000N。试确定孔、轴的配合和技术要求。

解 （1）分析受负荷情况，查表选配合，画出公差带图。按照给定条件可算得 $F/C=0.13$，属于正常负荷。内圈相对径向负荷方向旋转，承受旋转负荷。按轴承类型和尺寸规格，查表得轴颈公差带为 k6，壳体孔公差带为 J7 或 H7 均可，但由于该轴旋转精度要求较高，故选用比上两种更紧一些的配合 J7 较为恰当。由尺寸公差带查得 k6 和 J7 的上、下极限偏差。轴承内、外圈直径的尺寸上、下极限偏差可由相关表格查得，从而画出公差带图如图 7-13 所示。由图可得内圈与轴 $Y_{\min}=0.002\text{mm}$，$Y_{\max}=0.030\text{mm}$；外圈与孔 $X_{\max}=0.037\text{mm}$，$Y_{\max}=0.013\text{mm}$。

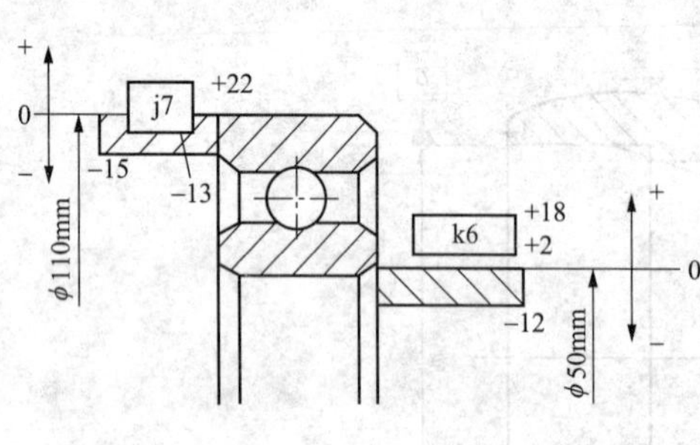

图 7-13 轴承与孔、轴的配合

（2）配合表面的其他技术要求。为保证轴承正常工作，还应对轴颈和壳体孔配合表面的几何公差及粗糙度提出要求。由表 7-9 可知，轴颈和壳体孔配合的圆柱度要求为轴颈 0.004mm，壳体孔 0.010mm；两者之间的端面圆跳动要求为轴肩 0.012mm，壳体孔肩 0.025mm。

由表 7-10 可知，轴颈和壳体孔配合的表面粗糙度要求为轴颈表面 $Ra=1.0\mu\text{m}$，壳体孔表面 $Ra=2.5\mu\text{m}$，轴肩面 $Ra=2.0\mu\text{m}$，壳体孔肩端面 $Ra=2.5\mu\text{m}$。

以上各项技术指标在样图上的标注如图 7-14 所示。

【例 7-2】 图 7-15 所示为直齿圆柱齿轮减速器输出轴轴颈的部分装配图，已知减速器的功率为 5kW，从动轴转速为 83r/min。其两端的轴承为 211 深沟球轴承（$d=55\text{mm}$，$D=100\text{mm}$），齿轮的模数为 3mm，齿数为 79。试确定轴颈和外壳孔的公差带代号（尺寸极限偏差）、几何公差和表面粗糙度值，并将它们分别标注在零件图和装配图上。

解 （1）减速器属于一般机械，轴的转速不高，所以选用 P0 级轴承。

（2）该轴承承受定向载荷的作用，内圈与轴一起旋转，外圈安装在剖分式壳体中，不旋转。因此，内圈相对于负荷方向旋转，它与轴颈的配合应较紧；外圈相对于负荷方向静止，它与外壳孔的配合应较松。

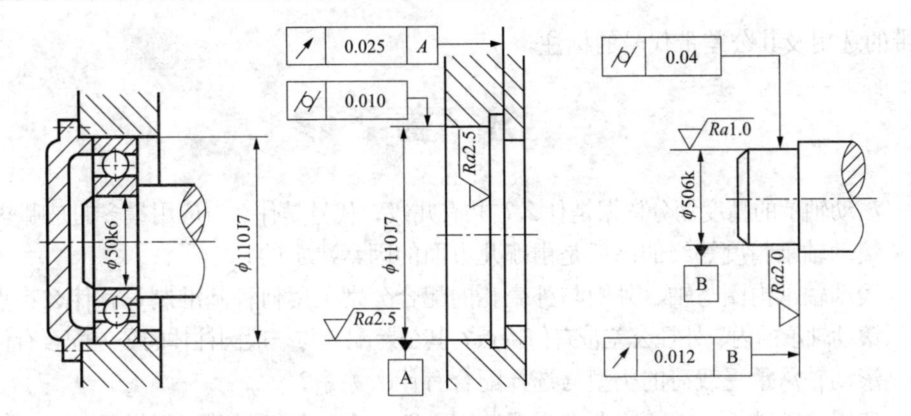

图 7-14　轴承结合件的技术要求

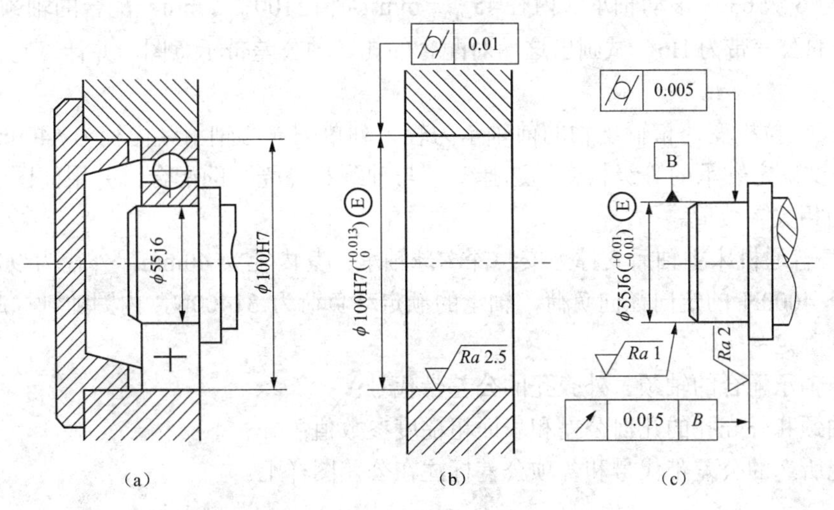

图 7-15　轴颈和外壳孔再图样上的标注示例

（a）装配图；（b）外壳孔图样；（c）轴图样

（3）按轴承的工作条件，由经验计算公式（参见《机械工程手册》第 29 篇中轴承的计算公式），并经单位换算，该球轴承的当量径向负荷 P_r 为 883N，查得 211 球轴承的额定动负荷 C_r 为 33354N。$P_r / C_r = 0.026 < 0.07$，故轴承的负荷类型属于轻负荷。

（4）按轴承的工作条件从表 7-5 和表 7-6 选取轴颈公差带为 ϕ55j6（基孔制配合），外壳孔公差带为内 ϕ100H7（基轴制配合）。

（5）按表 7-10 所选取轴颈和外壳孔的表面粗糙度值：轴颈 $Ra \leqslant 1\mu m$，轴肩端面 $Ra \leqslant 2\mu m$；外壳孔 $Ra \leqslant 2.5\mu m$。

（6）将确定好的上述公差标注在图样上，如图 7-15（b）、（c）所示。

由于滚动轴承是外购的标准部件，因此，在装配图上只需注出轴颈和外壳孔的公差带代号，如图 7-15（a）所示。轴和外壳孔上的标注如图 7-15（b）、（c）所示。

小　结

本章介绍了滚动轴承的精度等级及公差带特点，与滚动轴承的内、外径相配合的轴颈、外公差带的选用及其公差带代号的标注。

习 题

7-1 滚动轴承的精度划分依据是什么？共有几级？代号是什么？应用最多的是哪些级？

7-2 滚动轴承精度等级的高低是由哪几方面的因素决定的？

7-3 滚动轴承内圈与轴、外圈与外壳孔的配合分别采用何种基准制？有什么特点？

7-4 滚动轴承的内、外径公差带有何特点？其公差配合与一般圆柱体的公差配合有何不同？

7-5 滚动轴承承受载荷的类型与选择配合有什么关系？

7-6 选用滚动轴承公差等级要考虑哪些因素？是否公差等级越高越好？

7-7 与 6 级 6309 滚动轴承（内径 $45_{-0.010}^{\ 0}$ mm，外径 $100_{-0.013}^{\ 0}$ mm）配合的轴颈公差带为 j5，外壳孔的公差带为 H6。试画出这两对配合的孔、轴公差带示意图，并计算它们的极限过盈或间隙。

7-8 某拖拉机变速箱输出轴的前轴承为轻系列单列向心轴承（内径为 ϕ40mm，外径为 ϕ80mm）。试确定轴承的等级精度，选择轴承与轴颈和外壳孔的配合，并用简图表示出轴颈与外壳孔的相关参数值。

7-9 某普通机床主轴后支撑上安装深沟球轴承，其内径为 40mm，外径为 90mm，该轴承承受一个 4000N 的定向径向负荷，轴承的额定动负荷为 31400N，内圈随轴一起转动，外圈固定。试确定：

（1）与轴承配合的轴颈、外壳孔的公差带代号；

（2）轴颈和外壳孔的几何公差和表面粗糙度参数值；

（3）把所选的公差带代号和各项公差标注在公差图样上。

8 圆锥的公差与配合

教学提示

在机械结构中，圆锥体配合应用很广。它要求具有较高的同轴度，能够保证多次重复装配而同轴度精度不变，同时要求配合的自锁性和密封性好，可以自由调整间隙或过盈量的大小。但圆锥体的结构比较复杂，加工和检测较为困难。因此，锥度公差的标准化，是提高产品质量，保证圆锥配合的互换性所不可缺少的环节。

教学要求

要求学生了解圆锥几何参数对互换性的影响，掌握圆锥公差及其给定方法并会正确选用。

8.1 概　　述

圆锥配合是各类机器广泛采用的典型结构，其配合要素为内、外圆锥表面。但是由于圆锥是由直径、长度、锥度（或锥角）构成的多尺寸要素，所以影响互换性的因素比较多，在配合性质的确定和配合精度设计方面，比圆柱配合要复杂得多。

8.1.1 圆锥配合分类

圆锥配合是由基本圆锥直径和基本圆锥角或基本锥度相同的内、外圆锥形成的。圆锥尺寸公差带的数值是按基本圆锥直径给出的，所指间隙或过盈是指垂直于圆锥轴线方向即直径上的尺寸，而与圆锥角大小无关。

圆锥配合与圆柱配合的主要区别是根据内、外圆锥相对轴向位置不同，可以获得间隙配合、过渡配合或过盈配合。

1. 间隙配合

这类配合有间隙，在装配和使用过程中，间隙量的大小可以调整，零件易拆卸，如车床主轴圆锥轴颈与圆锥滑动轴承的配合。

2. 过盈配合

这类配合有过盈，过盈量的大小可通过圆锥的轴向移动来调整。具有自锁性，用以传递扭矩。广泛用于锥柄刀具，如铰刀、钻头等的锥柄与机床主轴的配合。

3. 过渡配合

这类配合很严密，可以防止漏水和漏气，如内燃机中汽阀与阀座的配合。为使圆锥面接触严密，必须成对研磨，因而这类圆锥不具有互换性。

8.1.2 圆锥配合的基本参数

在圆锥体配合中，影响互换性的因素较多，为了分析其互换性，必须熟悉圆锥体配合的基本参数。

1. 圆锥

一条与轴线呈一定角度，且一端相交于轴的直线段（母线），绕该轴线旋转一周所形成的旋转体称为圆锥，如图 8-1 所示。

外圆锥是外部表面为圆锥表面的旋转体，如图 8-2 所示；内圆锥是内部表面为圆锥表面的旋转体，如图 8-3 所示。

2. 圆锥角（α）

在通过圆锥轴线的截面内，两条素线间的夹角称为圆锥角，如图 8-1 所示，用 α 表示，斜角（圆锥角的一半）为 $\alpha/2$。

（1）AT_α 以角度单位（微弧度、度、分、秒）表示圆锥角公差值（1μrad 等于半径为 1m，弧长为 1μm 所产生的角度，5μrad≈1″，300μrad≈1′）。

（2）AT_D 以线值单位（μm）表示圆锥角公差值。在同一圆锥长度内，AT_D 值有两个，分别对应于 L 的最大值和最小值。

AT_α 和 AT_D 的关系如下：$AT_D=AT_\alpha\times L\times10^{-3}$

其中，AT_α 单位μrad；AT_D 单位为μm；L 的单位为 mm。

例如，当 L=100，AT_α 为 9 级时，查表 8-3 得 AT_α=630μrad 或 2′10″，AT_D=63μm。若 L=50mm，仍为 9 级，则 $AT_D=630\times50\times10^{-3}\approx32$μm。

3. 圆锥直径（D、d、d_x）

圆锥在垂直于轴线截面上的直径，如图 8-2 所示。常用的圆锥直径有最大圆锥直径 D、最小圆锥直径 d 和给定截面上的圆锥直径 d_x。

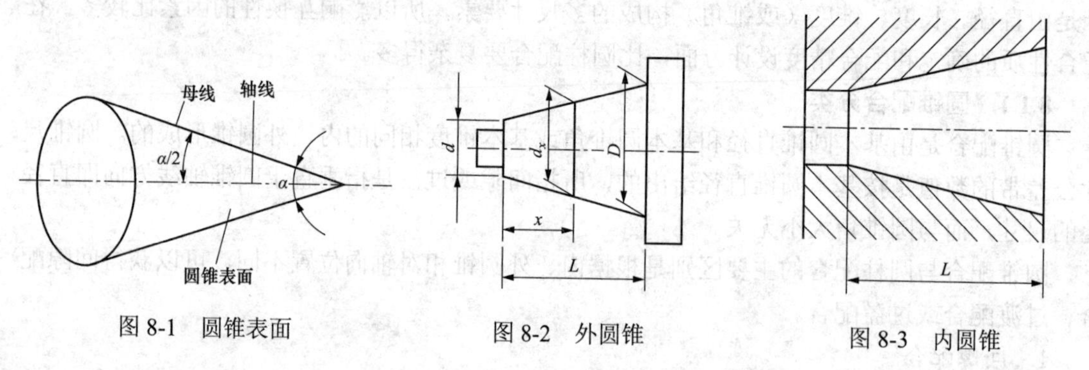

图 8-1 圆锥表面　　图 8-2 外圆锥　　图 8-3 内圆锥

4. 圆锥长度（L）

最大圆锥直径与最小圆锥直径之间的轴向距离，如图 8-2 所示。

5. 锥度（C）

两个垂直于圆锥轴线截面的圆锥直径差与该两截面间的轴向距离之比，即

$$C=(D-d)/L \tag{8-1}$$

锥度 C 与圆锥角 α 的关系可表示为

$$C=\frac{D-d}{L}=2\tan\frac{\alpha}{2}=1:\frac{1}{2}\cot\frac{\alpha}{2} \tag{8-2}$$

锥度关系式反映了圆锥直径、圆锥长度、圆锥角和锥度之间的相互关系，是圆锥的基本关系式。

为了减少加工圆锥体零件所用的专用刀具、量具种类和数量，GB/T 157—2001 规定了锥

度与锥角系列，设计时应从标准系列中选用标准锥角 α 或标准锥度 C，见表 8-1～表 8-3。选用时应优先选用系列 I 中的值。大于 120°锥角和 1:500 以下的锥度未列入标准。

限定一个基本圆锥的公称尺寸，根据锥体的制造工艺不同，有以下几种情况：

（1）一个基本圆锥直径、基本圆锥长度和锥度。

（2）一个基本圆锥直径、基本圆锥长度和基本圆锥角。

（3）两个基本圆锥直径、基本圆锥长度。

表 8-1　　一般用途圆锥的锥度与锥角系列（GB/T 157—2001）

基本值		推算值			应用举例
系列 I	系列 II	锥角 α		锥度 C	
120°		—	—	1:0.288675	节气阀，汽车、拖拉机阀门
90°		—	—	1:0.500000	重型顶尖，重型中心孔，阀的阀销锥体
	75°	—	—	1:0.651613	埋头螺钉，小于 10 的螺锥
60°		—	—	1:0.866025	顶尖，中心孔，弹簧夹头，埋头钻
45°		—	—	1:1.207107	埋头钉、埋头铆钉
30°		—	—	1:1.866025	摩擦轴节，弹簧卡头，平衡块
1:3		18°55′28.7″	18.924644°	—	受力方向垂直于轴线易拆开的连接
	1:4	14°15′0.1″	14.250033°	—	
1:5		11°25′16.3″	11.421186°	—	受力方向垂直于轴线的连接，锥形摩擦离合器、磨床主轴
	1:6	9°31′38.2″	9.527283°	—	
	1:7	8°10′16.4″	8.171234°	—	
	1:8	7°9′9.6″	7.152669°	—	重型机床主轴
1:10		5°43′29.3″	5.724810°	—	受轴向力和扭转力的连接处，主轴承受轴向力
	1:12	4°46′18.8″	4.771888°	—	
	1:15	3°49′15.9″	3.818305°	—	承受轴向力的机件，如机车十字头轴
1:20		2°51′51.1″	2.864192°	—	机床主轴，刀具刀杆尾部，锥形铰刀，心轴
1:30		1°54′34.9″	1.909683°	—	锥形铰刀，套式铰刀，扩孔钻的刀杆，主轴颈部
1:50		1°8′45.2″	1.145877°	—	锥销，手柄端部，锥形铰刀，量具尾部
1:100		34′22.6″	0.572953°	—	受其静变负载不拆开的连接件，如心轴等
1:200		17′11.3″	0.286478°	—	导轨镶条，受振动及冲击负载不拆开的连接件
1:500		6′52.5″	0.114592°	—	

表 8-2　特殊用途圆锥的锥度与锥角系列（摘自 GB/T 157—2001）

基本值	推算值			说明
	锥角 α		锥度 C	
7:24	16°35′39.4″	16.594290°	1:3.428571	机床主轴，工具配合
1:19.002	3°0′52.4″	3.014554°	—	莫氏锥度 No.5
1:19.180	2°59′11.7″	2.986590°	—	莫氏锥度 No.6
1:19.212	2°58′53.8″	2.981618°	—	莫氏锥度 No.0
1:19.254	2°58′30.4″	2.975117°	—	莫氏锥度 No.4
1:19.922	2°52′31.5″	2.875401°	—	莫氏锥度 No.3
1:20.020	2°51′40.8″	2.861332°	—	莫氏锥度 No.2
1:20.047	2°51′26.9″	2.857480°	—	莫氏锥度 No.1

表 8-3　莫氏圆锥的主要尺寸和公差

莫氏圆锥	锥度	圆锥角			D	Z
		公称尺寸	极限偏差		公称尺寸（mm）	公称尺寸（mm）
			外圆锥	内圆锥		
0	1:19.212	2°58′54″	+1′05″ 0	0 1′05″	9.045	1
1	1:20.047	2°51′26″			12.065	
2	1:20.020	2°51′41″	+52″ 0	0 52″	17.780	
3	1:19.922	2°52′32″			23.825	
4	1:19.254	2°58′31″			31.267	1.5
5	1:19.002	3°00′53″	+41″ 0	0 41″	44.399	
6	1:19.180	2°59′12″	+33″ 0	0 33″	63.348	2

6. 基面距（a）

基面距是外锥体基面（轴肩或轴端面）与内锥体基面（端面）之间的距离，如图 8-4 所示。基面距决定两配合锥体的轴向相对位置。

圆锥体配合的基本直径是指两锥体端圆截面上的公共直径。根据所选基本直径来决定基面距的位置，如以内圆锥的大端直径为基本直径，则基面距的位置在大端，如图 8-4（a）所示；如以外圆锥的小端直径为基本直径，则基面距的位置在小端，如图 8-4（b）所示。

7. 轴向位移（E_a）

轴向位移指相互配合的内、外圆锥从实际初始位置到终止位置移动的距离，如图 8-5 所示。用轴向位移可实现圆锥的各种不同配合。

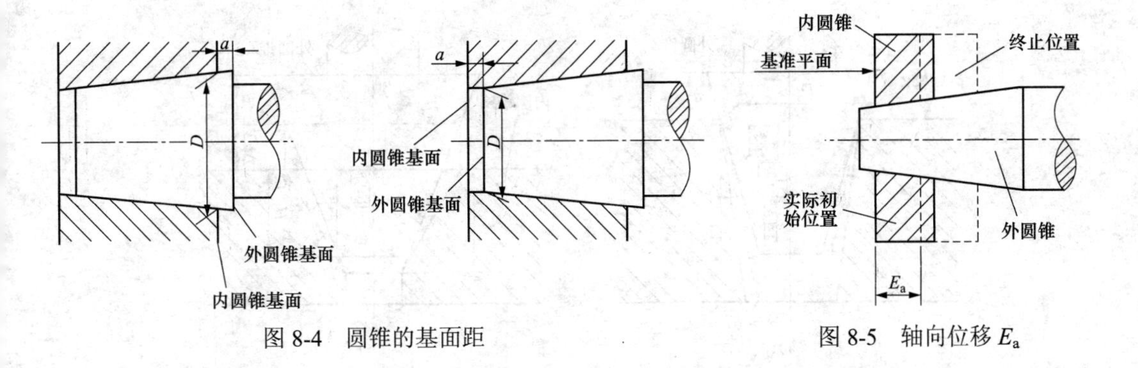

图 8-4 圆锥的基面距　　图 8-5 轴向位移 E_a

8.2 圆锥几何参数误差对圆锥配合的影响

制造时，圆锥的直径、长度和锥角均会产生误差。因此，在装配时，将会引起基面距的变化和表面接触状况较差。基面距过大，会减小配合长度；基面距过小，又会使补偿磨损的轴向调节范围减小，从而影响圆锥配合的使用性能。影响基面距的主要因素是内、外圆锥的直径偏差和圆锥斜角偏差。

8.2.1 圆锥直径误差对基面距的影响

假设内、外圆锥的锥角无误差，只有直径误差，则内、外圆锥的大端直径和小端直径的误差各自相等且分别为 ΔD_K、ΔD_Z。若以内圆锥的最大圆锥直径 D 为配合直径，基面距 a 在大端，如图 8-6（a）所示，则基面距误差 Δa_1 为

$$\Delta a_1 = -(\Delta D_x - \Delta D_Z)/2\tan\left(\frac{\alpha}{2}\right) = -(\Delta D_x - \Delta D_Z)/C \tag{8-3}$$

式中：$\frac{\alpha}{2}$ 为斜角；C 为锥度。

由图 8-6（a）可知，当 $\Delta D_K > \Delta D_Z$ 时，即内圆锥的实际直径比外圆锥的实际直径大，$(\Delta D_K - \Delta D_Z)$ 的值为正，Δa_1 为负值，则基面距 a 减小；同理由图 8-6（b）可知，当 $\Delta D_K < \Delta D_Z$ 时，即内圆锥的基本直径比外圆锥的基本直径小，$(\Delta D_K - \Delta D_Z)$ 的值为负，Δa_1 为正值，则基面距 a 增大。由于 Δa_1 与 $(\Delta D_K - \Delta D_Z)$ 值的符号相反，故式（8-3）带有负号。

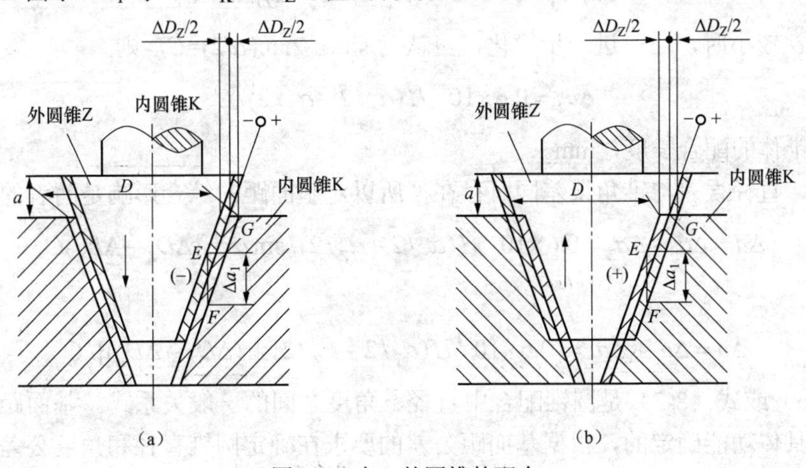

图 8-6 内、外圆锥的配合

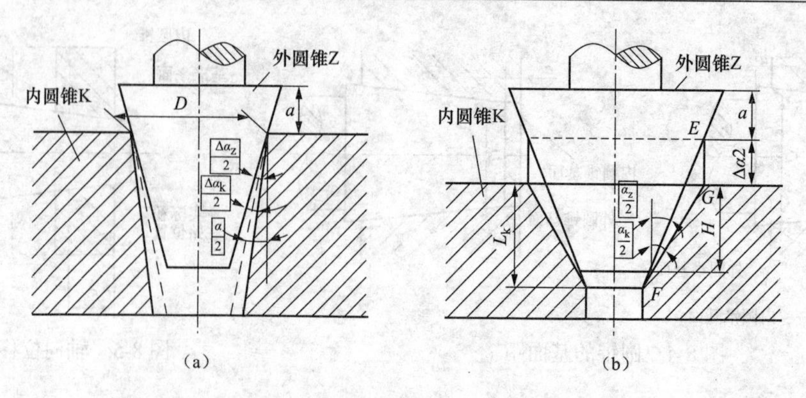

图 8-7　斜角误差对基面距的影响

8.2.2　圆锥角误差对锥面距的影响

圆锥角误差对基面距也产生影响，若仍采用基面距在大端，并设直径无误差，有两种可能的情况：

（1）外圆锥斜角误差 $\Delta\alpha_Z/2$＞内圆锥斜角误差 $\Delta\alpha_K/2$＞，即 $\alpha_Z/2>\alpha_K/2$，如图 8-7（a）所示，此时内、外圆锥在大端处接触，对基面距的影响较小，可以略去不计。

（2）内圆锥斜角误差 $\Delta\alpha_K/2$＞外圆锥斜角误差 $\Delta\alpha_K/2$，即 $\alpha_K/2>\Delta\alpha_Z/2$，如图 8-7（b）所示，此时内、外圆锥在小端处接触，对基面距的影响较大。

计算时，应考虑影响较大的情况，由图 8-7（b）可见：由于斜角误差的影响，使基面距 a 增大了 $2\Delta a$，从△EFG 可得

$$\Delta a_2=\frac{H\sin[(\alpha_x/2)-(\alpha_Z/2)]}{\cos(\alpha_x/2)\sin(\alpha_Z/2)}$$

一般斜角误差很小，因此 α_K 及 α_K 于斜角 $\alpha/2$ 的差别很小，所以

$$\cos(\alpha_x/2)\approx\cos(\alpha/2)，\ \sin(\alpha_Z/2)\approx\sin(\alpha/2)$$

$$\sin[(\alpha_x/2)-(\alpha_Z/2)]\approx(\alpha_x/2)-(\alpha_Z/2)$$

将弧度化为分，得

$$\Delta a_2=[0.6\times10^{-3}H(\alpha_x/2-\alpha_Z/2)]/\sin\alpha \tag{8-4}$$

若锥角 α 较小时，还可进一步简化，可认为 $\sin\alpha=2\tan(\alpha/2)=C$，则

$$\Delta a_2=0.6\times10^{-3}H(\alpha_x/2-\alpha_Z/2)/C \tag{8-5}$$

式中；H 为锥体的配合长度，mm。

实际上，直径误差与锥角误差同时存在，所以对基面距的综合影响是两者的代数和，即

$$\Delta a=\Delta a_1+\Delta a_2=0.6\times10^{-3}H(\alpha_x/2-\alpha_Z/2)/\sin\alpha\pm(\Delta D_Z-\Delta D_x)C \tag{8-6}$$

或

$$\Delta a=\Delta a_1+\Delta a_2=[0.6\times10^{-3}H(\alpha_x/2-\alpha_Z/2)\pm(\Delta D_Z-\Delta D_x)]/C \tag{8-7}$$

式（8-6）或式（8-7）是圆锥配合中直径、角度之间的一般关系式。基面距公差是根据圆锥配合的具体功能确定的，根据基面距公差的要求在确定圆锥直径和角度公差时，通常按工艺条件先选定一个参数的公差，再由式（8-6）或式（8-7）计算另一个参数的公差。

8.2.3 圆锥形状误差对配合的影响

圆锥形状误差包括圆锥素线直线度误差和截面圆度误差。圆锥形状误差不仅使内、外圆锥表面接触不均匀，对于有相对运动的圆锥配合，会减小实际接触面积，加剧磨损；对于紧密圆锥配合，会降低密封性；对于具有过盈的圆锥配合，会降低其所能传递的扭矩。

8.3 圆锥的公差与配合

我国圆锥公差国家标准 GB/T 157—2001，等效采用国际标准 ISO1119—1975。该标准规定了圆锥公差的项目、给定方法和公差数值，适用于锥度为 1:500～1:3、圆锥长度 L 为 6～630mm 的光滑圆锥。

8.3.1 圆锥公差及其给定方法

1. 圆锥公差项目

为满足圆锥连接和使用的功能要求，GB/T 11334—2005 标准将圆锥公差分为圆锥直径公差、圆锥角公差、圆锥形状公差和给定截面圆锥直径公差四个公差项目。

（1）圆锥直径公差 T_D。圆锥直径公差是指允许圆锥直径的变动量，它是以基本圆锥直径（通常取最大圆锥直径 D）作为公称尺寸，按圆柱公差与配合国家标准 GB/T 1800—2009 规定的标准公差选取，适合于圆锥长度内的任一直径。其数值为允许的最大极限圆锥和最小极限圆锥直径之差，如图 8-8 所示。用公式表示为

$$T_D = D_{max} - D_{min} = d_{max} - d_{min} \tag{8-8}$$

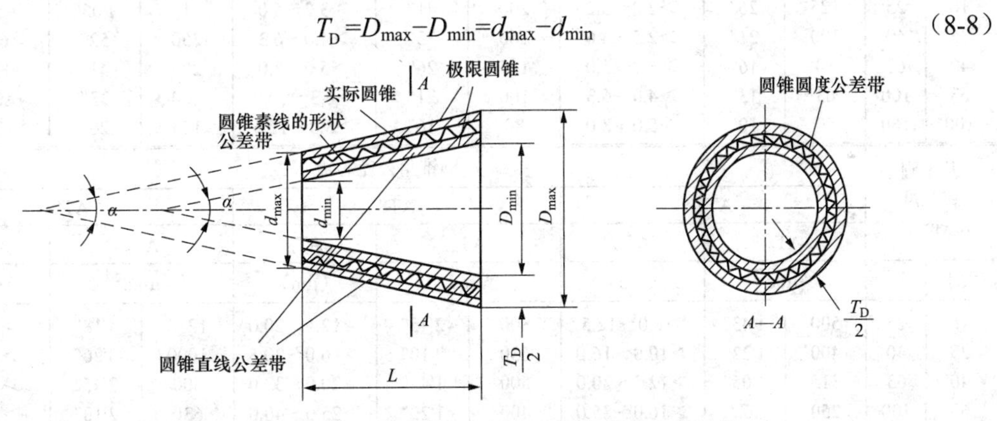

图 8-8 极限圆锥、圆锥直径公差带和母线直线度公差带

最大极限圆锥和最小极限圆锥皆称为极限圆锥，它与基本圆锥同轴，且圆锥角相等。对于有配合要求的圆锥，其内、外圆锥直径公差带位置，按圆锥配合国家标准（GB/T 12360—2005）中的有关规定选取。

对于无配合要求的圆锥，建议选用基本偏差 JS、js 确定内、外锥的公差带位置。

（2）圆锥角公差 AT。圆锥角公差是指允许圆锥角的变动量。其数值为允许的最大与最小圆锥角之差，如图 8-9 所示，用公式表示为

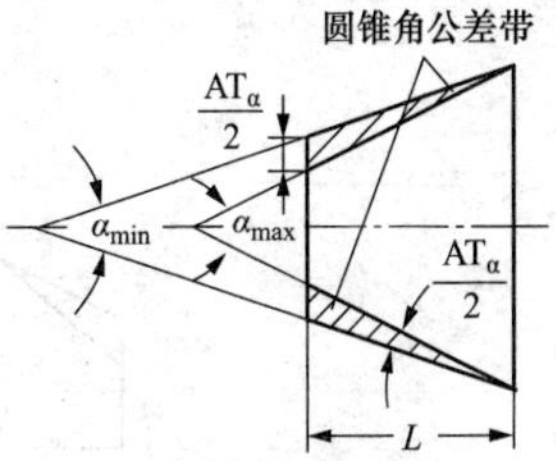

图 8-9 圆锥角公差带

$$AT_{\alpha}=\alpha_{max}-\alpha_{min} \tag{8-9}$$

圆锥角公差共分 12 级，用 AT1、AT2、…、AT12 表示。其中，AT1 级精度最高，其余依次降低。为加工和检验方便，圆锥角公差有两种表示形式：

1）AT_{α}，以角度单位微弧度（μard）或以度、分、秒（°、′、″）表示圆锥角公差值；1μrad 等于半径为 1m、弧长为 1μm 时所产生的角度。

2）AT_D，以长度单位微米（μm）表示公差值，它是用与圆锥轴线垂直且距离为 L 的两端直径变动量之差所表示的圆锥角公差。

AT_D 与 AT_{α}的换算关系为

$$AT_D=AT_{\alpha}L\times10^{-3} \tag{8-10}$$

其中，AT_D、AT_{α}和 L 的单位分别为 μm、μrad 和 mm。

由于同一加工方法对不同的圆锥长度所得的圆锥角度误差不同，长度越大圆锥角度误差越小。所以，在同一公差等级中，按基本圆锥长度的不同，规定了不同的角度公差值 AT_{α}。其角度公差见表 8-4。

表 8-4　圆锥角公差数值（摘自 GB/T 11334—2005）

基本圆锥长度 L（mm）		圆锥角公差等级								
		AT4			AT5			AT6		
		AT_{α}		AT_D	AT_{α}		AT_D	AT_{α}		AT_D
大于	至	μrad		（μm）	μrad		（μm）	μrad		（μm）
16	25	125	26″	＞2.0～3.2	200	41″	＞3.2～5.0	315	1′05″	＞5.0～8.0
25	40	100	21″	＞2.5～4.0	160	33″	＞4.0～6.3	250	52″	＞6.3～10.0
40	63	80	16″	＞3.2～5.0	125	26″	＞5.0～8.0	200	41″	＞8.0～12.5
63	100	63	13″	＞4.0～6.3	100	21″	＞6.3～10.0	160	33″	＞10.0～16.0
100	160	50	10″	＞5.0～8.0	80	16″	＞8.0～12.5	125	26″	＞12.5～20.2

基本圆锥长度 L（mm）		圆锥角公差等级								
		AT7			AT8			AT9		
		AT_{α}		AT_D	AT_{α}		AT_D	AT_{α}		AT_D
大于	至	μrad		（μm）	μrad		（μm）	μrad		（μm）
16	25	500	1′43″	＞8.0～12.5	800	2′45″	＞12.5～20.0	1250	4′18″	＞20～32
25	40	400	1′22″	＞10.0～16.0	630	2′10″	＞16.0～20.5	1000	3′26″	＞25～40
40	63	315	1′05″	＞12.5～20.0	500	1′43″	＞20.0～32.0	800	2′45″	＞32～50
63	100	250	52″	＞16.0～25.0	400	1′22″	＞25.0～40.0	630	2′10″	＞40～63
100	160	200	41″	＞20.0～32.0	315	1′05″	＞32.0～50.0	500	1′43″	＞50～80

圆锥角的极限偏差可按单向或双向（对称或不对称）取值，如图 8-10 所示。

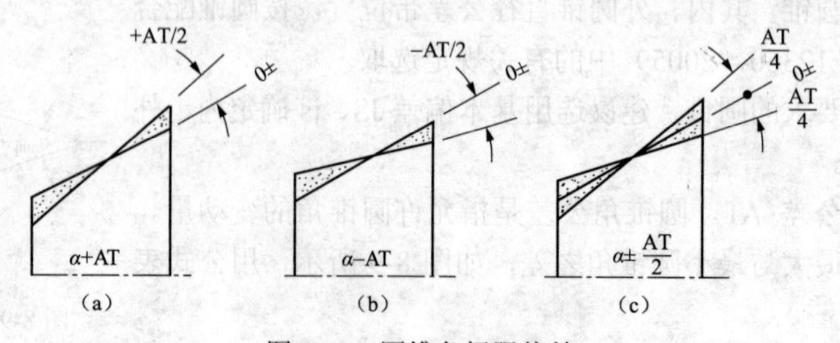

图 8-10　圆锥角极限偏差

（3）圆锥的形状公差 T_F。圆锥的形状公差包括以下几种形式：

1）圆锥素线直线度公差。在圆锥轴向平面内，允许实际素线形状的最大变动量。其公差带是在给定截面上距离为公差值 T_F 的两条平行直线间的区域，如图 8-8 所示。

2）截面圆度公差。在垂直于圆锥轴线的截面内，允许截面形状的最大变动量。其公差带是半径差为公差值 T_F 的两同心圆间的区域，如图 8-8 所示。

一般情况下，圆锥的形状公差不单独给出，而是由对应的两极限圆锥公差带限制。

当对形状精度要求较高时，应单独给出相应的形状公差。其数值从 GB/T 1184—1996 中选取，但应不大于圆锥直径公差的一半。

3）给定截面内的圆锥直径公差 T_{DS}。在垂直于圆锥轴线的给定截面内，允许圆锥直径的变动量。该公差项目是以给定截面上圆锥直径 d_x 为公称尺寸来规定尺寸公差，它仅适用于该截面。其数值按 GB/T 1800.1—2009 确定。

2. 圆锥公差的给定方法

对于一个给定的圆锥，并不需要将所规定的四项公差全部给出，而应根据圆锥零件的功能要求和工艺特点给出所需的公差项目。我国国家标准规定了两种圆锥公差的给定方法。

（1）给定圆锥直径公差 T_D。此时由 T_D 确定了两个极限圆锥，若对圆锥角和圆锥形状公差要求不高时，圆锥角误差、圆锥直径误差和形状误差都应控制在此两极限圆锥所限定的区域内——即圆锥直径公差带内，如图 8-8 所示。圆锥直径公差 T_D 所能限制的圆锥角如图 8-11 所示。

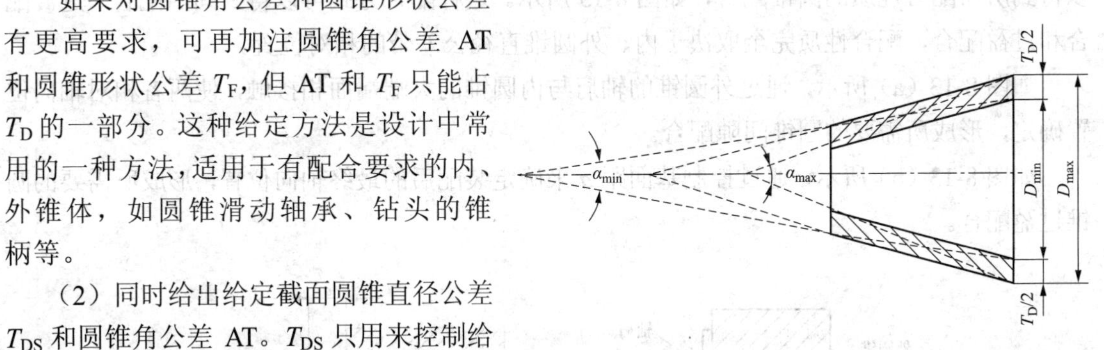

图 8-11 用圆锥直径公差限制的圆锥角误差

如果对圆锥角公差和圆锥形状公差有更高要求，可再加注圆锥角公差 AT 和圆锥形状公差 T_F，但 AT 和 T_F 只能占 T_D 的一部分。这种给定方法是设计中常用的一种方法，适用于有配合要求的内、外锥体，如圆锥滑动轴承、钻头的锥柄等。

（2）同时给出给定截面圆锥直径公差 T_{DS} 和圆锥角公差 AT。T_{DS} 只用来控制给定截面的圆锥直径误差，而给定的圆锥角公差 AT 只用来控制圆锥角误差，它不包容在圆锥截面直径公差带内。此时，两种公差相互独立，圆锥应分别满足要求，如图 8-12 所示。当对圆锥形状精度有较高要求时，再单独给出形状公差 T_F。

由图 8-12 可知，当圆锥在给定截面上具有最小极限尺 d_{xmin} 时，其圆锥角公差带为图中下面两条实线限定的两对顶三角形区域，此时实际圆锥角必须在该公差带内；当圆锥在给定截面上具有最大极限尺寸 d_{xmax} 时，其圆锥角公差带为图中上面两条实线限定的两对顶三角形区域；当圆锥在给定截面上具有某一实际尺寸 d_x 时，其圆锥角公差带为图中两条虚线限定的两对顶三角形区域，在给定的截面上精度要求最高。

圆锥截面公差是由于功能或制造上的需要在圆锥素线为理想直线的情况下给定的，适用于对圆锥的某一给定截面有较高精度要求的情况。例如阀类零件，常常采用这种公差来保证两个相互配合的圆锥在给定截面上接触良好，具有良好的密封性。

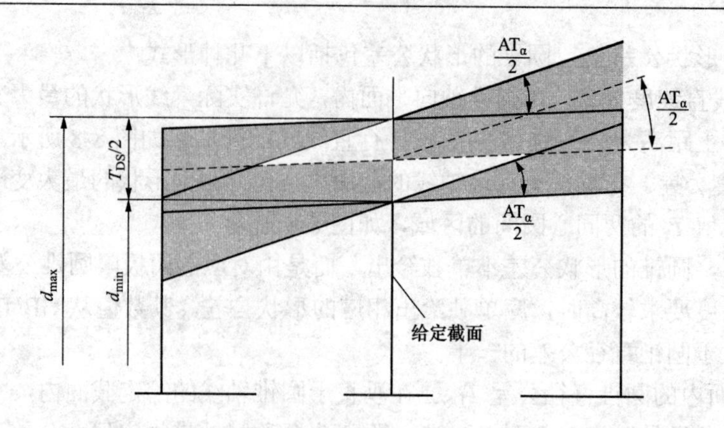

图 8-12 给定截面圆锥直径公差 T_{DS} 和圆锥角公差 AT 的关系

8.3.2 圆锥配合

圆锥配合的特征是通过改变内、外圆锥的相对轴向位置而得到的，按确定相配合的内、外圆锥轴向位置的方法不同，主要有两种类型：结构型圆锥配合和位移型圆锥配合。

1. 结构型圆锥配合

结构型圆锥配合是指由内、外圆锥本身的结构或基面距来确定装配后的最终轴向位置，以得到所需配合性质的圆锥配合，如图 8-13 所示。这种配合方式可以得到间隙配合、过渡配合和过盈配合，配合性质完全取决于内、外圆锥直径公差带的相对位置。

如图 8-13（a）所示，通过外圆锥的轴肩与内圆锥的大端端面相接触，使两者相对轴向位置确定，形成所需要的圆锥间隙配合。

如图 8-13（b）所示，通过控制基面距 a 来确定装配后的最终轴向位置，形成所需要的圆锥过盈配合。

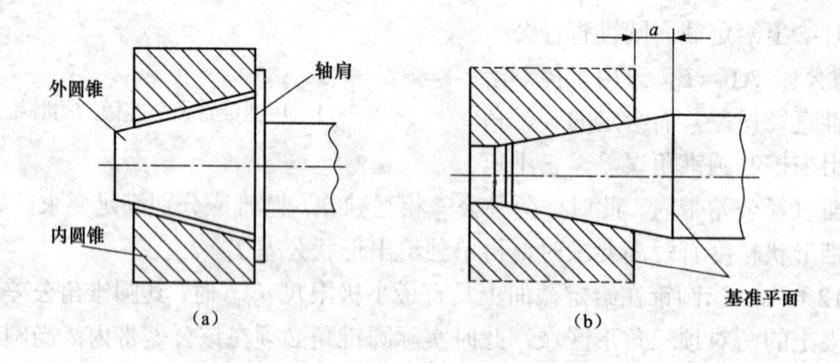

图 8-13 结构型圆锥配合

2. 位移型圆锥配合

位移型圆锥配合是通过调整内、外圆锥相对轴向位置的方法，以得到所需配合性质的圆锥配合，如图 8-14 所示。

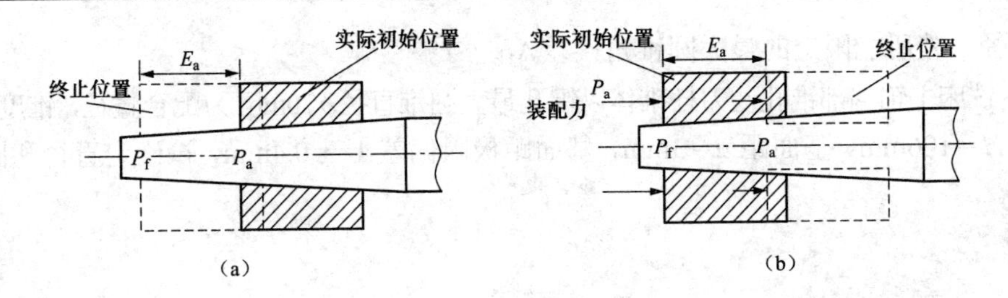

图 8-14 位移型圆锥配合

在圆锥配合中由初始实际位置 P_a 开始，对内圆锥做向左的轴向位移 E_a，直至终止位置 P_f，即可获得要求的间隙配合，如图 8-14（a）所示。图 8-14（b）表示在圆锥配合中由初始实际位置 P_a 开始，对内圆锥施加一定的轴向力 F_a，使其向右到达终止位置 P，则形成所需的过盈配合。位移型圆锥配合一般不用于形成过渡配合。

圆锥配合的精度设计，一般是在给出圆锥的基本参数后，根据圆锥配合的功能要求，选择确定直径公差，再确定两个极限圆锥。通常按基本圆锥的最大圆锥直径查取直径公差 T_D 的数值。

结构型圆锥配合推荐优先采用基孔制。内、外圆锥直径公差带及配合按 GB/T 1800.1—2009 选取。如 GB/T 1800.1—2009 给出的常用配合仍不能满足需要，可按 GB 1800.1—2009 规定的基本偏差和标准公差组成所需配合，内、外圆锥直径公差不低于 IT9 级。

位移型圆锥配合的内、外圆锥直径公差带的基本偏差推荐用 H、h、JS、js，而圆锥直径的基本偏差，将影响初始位置和终止位置上配合的基面距，如对基面距有要求时，应通过计算来选取和校核内、外圆锥的公差带。

小 结

本章介绍了圆锥配合分类、圆锥几何参数误差时配合的影响及圆锥公差与配合国家标准。

习 题

8-1 圆锥配合与光滑圆柱体配合相比较，有何特点？不同形式的配合各用于什么场合？

8-2 圆锥结合有哪些优点?对圆锥配合有哪些基本要求?

8-3 某圆锥最大直径为 100 mm，最小直径为 90mm，圆锥长度为 100mm，试确定圆锥角、素线角和锥度。

8-4 国家标准规定了哪几项圆锥公差？对于某一圆锥工件，是否需要将几个公差项目全部标出?

8-5 圆锥公差有哪几种给定方法？如何标注？

8-6 有一外圆锥，最大直径 D=200mm，圆锥长度 L=400mm，圆锥直径公差等级为 IT8

级，求直径公差所能限定的最大圆锥角误差$\Delta\alpha_{max}$？

8-7　铣床主轴端部锥孔及刀杆锥体以锥孔最大圆锥直径ϕ70mm为配合直径，锥度C=7:24，配合长度H=106mm，基面距a=3mm，基面距极限偏差$\varDelta$=±0.4mm，试确定直径和圆锥角的极限偏差。

9　键和花键的公差与检测

▲教学提示

键连接和花键连接广泛用于轴和轴上传动件（如齿轮、皮带轮、手轮、联轴器等）之间的可拆卸连接，用以传递转矩和运动，有时也作轴向滑动的导向，如变速箱中变速齿轮花键孔与花键轴的连接；特殊场合还能起到定位和保证安全的作用。键又称单键，可分为平键、半圆键、切向键、楔形键等，其中平键又可分为普通平键和导向平键两种。花键分为矩形花键和渐开线花键两种。花键连接与单键连接相比较，前者的强度高，承载能力强。渐开线花键连接与矩形花键连接相比较，前者的强度更高，承载能力更强，并且具有精度高、齿面接触良好、能自动定心、加工方便等优点。

▲教学要求

本章的要求是让学生掌握平键连接的公差与配合。能够根据轴径和使用要求，选用平键连接的规格参数和连接类型，确定键槽尺寸公差、几何公差和表面粗糙度，并能够在图样上正确标注。掌握花键连接的公差与配合。能够根据标注规定选用花键连接的配合形式，确定配合精度和配合种类，熟悉花键副和内外花键在图样上的标注。熟悉矩形花键连接采用小径定心的优点。懂得在机械传动系统中确定键连接和花键的公差时应考虑的主要问题，熟悉和掌握选择键和花键公差的原则与方法以及键和花键检测的方法。

9.1　单键结合的互换性

9.1.1　单键连接的分类

1. 按键的结构形状分

键连接是一种可拆连接，多用来连接轴和轴上的转动零件（如带轮、齿轮、飞轮、凸轮等）。由于键连接的结构简单，工作可靠及装拆方便，所以键连接获得了广泛应用。键及连接已经标准化了。

单键按结构形状的不同可分为以下四种：平键，包括普通平键，导向平键和花键；半圆键；楔键，包括普通楔键和钩头楔键；切向键。

上述四种单键连接中，普通平键和半圆键的应用最为广泛。

采用单键连接时，在孔和轴上均铣出键槽，再通过单键连接在一起。单键的类型见表 9-1。

表 9-1　　单键的类型

类型		图形	类型	图形
平键	普通平键		半圆键	

续表

类型		图形	类型		图形
平键	导向平键	A型 B型	楔键	普通楔键	1:100
				钩楔键	1:100
	滑键		切向键		1:100

（1）平键连接。图 9-1 所示为普通平键连接的结构形式。键的两侧面是工作面，工作时，靠键同键槽侧面的挤压来传递转矩。键的上表面和轮毂的键槽底面间则留有间隙。平键连接具有结构简单、拆装方便、对中性较好等优点，因而得到广泛的应用。这种连接不能承受轴向力，因而不能对轴上的零件起到轴向固定的作用。

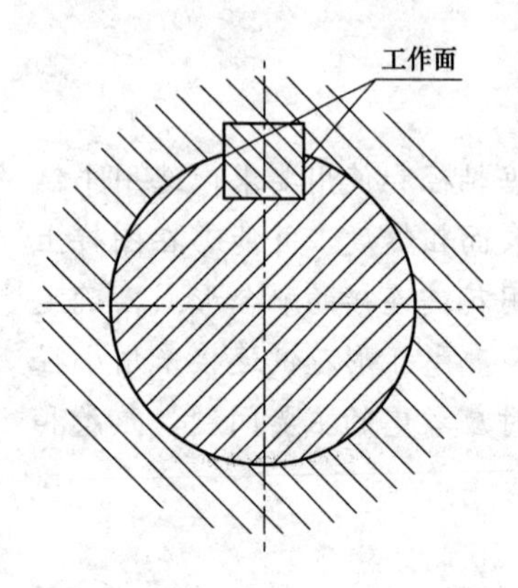

图 9-1 普通平连接的结构形式

根据用途的不同，平键分为普通平键、薄型平键、导向平键和滑键四种。其中，普通平键和薄型平键用于静连接，导向平键和花键用于动连接。

普通平键按结构分，有圆头（A 型）、平头（B 型）及单圆头（C 型）三种。圆头平键［见图 9-2（a)］宜放在轴上用键槽铣刀铣出的键槽中，键在键槽中轴向固定良好。缺点是键的头部侧面与轮毂上的键槽并不接触，因而键的圆头部分不能充分利用，而且轴上键槽端部的应力集中较大。平头平键［见图 9-2（b)］是放在用盘铣刀铣出的键槽中，因而避免了上述缺点，但对于尺寸大的键，宜用紧定螺钉固定在轴上的键槽中，以防松动。单圆头平键［见图 9-2（c)］则常用于轴端与毂类零件的连接。

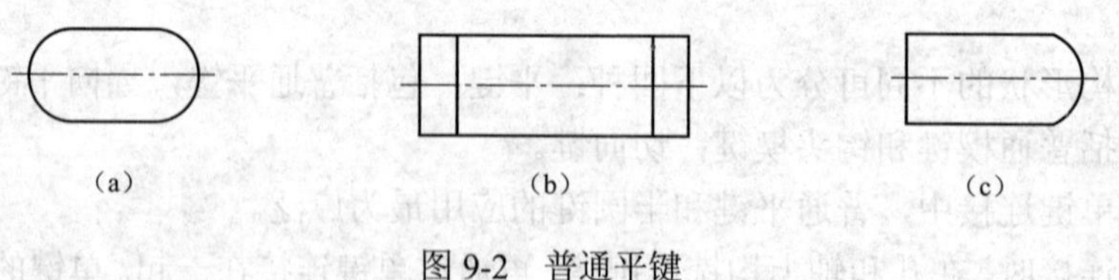

图 9-2 普通平键

（a）圆头；（b）平头；（c）单圆头

薄型平键与普通平键的主要区别是键的高度约为普通平键的 60%～70%，也分圆头、平头和单圆头三种形式，但传递转矩的能力较低，常用于薄壁结构，空心轴及一些径向尺寸受限制的场合。

当被连接的毂零件在工作过程中必须在轴上做轴向移动时（如变速箱中的滑动齿轮），则需采用导向平键或滑键。导向平键［见图 9-3（a）］是一种较长的平键，用螺钉固定在轴上的键槽中，为了便于拆卸，键上制有起键螺孔，以便拧入螺钉退出键槽。轴上的传动零件则可沿键做轴向滑移。当零件需滑移的距离较大时，因所需导向平键的长度过大，制造困难，故宜采用滑键［见图 9-3（b）］。滑键固定在轮毂上，轮毂带动滑键在轴上的键槽中做轴向滑动。这样，只需在轴上铣出较长的键槽，则键可做得较短。

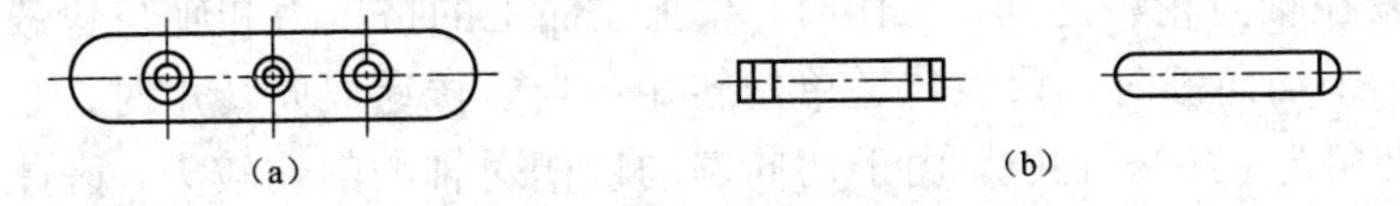

图 9-3 导向平键和滑键连接

（a）导向平键连接；（b）滑键连接

（2）半圆键连接。半圆键连接如图 9-4 所示。轴上键槽用尺寸与半圆键相同的半圆键槽铣刀铣出，因而在槽中能绕其几何中心摆动以适应轮毂中键槽的斜度。半圆键工作时，靠其侧面来传递转矩。这种键连接的优点是工艺性较好，装配方便，尤其适用于锥形轴端与轮毂的连接。缺点是轴上毂槽较深，对轴的削弱强度较大，故一般只用于轻载荷连接中。

（3）楔键连接。楔键连接如图 9-5 所示。键的上、下两面是工作面，键的上表面和与它相配合的轮毂键槽底面均有 1:100 的斜度。装配后，键即楔紧在轴和轮毂的键槽里。工作时，靠键的楔紧作用来传递转矩，同时还可以承受单向的轴向载荷，对轮毂起到单向的固定作用。楔键的侧面与键槽侧面间有很小的间隙，当转矩过载而导致轴与轮毂发生相对转动时，键的侧面能像平键那样参加工作。因此，楔键连接在传递有冲击和振动的较大转矩时，仍能保证连接的可靠性。楔键连接的缺点是键楔后，轴和轮毂的配合产生偏心和偏斜。因此，主要用于毂类零件的定心精度要求不高和低转速的场合。

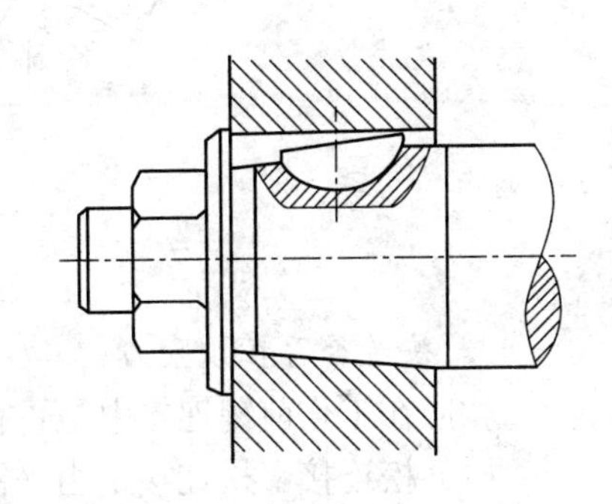

图 9-4 半圆键连接

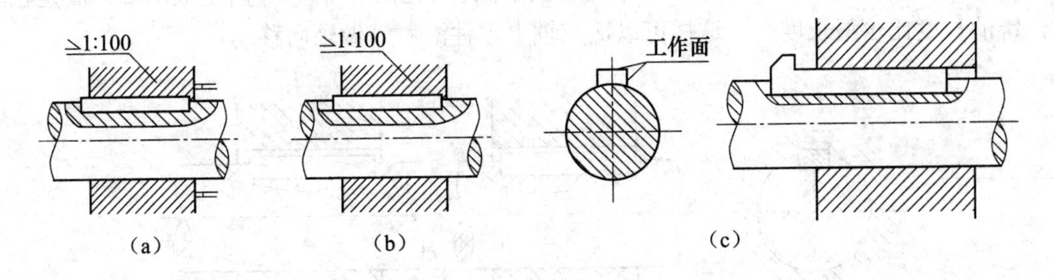

图 9-5 楔键连接

（a）用圆头楔键；（b）用平头楔键；（c）用钩头楔键

楔键分为普通楔键和钩头楔键两种，普通楔键有圆头、平头和单圆头三种。装配时，圆头楔键要先放入轴上键槽中，然后打紧轮毂［见图 9-5（a）］；平头、单圆头和钩头楔键则在轮毂装好后才将键放入键槽并打开，钩头楔键的钩头供拆卸用，安装在轴端时应注意加装防护罩。

（4）切向键连接。切向键连接如图 9-6 所示。切向键是一对斜度为 1:100 的楔键组成。切向键的工作面是由一对楔键沿斜面拼合后相互平行的两个窄面，被连接的轴和轮毂上都制有相应的键槽。装配时，把一对楔键分别从轮毂两端打入，拼合而成的切向键就沿轴的切线方向楔紧在轴与轮毂之间。工作时，靠工作面上的挤压力和轴与轮毂间的摩擦力来传递转矩。用一个切向键时，只能传递单向转矩；当要传递双向转矩时，必须用两个切向键，两者间的夹角为 120°～130°。由于切向键的切槽对轴的削弱较大，因此常用于直径大丁 100mm 的轴上，如用于大型带轮、大型飞轮、矿山用大型绞车的卷筒、齿轮等与轴的连接。

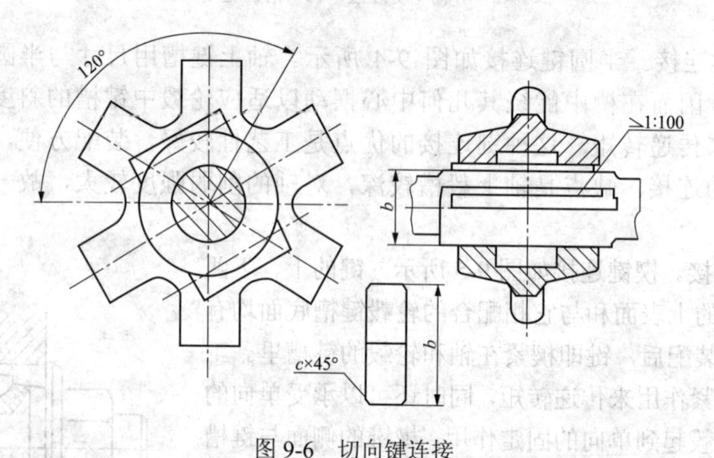

图 9-6 切向键连接

2. *按是否存在预紧力*

按照在工作前键连接中是否存在预紧力，将键分为松连接和紧连接两类。

（1）松连接。松连接是由平键或半圆键与轴、轮毂所组成的。键的两侧面是工作面，键的上表面没有斜度，因此构成松连接。这种连接在工作前，连接中没有预紧力的作用；工作时，依靠键的两侧面与轴及轮毂上键槽侧壁的挤压来传递转矩。

平键通常分为普通平键（见图 9-7）及导向平键（见图 9-8）。导向平键用螺钉固定在轴上，键的长度比轮毂长度大，这样可以适应轴上零件沿着键做轴向移动。

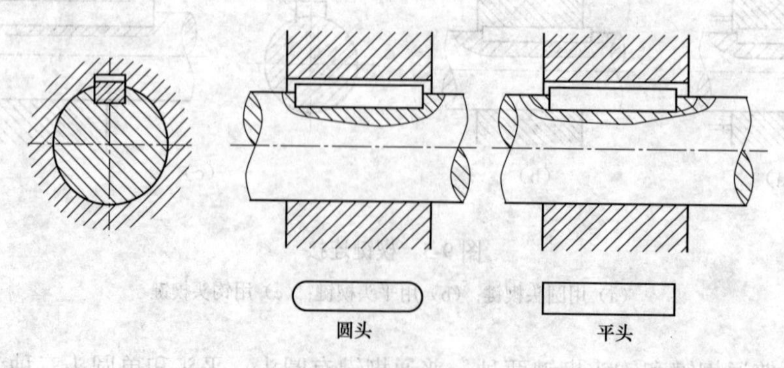

图 9-7 普通平键

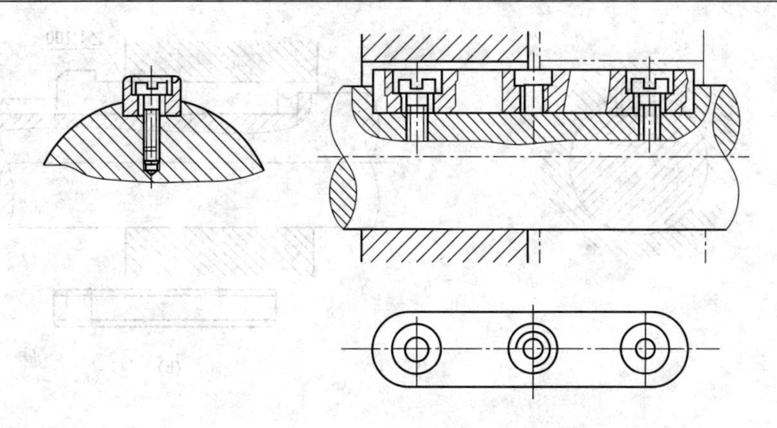

图 9-8　导向平键

半圆键连接的制造简单，安装方便，同时它可以自动地适应轮毂中键槽的斜度（见图 9-9）；缺点是轴上的深槽影响轴的强度，所以这种键主要用于轻载荷的连接。

松连接的优点为轴与轴上零件的配合对中好，因而可以应用于高速及精密的连接中，同时这种连接拆装也很方便；但是它仅能传递转矩，不能承受轴向力，因此，必须附加固定螺钉或定位轴环等才能把零件的轴向位置固定。

轴上的轴槽用圆盘铣刀铣成（见图 9-10），而轮毂上的键槽则用插刀插出。

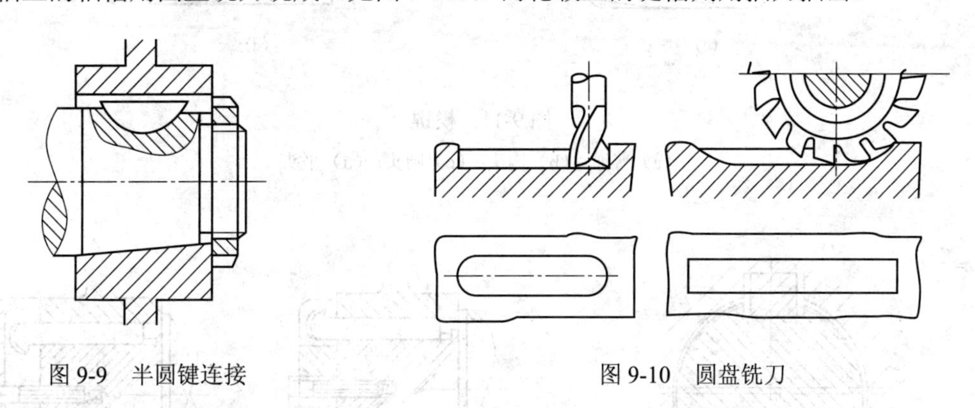

图 9-9　半圆键连接　　图 9-10　圆盘铣刀

（2）紧连接。紧连接是由楔键与轴、轮毂组成的。键的上表面制成 1:100 的斜度，与此面相接触的轮毂键槽平面也制成 1:100 的斜度。装配时，将键楔紧，使键的上、下两工作面与轴、轮毂的键槽工作表面压紧，而构成紧连接，即在工作前连接中有预紧力作用。键与键槽的侧壁互不接触［见图 9-11（a）］。

楔键有的制成钩头［见图 9-11（b）］，以便于拆卸；有的制成圆头［见图 9-11（c）］或平头［见图 9-11（d）］。

工作时，楔键是依靠键与键槽之间和轴与轮毂之间的摩擦，以及在转动时轴与轮毂间的相对偏转，从而使键的一侧压紧来传递转矩和单向的轴向力，但是预紧力会使轴上零件和轴偏心，如图 9-12 所示。因此这种连接目前已很少使用。

必须注意，钩头楔键应当加防护装置以免发生人身事故。防护压板［见图 9-13（a）］或防护罩［见图 9-13（b）］是用螺钉固定在轴端的。

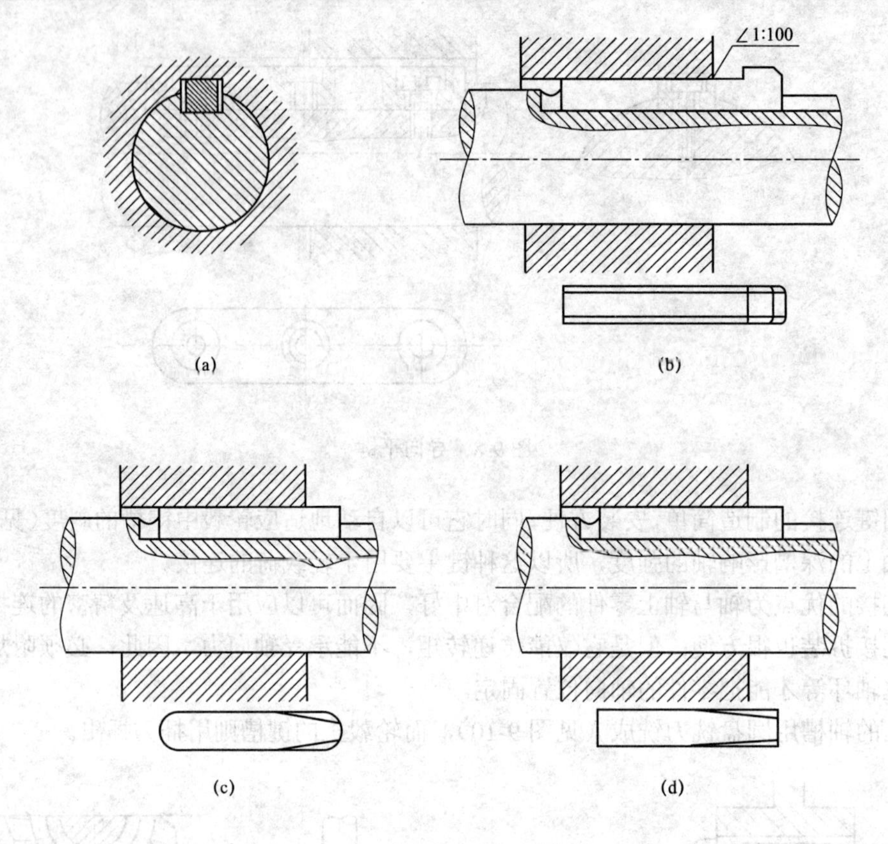

图 9-11　楔键

（a）普通；（b）钩头；（c）圆头；（d）平头

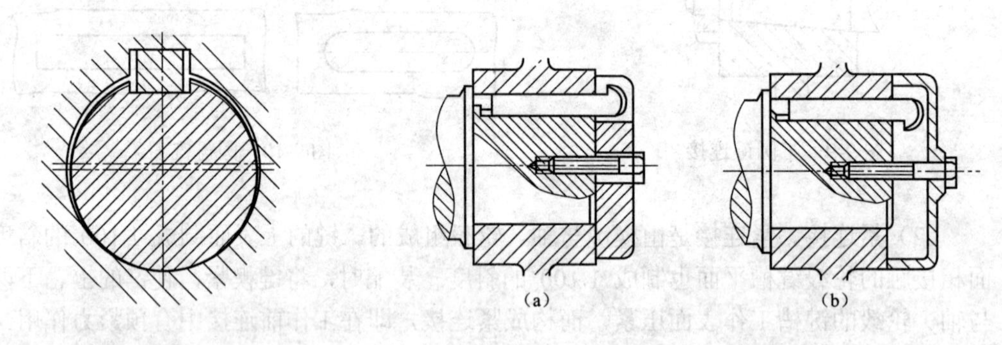

图 9-12　楔键连接的受力情况

图 9-13　钩头楔键防护装置

（a）防护压板；（b）防护罩

9.1.2　单键结合的几何参数

普通平键通过键的侧面与轴键槽和轮毂键槽的侧面相互接触来传递转矩。键的上表面和轮毂键槽间留有一定的间隙，其结构如图 9-14 所示。在其剖面尺寸中，b 为键、轴槽和轮毂槽的宽度，t_1 与 t_2 分别为轮槽和轮毂槽的宽度，L 和 h 分别为键的长度和高度，d 为轴和轮毂直径。普通平键和键槽的尺寸与极限偏差如图 9-14 所示。

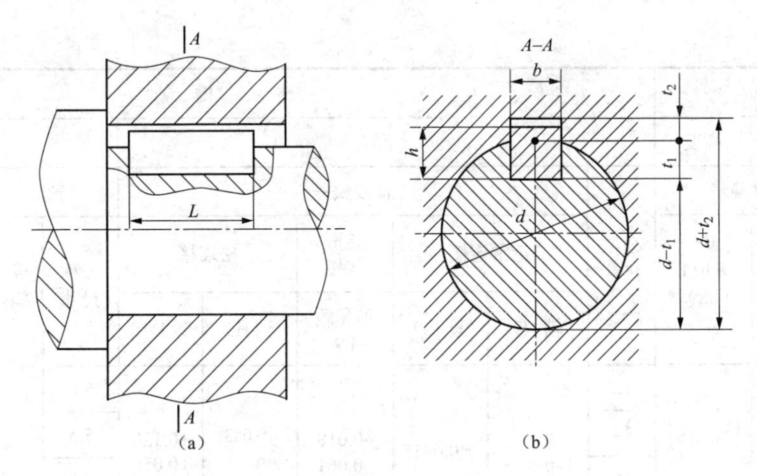

图 9-14　普通平键连接的结构

平键连接的使用要求包括：①侧面传力，需要充分大的有效接触面积；②键嵌入牢靠；③对导向平键，键与轴键槽间有间隙；④便于拆装。

影响平键连接使用要求的因素主要是尺寸，特别是配合尺寸，键与键槽配合的松紧程度不仅取决于它们的配合尺寸公差带，还与它们配合表面的几何误差有关，如配合表面对孔、轴轴线的对称度误差。键与键槽表面接触面的表面粗糙度，尤其是配合表面的表面粗糙度对使用要求也有影响。

由于键是标准件，因此平键连接设计中对影响其使用要求的因素控制是对键槽而言的。对配合尺寸给予较严的公差，对非配合尺寸给予较松的公差；给予轴键槽宽度的中心平面对轴的基准轴线和轮毂键槽宽度的中心平面对孔的基准轴线的对称度公差，对键槽的配合表面给予较严的表面粗糙度允许值，对键槽的非配合表面给予较松的表面粗糙度允许值。

表 9-2　　普通平键和键槽的尺寸与极限偏差

（摘自 GB/T 1095—2003 和 GB/T 1096—2003）　　mm

键尺寸 $b \times h$	键		键槽										
	宽度	高度	宽度 b						深度			
	极限偏差		公称尺寸	极限偏差					轴 t_1		毂 t_2	
				正常连接		紧密连接	松连接		公称尺寸	极限偏差	公称尺寸	极限偏差
	b:h8	h:h11（h8）*		轴 N9	毂 JS9	轴和毂 F9	轴 H9	毂 D10				
2×2	0 −0.014	(0 −0.014)	2	−0.004 −0.029	±0.0125	−0.005 −0.031	+0.025 0	+0.060 +0.020	1.2	+0.10	1.0	+0.10
3×3			3						1.8		1.4	
4×4	0 −0.018	(0 −0.018)	4	0 −0.030	±0.015	−0.012 −0.042	+0.030 0	+0.078 +0.030	2.5		1.8	
5×5			5						3.0		2.3	
6×6			6						3.5		2.8	
8×7	0 −0.022	(0 −0.090)	8	0 −0.036	±0.018	−0.015 −0.051	+0.036 0	+0.098 +0.040	4.0	+0.20	3.3	+0.20
10×8			10						5.0		3.3	

续表

<table>
<tr><td rowspan="5">键尺寸
$b\times h$</td><td colspan="2">键</td><td colspan="10">键　　槽</td></tr>
<tr><td>宽度</td><td>高度</td><td colspan="6">宽度 b</td><td colspan="4">深度</td></tr>
<tr><td colspan="2">极限偏差</td><td rowspan="3">公称
尺寸</td><td colspan="5">极限偏差</td><td colspan="2">轴 t_1</td><td colspan="2">毂 t_2</td></tr>
<tr><td rowspan="2">b:h8</td><td rowspan="2">h:h11
（h8）*</td><td colspan="2">正常连接</td><td>紧密
连接</td><td colspan="2">松连接</td><td rowspan="2">公称
尺寸</td><td rowspan="2">极限
偏差</td><td rowspan="2">公称
尺寸</td><td rowspan="2">极限
偏差</td></tr>
<tr><td>轴 N9</td><td>毂 JS9</td><td>轴和毂
F9</td><td>轴 H9</td><td>毂 D10</td></tr>
<tr><td>12×8</td><td rowspan="4">0
−0.027</td><td rowspan="3">(0
−0.090)</td><td>12</td><td rowspan="4">0
−0.043</td><td rowspan="4">±0.0215</td><td rowspan="4">−0.018
−0.061</td><td rowspan="4">+0.043
0</td><td rowspan="4">+0.120
+0.050</td><td>5.0</td><td rowspan="8">+0.20</td><td>3.3</td><td rowspan="8">+0.20</td></tr>
<tr><td>14×9</td><td>14</td><td>5.5</td><td>3.8</td></tr>
<tr><td>16×10</td><td>16</td><td>6.0</td><td>4.3</td></tr>
<tr><td>18×11</td><td rowspan="5">(0
−0.110)</td><td>18</td><td>7.0</td><td>4.4</td></tr>
<tr><td>20×12</td><td rowspan="4">0
−0.033</td><td>20</td><td rowspan="4">0
−0.052</td><td rowspan="4">−0.022
−0.074</td><td rowspan="4">−0.022
−0.074</td><td rowspan="4">+0.052
0</td><td rowspan="4">+0.149
+0.065</td><td>7.5</td><td>4.9</td></tr>
<tr><td>22×14</td><td>22</td><td>9.0</td><td>5.4</td></tr>
<tr><td>25×14</td><td>25</td><td>9.0</td><td>5.4</td></tr>
<tr><td>28×16</td><td>28</td><td>10.0</td><td>6.4</td></tr>
</table>

注　*普通平键的截面形状为矩形时，高度 h 公差带为 h11，截面形状为长方形时，其高度 h 公差带为 h8。

9.1.3　普通平键的极限与配合

1. 配合尺寸的公差带和配合种类

普通平键连接中，键和键槽宽是配合尺寸，应规定较严格的公差。因此，键宽和键槽宽的精度设计是本节主要研究的问题。

键由型钢制成，是标准件，相当于极限与配合中的轴，因此，键宽和键槽宽采用基轴制配合。GB/T 1095—2003《平键　键槽的剖面尺寸》和 GB/T 1096—2003《普通性平键》均从 GB/T 1801—2009《极限与配合　公差带和配合的选择》中选取尺寸公差带。对键宽规定了一种公差带，对轴和轮毂的键槽宽各规定了三种公差带，这样就构成了三组配合，即松连接、正常连接和紧密连接，可满足各种不同用途的需要。普通平键和键槽宽 b 的公差带如图 9-15 所示，其尺寸极限偏差见表 9-2，它们的应用见表 9-3。

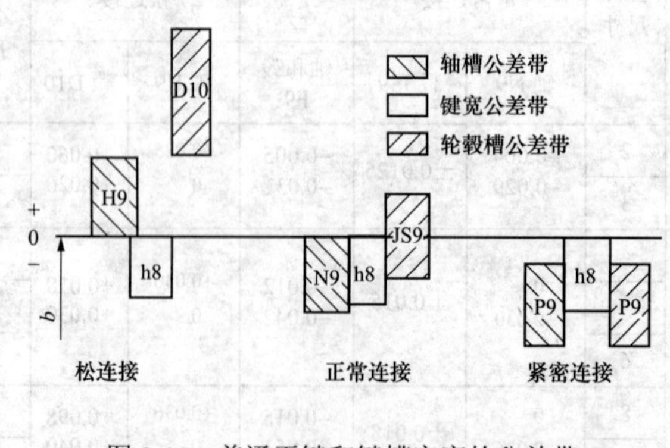

图 9-15　普通平键和键槽宽度的公差带

表 9-3 普通平键连接的三种配合及其应用

配合	尺寸 b 的公差带			应用
	键	轴槽	毂槽	
较松	h9	H9	D10	导向平键装在轴上，借螺钉固定，使毂可在轴上滑，也用于薄型平键
一般	h9	N9	JS9	普通平键或半圆键压在轴槽中固定，轮毂顺着键侧套到轴上固定。用于传递一般载荷，也用于薄型楔键的轴槽和毂槽，均用 D10
较紧	h9	P9	P9	普通平键或半圆键压在轴槽和轮毂槽中，均固定。用于传递重载荷冲击载荷或双向传递转矩，也用于薄型平键

为保证键与键槽的侧面具有足够的接触面积和避免装配困难，应分别规定轴槽对轴线和轮毂槽对孔的轴线的对称度公差。对称度公差等级按 GB/T 1184—1996，一般取 7～9 级。键和键槽配合表面的表面粗糙度一般取 *Ra*1.6～6.3μm，非配合表面取 *Ra*6.3μm。

2. 非配合尺寸的公差带

普通平键高度 h 的公差带一般采用 h11，平键长度 l 的公差带采用 h14，轴键槽长度 L 的公差带采用 H14。GB/T 1095—2003 对轴键槽深度 t_1 和轮毂槽深度 t_2 的极限偏差做了专门规定，如图 9-14 所示。为了便于测量，在图样上对轴键槽深度和轮毂槽深度分别标注 $d-t_1$ 和 $d+t_2$（此处 d 为孔、轴的公称尺寸），其极限偏差分别按 t_1 和 t_2 的极限偏差选取，但 $d-t_1$ 的上极限偏差为零，下极限偏差为负数。

3. 平键连接的极限配合选用

平键连接配合主要根据使用要求和应用场合确定其配合种类。

对于导向平键应选用松连接，在这种方式中，由于几何误差的影响会使键（h8）与轴槽（H9）的配合实际上为不可动连接，而键与轮毂槽（D10）的配合间隙较大，因此轮毂可以相对轴移动。

对于承受重载荷、冲击载荷或双向转矩的情况，应选用紧密连接，因为这时（h8）与键槽（P9）配合较紧，再加上几何误差的影响，其结合紧密、可靠。

除上述两种情况外，对于承受一般载荷，考虑拆装方便，应选用正常连接。

4. 几何误差和表面粗糙度的选用

为保证键侧面与键槽侧面之间有足够的接触面积，避免装配困难，应分别规定轴槽和轮毂槽的对称度公差。对称度公差按 GB/T 1184—1996《形状和位置公差》确定，一般取 7～9 级。对称度公差的公称尺寸是指键宽 b。

当平键的键长 l 与键宽 b 之比大于等于 8 时，应规定键的两个工作侧面在长度方向上的平行度要求，这时平行度公差也按 GB/T 1184—1996 的规定选取：当 $b \leqslant 6$mm 时，公差等级取 7 级；当 $b \geqslant 8$～36mm 时，公差等级取 6 级；当 $b \geqslant 40$mm 时，公差等级取 5 级。

键槽配合表面的表面粗糙度 *Ra* 的上限值取 1.6～3.2μm，非配合表面取 6.3μm。

5. 键槽尺寸和公差在图样上的标注

轴槽和轮毂槽的剖面尺寸、几何公差及表面粗糙度在图样上的标注如图 9-16 所示，其中图（a）所示为轴槽标注示例，图（b）所示为轮毂标注示例。

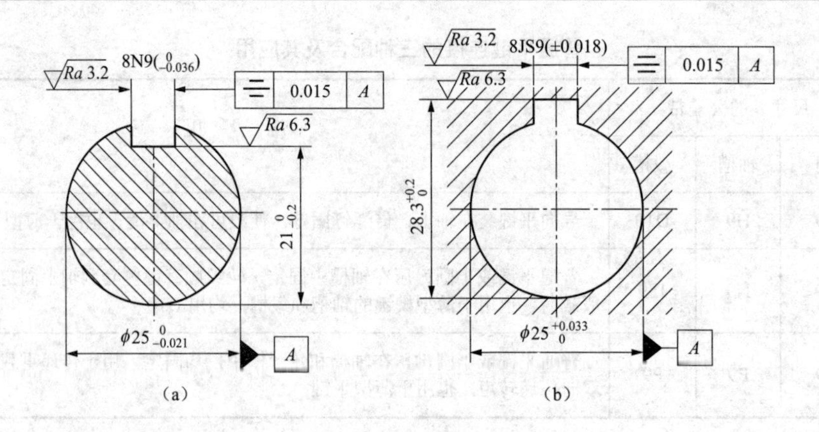

图 9-16 键槽标注示例

9.1.4 单键轴槽与轮毂的测量

键和键槽配合面的表面粗糙度一般取 *Ra*1.6～6.3μm，非配合面取 *Ra* 取 12.5μm。按标准推荐，平键连接的表面粗糙度见表 9-4。

表 9-4 平键连接的表面粗糙度

平键连接的参数	表面粗糙度 *Ra* 最大允许值（μm）	平键连接的参数	表面粗糙度 *Ra* 最大允许值（μm）
键侧表面	2.5	非配合表面	10
轴槽和轮毂侧面	2.5～10		

轮槽和轮毂的剖面尺寸及其上、下极限偏差和键槽的几何公差、表面粗糙度参数值的标注如图 9-17 所示。

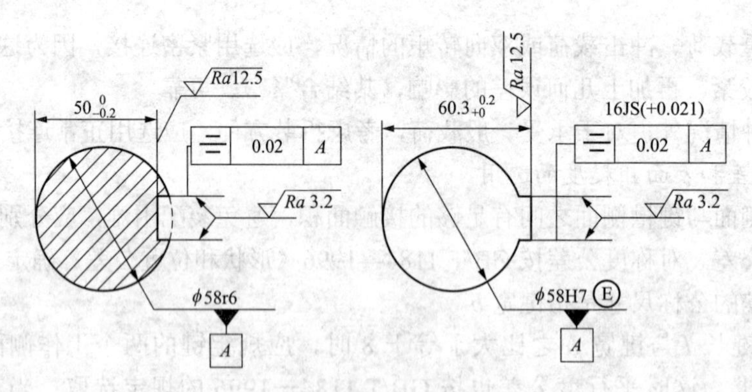

图 9-17 键槽尺寸和公差标注

1. 键槽的检测

（1）尺寸检测。键和键槽的尺寸检测比较简单。在单键、小批生产中，键槽宽度和深度一般用游标卡尺、千分尺等通用仪器来测量。在成批、大量生产中，则可用量块或极限量规来检测。如图 9-18 所示，分别为键槽宽极限尺寸量规、轮毂槽深极限量规及轴深极限尺寸量规。

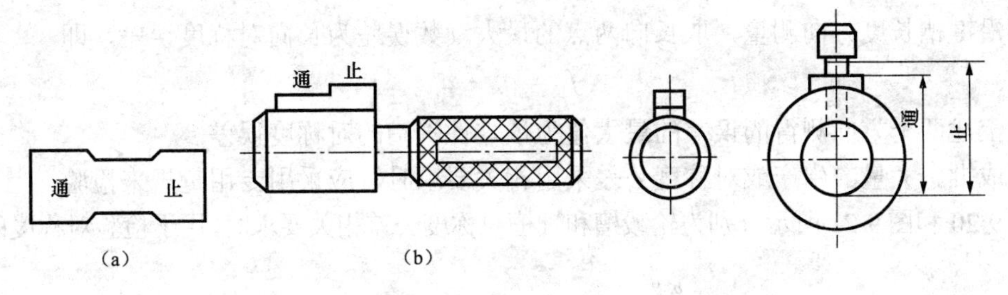

图 9-18　极限量规

（2）对称度误差检测。当对称度误差遵守独立原则，且为单件、小批量生产时用通用测量仪器测量。常用的方法如下所示。

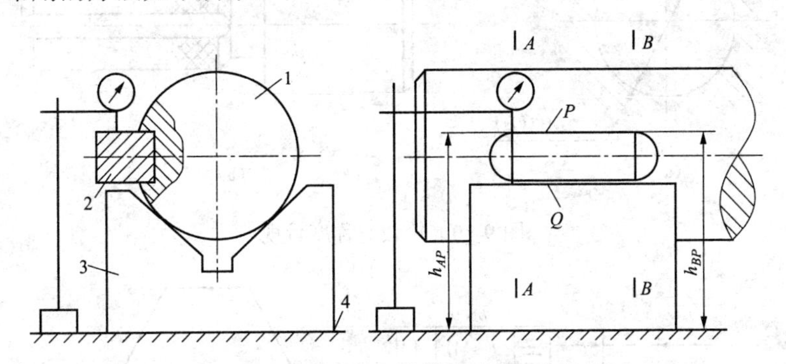

图 9-19　轴槽对称误差测量

1—工件；2—量块；3—V 形架；4—平板

方法 1：如图 9-19 所示，工件的被测量中心平面和基准轴线用定位块（或量块）和 V 形架模拟体现。

先转动 V 形架上的工件，以调整定位块的位置，使其沿径向与平板平行。然后用指示表在键槽的一端截面内测量定位块表面 P 的距离 h_{AP}。

将工件翻转 180°，重复上述步骤，测得定位块表面到平面的距离 h_{AQ}，P、Q 两面对应点的读数误差为

$$f_1 = \frac{a\dfrac{t}{2}}{\dfrac{d}{2}-\dfrac{t}{2}} = \frac{at}{d-t}$$

在沿键的长度方向测量，在长度方向上 A、B 两点的最大误差为

$$f_2 = |h_{AP} - h_{BP}|$$

取 f_1、f_2 中的最大值作为键槽的对称度误差。

方法 2：在槽中塞入量块组，用指示表将量块上平面（即量块上平面沿径向与平板平行），记下指示表读数 δ_{x1}；将工件旋转 180°，在同一横截面方向，再将量块校平，记下读数 δ_{x2}，两次读数误差为 a。则横截面的对称度误差为

$$f_{截} = \frac{at}{2(R-t/2)}$$

式中：R 为轴的半径（$d/2$）；t 为轴槽深。

再沿键槽长度方向测量，取长向两点的最大读数误差为长向对称度误差，即

$$f_{长} = a_{高} - a_{低}$$

取上述两个方向测得的误差的最大值为该零件键槽的对称度误差。

在成批、大量的生产或对称度公差采用相关要求时，应采用专用量规来检验。

图 9-20 和图 9-21 所示分别为轮毂槽和轴槽对称度公差相关要求时，用于检验对称度的量规。

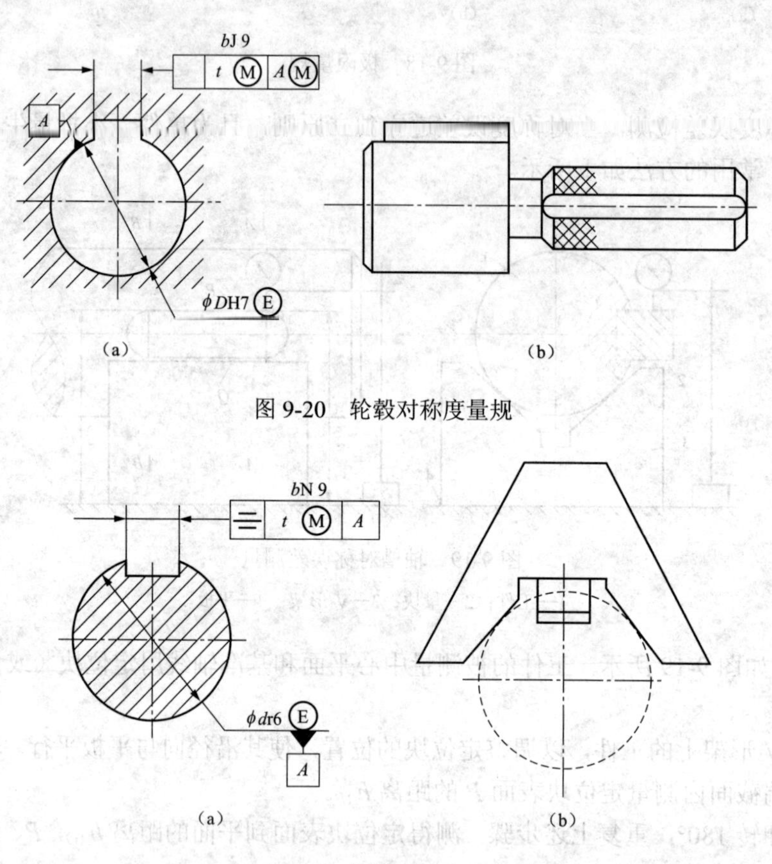

图 9-20　轮毂对称度量规

图 9-21　轴槽对称度量规

【例 9-1】 单键的公差与配合选用及检测。

1. 能力训练目标

（1）了解单键的作用与用途。

（2）熟练掌握单键以及与之配合的轴、毂的公差及选用。

（3）根据单键、轴、毂等的尺寸公差和几何公差画图并标注。

（4）熟练掌握平键、键槽的检测。

2. 仪器、设备、元件及材料

（1）电动机轴及带轮。

（2）游标卡尺、千分尺、V 形块。

3. 能力训练能力及说明

（1）根据电动机轴和轮毂的直径尺寸及应用场合和使用要求，查表 9-3，把键槽的尺寸和公差标注在图 9-23（a）、（b）上。

（2）查机械设计手册，将查出的平键的尺寸和公差标注在图 9-23（c）上。

（3）平键和键槽的尺寸检测比较简单，单件小批生产时，通常采用通用计量器具（如游标卡尺、千分尺）测量。键槽对其轴线的对称度误差的测量如图 9-22 所示。

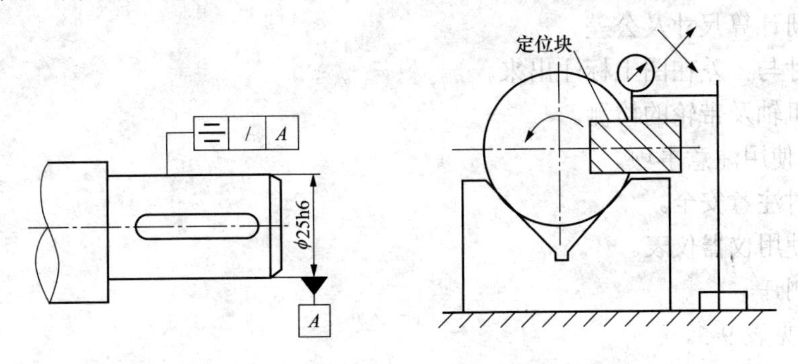

图 9-22　键槽对其轴线的对称度误差的测量

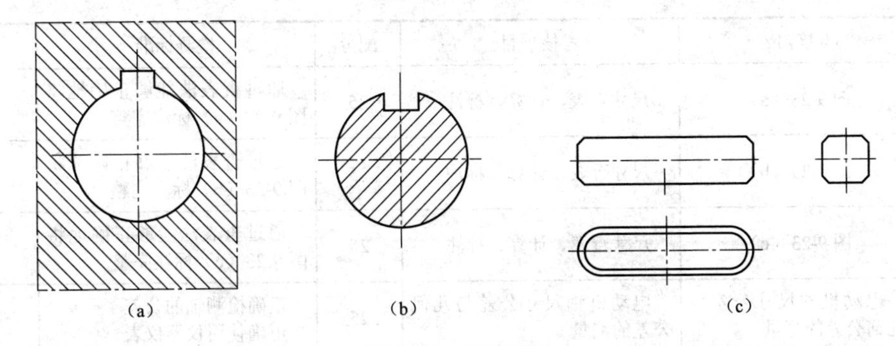

图 9-23　标注图例

将与键槽宽度相等的定位块插入键槽，用 V 形块模拟基准轴线。测量分以下两步进行：

第一步是截面测量。调整被测件使定位块上平面沿径向与平板平行，测量定位块至平板的距离，将被测件旋转 180°。在同一横截面方向，再将量块校平，重复上述测量，得到该截面上、下两对应点的读数差为 a，则该截面的对称度误差为

$$f_{截} = at_1(d - t_1)$$

式中：t_1 为槽深；D 为轴的直径。

第二步是沿键槽长度方向测量。取长度方向两点的最大读数误差为长向对称度误差，即

$$f_{长} = a_{高} - a_{低}$$

$f_{截}$、$f_{高}$ 中最大值为该零件键槽对称度误差的近似值。

4. 能力训练内容及步骤

（1）根据轴的直径查表计算键槽的尺寸和公差并将计算结果标注在图上。

（2）查机械设计手册，把查到的键的尺寸与公差标注在相应的图上。

（3）电动机轴键槽的公差测量。

（4）带轮键槽的公差测量。

5. 任务实施

（1）准备工作。

1）电动机轴、带轮的清洗。

2）机械手册。

3）测量工具的准备。

（2）查手册、绘图、检测。

1）查手册计算尺寸及公差。

2）把尺寸与公差在图上标注出来。

3）电动机轴及带轮的检测。

（3）仪器使用注意事项。

1）检测时注意安全。

2）正确使用仪器仪表。

6. 任务测评

测评标准见表 9-5。

表 9-5　评分标准

序号	考核内容	考核项目	配分	检测标准	得分
1	图 9-23（a）	尺寸查表、计算、标注	25	通过查表法能够正确地将图 9-23（a）标注完整	
2	图 9-23（b）	尺寸查表、计算、标注	25	通过查表法能够正确地将图 9-23（b）标注完整	
3	图 9-23（c）	尺寸查表、计算、标注	25	通过查表法能够正确地将图 9-23（c）标注完整	
4	电动机轴尺寸公差与几何公差的测量	电动机轴尺寸公差与几何公差的测量	25	正确检测轴的公差 正确使用仪器仪表	
合计			100		

9.2　矩形花键结合的互换性

花键连接按其键齿形状分为矩形花键、渐开线花键和三角形花键三种。其结构如图 9-24 所示。

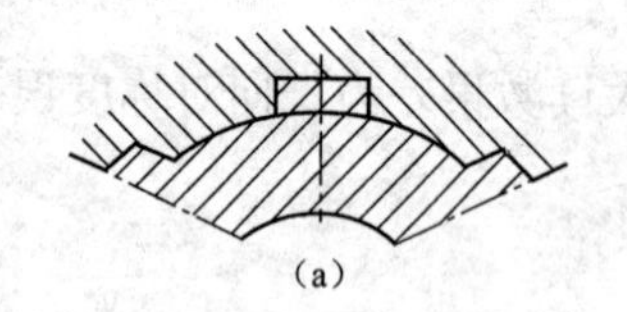
(a)

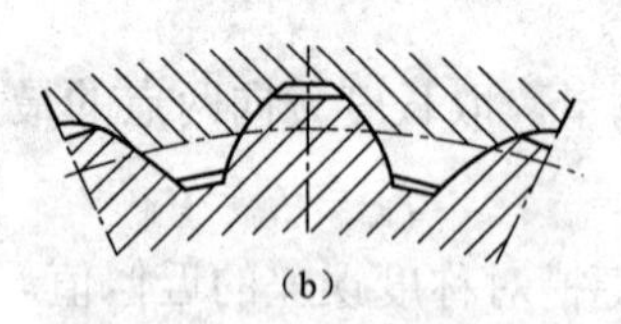
(b)

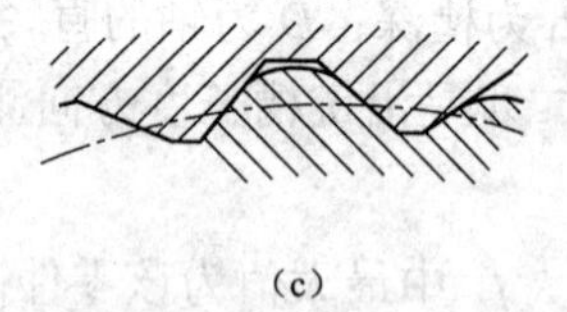
(c)

图 9-24　花键连接的种类

（a）矩形花键；（b）渐开线花键；（c）三角形花键

9.2.1　花键的优点

与单键结构相比，花键连接有以下优点：

（1）键与轴或孔为一个整体，强度高，负荷分布均匀，可传递较大的转矩。

（2）连接可靠，导向精度高，定心性好，易达到较高的同轴度要求。

但是，由于花键的加工制造比单键复杂，因此其成本较高。

当传递较大的转矩，定心精度又要求较高时，单键连接满足不了要求，采用了花键连接。花键连接是花键轴、花键孔及两个零件的组合。花键可用做固定连接，也可用做滑动连接。

花键连接与平键连接相比具有明显的优势：孔、轴的轴线对准精度（定心精度）高，导向性好，轴和轮毂上承受的负荷分布比较均匀，因而可以传递较大的转矩，而且强度高，连接更可靠。

花键按其键齿形状分为锯齿花键、渐开线花键两种。

花键连接如图 9-25 所示。通常，它是利用轴上纵向凸出部分（花键齿）置于轮毂中相应的花键槽中以传递转矩的可拆连接。

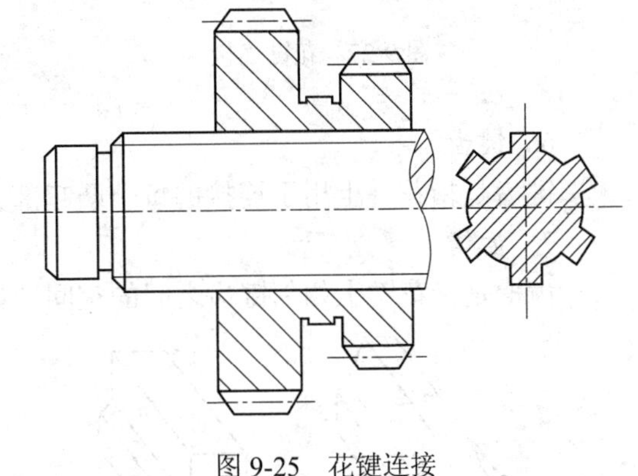

图 9-25 花键连接

花键连接在机械制造业各部门中的应用日益广泛。与键连接比较，花键连接具有以下优点：①轴上零件对中好；②轴的削弱程度较轻；③由于接触面积大，故能传递较大载荷；④能更好地导引沿轴移动的零件。缺点是制造比较复杂。

轴上的花键齿可用成形铣刀或滚刀铣出，轮毂中的花键槽可以拉出或插出。有时为了增加花键连接工作表面的硬度以减少磨损，花键齿及花键槽还要经过热处理，并对花键齿进行磨削。

按花键齿形的不同，花键可分为矩形花键和渐开线花键。矩形花键制造方便，应用最广。渐开线花键由于工艺性好（可用制造齿轮轮齿的各种方法加工），易获得较高的精度；它的齿根较厚，因此强度也较高，所以渐开线花键连接逐渐获得广泛应用。

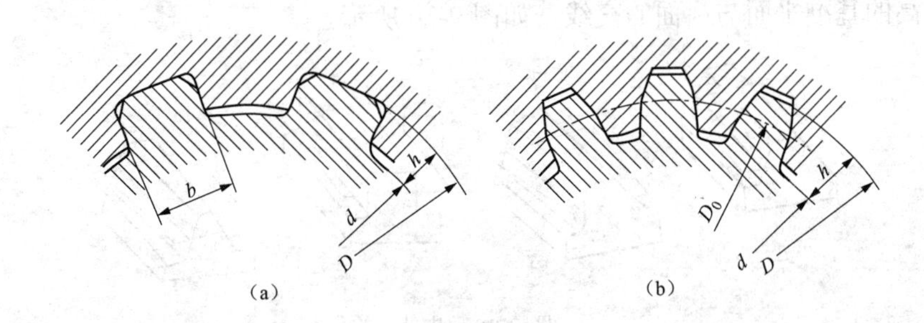

图 9-26 花键连接的参数表示

花键的尺寸也是按轴径标准选定。它的工作表面是花键的侧面，其工作情况与平键类似，键的侧面受到挤压，根部受到剪切及弯曲。对于实际应用的花键连接而言，由于切应力及弯曲应力较小，因此强度校核时一般只按挤压应力计算。

花键连接通常采用 δ_B>500MPa 强度极限的碳素钢或合金钢制成。

9.2.2 花键的基本概念

1. 花键连接

如图 9-27 所示，两零件上等距分布且齿数相同的键齿相互连接，并传递转矩或运动的同轴偶键。

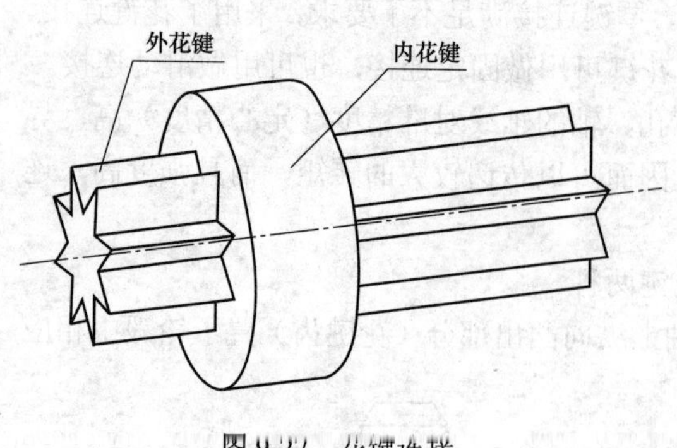

图 9-27 花键连接

2. 花键

花键连接中两连接键的统称。

3. 花键副

相互连接的一对内、外花键。

4. 内花键

键齿在内圆柱（或内圆锥）表面上的花键称为内花键。

5. 外花键

键齿在内圆柱（或内圆锥）表面上的花键称为外花键。

6. 键齿

键齿是指花键上用于连接的每个凸起部分，如图 9-28 所示。

7. 齿槽

齿槽是指花键上相邻键齿之间的空间，如图 9-29 所示。

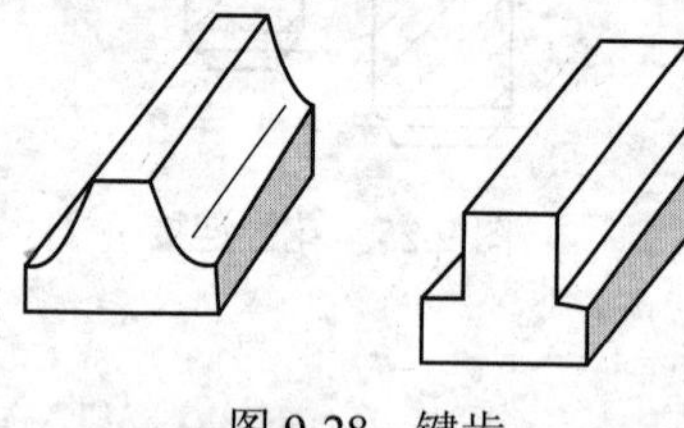

图 9-28 键齿

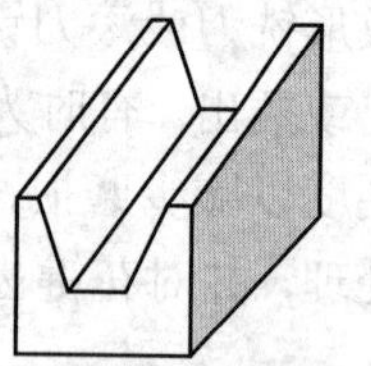
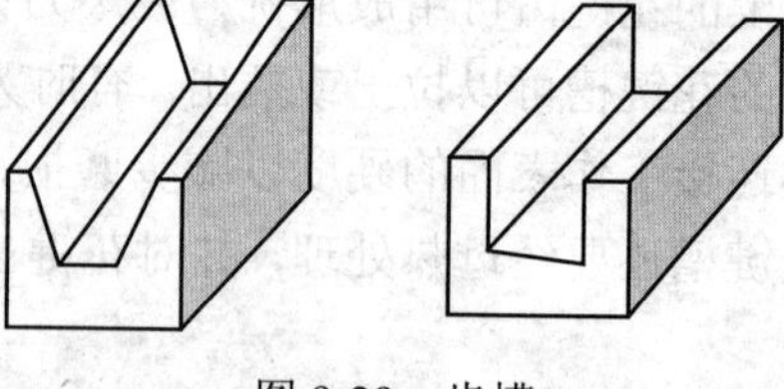

图 9-29 齿槽

8. 齿线

齿线是指渐开线花键分度圆柱面或分度圆锥面、矩形花键平分工作齿高的圆柱面和断齿花键平分齿高的基准平面与齿面的交线，如图 9-30 所示。

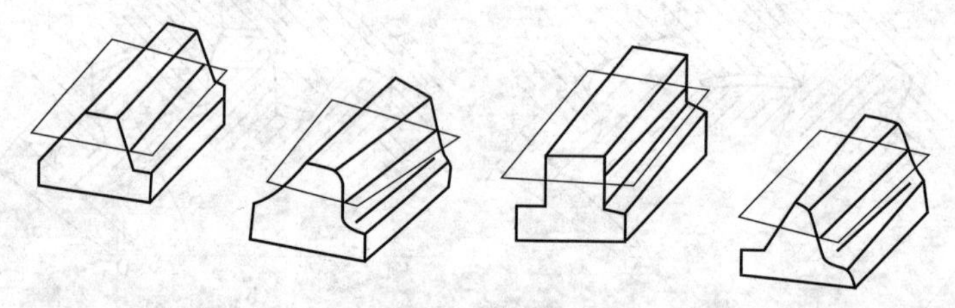

图 9-30 齿线

9. 大径

大径是指内花键齿根圆（大圈）或外花键顶圆（大圆）的直径，如图 9-31 所示。

10. 小径

小径是指内花键齿顶圆（小圆）、外花键齿根圆（小圆）的直径，如图 9-31 所示。

11. 键宽（或键槽宽）

在渐开线内花键分度圆上实际测得的单个齿槽的弧齿槽宽，如图 9-32 所示。

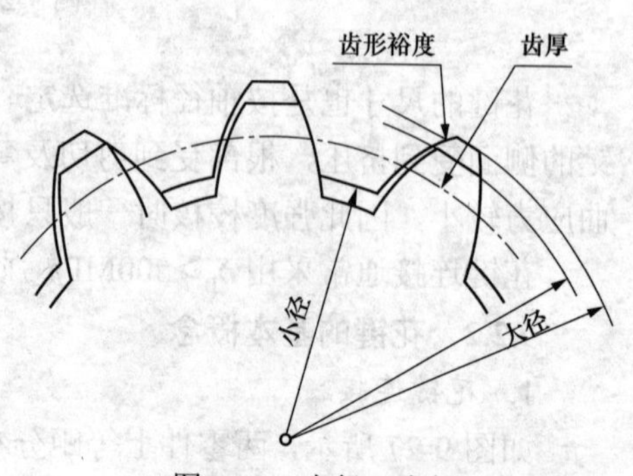

图 9-31 大径、小径

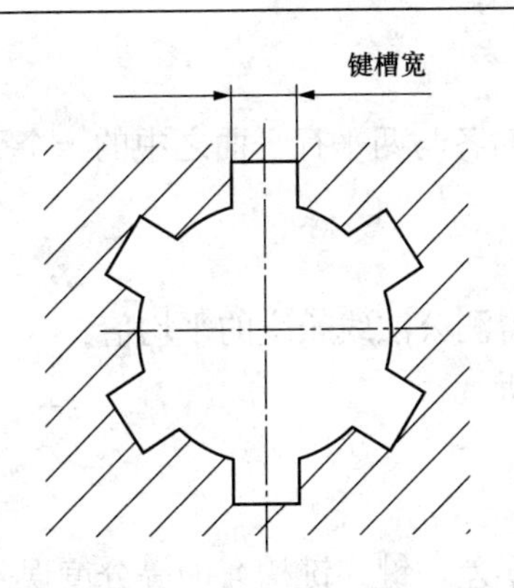

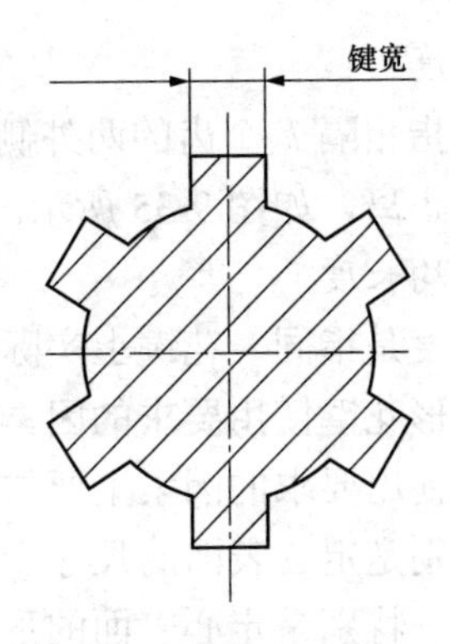

图 9-32　键宽和键槽宽

12. 齿厚

在渐开线外花键上，一个键齿的分度圆弧长称为齿厚。

13. 基本齿厚

基本齿厚是指渐开线外花键分度圆上弧齿厚的公称尺寸，其值为齿距之半。

14. 作用齿厚

作用齿厚是指与渐开线外花键全齿长上配合（无间隙且无过盈）的理想全齿内花键分度圆上的弧齿槽宽，如图 9-33 所示。

15. 实际齿厚

实际齿厚是指在渐开线外花键分度圆上实际测得的单个键齿的弧齿厚，如图 9-33 所示。

16. 花键长度

花键长度是指花键上具有完整齿廓的轴向长度，如图 9-34 所示。

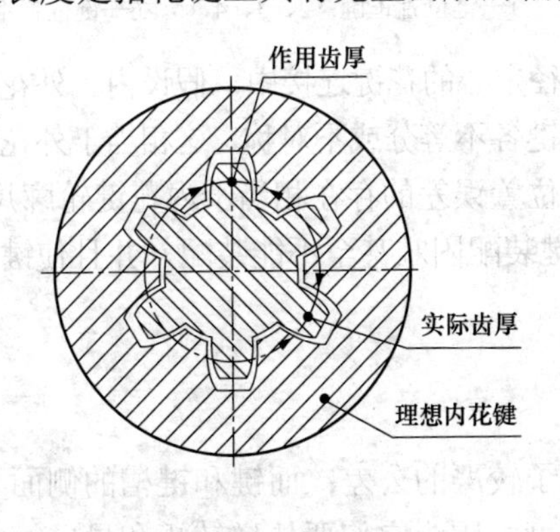

图 9-33　齿厚

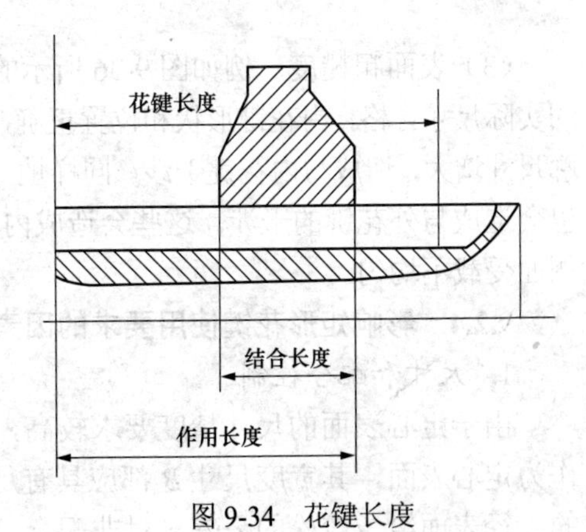

图 9-34　花键长度

17. 结合长度

结合长度是指内、外花键的轴向连接长度。

18. 作用长度

作用长度是指花键的最大轴向工作长度。在滑动花键中作用大于结合长度。

19. 齿距累积误差

齿距累积误差在分度圆上（矩形花键在大圆上），任意两同侧齿面间的实际弧长和理论弧长之差的最大绝度值。

20. 公法线长度

公法线长度是指相隔 k 个齿的两外侧齿面各与两平行平面之中的一个平面相切，此两平行平面之间的垂直距离，如图 9-35 所示。

21. 公法线平均长度

公法线平均长度是指同一花键上实际测得测公法线长度的平均值。

9.2.3 影响矩形花键使用要求的因素分析

影响矩形花键使用要求的因素主要如下：

（1）尺寸、特别是定心表面的尺寸。

（2）几何误差、特别是定心表面的形状误差，键（键槽）的等分度误差和键（键槽）两侧面的中心平面对小径定心表面轴线的对称度误差，如图 9-36 所示；大径表面轴线对小径定心表面轴线的同轴度误差。其中，花键的分度误差和对称度误差的影响最大。

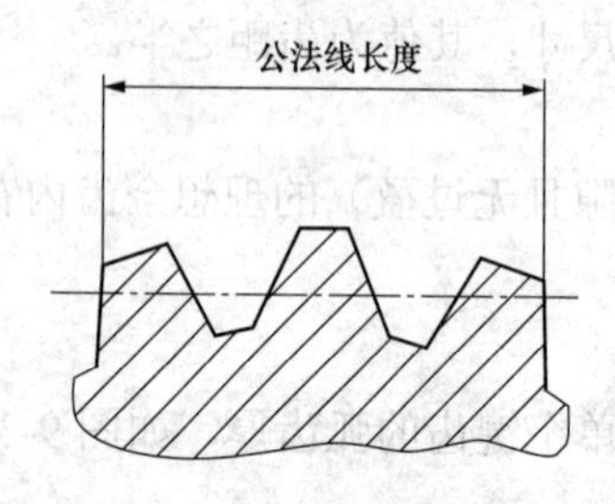

图 9-35 公法线长度

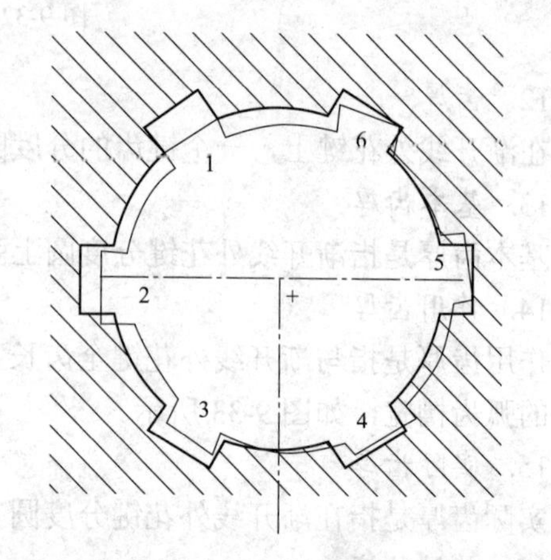

图 9-36 花键几何误差对花键连接的影响

1—键位置正确；2、3、4、5、6—键位置不正确

（3）表面粗糙度。例如图 9-36 所示的采用小径定心的花键连接中，假设内、外花键各部分的实际尺寸合格，内花键形状和位置正确，而外花键各不等分或不对称，这相当于外花键尺寸轮廓尺寸增大，造成与内花键干涉。同样地，内花键位置误差的存在相当于内花键轮廓尺寸减小，也会造成与外花键的干涉。这些会造成内、外花键装配困难甚至不能装配，并且使键（键槽）侧面受载不均匀。

9.2.4 影响矩形花键使用要求的因素控制

1. 尺寸和配合控制

由于定心表面的尺寸精度要求较高，因此给予较严的公差；而键和键槽的侧面无论是否作为定心表面，其宽度尺寸 B 都应具有足够的精度，因为它们要传递转矩和导向；对非定心的大径表面给予较松的公差，对非配合尺寸给予较松的公差，此外，非定心直径表面直径之间应该具有足够的间隙。

为了保证内、外花键小径定心表面的配合性质，GB/T 1144—2001 规定该表面的形状公差与尺寸公差的关系采用包容要求Ⓔ。

2. 几何误差控制

对影响矩形花键使用要求的几何误差控制主要是限制内、外花键的分度误差及其他位置误差。

（1）分度误差和对称度误差控制。

1）综合控制。花键的分度误差和对称度误差，通常用位置度公差加以综合控制，该位置度公差与键（键槽）宽度的尺寸公差及定心小径表面的尺寸公差的关系皆采用最大实体要求，如图 9-37 所示，用花键量规检测。

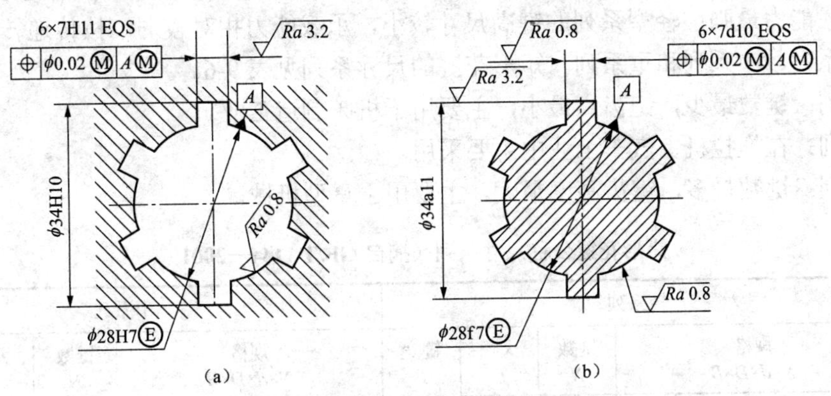

图 9-37 矩形花键位置度公差标注示例

（a）内花键；（b）外花键

2）单项控制。单项测量时，规定键（键槽）两侧面的中心平面对小径定心表面轴线的对称度公差和键（键槽）的等分度误差。该对称度公差与键（键槽）宽度的尺寸公差确定如下：花键各键（键槽）沿 360°圆周均匀分布在它们的理想位置，允许它们偏离理想位置的最大值的两倍为花键均匀分度公差值，其数值等于花键对称度公差值，因此，等分度公差不需要在图样上标注，如图 9-38 所示。

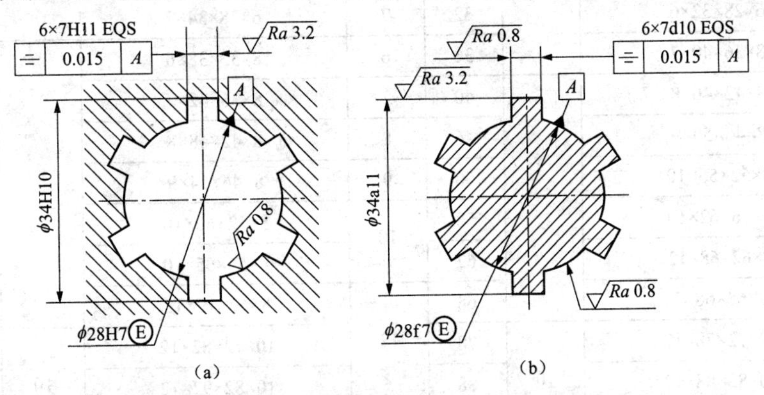

图 9-38 矩形花键的对称度公差标注示例

（a）内花键；（b）外花键

（2）其他位置误差控制。对于较长的花键，需规定内花键各键槽侧面和外花键各键齿侧面对小径定心表面轴线的平行度公差，该平行度公差值根据产品性能确定。由于内、外花键大径表面配合间隙很大，因而大径表面轴线对小径定心表面轴线的同轴度误差可以用此间隙来补偿。

表面粗糙度控制对定心表面给予较严的表面粗糙度允许值，由于键和键槽的侧面要传递转矩和导向，因此键和键槽的侧面也应给予较严的表面粗糙度要求；对非定心直径表面规定较松的粗糙度要求。考虑到内花键大径和侧面的加工难度，对内花键大径和侧面的表面粗糙度要求应低于外花键。

9.2.5 矩形花键的尺寸系列

GB/T 1144—2001《矩形花键尺寸、公差和检测》中规定矩形花键连接的尺寸系列、定心方式、公差与配合、标准方法及检验规则。为了便于加工和测量，矩形花键的键数 N 为偶数，有 6、8、10 三种。按传递转矩的大小，矩形花键可分为中、轻两个系列，中系列的键高尺寸最大，承载能力最强；轻型系列的键高尺寸较小，承载能力相对较弱。按传递转矩的大小，可分为轻系列、中系列和重系列。矩形花键的尺寸系列见表 9-6。

轻系列：键数最少，键齿高最小，主要用于机床制造工业。

中系列：在拖拉机、汽车工业中主要采用。

重系列：键数最多，键齿高度最大，主要用于重型机械。

表 9-6　矩形花键公称尺寸系列（摘自 GB/T 1144—2001）

小径 D	轻系列				中系列			
	规格 $N×d×D×B$	键数 N	大径 D	键宽 B	规格 $N×d×D×B$	键数 N	大径 D	键宽 B
11					6×11×14×3		14	3
13					6×13×16×3.5		16	3.5
16		—			6×16×20×4		20	4
18					6×18×22×5		22	5
21					6×21×25×5		25	
23	6×23×26×6	6	26	6	6×23×28×6		28	6
26	6×26×30×6		30		6×26×32×6		32	
28	6×28×32×6		32	7	6×28×34×7		34	7
32	8×36×40×7		36	6	8×32×38×6		38	6
36	8×42×46×8		40	7	8×36×42×7		42	7
42	8×46×50×9		46	8	8×42×48×8		48	8
46	8×52×56×10		50	9	8×46×54×9		54	9
52	8×56×62×10		58	10	8×52×60×10		60	10
56	8×62×68×12		62		8×56×65×10		65	
62	8×62×68×2		68		8×62×72×12		72	12
72	10×72×78×12	10	78	12	10×72×82×12	10	82	
82	10×82×88×12		88		10×82×92×12		92	
92	10×92×98×14		98	14	10×92×102×14		102	14

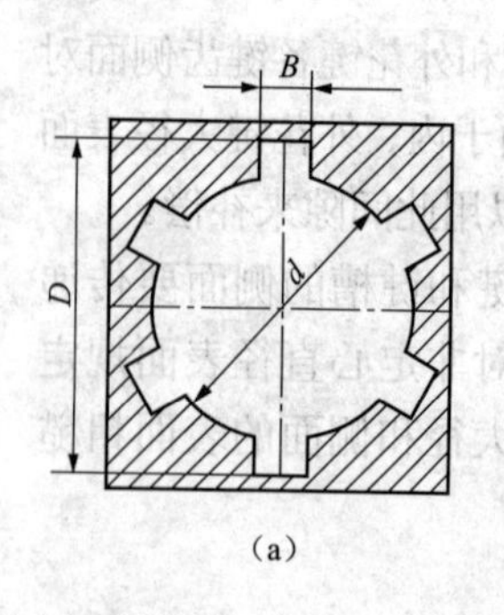

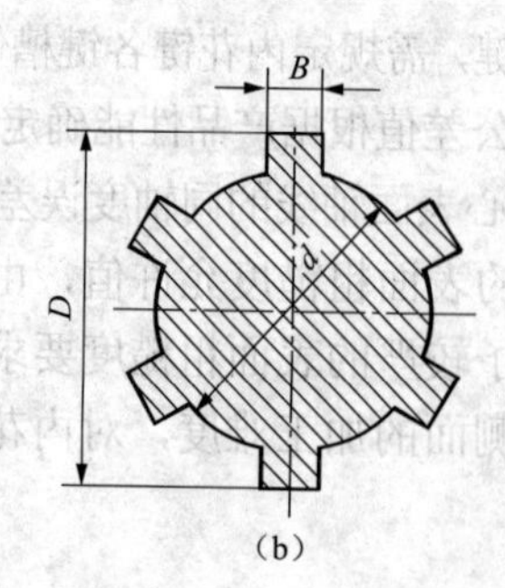

图 9-39　矩形花键的主要尺寸

9.2.6　矩形花键的几何参数和定心方式

（1）矩形花键连接的几何参数有大径 D、小径 d、键数 N 和键宽 B，如图 9-39 所示，图 9-39（a）所示为内花键，图 9-39（b）所示为外花键。

花键作为标准件，为便于制造和检测，矩形花键采用基孔制连接。它的使用分以下两种情况。

1）一般用途。在这种情况下，国家标

准规定不管配合性质如何，花键孔定心小径的公差带均取 H7。

2）精密传动。国家标准推荐花键孔定心小径采用公差带 H5。实现不同配合性质主要由花键小径选取不同公差带来实现。

为实现花键连接的不同配合性质，除了主要考虑花键与花键孔小径 *d* 的公差带选取外，同时应正确选取花键与花键孔大径 *D* 的配合公差带以及键宽 *B* 的配合公差带，见表 9-7。

表 9-7 矩形花键配合

类别	配合	公称尺寸			说明
		d	*D*	*B*	
一般用途	滑动	H7/f7	H10/a11	H9/d10（H11/d10）	拉削后不再热处理时，内花键 *B* 的公差带用 H9；拉削后热处理的用 H11
	紧滑动	H7/g7		H9/f9（H11/f9）	
	固定	H7/h7		H9/h10（H11/h10）	内花键 *d* 的公差带 H7 允许与提高 1 级的外花键 f6、g6、h6 相配合
精密传动用途	滑动	H5/f6（H6/f5）		H7/d8（H9/d8）	当需要控制键侧间隙时，内花键 *B* 的公差带可选用 H7，一般可选用 H9
	紧滑动	H5/g5（H6/g6）		H7/f7（H9/f7）	
	固定	H5/h5（H6/h6）		H7/h8（H9/h8）	*d* 为 H6 的内花键，允许与提高 1 级的外花键 f5、g5、h5 相配合

（2）矩形花键的定心方式。花键连接的主要要求是保证内、外花键连接后具有较高的同轴度，并能传递转矩。矩形花键大径 *D*、小径 *d* 和键（槽）宽 *B* 三个主要尺寸参数。若要求这三个尺寸都起定心作用是很困难的，而且也没有必要。定心尺寸应按较高的精度制造，以保证定心精度。非定心尺寸则可按较低的精度制造。由于传递转矩是通过键和键槽侧面进行的，因此，键和键槽不论是否作为定心尺寸，都要求较高的尺寸精度，并要求保证键侧面与键槽侧面的接触具有均匀性，以及传递一定的转矩，为此，必须保证具有一定的配合性质。

图 9-41 所示为矩形花键的定心方式。根据定心要求的不同，矩形花键的定心方式分为三种：按大径 *D* 定心，按小径 *d* 定心，按键宽 *B* 定心。

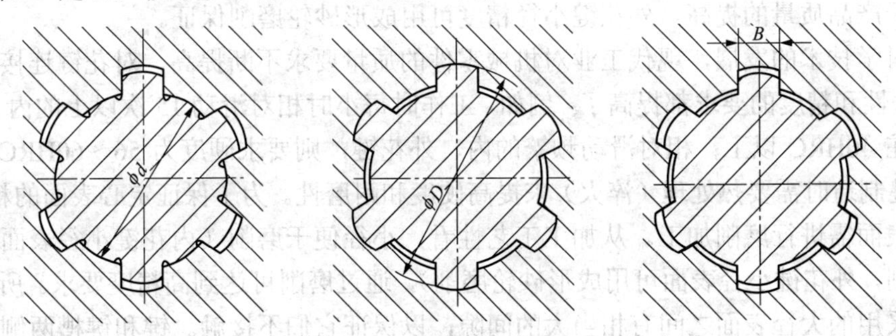

图 9-40 矩形花键连接的定心方式

1）大径 *D* 定心主要用于以下情况：

a．花键孔不经热处理，或热处理后硬度在 HRC40 以下，其变形可用花键拉刀（或推刀）修正（即拉削后保证花键孔外径精度），花键轴外径最后工序采用外圆磨削加工以保证尺寸精度与表面粗糙度要求。

b．花键孔热处理后变形量很小（误差不超过 0.004～0.007mm），不需修正。

2）小径 d 定心主要用于以下情况：

a．花键孔热处理后表面硬度在 HRC40 以上，其热处理后变形不易用拉刀修正时，需采用内径定心。此时花键孔内径可用内圆磨削加工，花键轴内径可用成形砂轮磨削，以保证尺寸精度与表面粗糙度要求。

b．单件、小批生产，或外径大于 120mm 的矩形花键连接，因制造花键拉刀比较困难，使得生产成本提高，因此也应采用内径定心。

c．当定心表面的尺寸精度与表面粗糙度要求很严，拉削加工不能满足时，如用内径定心，花键孔与轴的内径均可磨削加工。

3）键宽 B 定心主要用于以下情况：当花键连接精度低、承载大、定心要求不高，特别是在受交变负荷（双向扭矩）的情况下，为防止冲击负荷过大，不允许键侧有较大间隙，此时宜用键宽 B 定心。这种定心方式简单经济，多用于重系列花键连接（键数在 10 以上），如汽车上的万向节就采用了这种定心方式。

关于矩形花键的定心方式，过去由于我国在生产条件、加工精度等方面受到限制，故主要使用外径定心。但是国际上多采用内径定心（美国汽车行业标准 SAE、国际标准中农业机械用的 R232 等还保留有外径定心）。当前，从生产与技术发展的趋势看，对定心表面尺寸精度要求日益提高，如 5、6 级齿轮，孔的尺寸公差要求为 IT5、IT6 级，用拉削加工达不到时，表面硬度也常要求在 HRC40 以上，表面粗糙度要求也较以前严格。这些都要求使用定心精度高的内径定心方式。因此，在按国际 ISO 标准修订我国标准时，采用了内径定心，这不仅有上述许多优点，还有利于技术开发，设备引进，质量提高、国际贸易和技术交流。

GB/T 1144—2001《矩形花键尺寸、公差和检验》规定矩形花键用小径定心，因为小径定心有一系列的优点。当内花键定心表面硬度要求高（40HRC 以上）时，热处理后的变形难以用拉刀修正；当内花键定心表面粗糙度要求高（Ra＜0.63μm）时，用拉削工艺也难以保证；在单件、小批量生产及大规模花键生产中，内花键也难以采用拉削工艺，因为该加工方法不经济，采用小径定心时，热处理后的变形可用内圆磨削修复，而且内圆磨削可达到较高的尺寸精度和更高的表面粗糙度要求。外花键小径定心的定心精度高，定心稳定性好，使用寿命长，有利于产品质量的提高。外花键小径精度可用成形砂轮磨削保证。

随着科学技术的发展，现代工业对机械零件的质量要求不断提高，对花键连接的强度、硬度、耐磨性和精度的要求都提高了。例如，工作时每小时相对滑动 15 次以上的内、外花键，要求硬度在 40HRC 以上；相对滑动频繁的内、外花键，则要求硬度为 56～60HRC，这样在内、外花键制造时需要热处理（淬火）来提高硬度和耐磨性。为了保证定心表面的精度要求，淬硬后该表面需进行磨削加工。从加工工艺性看，小径便于磨削（内花键小径表面可在内圆磨床上磨削，外花键小径表面可用成形砂轮磨削），通过磨削可达到高精度要求。所以，矩形花键连接采用的大径表面之间有相当大的间隙，以保证它们不接触。键和键槽两侧面的宽度 B 应具有足够的精度，因为它们要传递转矩和导向。

矩形花键连接以小径定心具有以下优点：

1）有利于提高产品性能、质量和技术水平。小径定心的定心精度高，稳定性好，而且能用磨削的方法消除热处理变性，从而提高了定心直径的制造精度。

2）有利于简化加工工艺，降低生产成本。尤其对于内花键定心表面的加工，采用磨削加工方法可以减少成本较高的拉刀规格，也易保证表面质量。

3）与国际标准的规格完全一致，便于技术引进，有利于机械产品的进出口和技术交流。

4）有利于齿轮精度标准的贯彻配套。

9.2.7 矩形花键连接的公差与配合

矩形花键连接的极限与配合分为两种情况：一种为一般用途的矩形花键；另一种为精密传动用矩形花键。其内、外花键的尺寸公差见表 9-8。

表 9-8 内、外花键的尺寸公差带（摘自 GB/T 1144—2001）

内花键				外花键			装配形式
d	*D*	*B*		*d*	*D*	*B*	
		拉削后不热处理	拉削后热处理				
一般用途							
H7	H10	H9	H11	f7	a11	d10	滑动
				g7		f9	紧滑动
				h7		h10	固定
精密传动							
H5	H10	H7、H9		f5	A11	d8	滑动
				g5		f7	紧滑动
				h5		h8	固定
H6				f6		d8	滑动
				g6		f7	紧滑动
				h6		h8	固定

注 1．精密传动采用的内花键，当需要控制键侧配合间隙时，槽宽可选用 H7，一般情况下选用 H9。

2．*D* 为 H6Ⓔ和 H7Ⓔ的内花键，允许与提高一级的外花键配合。

3．表中公差带均取自 GB/T 1801—2009。

花键尺寸公差带选用的一般原则是：当定心精度要求高或传递转矩大时，应选用精密传动的尺寸公差带；反之，可选用一般用的尺寸公差带。矩形花键规定了滑动、紧滑动和固定三种配合。前两种在工作过程中，既可传递转矩，且花键套还可在轴上移动；而后一种只用来传递转矩，花键套在轴上无轴向移动。

当要求定位精度高、传递转矩大或经常需要正、反转变动时，应该选择紧一些的配合。当内、外花键需要频繁相对滑动或配合长度较大时，可选择松一些的配合。

由图 9-41 可以看出，内外花键小径 *d* 的公差等级相同，且比相应的大径 *D* 和键宽 *B* 的公差等级都高；大径只有一种配合为 H10/a11。

为了减少加工和检验内花键时所用的花键拉刀和花键量规的规格和数量，矩形花键连接采用基孔制配合。

矩形花键装配形式分为固定连接、紧滑动连接和滑动连接三种。后两种连接方式用于内、外花键之间工作时要求相对移动的情况，而固定连接方式用于内、外花键之间无轴向相对移动的情况。由于几何误差的影响，实际上矩形花键结合面的配合均比预定的要紧一些。

一般传动用内花键拉削后再进行热处理，其键槽宽的变形不易修正，故公差要降低要求

（由 H9 降为 H11）。对于精密传动的内花键，当连接要求键侧配合间隙较高时，槽宽公差带选用 H7，一般情况选用 H9。

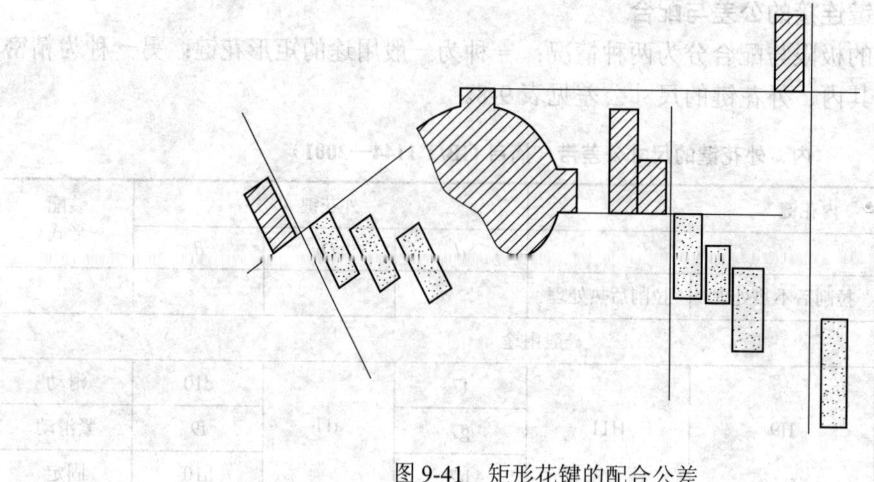

图 9-41　矩形花键的配合公差

定心直径 d 的公差带在一般情况下，内、外花键取相同的公差等级，这个规定不同于普通光滑孔、轴的配合（一般情况下，孔比轴低一级），主要是考虑到矩形花键采用小径定心，使加工难度由内花键转为外花键，其加工精度要求高一些。但在有些情况下，内花键允许与提高一级的外花键配合，公差带为 H7 的内花键可以与公差带为 f6、g5、h5 的外花键配合，这主要考虑矩形花键常用来作为齿轮的基准轴。在贯彻齿轮标准的过程中，有可能出现外花键的定心直径公差等级高于内花键定心直径公差等级的情况。

花键结合的极限与配合选用主要是确定连接精度和装配形式。

连接精度的选用主要依据的是定心精度的要求和传递转矩的大小。精密传动用花键连接定心精度高，传递转矩大且平稳，多用于精密机床主轴变速箱，以及各种减速器中轴与齿轮花键孔（即内花键）的连接。一般用途的花键连接适用于定心精度要求不高但传递转矩较大的情况，如载重汽车、拖拉机的变速箱。

选用装配形式时，首先根据内、外花键之间是否有轴向移动，以确定选固定连接还是滑动连接。对于内、外花键之间要求有相对移动，而且移动距离长、移动频率高的情况，应选用配合间隙大的滑动连接，以保证运动的灵活性及配合面间有足够的润滑油层，如汽车、拖拉机等变速箱中的齿轮与轴的连接；对于内、外花键定心精度要求高，传递转矩大或经常有反向转动的情况，应选用配合间隙较小的紧滑动连接；对于内、外花键间无需有轴向移动，只用来传递转矩的情况，应选用固定连接。

选择花键配合的一般原则有以下几个：

（1）当花键孔在花键轴上有轴向移动时，间隙应大。

（2）当花键孔在花键轴上移动的次数频繁、移动的长度较大，则间隙应较大。间隙的大小应保证配合表面之间有足够的润滑油层。

（3）定心精度高，或花键有反向转动时，为保证定心精度，减少反向所产生的空程和冲击，所选间隙要适当小些。

（4）当传递大的转矩，为使工作表面上符合分布均匀，间隙应小些。

9.2.8　矩形花键的几何公差和表面粗糙度

影响花键的配合性质和接触情况，这也是花键连接的一个重要问题。矩形花键的几何误差主要有以下几项：

（1）内、外径轴线的同轴度误差，即内、外圆柱面的轴线不重合，导致各处间隙不均匀，甚至因产生干涉而不能装配。

（2）定心表面的轴线直线度误差，使花键配合变紧，或产生干涉。

（3）各键（槽）的不等分累积误差，使键侧发生干涉，造成装配困难或配合变紧，接触齿数减少，因而降低了花键的承载能力。

（4）键（槽）侧面对定心面轴线的对称度误差，也影响接触与装配，甚至发生干涉。

（5）键（槽）侧面的平行度误差，能使配合变紧，接触不良，并使花键套沿花键轴滑动时产生扭摆现象。

从上述几项几何误差对配合的影响情况看，均可相当于内花键的轮廓尺寸减小，或相当于外花键的轮廓尺寸加大，从而使按各尺寸所确定的配合性质变紧，甚至发生干涉。鉴于此，花键连接的公差带所确定的配合性质，总是比符号表示的配合性质紧得多，这一点在确定公差带时必须充分考虑。

矩形花键的几何误差对花键连接的质量有很大影响，如图 9-42 所示，花键连接采用小径定心，假设内、外花键各部分的实际尺寸合格，内花键（粗实线）定心表面和键槽侧的形状和位置都正确，而外花键（细实线）定心表面各部分不同轴线，各键不等分或不对称，这相当于外花键轮廓尺寸增大，造成它与内花键干涉，从而使该内花键与外花键配合后不能获得配合代号表示的配合性质，甚至可能无法装配，并且使键（键槽）侧面受载不均匀。同样，内花键位置误差的存在相当于内花键轮廓尺寸减小，也会造成它与外花键干涉。因此，对内、外花键必须分别规定几何公差，以保证花键连接精度和强度的要求。

矩形内、外花键时具有复杂表面的结合件，并且键长与键宽的比值较大。几何误差是影响键连接质量的重要因素，因而对其几何误差要加以控制。

内、外花键小径定心表面的形状公差和尺寸公差的关系遵守包容要求。

为控制内、外花键的分度误差，一般应规定位置度公差，并采用相关要求，图样标注如图 9-43 所示，其位置公差度要求如图 9-42 所示。

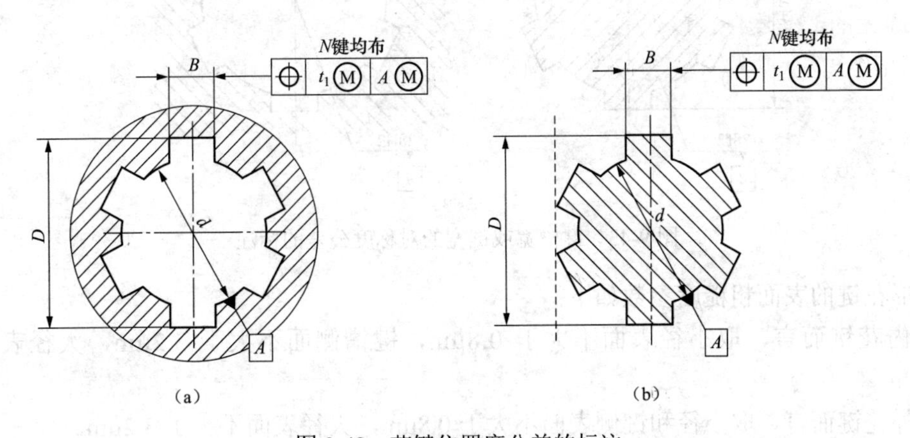

图 9-42　花键位置度公差的标注

在单件小批生产中，一般规定键或键槽两侧面的中心平面对定心表面轴线的对称度公差和花键等分度公差，并遵守独立原则，此时应按图 9-42 中的位置度公差改成对称度公差，对称度公差见表 9-9。花键各键（键槽）沿 360°圆周均匀分布在它们的理想位置，允许偏离理想位置的最大值为花键均匀分度公差值，其值等于对称度公差。

表 9-9　位置度公差值（摘自 GB/T 1144—2001）

键宽或键槽宽 B			3	3.5～6	7～10	12～18
位置度公差 t_1	键槽宽		0.010	0.015	0.020	0.025
	键宽	滑动、固定	0.010	0.015	0.020	0.025
		紧滑动	0.006	0.010	0.013	0.016
对称度公差 t_2	一般用途		0.001	0.012	0.015	0.008
	紧密传动用		0.006	0.008	0.009	0.011

对于较长的长键，应规定花键各键槽侧面和外花键各键槽侧面对定心表面轴线的平行度公差，其公差值根据产品性能确定。

在单件小批量生产时，采用单向检验法，花键的对称度公差按表 9-10 的规定；标注如图 9-43 所示，遵守独立原则。花键或花键槽中心平面偏离理想位置（沿圆周均布）的最大值为等分误差，其公差值等于其对称度公差。

表 9-10　矩形花键对称度公差

键槽宽或键宽 B		3	3.5～6	7～10	12～18
t_2	一般	0.010	0.012	0.015	0.018
	紧密传动用	0.006	0.008	0.009	0.011

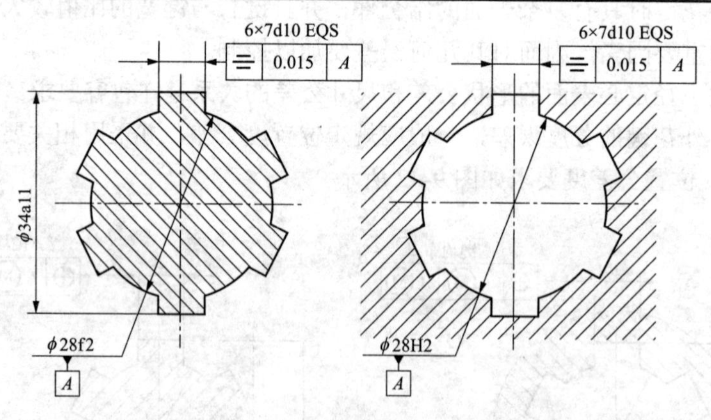

图 9-43　键槽宽或键宽的对称度公差的标注

矩形花键的表面粗糙度参数如下：

对内花键而言，取小径表面不大于 0.8μm，键槽侧面不大于 3.2μm，大径表面不大于 6.3μm。

对外花键而言，取小径和键侧表面不大于 0.8μm，大径表面不大于 3.2μm。

矩形花键各结合表面的表面粗糙度推荐值见表 9-11。

表 9-11 矩形花键表面粗糙度的推荐值

加工表面	内花键	外花键
	$Ra\leqslant$	
大径	6.3	3.2
小径	0.8	0.8
键侧	3.2	0.8

9.2.9 矩形花键的标注代号

1. 矩形花键画法

在平行于花键轴线的投影面的视图中，外花键的大径用粗实线，小径用细实线表示，并在断面画图中画出一部分或者全部齿形，如图 9-44 所示。

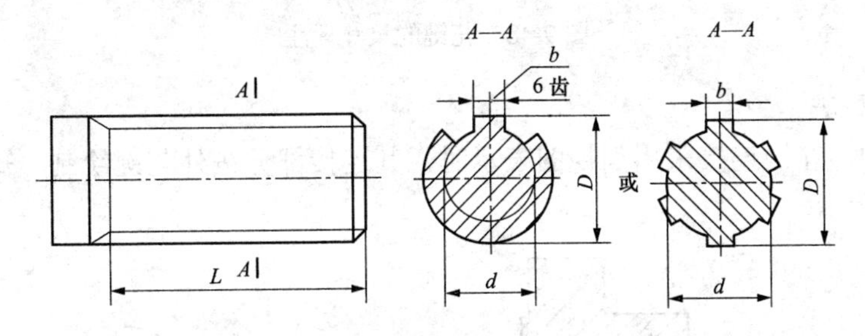

图 9-44 矩形花键（一）

在平行于花键轴线投影面的剖视图中，内花键的大小及小径均采用粗实线绘制，并在局部视图中画出一部分或者全部齿形，如图 9-45 所示。

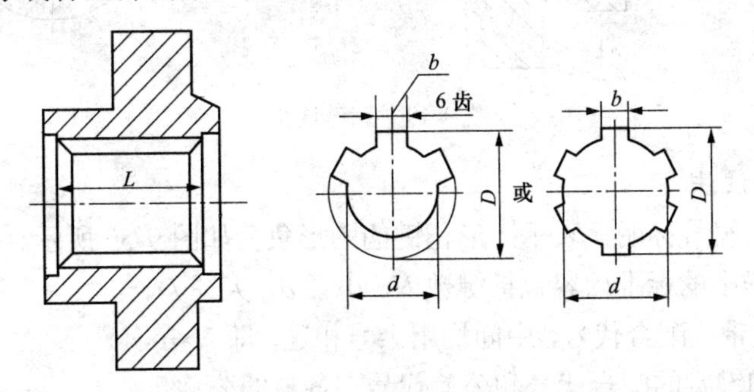

图 9-45 矩形花键（二）

外花键局部剖视图的画法如图 9-46 所示，垂直于花键轴线的投影面的视图如图 9-47 所示。

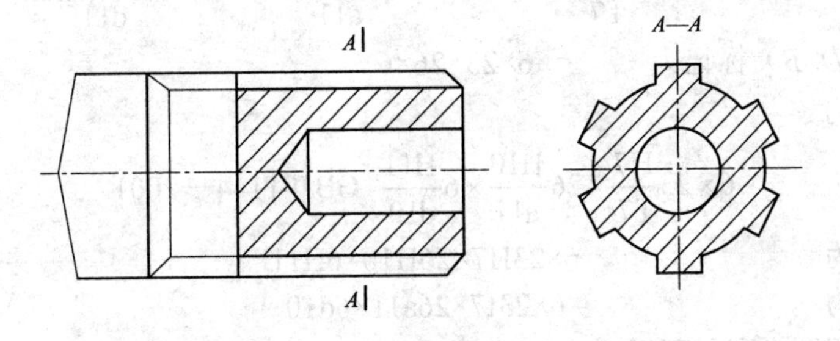

图 9-46 外花键局部剖视图的画法

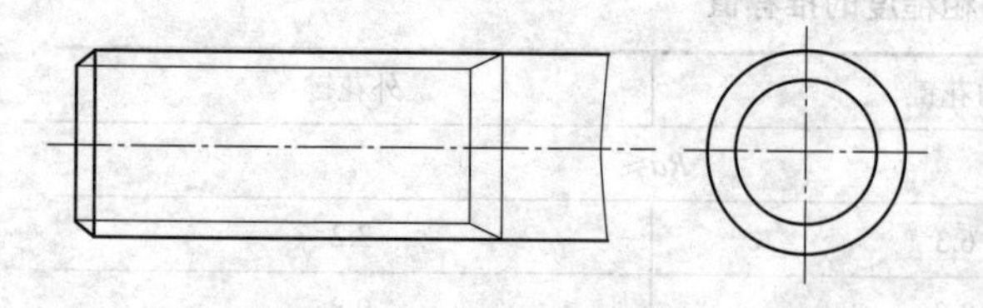

图 9-47　外花键轴线垂直于投影面的视图

2. 花键的尺寸标注

大径、小径及键宽采用一般尺寸标注是，其标注方法如图 9-44、图 9-45 所示。

花键长度应采用下列三种形式之一标注：标注工作长度，如图 9-48（a）所示；标注工作长度及尾部长度，如图 9-48（b）所示；标注工作长度及全长，如图 9-48（c）所示。

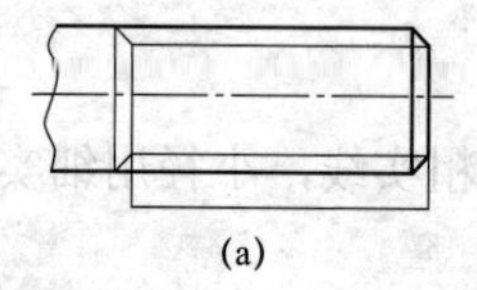

(a)

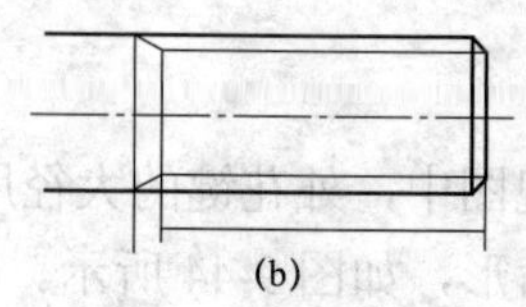

(b)

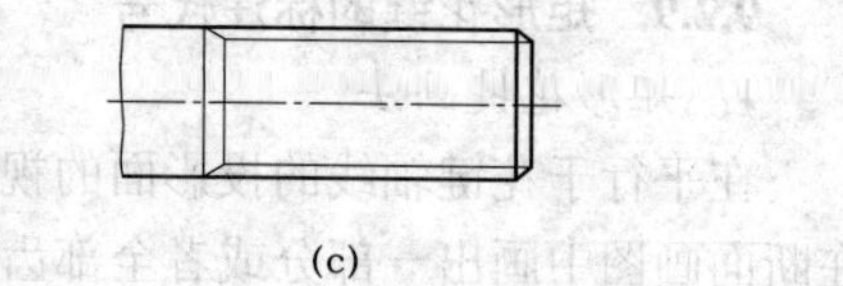

(c)

图 9-48　花键的尺寸标注

3. 花键的画法

在装配图中，花键连接采用剖视图表示时，其连接部分按外花键绘制。矩形花键的连接画法如图 9-49 所示。

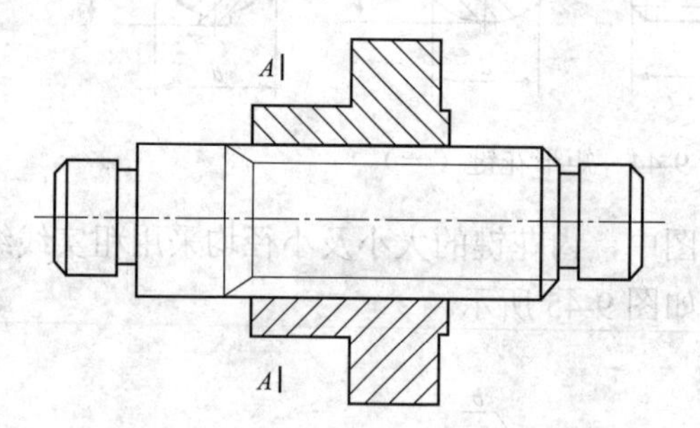

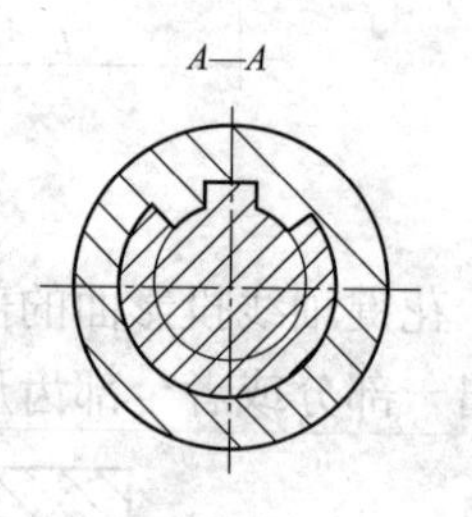

图 9-49　花键连接

4. 花键标记的注法

花键类型由图形符号标明，表示矩形花键的图形负荷如图 9-50 所示。

矩形花键在图样上的标准内容包括键数 N、小径 d、大径 D、键（槽）宽 B 的公差带或配合代号，中间均用乘号相连，即 $N\times d\times D\times B$。小径、大径和键宽的配合代号和公差代号在各自的公称尺寸之后，此外还应注明矩形花键标准号 GB/T 1144—2001。

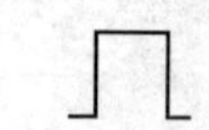

图 9-50　矩形花键的图形符号

花键：　$N=6$，$d=\phi 23\dfrac{\mathrm{H7}}{\mathrm{f7}}\mathrm{mm}$，$D=\phi 26\dfrac{\mathrm{H11}}{\mathrm{a11}}\mathrm{mm}$，$B=6\dfrac{\mathrm{H11}}{\mathrm{d11}}\mathrm{mm}$

花键（$N\times d\times D\times B$）标记为　　6×23×26×6

花键副标记为

$$6\times 23\frac{\mathrm{H7}}{\mathrm{f7}}\times 26\frac{\mathrm{H10}}{\mathrm{a11}}\times 6\frac{\mathrm{H11}}{\mathrm{d10}}\quad \text{GB/T 1144—2001}$$

内花键标记为　　6×23H7×26H10×6H11

外花键标记为　　6×23f7×26a11×6d10

例如，在装配图上有如下标注：

$$6\times 23\frac{H7}{f7}\times 26\frac{H10}{a11}\times 6\frac{H11}{d10}$$

表示矩形花键的键数为 6，小径尺寸及配合代号为$23\frac{H7}{f7}$，大径尺寸及配合代号为$26\frac{H10}{a11}$，键（槽）宽尺寸及配合代号为$6\frac{H11}{d10}$。由此可见，这是一般用途滑动矩形连接键。相应的零件图标注应为

内花键　　6×23H7×26h10×6h11　GB/T 1144—2001；

外花键　　6×23f7×26a11×6d10　GB/T 1144—2001。

矩形花键的标注示例如图 9-51 所示。

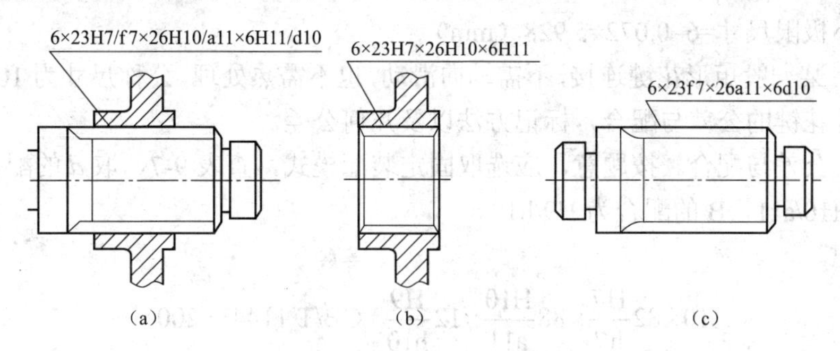

图 9-51　矩形花键的标注示例

(a) 装配图；(b) 内花键；(c) 外花键

【例 9-2】 说明标注为花键$6\times 23\frac{H6}{g6}\times 26\frac{H10}{a11}\times 6\frac{H11}{f9}$的全部含义。

解　(1) 6 表示花键的键数为 6。

(2) $23\frac{H6}{g6}$表示花键的小径为 23mm，外花键与内花键的小径配合类型为$\frac{H6}{g6}$，采用小径定心，且属于紧滑动配合。

(3) $26\frac{H10}{a11}$表示花键的大径为 26mm，外花键与内花键的小径配合为$\frac{H10}{a11}$，属紧滑动配合。

(4) $6\frac{H11}{f9}$表示键宽为 6，内、外花键的键（槽）宽配合为$\frac{H11}{f9}$，属紧滑动配合。

【例 9-3】 花键标注如下所示，请确定其内、外花键的极限尺寸。

$$6\times 23\frac{H6}{g6}\times 26\frac{H10}{a11}\times 6\frac{H11}{f9}\ \text{GB/T 1144—2001}$$

解　(1) 内花键的极限尺寸：查表得出内花键的小径 ϕ26H7 的极限偏差为 $\phi 26^{+0.021}_{0}$ mm，大径 $\phi 30^{+0.084}_{0}$ mm，槽宽 6H11 的极限偏差为 $6^{+0.075}_{0}$ mm。由此计算出：

小径最大极限尺寸=26.02mm

小径最小极限尺寸=26mm

大径最大极限尺寸=30.084mm

大径最小极限尺寸=6.072mm

槽宽最大极限尺寸=6.075mm

槽宽最小极限尺寸=6mm

（2）外花键的极限尺寸：查表得出外花键的小径ϕ26g7的极限偏差为$\phi 26_{-0.028}^{+0.007}$mm，大径$\phi$30a11的极限偏差为$\phi 30_{-0.430}^{-0.300}$mm，键宽6f9的极限偏差为$6_{-0.072}^{-0.020}$mm，由此计算：

小径最大极限尺寸=26–0.007=25.993（mm）

小径最小极限尺寸=26–0.028=25.972（mm）

大径最大极限尺寸=30–0.300=29.700（mm）

大径最小极限尺寸=30–0.430=29.570（mm）

键宽最大极限尺寸=6–0.020=5.980（mm）

键宽最小极限尺寸=6–0.072=5.928（mm）

【例9-4】某一般矩形花键连接，不需轴向滑动，也不需热处理，公称尺寸为10×82×88×12，试确定内、外花键的公差与配合，标记方法以及几何公差。

解 （1）公差与配合。按题意，应选取固定装配模式，查表9-7，取d的配合为H7/d7，D的配合为H10/a11，B的配合为H9/h10。

（2）标记。

花键副： $10\times 82\dfrac{H7}{h7}\times 88\dfrac{H10}{a11}\times 12\dfrac{H9}{h10}$ GB/T 1144—2001

内花键： 10×82H7×88H10×12H9 GB/T 1144—2001

外花键： 10×82h7×88a11×12h10 GB/T 1144—2001

（3）几何公差。查表9-8，确定键槽宽的位置度公差为0.025mm；键宽的位置度公差为0.025mm。图样标注如图9-42所示。

【例9-5】 某紧密齿轮传动的紧滑动花键连接，要求定心精度较高，齿轮为7级精度，花键表面淬硬＞HRC40，公称尺寸为6×28×32×7，试确定内、外花键的公差与配合，标记方法，几何公差，检验内、外花键用的综合量规，和单项止端量规的公差带尺寸和数值。

解 （1）公差与配合。按题意应选用紧滑动装配形式，查表9-7，取d的配合为H6/g5（7级齿轮的孔为IT5，轴为IT5，故取IT5的内花键与提高一级的外花键配合）；D的配合为H10/a11，B的配合为H9/f7（拉削后热处理）。

（2）标记。

花键副： $6\times 28\dfrac{H6}{g5}\times 32\dfrac{H10}{a11}\times 7\dfrac{H9}{f7}$ GB/T 1144—2001

内花键： 6×28H6×32H10×7H9 GB/T 1144—2001

外花键： 6×28g5×32a11×7f7 GB/T 1144—2001

（3）几何公差。查表9-8，确定键槽宽的位置度公差为0.020mm，键宽的位置度公差为0.013mm。

（4）量规。

检验小径内花键用量规 H=2.5μm，Z=2μm，Y=1.5μm

检验小径外花键用量规 H_1=2.5μm，Z_1=2μm，Y_1=1.5μm

检验大径内花键用量规 H=4μm，H' =16μm，C=155μm，Z'=15μm

检验大径外花键用量规 H_1=11μm，H'_1=16μm，C=155μm，Z'_1=15μm

检验键槽宽用量规 H=2.5μm，C=20μm，Z=8.5μm，H'=9μm

检验键宽用量规 H_1=2.5μm，C_1=13μm，Z_1=8.5μm，H'_1=9μm

9.2.10 矩形花键的检测

花键检测分为单项检测和综合检测两种情况。

单项检测主要用于单件、小批量生产，用通用量具分别对各尺寸（d、D 和 B）、大径对小径的同轴度误差及键齿（槽）位置进行测量，以保证各尺寸偏差及几何误差在其公差范围内。

花键表面的位置误差很少进行单项检验，一般只有在分析花键加工质量（如机床检修后）以及制造花键刀具、花键量规时，或在首件检验和抽查中才进行。

若需对位置误差进行单项测量，则可在光学分度头或万能工具显微镜上进行。花键等分累积误差与齿轮齿距误差的测量方法相同。

综合检验使用于大批量生产，用量规检验。综合量规用于控制被测花键的最大实体边界，即综合检验小径、大径及键（槽）宽的关联作用尺寸。检验时，若综合量规能通过工件，单项止规通不过工件，则工件合格。

综合量规的形状与被检测花键相对应，检验花键孔用花键塞规，检验花键轴用花键环规，矩形综合量规如图 9-52 所示。

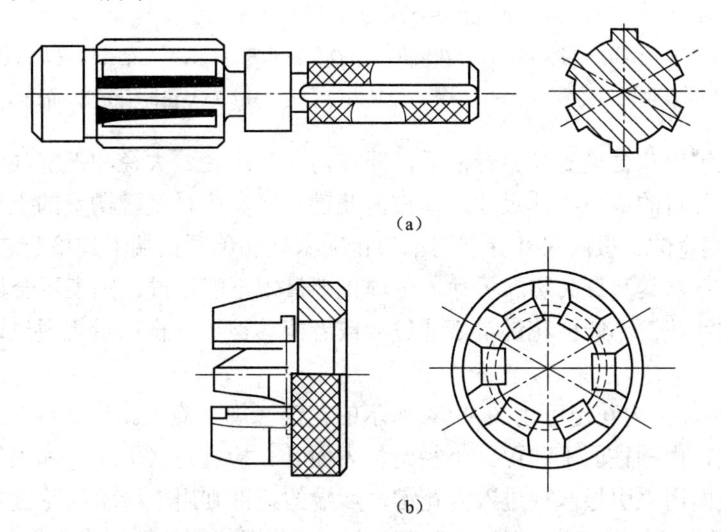

图 9-52 矩形花键综合量规

检验小径定心用的综合塞规如图 9-52（a）所示，塞规两端的圆柱用来导向及检验花键孔的小径。综合塞规花键部分的小径应比公称尺寸小 0.5～1mm，不起检验作用，而是用导向圆柱体的直径代替综合塞规内径，这样就可以使综合塞规的加工大为简化。

图 9-52（b）所示为检验外花键的综合环规。与综合塞规一样，综合环规的外径也适当加大，而在环规后面的圆柱孔直径相当于环规的外径，外花键的外径可用此孔检验。这种结构便于磨削综合量规的内孔及花键槽侧面。

图 9-53 所示为检验内、外花键各要素极限尺寸用的塞规和卡规。

花键定心小径表面遵守包容原则，各键（槽）位置度公差采用最大实体原则。在这种情况下，内、外花键均应采用花键综合量规检验。

当花键小径定心表面采用包容要求Ⓔ，各键（键槽）位置度公差与键宽度（键槽宽度）

公差的关系采用最大实体要求，且该位置度公差与小径定心表面尺寸公差的关系也采用最大实体要求时，为了保证花键装配形式的要求，验收内、外花键应该首先使花键塞规和花键环规（均系全形同规）分别检验内、外花键的实际尺寸和几何误差的综合结果，即同时检验花键的小径、大径、键宽（键槽宽）表面的实际尺寸和几何误差以及各键（键槽）的位置度误差，大径表面轴线的同轴度误差等的综合结果。花键量规应能自由通过实际被测花键，这样才能表示小径表面和键（键槽）两侧的实际轮廓皆在各自应遵守的边界范围内，位置度误差和大径同轴度误差合格。

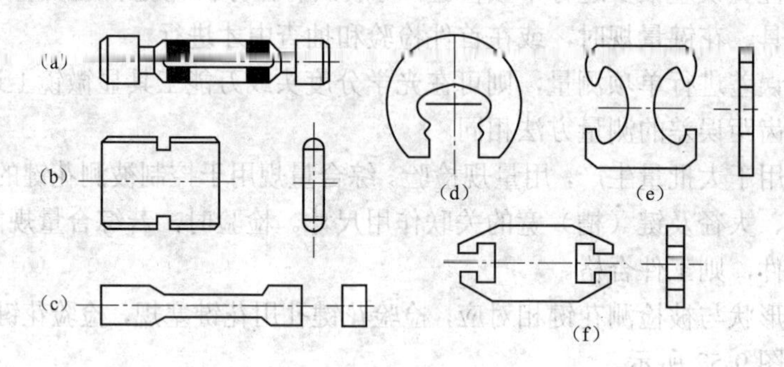

图 9-53　塞规和卡规

（a）花键孔内 d 的光滑量规；（b）花键孔外径 D 的板式塞规；（c）花键孔槽宽 b 的塞规；
（d）花键轴外径 D 的卡规；（e）花键轴内径 d 的卡规；（f）花键轴键宽 b 的卡规

实际被测花键用花键量规检验合格后，即按内花键小径、大径和键宽（即键槽宽）的实际尺寸是否超出各自的最小实体尺寸，即按内花键小径、大径及键槽宽的上极限尺寸和外花键小径、大径及键宽的下极限尺寸分别用单项止端塞规和单项止端卡规检验它们的实际尺寸，或者使用普通计量器具测量其实际尺寸。单项止端量规不能通过，则表示合格。

如果实际被测花键不能被花键量规通过，或者能够被单项止端量规通过，则表示被测花键不合格。

按图 9-37 标注的内花键可用图 9-54 所示的花键塞规来检验。该塞规是按共同检验方式设计的功能量规，由圆柱面Ⅰ和Ⅳ、小径定位表面Ⅱ、检验键（6 个）和大径检验表面Ⅴ组成。前段的圆柱面用来引导塞规进入内花键，后端的花键则用来检验内花键各部位。

图 9-55 所示为花键环规，它用于检验外花键，其前端的圆柱孔用来引导环规进入外花键，后端的花键则用来检验外花键各部位。

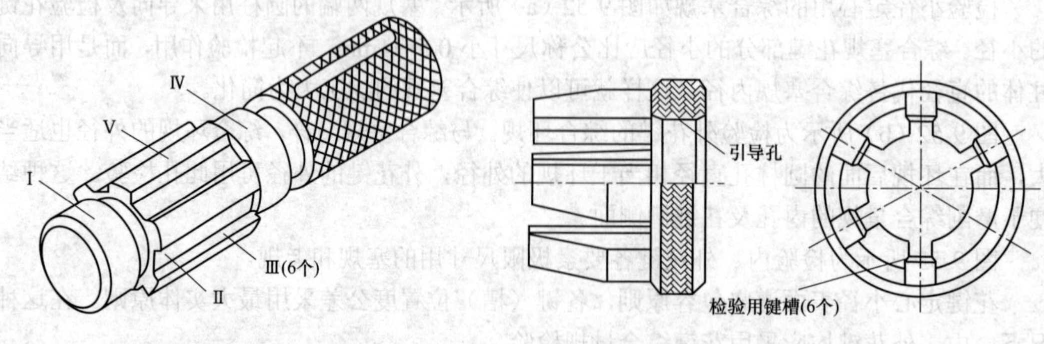

图 9-54　矩形花键赛规　　图 9-55　矩形花键环规

当花键小径定心表面采用包容要求Ⓔ，各键（键槽）的对称度公差以及花键各部位的公差皆遵守独立原则时，花键小径、大径和各键（键槽）应分别测量或检验。小径定心表面应该用光滑极限量规检验，大径和键宽（键槽宽）用两点法测量，各键（键槽）的对称度误差和大径表面轴线对小径表面轴线的同轴度误差都使用普通计量器具测量。

小　结

键连接和花键连接是机械产品中普遍应用的结合方式，它用作轴和轴上传动件（如齿轮、带轮、手轮、联轴器等）之间的可拆连接，用以传递转矩，有时也用作轴上传动件的导向，如变速箱中的齿轮可以沿花键轴移动以达到变换速度的目的。键又称单键，分为平键、半圆、键楔形键等几种。其中平键又可分为普通平键和导向平键；花键分为矩形花键、渐开线花键和三角花键三种，其中矩形花键应用最广。

习　题

9-1　单键连接的主要几何参数有哪些？

9-2　单键连接采用何种配合制度？

9-3　单键连接有几种配合类型？它们各应用在什么场合？

9-4　矩形花键连接的结合面有哪些？通常用哪个结合面作为定心表面？

9-5　矩形花键连接各结合面的配合采用何种配合制度？有几种装配形式？

9-6　试述矩形花键连接采用小径定心的优点。

9-7　某减速器中输出轴的伸出端与相配件孔的配合为ϕ45H7/m6，采用平键连接。试确定轴槽和轮毂槽的剖面尺寸及其极限偏差、键槽对称度公差和键槽表面粗糙度参数值，并确定应遵守的公差原则，将各项公差值标注在零件图上。

10 螺 纹 公 差

教学提示

螺纹结合按用途可以分为三类：

（1）紧固螺纹：主要用于连接和紧固各种机械零件，如用螺钉将轴承端盖固定在箱体上。对这类螺纹的使用要求是良好的旋合性和足够的连接强度。

（2）传动螺纹：用于螺旋传动，如滑动螺旋传动的千斤顶起重螺纹、普通车床进给机构中的丝杠螺母副和滚动螺旋传动的滚珠丝杠副。对滑动螺旋传动螺纹的使用要求是传递动力可靠、传递位移准确和具有一定的间隙；对滚动螺旋传动螺纹的使用要求是具有较高的行程精度、误差波动幅度小，直线度好、精度保持稳定。

（3）紧密螺纹：用于使两个零件紧密连接而无泄漏的结合，如管螺纹。

教学要求

本章让学生在学习螺纹结合的设计基础上，通过比较和综合分析各种螺纹结合的特点，懂得在螺纹连接系统中应考虑的主要问题，并通过对螺纹连接应用实例的分析，进一步熟悉和掌握米制普通螺纹、传动丝杠和滚珠丝杠副的公差与配合及其检测和应用。

10.1 螺纹几何参数偏差对互换性的影响

10.1.1 螺纹基本牙型及其几何参数

1. 普通螺纹的基本牙型

按 GB/T 197—2003 规定，普通螺纹的基本牙型如图 10-1 所示。基本牙型定义在轴向剖面上，基本牙型是指削去原始正三角形的顶部和底部所形成的内、外螺纹共有的理论牙型。它是确定螺纹设计牙型的基础，内、外螺纹的大径、中径、小径的公称尺寸都在基本牙型上定义。

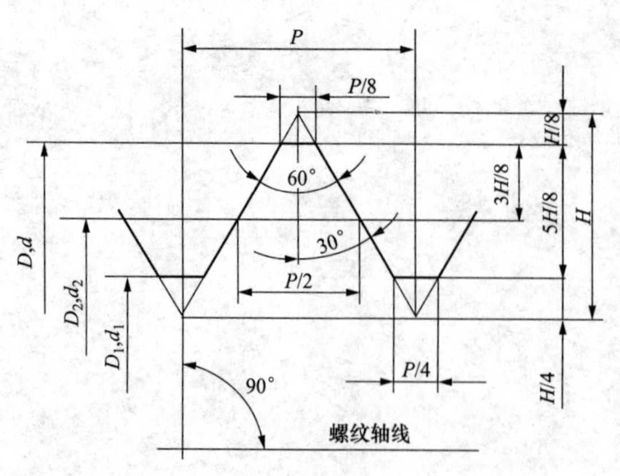

图 10-1 普通螺纹的基本牙型

2. 普通螺纹的主要几何参数

（1）原始三角形高度 H。由原始三角形顶点沿垂直于螺纹轴线方向到其底边的距离，如图 10-1 所示。H 与螺距 P 的几何关系为 $H=\sqrt{3}P/2$。

（2）大径 D（d）。螺纹的大径是指与外螺纹的牙顶（或内螺纹的牙底）相切的假想圆柱的直径。内、外螺纹的大径分别用 D、d 表示，如图 10-1 所示。外螺纹的大径又称外螺纹的顶径。螺纹大径的公称尺寸为螺纹的公称直径。

（3）小径 D_1（d_1）。螺纹的小径是指与外螺纹的牙底（或内螺纹的牙顶）相切的假想圆柱的直径。内、外螺纹的小径分别用 D_1 和 d_1 表示。内螺纹的小径又称内螺纹的顶径。

（4）中径 D_2（d_2）。螺纹牙型的沟槽和凸起宽度相等处假想圆柱的直径称为螺纹中径。内、外螺纹中径分别用 D_2 和 d_2 表示。

（5）螺距 P。在螺纹中径线（中径所在圆柱面的母线）上，相邻两牙对应两点间轴向距离称为螺距，用 P 表示，如图 10-1 所示。螺距有粗牙和细牙两种。国家标准规定了普通螺纹公称直径与螺距系列，见表 10-1。

表 10-1　直径与螺距标准组合系列（摘自 GB/T 193—2003）　mm

公称直径 D、d			螺距 P					
第一系列	第二系列	第三系列	粗牙	细牙				
				2	1.5	1.25	1	0.75
10			1.5			1.25	1	0.75
		11	1.5				1	0.75
12			1.75		1.5	1.25	1	
	14		2		1.5	1.25	1	
		15			1.5		1	
16			2		1.5		1	
		17			1.5		1	
	18		2.5	2	1.5		1	
20			2.5	2	1.5		1	
	22		2.5	2	1.5		1	
24			3	2	1.5		1	
	25			2	1.5		1	
		26		2	1.5			
	27		3	2	1.5		1	
		28		2	1.5		1	

螺距与导程不同，导程是指同一条螺旋线在中径线上相邻两牙对应点之间的轴向距离，用 L 表示。对单线螺纹，导程 L 和螺距 P 相等。对多线螺纹，导程 L 等于螺距 P 与螺纹线数 n 的乘积，即 $L=nP$。

（6）单一中径。一个假想圆柱直径，该圆柱母线通过牙型上的沟槽宽度等于 1/2 基本螺距的地方，如图 10-2 所示。

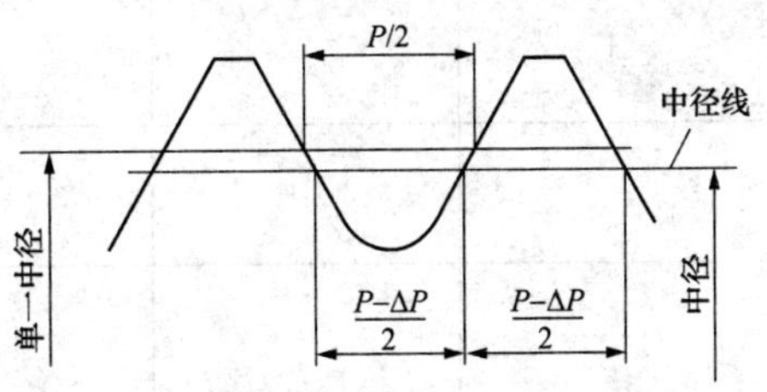

图 10-2　螺纹的单一中径

P—基本螺距；ΔP—螺距偏差

（7）牙型角 α 和牙型半角 $\alpha/2$。牙型角是指在螺纹牙型上相邻两个牙侧面的夹角，如图 10-1 所示，普通螺纹的牙型角为 60°。牙型半角是指在螺纹牙型上，某一牙侧与螺纹轴线的垂线间的夹角，如图 10-1

所示。普通螺纹的牙型半角为30°。

相互旋合的内、外螺纹，它们的基本参数相同。

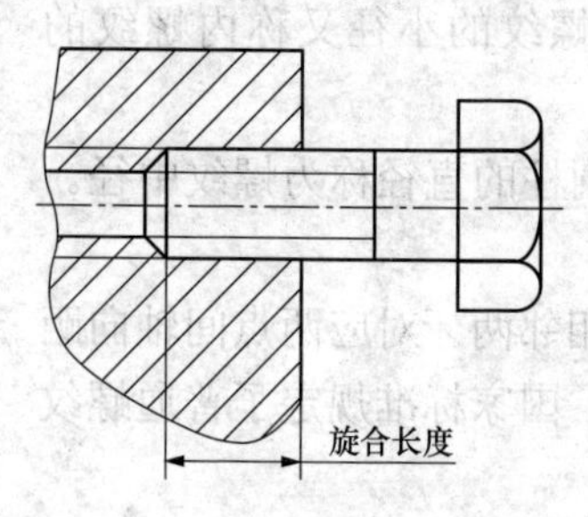

图10-3　螺纹的旋合长度

已知螺纹的公称直径（大径）和螺距，用下列公式可计算出螺纹的小径和中径。

$$D_2(d_2)=D(d)-2\times\frac{3}{8}H=D(d)-0.64105P$$

$$D_1(d_1)=D(d)-2\times\frac{5}{8}H=D(d)-1.0825P$$

如有资料，则不必计算，可直接查螺纹表格。

（8）螺纹的旋合长度。螺纹的旋合长度是指两个相互旋合的内、外螺纹，沿螺纹轴线方向相互旋合部分的长度，如图10-3所示。

普通螺纹公称尺寸系列见表10-2。

表10-2　　普通螺纹的公称尺寸　　mm

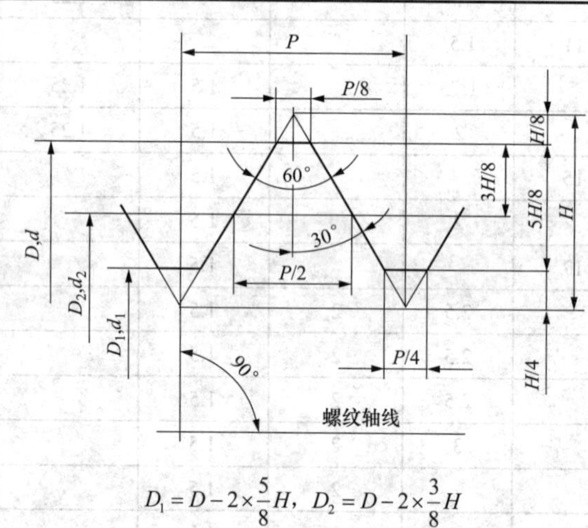

$$D_1=D-2\times\frac{5}{8}H,\ D_2=D-2\times\frac{3}{8}H$$

$$d_1=d-2\times\frac{5}{8}H,\ d_2=d-2\times\frac{3}{8}H$$

$$H=\frac{3}{2}P=0.866\ 025\ 404P$$

公称直径 D、d			螺距 P	中径 D_2 或 d_2	小径 D_1 或 d_1
第一系列	第二系列	第三系列			
1			0.25*	0.838	0.729
			0.2	0.87	0.738
	1.1		0.25*	0.938	0.829
			0.2	0.97	0.883
1.2			0.25*	1.038	0.929
			0.2	1.07	0.983
	1.4		0.3*	1.205	1.075
			0.2	1.27	1.183

续表

公称直径 D、d			螺距 P	中径 D_2 或 d_2	小径 D_1 或 d_1
第一系列	第二系列	第三系列			
1.6			0.35*	1.373	1.221
			0.2	1.47	1.383
	1.8		0.35*	1.573	1.421
			0.2	1.67	1.583
2			0.4*	1.74	1.567
			0.25	1.838	1.729
	2.2		0.45*	1.908	1.713
			0.25	2.038	1.929
2.5			0.45*	2.208	2.013
			0.35	2.273	2.121
3			0.5*	2.675	2.459
			0.35	2.773	2.621
	3.5		（0.6）	3.11	2.85
			0.35	3.273	3.121
4			0.7*	3.545	3.242
			0.5	3.675	3.459
	4.5		（0.75）*	4.013	3.688
			0.5	4.175	3.959
5			0.8*	4.48	4.134
			0.5	4.675	4.459
		5.5	0.5	5.175	4.959
6			1*	5.35	4.917
			0.75	5.513	5.188
			（0.5）	5.675	5.459
		7	1*	6.35	5.917
			0.75	6.513	6.188
			（0.5）	6.675	6.459
8			1.25*	7.188	6.647
			1	7.35	6.917
			0.75	7.513	7.188
			（0.5）	7.675	7.459
		8.5	（1.25）*	8.188	7.647
	9		1	8.35	7.917
			0.75	8.513	8.188
			（0.5）	8.676	8.459
10			1.5*	9.026	8.376
			1.25	9.188	8.647
			1	9.35	8.917
			0.75	9.513	9.188

续表

公称直径 D、d			螺距 P	中径 D_2 或 d_2	小径 D_1 或 d_1
第一系列	第二系列	第三系列			
10			(0.5)	9.675	9.459
		11	(1.5)*	10.026	9.376
			1	10.35	9.917
			0.75	10.513	11.188
			(0.5)	10.675	10.459
12			1.75*	10.863	10.106
			1.5	11.026	10.376
			1.25	11.188	10.647
			1	11.35	10.917
			(0.75)	11.513	11.188
			(0.5)	11.675	11.459
	14		2*	12.701	11.835
			1.5	13.026	12.376
			1.25	13.188	12.647
			1	13.35	12.917
			(0.75)	13.513	13.188
			(0.5)	13.675	13.459
		15	1.5	14.026	13.376
			(1)	14.35	13.917
16			2*	14.701	13.835
			1.5	15.026	14.376
			1	15.35	14.917
			(0.75)	15.513	15.188
			(0.5)	15.675	15.459
		17	1.5	16.026	15.376
			(1)	16.35	15.917
	18		2.5*	16.376	15.294
			2	16.701	15.835
			2.5	17.026	16.376
			1	17.35	16.917
			(0.75)	17.513	17.188
			(0.5)	17.675	17.459
20			2.5*	18.376	17.294
			2	18.701	17.835
			1.5	19.026	18.376
			1	19.35	18.917
			(0.75)	19.513	19.188
			(0.5)	19.675	19.459

续表

公称直径 D、d			螺距 P	中径 D_2 或 d_2	小径 D_1 或 d_1
第一系列	第二系列	第三系列			
	22		2.5*	20.376	19.294
			2	20.701	19.835
			1.5	21.026	20.376
			1	21.35	20.917
			(0.75)	21.513	21.188
			(0.5)	21.675	21.459
24			3*	22.051	20.752
			2	22.701	21.835
			1.5	23.026	22.376
			1	23.35	22.917
			(0.75)	23.513	23.188
		25	2	23.701	22.835
			1.5	24.026	23.376
			(1)	24.35	23.917
		26	1.5	25.026	24.376
	27		3*	25.051	23.752
			2	25.701	24.835
			1.5	26.026	25.376
			1	26.35	25.917
			(0.75)	26.513	26.188
		28	2	26.701	25.835
			1.5	27.026	26.376
			1	27.35	26.917
30			3.5	27.727	26.211
			(3)	28.051	26.752
			2	28.701	27.835
			1.5	29.026	28.376
			1	29.35	28.917
			(0.75)	29.513	29.188

注　1．直径优先选用第 1 系列，其次第 2 系列，第 3 系列尽可能不用。

2．括号内的螺距尽量不用。

3．标*的部分表示的是粗牙螺纹。

10.1.2　公差原则对螺纹几何参数的应用

要实现普通螺纹的互换性，必须保证良好的旋合性和足够的连接强度。旋合性是指公称直径和螺距基本值分别相等的内、外螺纹能够自由旋合并获得所需要的配合性质。足够的连接强度是指内、外螺纹的牙侧能够均匀接触，具有足够的承载能力。

影响螺纹互换性的几何参数有螺纹的大径、中径、小径、螺距和牙型半角。

1. 螺纹直径偏差的影响

螺纹实际直径的大小直接影响螺纹结合的松紧。要保证螺纹结合的旋合性，就必须使内螺纹的实际直径大于或等于外螺纹的实际直径。由于相配合内、外螺纹的直径公称尺寸相同，因此，如果使内螺纹的实际直径大于或等于其公称尺寸（即内螺纹直径实际偏差为正值），而外螺纹的实际直径小于或等于其公称尺寸（即外螺纹直径实际偏差为负值），就能保证内、外螺纹结合的旋合性。但是，内螺纹实际小径不能过大，外螺纹实际大径不能过小，否则会使螺纹接触高度减小，导致螺纹连接强度不足。内螺纹实际中径也不能过大，外螺纹实际中径也不能过小，否则削弱螺纹连接强度。所以，必须限制螺纹直径的实际尺寸，不能过大，也不能过小。在螺纹三个直径参数中，中径实际尺寸的影响是主要的，它直接决定了螺纹结合的配合性质。

2. 螺距误差的影响

螺距误差分为螺距偏差和螺距累积误差。螺距偏差是指螺距的实际值与其基本值 P 之差。螺距累积误差是指在规定的螺纹长度内，任意两同名牙侧与中径线交点间的实际轴向距离与其基本值之差的最大绝对值。后者对螺纹互换性的影响更为明显。

如图 10-4 所示，假设内螺纹具有理想牙型，与之相配合的外螺纹只存在螺距误差，且它的螺距 $P_{外}$ 比螺纹的螺距 $P_{内}$（即 P）大，则在 n 个螺牙的螺纹长度（$L_{外}$、$L_{内}$）内，螺距累积误差 $\Delta P_\Sigma=|nP_{外}-nP_{内}|$。螺距累积误差的存在，使内、外螺纹牙侧产生干涉而不能旋合。

为了使具有螺距累积误差的外螺纹能够旋入理想的内螺纹，只需将外螺纹牙侧上的 B 点移至与内螺纹牙侧上的 C 点接触，即需要将外螺纹的中径减小一个数值 f_P。同理，在 n 个螺牙的螺纹长度内，内螺纹存在螺距累积误差 ΔP_Σ时，为了保证旋合性，就必须将内螺纹的中径增大一个数值 F_P。f_P 和 F_P 称为螺距误差的中径当量。由图 10-4 中的△ABC 可得出 f_P 与 ΔP_Σ的关系为

$$f_P\ (\text{或}\ F_P)=1.732\Delta P_\Sigma \tag{10-1}$$

由式（10-1）可知，如果 ΔP_Σ过大，内、外螺纹中径要分别增大或减小许多，虽可保证旋合性，却使螺纹实际接触的螺牙数目减少，载荷集中在螺牙接触面的接触部位，造成螺牙接触面接触压力增加，降低螺纹连接强度。

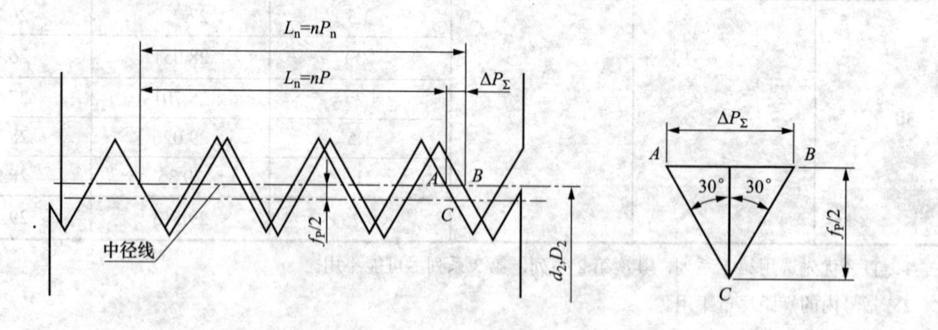

图 10-4 螺距累积误差对旋合性的影响

3. 牙侧角偏差的影响

牙侧角偏差是指牙侧角的实际值与其基本值之差，它包括螺纹牙侧的形状误差和牙侧相对于螺纹轴线的位置误差。

如图 10-5 所示，假设内螺纹 1 具有理想牙型（左、右牙侧角的大小均为基本值 30°），外

螺纹 2 仅存在牙侧角偏差。图中，外螺纹左牙侧角偏差 $\Delta\alpha$ 会在内、外螺纹牙侧产生干涉而不能旋合。为了消除干涉，保证旋合性，就必须将外螺纹螺牙沿垂直于螺纹轴线的方向向螺纹轴线移动 $f_\alpha/2$ 到达虚线 3 处，即需将外螺纹中径减少一个数值 F_α。f_α（或 F_α）称为牙侧角偏差的中径当量。由图 10-4 可得出 f_P 与 ΔP_Σ 的关系为

$$f_P(\text{或} F_P)=0.073P(K_1\,|\,\Delta\alpha_1\,|+K_2\,|\,\Delta\alpha_2\,|) \quad (10\text{-}2)$$

对于外螺纹，当 $\Delta\alpha_1$（或 $\Delta\alpha_2$）为正时，在中径与小径之间的牙侧产生干涉，K_1（或 K_2）取 2；当 $\Delta\alpha_1$（或 $\Delta\alpha_2$）为负时，在中径与大径之间的牙侧产生干涉，K_1（或 K_2）取 3；对于内螺纹，当 $\Delta\alpha_1$（或 $\Delta\alpha_2$）为正时，在中径与大径之间的牙侧产生干涉，K_1（或 K_2）取 3；当 $\Delta\alpha_1$（或 $\Delta\alpha_2$）为负时，在中径与小径之间的牙侧产生干涉，K_1（或 K_2）取 2。

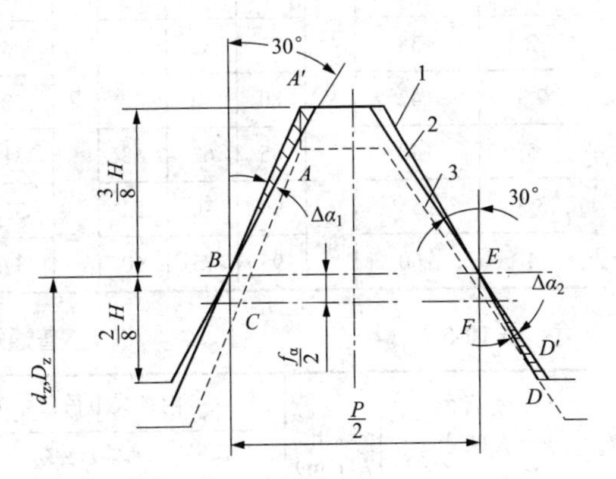

图 10-5 牙侧角偏差对旋合性的影响

螺纹存在牙侧角偏差时，通过将外螺纹中径减小一个数值 f_α、将内螺纹中径增大一个数值 F_α，虽可保证旋合性，但内、外螺纹的牙侧角不相等，会使牙侧接触面积减小，也会使载荷相对集中到接触部位，造成接触压力增加，降低螺纹连接强度。

10.2 普通螺纹的公差与配合

10.2.1 普通螺纹的公差带

普通螺纹的公差带与尺寸公差带一样，其位置由基本偏差决定，大小由公差等级决定。普通螺纹国家标准（GB/T 197—2003）规定了螺纹的大、中、小径的公差带。

1. 螺纹公差带的大小和公差等级

螺纹的公差等级见表 10-3。其中 6 级是基本级；3 级公差值最小，精度最高；9 级精度最低。各级公差值见表 10-4 和表 10-5。由于内螺纹的加工比较困难，同一公差等级内螺纹中径公差比外螺纹中径公差大 32%左右。

表 10-3 螺纹的公差等级

螺纹直径	公差等级	螺纹直径	公差等级
外螺纹中径 d_2	3、4、5、6、7、8、9	内螺纹中径 D_2	4、5、6、7、8
外螺纹大径 d	4、6、8	内螺纹小径 D_1	4、5、6、7、8

表 10-4 普通螺纹的基本偏差和顶径公差 mm

螺矩 P（mm）	内螺纹的基本偏差 EI		外螺纹的基本偏差 es				内螺纹小径公差 T_{D1} 公差等级					外螺纹大径公差 T_d 公差等级		
	G	H	e	f	g	h	4	5	6	7	8	4	6	8
1	+26	0	60	40	26	0	150	190	236	300	375	112	180	280
1.25	+28		63	42	28		170	212	265	335	425	132	212	335

续表

螺矩 P（mm）	内螺纹的基本偏差 EI		外螺纹的基本偏差 es				内螺纹小径公差 T_{D1} 公差等级					外螺纹大径公差 T_d 公差等级		
	G	H	e	f	g	h	4	5	6	7	8	4	6	8
1.5	+32	0	67	45	32	0	190	236	300	375	485	150	236	375
1.75	+34		71	48	34		212	265	335	425	530	170	365	425
2	+38		71	52	38		236	300	375	475	600	180	380	450
2.3	+42		80	58	42		280	355	450	560	710	212	225	530
3	+48		85	63	48		315	400	500	630	800	236	275	600
3.5	+53		90	70	53		355	450	560	710	900	265	425	670
4	+60		95	75	60		375	475	600	750	950	300	475	750

表 10-5　　普通螺纹的中径公差

mm

公称直径 D（mm）		螺距 P（mm）	内螺纹中径公差 T_{D2} 公差等级					外螺纹中径公差 T_{d2} 公差等级						
>	≤		4	5	6	7	8	3	4	5	6	7	8	9
5.6	11.2	0.5	71	90	112	140	—	42	53	67	85	106	—	—
		0.75	85	106	132	170	—	50	63	80	100	125	—	—
		1	95	118	150	190	236	56	71	90	112	140	180	224
		1.25	100	125	160	200	250	60	75	95	118	150	190	236
		1.5	112	140	180	224	280	67	85	106	132	170	212	295
11.2	22.4	0.5	75	95	118	150	—	45	56	71	90	112	—	—
		0.75	90	112	140	180	—	53	67	85	106	132	—	—
		1	100	125	160	200	250	60	75	95	118	150	190	236
		1.25	112	140	180	224	280	67	85	106	132	170	212	265
		1.5	118	150	190	236	300	71	90	112	140	180	224	280
		1.75	125	160	200	250	315	75	95	118	150	190	236	300
		2	132	170	212	265	335	80	100	125	160	200	250	315
		2.5	140	180	224	280	355	85	106	132	170	212	265	335
22.4	45	0.75	95	118	150	190	—	56	71	90	112	140	—	—
		1	106	132	170	212	—	63	80	100	125	160	200	250
		1.5	125	160	200	250	315	75	95	118	150	190	236	300
		2	140	180	224	280	355	85	106	132	170	212	265	335
		3	170	212	265	335	425	100	125	160	200	250	315	400
		3.5	180	224	280	355	450	106	132	170	212	265	335	425
		4	190	236	300	375	475	112	140	180	224	280	355	450
		4.5	200	250	315	400	500	118	150	190	236	300	375	475

由于外螺纹的小径 d_1 与中径 d_2、内螺纹的大径 D 和中径 D_2 是同时由刀具切出的，其尺寸在加工过程中自然形成，由刀具保证，因此国家标准中对内螺纹的大径和外螺纹的小径均不规定具体的公差值，只规定内、外螺纹牙底实际轮廓的任何点均不能超过基本偏差所确定的最大实体牙型。

2. 螺纹公差带的位置和基本偏差

螺纹的公差带是以基本牙型为零线布置的，其位置如图 10-6 所示。螺纹的基本牙型是计算螺纹偏差的基准。

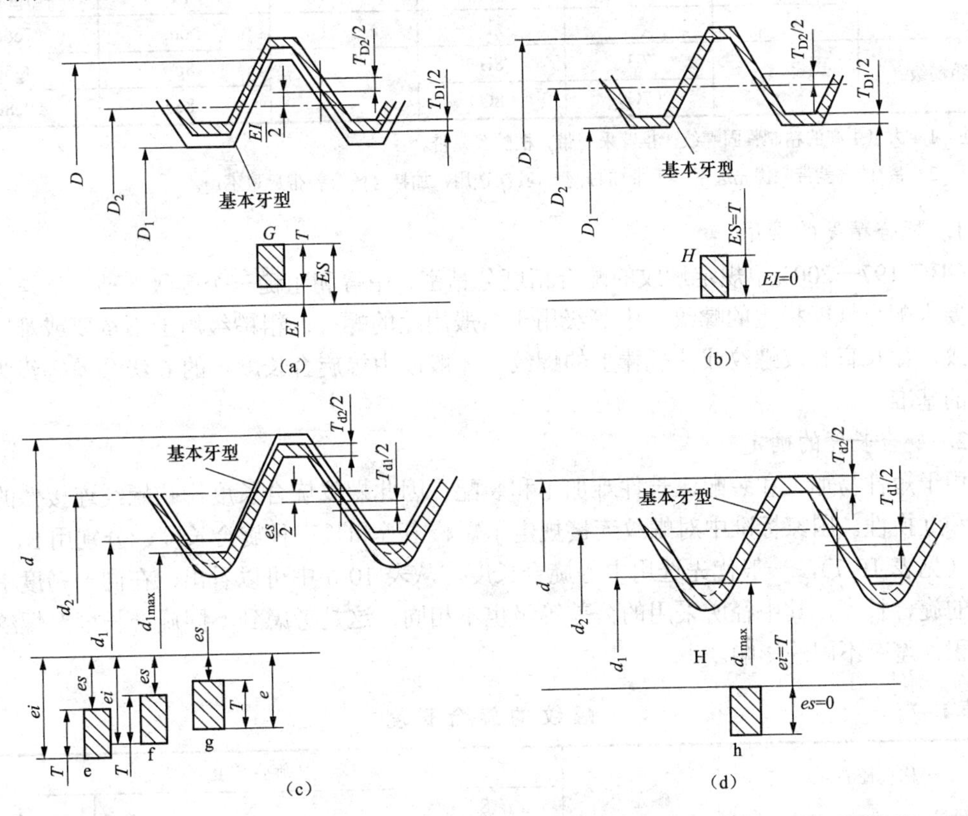

图 10-6 内、外螺纹的基本偏差

国家标准中对内螺纹只规定了两种基本偏差 G、H。基本偏差为下极限偏差 EI。如图 10-6（a）、图 10-6（b）所示。对外螺纹规定了四种基本偏差 e、f、g、h，基本偏差为上极限偏差 es。如图 10-6（c）、（d）所示。H 和 h 的基本偏差为零，G 的基本偏差值为正，e、f、g 的基本偏差值为负，见表 10-4。

按螺纹的公差等级和基本偏差可以组成很多公差带，普通螺纹的公差带代号由表示公差等级的数字和基本偏差字母组成，如 6h、5G 等，与一般的尺寸公差带符号不同，其公差等级符号在前，基本偏差代号在后。

10.2.2 螺纹公差带的选用

在生产中为了减少刀具、量具的规格和种类，国家标准中规定了既能满足当前需要而数量又有限的常用公差带，见表 10-6。表中规定了优先、其次和尽可能不用的选用顺序。除了特殊需要之外，一般不应该选择标准规定以外的公差带。

表 10-6 普通螺纹选用公差带（摘自 GB/T 197—2003）

精度等级	内螺纹公差带			外螺纹公差带		
	S	N	L	S	N	L
精密级	4H	5H	6H	(3h4h)	4h	(5h4h)
					(4g)	(5g4g)
中等级	*5H	*6H	*7H	(5h6h)	*6e	(7h6h)
					*6f	
	(5G)	(6G)	(7G)		*6g	(7g6g)
					*6h	(7e6e)
粗糙级	—	7H	8H	—	8g	(9g8g)
		(7G)	(8G)		(8e)	(9e8e)

注 1. 大量生产的精制紧固螺纹，推荐采用带方框的公差带。

2. 带*的公差带应优先选用，不带*的公差带其次选用，加括号的公差带尽量不用。

1. 配合精度的选用

GB/T 197—2003 中规定螺纹的配合精度分精密、中等和粗糙三个等级。精密级螺纹主要用于要求配合性能稳定的螺纹；中等级用于一般用途的螺纹；粗糙级用于不重要或难以制造的螺纹，如长盲孔攻螺纹或热轧棒上的螺纹。一般以中等旋合长度下的 6 级公差等级为中等精度的基准。

2. 旋合长度的确定

由于短件易加工和装配，长件难加工和装配，因此螺纹旋合长度影响螺纹连接件的配合精度和互换性。国家标准中对螺纹连接规定了短、中等和长三种旋合长度，分别用 S、N、L 表示（见表 10-7），一般优先选用中等旋合长度。从表 10-6 中可以看出，在同一精度中，对不同的旋合长度，其中径所采用的公差等级也不相同，这是考虑到不同旋合长度对螺纹的螺距累积误差有不同的影响。

表 10-7 螺纹的旋合长度 mm

公称直径 D、d		螺距 P	旋合长度			
			S	N		L
>	≤		≤	>	≤	>
5.6	11.2	0.5	1.6	1.6	4.7	4.7
		0.75	2.4	2.4	7.1	7.1
		1	2	2	9	9
		1.25	4	4	12	12
		1.5	5	5	15	15
11.2	22.4	0.5	1.8	1.8	5.4	5.4
		0.75	2.7	2.7	8.1	8.1
		1	3.8	3.8	11	11
		1.25	4.5	4.5	13	13
		1.5	5.6	5.6	16	16
		1.75	6	6	18	18
		2	8	8	24	24
		2.5	10	10	30	30

3. 公差等级和基本偏差的确定

根据配合精度和旋合长度，由表 10-6 中选定公差等级和基本偏差，具体数值见表 10-5 和表 10-4。

4. 配合的选用

内外螺纹配合的公差带可以任意组合成多种配合，在实际使用中，主要根据使用要求选用螺纹的配合。为保证螺母、螺栓旋合后同轴度较好和足够的连接强度，选用最小间隙为零的配合（H/h）；为了拆装方便和改善螺纹的疲劳强度，可选用小间隙配合（H/g 和 G/h）；需要涂镀保护层的螺纹，间隙大小取决于镀层厚度，例如，5μm 选用 6H/6g，10μm 选用 6H/6e，内外均涂则选用 6G/6e。

10.2.3 普通螺纹的标记

螺纹的完整标记由螺纹代号、螺纹公差带代号和旋合长度代号等组成。螺纹公差带代号包括中径公差带代号和顶径（外螺纹大径和内螺纹小径）公差带代号。公差带代号是由表示其大小的公差等级数字和表示其位置的基本偏差代号组成。对细牙螺纹还需要标注出螺距。在零件图上的普通螺纹标记示例：

外螺纹：

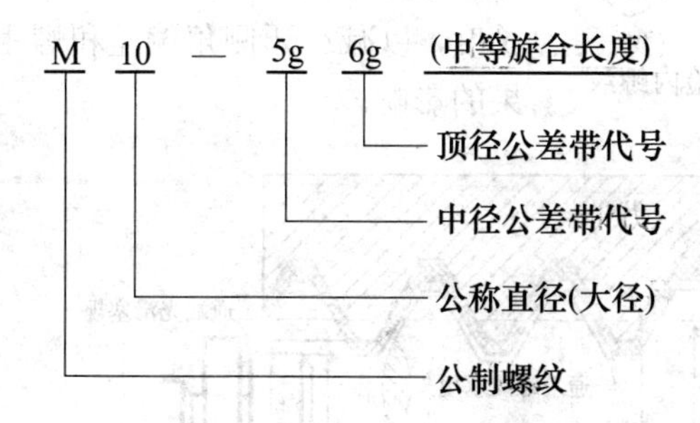

内螺纹：

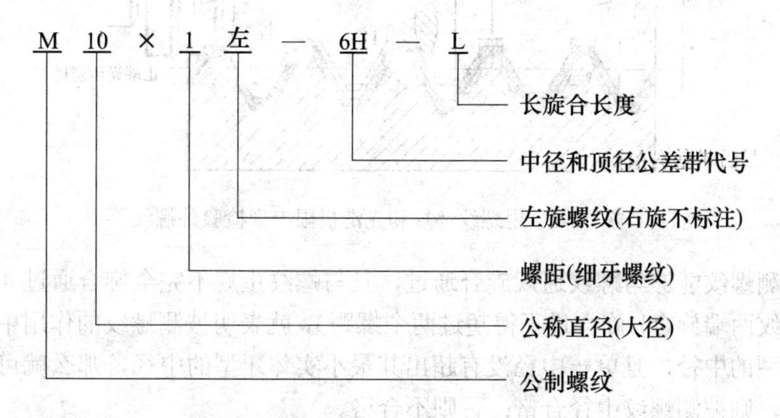

在装配图上，内外螺纹公差带代号用斜线分开，左内右外，如 M10×2—6H/5g6g。必要时，在螺纹公差带代号之后加注旋合长度代号 S 或 L（中等旋合长度代号 N 不标注），如 M10—5g6g—S。特殊需要时，可以标注旋合长度的数值，如 M10—5g6g—25 表示螺纹的旋合长度为 25mm。

10.3 螺纹的检测

普通螺纹是多参数要素，有两类检测方法：综合检验和单项测量。

10.3.1　综合检验

普通螺纹的综合检验是指用量规对影响螺纹互换性的几何参数偏差的综合结果进行检验。其中包括：使用普通螺纹量规通规和止规分别对被测螺纹的作用中径（含底径）和单一中径进行检验；使用光滑极限量规对被测螺纹的实际顶径进行检验。

检验内螺纹用的螺纹量规称为螺纹塞规，检验外螺纹用的量规称为螺纹环规。螺纹量规的设计应符合泰勒原则。如图 10-7 和图 10-8 所示，螺纹量规通规模拟被测螺纹的最大实体牙型，检验被测螺纹的作用中径是否超出其最大实体牙型的中径，并同时检验底径实际尺寸是否超出其最大实体尺寸。因此，通规应具有完整的牙型，并且螺纹的长度等于被测螺纹的旋合长度。止规用来检验被测螺纹的单一中径是否超出其最小实体牙型的中径。因此，止规采用截短牙型，并且只有 2～3 个螺距的螺纹长度，以减小牙侧角偏差和螺距误差对检验结果的影响。

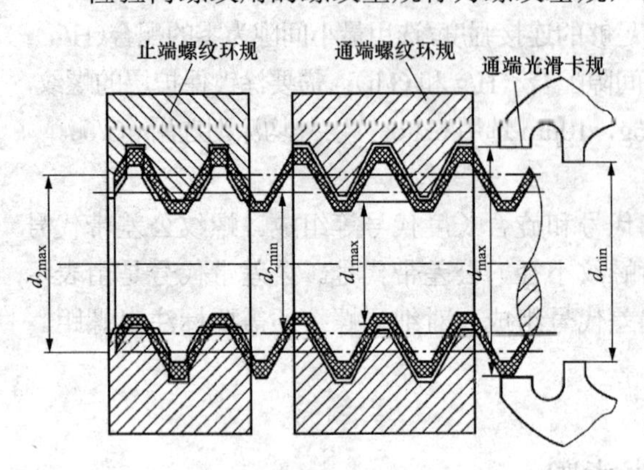

图 10-7　用螺纹塞规和光滑极限塞规检验内螺纹

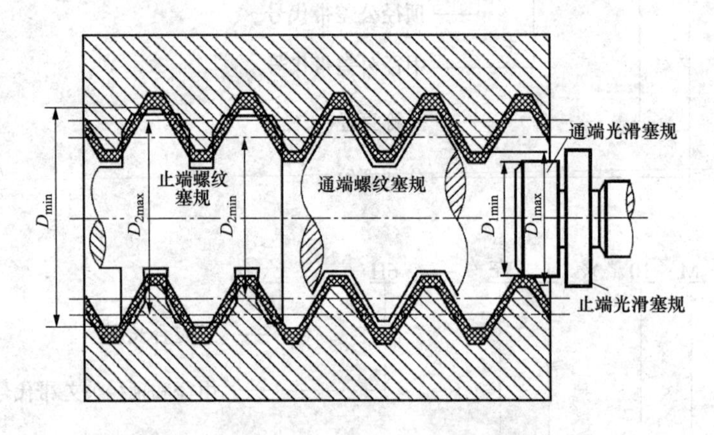

图 10-8　用螺纹环规和光滑极限卡规检验外螺纹

如果被测螺纹能够与螺纹通规旋合通过，且与螺纹止规不完全旋合通过（螺纹止规只允许与被测螺纹两端旋合，旋合量不得超过两个螺距），就表明被测螺纹的作用中径没有超出其最大实体牙型的中径，且单一中径没有超出其最小实体牙型的中径，那么就可以保证旋合性和连接强度，则被测螺纹中径合格；否则不合格。

螺纹塞规、螺纹环规的通规和止规的中径、大径、小径和螺距、牙侧角都要分别确定相应的公称尺寸及极限偏差。检验螺纹顶径用的光滑极限量规通规和止规也要分别确定相应的定形尺寸及极限偏差，与检验孔、轴用的光滑极限量规类似。这些在 GB/T 3934—2003《普通螺纹量规　技术条件》及其附录中都有具体规定。

10.3.2　单项测量

普通螺纹的单项测量是指分别对螺纹的各个几何参数进行测量。单项测量用于螺纹工件的工艺分析和螺纹量规、螺纹刀具的测量。常用的螺纹单项测量方法有以下几种。

1. 三针法测量外螺纹单一中径

如图 10-9 所示，将三根直径皆为 d_0 的刚性圆柱形量针放在被测螺纹对径位置的沟槽中，与两牙侧面接触，测量这三根量针外侧母线之间的距离（针距 M）。量针放入螺纹沟槽后，其轴线并不与螺纹轴线垂直，而是顺着螺纹沟槽的旋向偏斜。量针与两牙侧面的接触点在螺纹法向剖面内，而不在通过螺纹轴线的剖面内。由于普通螺纹的螺旋升角很小，法向剖面与通过螺纹轴线的剖面间的夹角就很小，所以可近似地认为量针与两牙侧面在通过螺纹轴线的剖面内接触。由图 10-9（a）可见，被测螺纹的单一中径 d_{2s} 与 d_0、M、被测螺纹的螺距 P、牙型半角 $\alpha/2$ 有如下关系：

$$d_{2s}=M-d_0\left(1+\frac{1}{\sin\dfrac{\alpha}{2}}\right)+\frac{P}{2}c\tan\frac{\alpha}{2} \tag{10-3}$$

由式（10-3）可知，影响单一中径测量精度的因素有：测量针距 M 时量仪的误差，量针形状误差和直径偏差，被测螺纹的螺距偏差和牙侧角偏差。为了避免牙侧角偏差对测量结果的影响，就必须选择量针的最佳直径，使量针与被测螺纹两牙侧面接触的两个切点间的轴向距离等于螺距基本值的一半 $P/2$，如图 10-9（b）所示。量针最佳直径 d_0，用式（10-4）计算：

$$d_0=\frac{P}{2\cos\dfrac{\alpha}{2}} \tag{10-4}$$

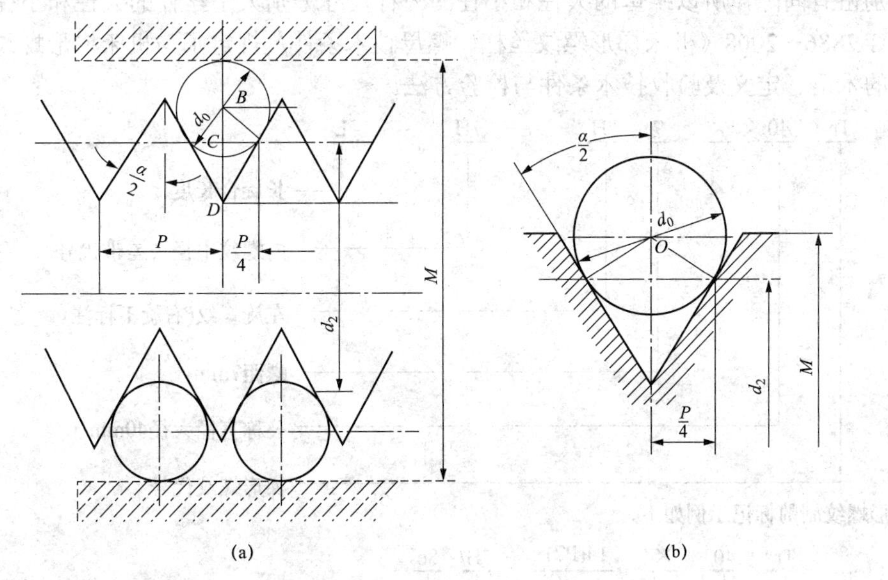

图 10-9 三针法测量外螺纹单一中径

（a）测量针距 M；（b）量针最佳直径 d_0

2. 影像法测量螺纹各几何参数

影像法测量螺纹是指用工具显微镜将被测螺纹的牙型轮廓放大成像，按被测螺纹的影像来测量其螺距、牙侧角和中径，也可测量其大径和小径。

3. 用螺纹千分尺测量外螺纹中径

螺纹千分尺是测量低精度螺纹的量具。如图 10-10 所示，将一对符合被测螺纹牙型角和螺距的锥形测头3和V形槽测头2，分别插入千分尺两测砧的位置，以测量螺纹中径。为了满足不同螺距的被测螺纹的需要，螺纹千分尺带有一套可更换的不同规格的测头。将锥形测头和V形槽测头安装在内径千分尺上，也可以测量内螺纹。

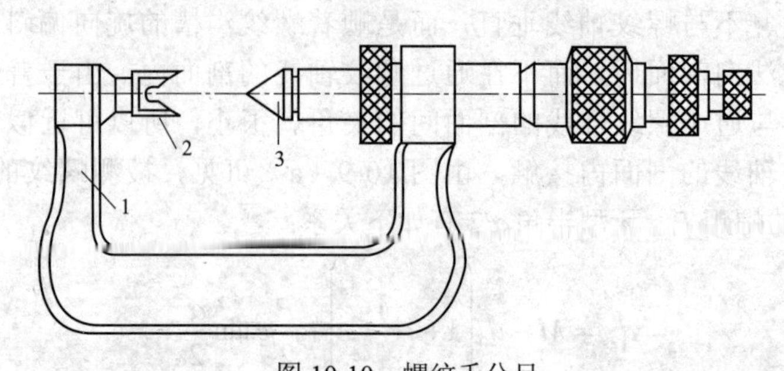

图10-10 螺纹千分尺

1—千分尺身；2—V形槽测头；3—锥形测头

10.4 梯形丝杠的公差

机床采用梯形螺纹丝杠和螺母作传动用和定位用。所用螺纹是牙型角为 30°的单线梯形螺纹。丝杠和螺母中径的公称尺寸相同；为了储存润滑油，在丝杠与螺母的顶径之间和底径之间分别留有间隙，所以螺母的大径和小径的公称尺寸分别大于丝杠的大径和小径的公称尺寸。JB/T 2886—2008《机床梯形螺纹丝杠、螺母技术条件》规定了与机床梯形螺纹丝杠、螺母有关的术语、定义及验收技术条件与检验方法。

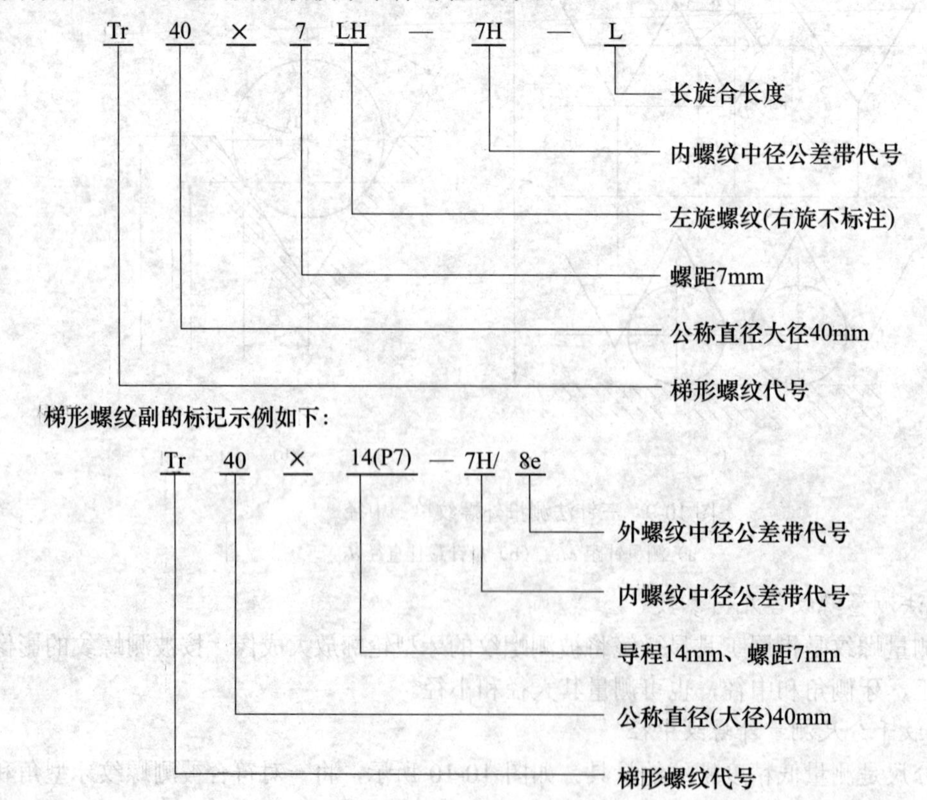

10.4.1 对梯形丝杠的精度要求

1. 螺旋线公差

螺旋线误差是指在中径线上实际螺旋线相对于理论螺旋线偏离的最大代数差。螺旋线误差分为以下几种：

（1）丝杠一转内螺旋线误差。

（2）丝杠在指定长度上（25、100 或 200mm）的螺旋线误差。

（3）丝杠全长的螺旋线误差。

螺旋线误差较全面地反映了丝杠的位移精度，但由于测量螺旋线误差的动态测量仪器尚未普及，国家标准中只对 3、4、5、6 级的丝杠规定了螺旋线公差。

2. 螺距公差

标准中规定了各级精度丝杠的螺距公差。螺距误差可以分为以下几种：

（1）单个螺距误差（ΔP）。在螺纹全长上，任意单个实际螺距对公称螺距之差，如图 10-11 所示。

（2）螺距累积误差（ΔP_l 和 ΔP_{Li}）。在规定的螺纹长度 l 内或在螺纹的全长 L 上，实际累积螺距对其公称值的最大差值。

（3）分螺距误差（$\Delta P/n$）。在梯形丝杠的若干等分转角内，螺旋面在中径线上的实际轴向位移对公称轴向位移之差，如图 10-12 所示。

分螺距误差近似地反映了一转内的螺旋线误差，在标准中，对 3、4、5、6 级丝杠规定了分螺距公差，并规定分螺距误差应在单个螺距误差最大处测量 3r，每转内的等分数 n 不少于表 10-8 中的规定。

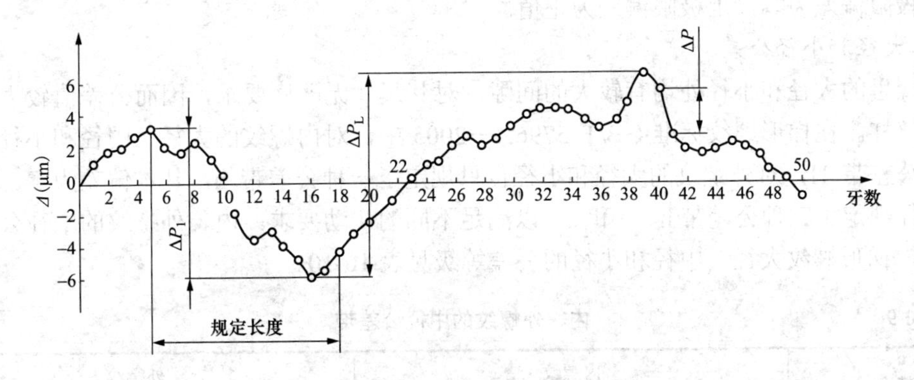

图 10-11 梯形丝杠的螺距误差

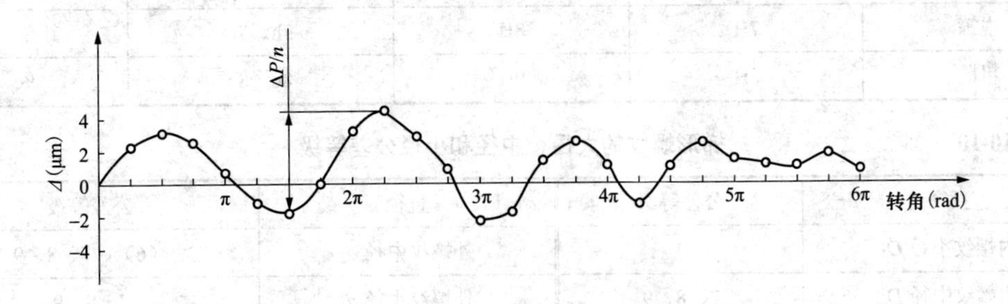

图 10-12 梯形丝杠的分螺距误差

表 10-8　　测量分螺距的每转等分数

螺距（mm）	2～5	5～10	10～20
等分数 *n*	4	6	8

3. 牙型半角的极限偏差

对3、4、5、6、7、8级的丝杠，标准规定有牙型半角极限偏差。对9级精度的丝杠，标准未做规定，它可以同普通螺纹一样，由中径公差综合控制。

4. 大径、中径和小径公差

为了使丝杠易于存储润滑油和便于旋转，大径、小径和中径处都有间隙。其公差值的大小，从理论上只影响配合的松紧程度，不影响传动精度，故均规定了较大的公差值。

5. 丝杠全长上中径尺寸变动量公差

中径尺寸变动会影响丝杠与螺母配合间隙的均匀性及丝杠螺母副两螺旋面的一致性，应规定公差。对中径尺寸变动量规定在同一轴向截面内测量。

6. 丝杠中径跳动公差

为了控制丝杠与螺母的配合偏心，提高位移精度，标准中规定了丝杠的中径跳动公差。

10.4.2　对螺母的精度要求

1. 中径公差

螺母的螺距和牙型角很难测量，标准中未单独规定公差，而是由中径公差来综合控制，所以其中径公差是一个综合公差。对高精度丝杠螺母副（6级以上），在生产中主要按丝杠配做螺母。为了提高合格率，标准中规定中径公差带对称于公称尺寸零线分布。非配做螺母，中径下极限偏差为零，上极限偏差为正值。

2. 大径和小径公差

在螺母的大径和小径处均有较大的间隙，对其尺寸无严格要求，因而公差值较大，选取方法同丝杠。在梯形螺纹标准GB/T 5796.4—2005中，对内螺纹的大径、中径和小径只规定了一种公差带H，对外螺纹的大径和小径也只规定了一种公差带h，基本偏差为零。只有外螺纹中径规定了三种公差带h、e和c，以满足不同的传动要求。内、外螺纹的中径公差带见表10-9。梯形螺纹大径、中径和小径的公差等级见表10-10。

表 10-9　　内、外螺纹的中径公差带

精度	内螺纹		外螺纹	
	N	L	N	L
中等	7H	8H	7h、7e	8e
粗糙	8H	9H	8e、8c	9c

表 10-10　　梯形螺纹的大径、中径和小径公差等级

直径	公差等级	直径	公差等级
内螺纹小径 D_1	4	外螺纹中径 d_2	（6）、7、8、9
内螺纹中径 D_2	7、8、9	外螺纹小径 d_1	7、8、9
外螺纹大径 *d*	4		

10.5 滚珠丝杠副的公差

由于梯形丝杠的摩擦阻力大，传动效率低，在高精度的机床中，特别是在数控机床中，常常使用滚动螺旋传动（滚珠丝杠副）代替梯形螺旋传动。在滚珠丝杠和滚珠螺母体上都有供滚珠运动用的螺旋槽，它称为滚道。滚珠丝杠副通过滚道内的滚珠在滚珠螺母和滚珠丝杠间传递载荷。在轴向力的作用下，滚珠与滚珠丝杠及滚珠螺母体上的滚道同时接触。

按用途，滚珠丝杠副分为定位滚珠丝杠副（P 型）和传动滚珠丝杠副（T 型）两种。与梯形螺纹丝杠及螺母组成的滑动螺旋传动相比较，滚珠丝杠副具有传动灵活、传动效率高、工作寿命长、运动平稳、同步而无爬行、没有逆向间隙等特点。因此，在数控机床和机械产品中，广泛采用滚珠丝杠副作为传动元件和定位元件。GB/T 17587.1～3 —1998《滚珠丝杠副》规定了滚珠丝杠副有关的术语、定义及验收技术条件和验收方法。

10.5.1 滚珠丝杠副的工作原理及结构形式

滚珠丝杠副的工作原理如图 10-13 所示。在丝杠和螺母体上都有滚珠运动的滚道即螺旋槽，滚珠丝杠副通过滚道内的滚珠在螺母和丝杠间传递载荷。在轴向力的作用下，滚珠与滚珠丝杠及滚珠螺母体上的滚道同时接触。螺杆和螺母的螺纹滚道间有滚动体（滚珠），当螺杆和螺母做相对运动时，滚珠在螺纹滚道内滚动。因为是滚动摩擦，所以滚珠丝杠副的传动效率和传动精度较高。多数滚珠丝杠副的螺母（或螺杆）上有滚动体的循环通道，与螺纹滚道形成循环回路，使滚珠在螺纹滚道内循环。循环通道在螺母上称为外循环，循环通道在螺杆上称为内循环。根据螺纹滚道法面截形、钢球循环方式、消除轴向间隙和调整预紧力的不同，滚珠丝杠副的结构有多种形式。

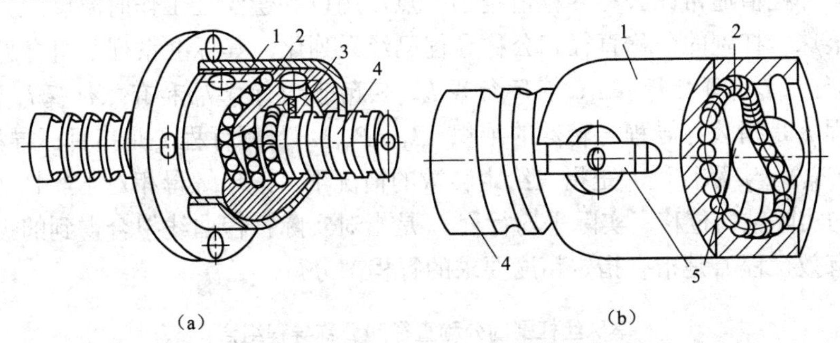

图 10-13 滚珠丝杠副的工作原理

（a）外循环滚珠丝杠副；（b）内循环滚珠丝杠副

1—螺母；2—钢球；3—挡球器；4—滚珠丝杠；5—反向器

10.5.2 滚珠丝杠副的主要几何参数

由于滚珠丝杠副的螺纹与普通螺纹、梯形螺纹在结构上有所不同，因此其几何参数及定义有所不同。与滚珠丝杠副有关的几何参数及其符号如图 10-14 所示。

1. 公称直径 d_0

直径 d_0 用于标识滚珠丝杠副的尺寸值（无公差）。

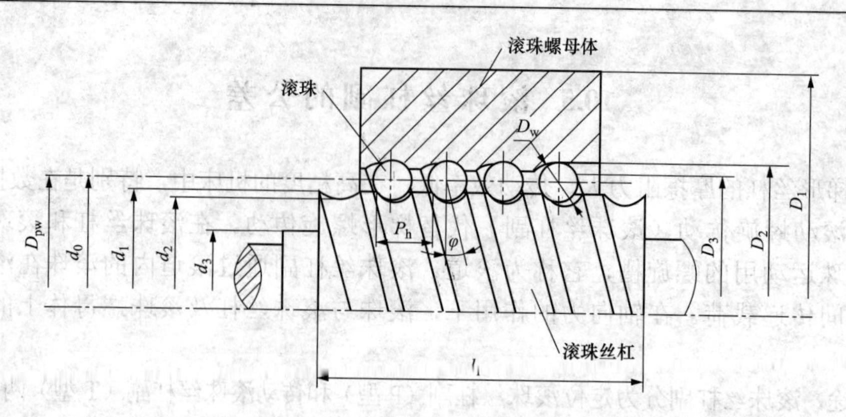

图 10-14 滚珠丝杠副的几何参数及其符号

d_0—公称直径；D_{PW}—节圆直径；d_1—滚珠丝杠螺纹外径；d_2—滚珠丝杠螺纹底径；
d_3—丝杠轴颈直径；D_1—滚珠螺母体外径；D_2—滚珠螺母体螺纹底径；
D_3—滚珠螺母休螺纹内径；D_W—滚珠直径；l_1—丝杠螺纹全长；P_h—导程；φ—导程角

2. 节圆直径 D_{PW}

节圆直径 D_{PW} 是指滚珠与滚珠丝杠及螺母位于理论接触点时滚珠球心所包络的圆柱直径。

3. 行程 l

行程 l 是指转动滚珠丝杠或螺母时，滚珠丝杠或螺母的轴向位移量。

4. 导程 P_h、公称导程 P_{ho} 的和目标导程 P_{hs}

导程 P_h 是指滚珠螺母相对于滚珠丝杠旋转 360°时的行程。公称导程 P_{ho} 是指标识滚珠丝杠副尺寸的导程值（无公差）。目标导程 P_{hs} 是指根据实际使用需要指出的具有方向目标要求的导程。这个导程值通常比公称导程值稍小一点，用以补偿丝杠工作时温度上升和载荷引起的伸长量。滚珠丝杠副的公称直径和公称导程已经系列化，其标准系列及组合见表 10-11。

5. 公称行程 l_o、目标行程 l_s、实际行程 l_a、实际平均行程 l_m 和有效行程 l_u

公称行程 l_o 是指公称导程与转数的乘积（$l_o=nP_{ho}$）。目标行程 l_s 是指目标导程 P_{hs} 与转数的乘积（$l_s=nP_{hs}$）。实际行程 l_a 是指在给定转数的情况下，滚珠螺母相对于丝杠（或者丝杠相对于螺母）的实际轴向位移。实际平均行程 l_m 是指对实际行程曲线拟合得到的拟合直线所表示的行程。有效行程 l_u 是指有指定精度要求的行程部分。

表 10-11 滚珠丝杠副的公称直径和公称导程组合 mm

公称直径	公称导程														
6	1	2	2.5												
6	1	2	2.5	3											
10	1	2	2.5	3	4	5	6								
12		2	2.5	3	4	5	6	8	10	12					
16		2	2.5	3	4	5	6	8	10	12	16				
20				3	4	5	6	8	10	12	16	20			
25					4	5	6	8	10	12	16	20	25		
32					4	5	6	8	10	12	16	20	25	32	

续表

公称直径	公称导程														
40						5	6	8	10	12	16	20	25	32	40
50						5	6	8	10	12	16	20	25	32	40
63						5	6	8	10	12	16	20	25	32	40
80							6	8	10	12	16	20	25	32	40
100									10	12	16	20	25	32	40
125									10	12	16	20	25	32	40
160										12	16	20	25	32	40
200										12	16	20	25	32	40

注 表中带下划线的为优先组合。

10.5.3 滚珠丝杠副的标记代号

滚珠丝杠副的型号根据其结构、规格、精度、螺纹旋向等特征，按下列格式进行标记。例如，滚珠丝杠副 GB/T 17587—50×10×1680—T7R 表示：公称直径为 50mm，公程导程为 10mm，螺纹长度为 1680mm，标准公差等级为 7 级的右旋传动滚珠丝杠副。

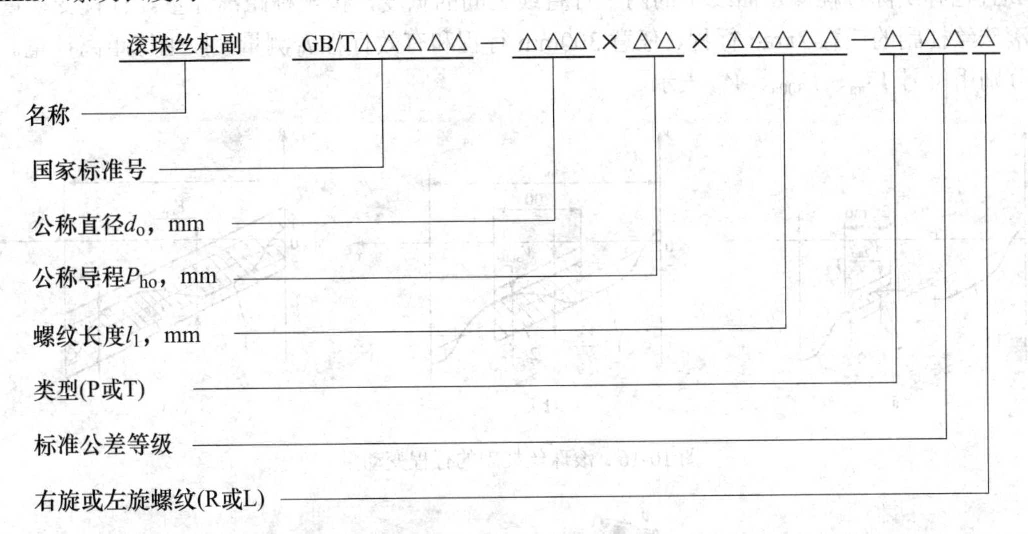

10.5.4 滚珠丝杠副的标准公差等级与验收

1. 滚珠丝杠副的标准公差等级

GB/T 17587—1998 对滚珠丝杠副规定了 7 个标准公差等级，它们分别用阿拉伯数字 1、2、3、4、5、7、10 表示。其中，1 级的精度最高，等级依次降低，10 级的精度最低。通常，传动滚珠丝杠副采用 7 级和 10 级，定位滚珠丝杠副采用 1 级、2 级、3 级、4 级和 5 级。

2. 滚珠丝杠副的验收

由于加工误差的存在，滚珠丝杠与滚珠螺母沿轴线的实际相对位移量不会与所要求的特定行程量（公称行程或目标行程）相同，而是前者相对于后者有一定的偏差。这会影响滚珠杠副的行程精度和定位精度。对滚珠丝杠副的验收，主要是测量其实际平均行程偏差和不同位置上的行程变动量，并按对其给定的标准公差等级确定它们是否符合技术要求的规定。

（1）实际平均行程偏差。如图 10-15 所示，粗实线 1 为实际行程偏差曲线，它反映实际行程对特定行程（公称行程或目标行程）偏离的程度；点画线 2 为实际行程偏差曲线的拟合直线，它反映实际平均行程对公称行程或目标行程的偏离程度。在有效行程范围内的实际平均行程偏差有两种实际平均行程 l_m 与公称行程 l_o 之差；实际平均行程 l_m 与目标行程 l_s 之差。

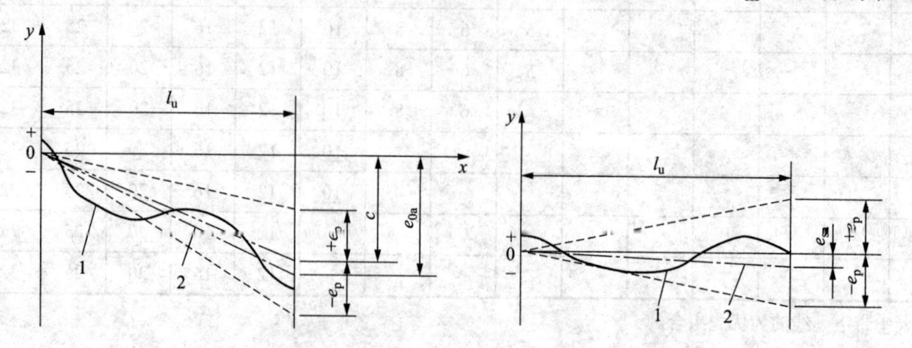

图 10-15 实际平均行程偏差和行程极限偏差

x—特定行程量；y—行程偏差；l_u—有效行程

（2）行程变动量。如图 10-16 所示，行程变动量是指平行于实际平均行程曲线的拟合直线 2 且包容实际行程偏差曲线 1 的两平行直线之间的宽度，按坐标距离计量。行程变动量应在滚珠丝杠副的任意 2πrad 行程、任意 300mm 行程和有效行程 l_u 测量，按坐标距离计量。它们分别用符号 $V_{2\pi a}$、V_{300a}、V_{ua} 表示。

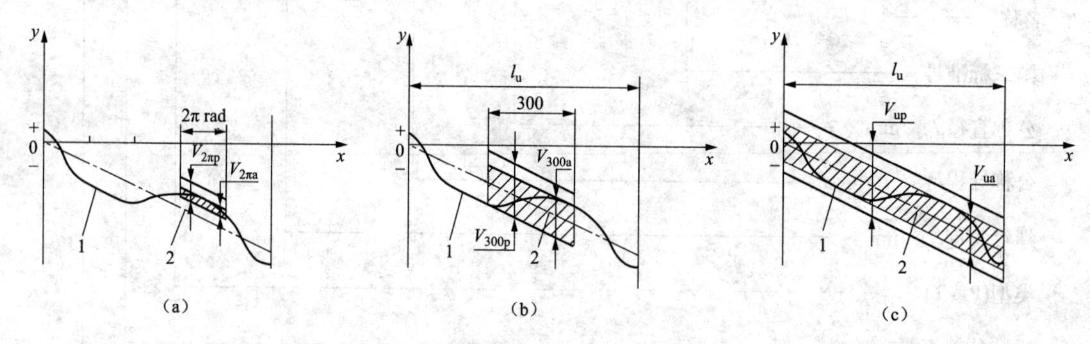

图 10-16 滚珠丝杠副的行程变动量

小 结

本章主要介绍了应用最广泛的米制普通螺纹和滚珠丝杠副的公差与配合标准及其应用，应掌握的螺纹标注方法和选用原则。

习 题

10-1 影响螺纹互换性的主要因素有哪些？

10-2 以外螺纹为例，试说明螺纹中径、单一中径和作用中径的联系与区别，三者在什么情况下是相等的。

10-3 圆柱螺纹的单项检验与综合检验各有什么特点？

10-4 丝杠螺纹和普通螺纹的精度要求有什么不同之处？

10-5 通过查表写出 M20×2—6H/5g6g 外螺纹中径、大径和内螺纹中径、小径的极限偏差，并绘出公差带图。

10-6 试选择螺纹连接M20×2的公差与基本偏差。其工作条件要求旋合性和连接强度好，螺纹的生产条件是大批量生产。

10-7 说明滚珠丝杠副 GB/T 17587—40×10×500—P5R 标记当中各项的含义，并通过查表写出与该滚珠丝杠副的行程精度有关的公差和极限偏差。

11　圆柱齿轮公差与检测

11.1　齿轮传动的使用要求及加工误差分类

11.1.1　齿轮传动的使用要求

公元前 400 年到公元前 200 年，人类就开始使用齿轮。我国在两千多年前的汉代就使用直线齿廓的齿轮，主要应用于翻水车。直线齿廓影响传动的平稳性，且齿轮的抗破坏能力很差。1674 年，丹麦天文学家 Olaf Roemer 提出用外摆线作为齿廓，至今钟表齿廓都以外摆线作为齿廓。1754 年，瑞士天文学家 Leonhard Euler 提出用渐开线作为齿廓，由于受当时制造业加工水平的限制而未能实现。直到 20 世纪初，渐开线齿廓的加工随着毛纺工业、造船工业、汽车工业而发展起来。经过 100 多年的发展，齿轮传动已经成为机械及仪表中最常用的传动形式之一，主要用于按给定角速比传递回转运动及转矩的场合。各类机械的齿轮按其使用功能可分为以下三类：

（1）动力齿轮。如轧钢及某些工程机械上的传动齿轮。它们可传递较大的动力，一般是低速的。这类齿轮对强度要求较高，在精度方面，主要强调齿轮啮合时齿面的良好接触。

（2）高速齿轮。这类齿轮传递的动力有大有小，但均有较高的回转速度。这就要求在高速运转中工作平稳，且噪声和振动小，有的高速齿轮还要传递较大的动力，如汽轮机减速器中的初级齿轮，就是高速动力齿轮的典型实例，它要同时兼顾动力齿轮的功能要求。

（3）读数齿轮。如各种仪表、钟表中的传动齿轮及精密分度机构中的分度齿轮。这类齿轮一般传递动力极小，传递速度也低，但要求在齿轮传动中的转角误差较小，传递运动准确。

齿轮传动的使用要求取决于齿轮传动在不同机器中的作用及工作条件。读数齿轮要求齿轮有较高的传递运动的准确性；高速动力齿轮（如汽轮机、航空发动机等）要求转速高，传动功率大，齿轮有较高的平稳性，振动、冲击和噪声尽量小一些；低速动力齿轮（如轧钢机）要求传动功率大，速度低，且要求齿轮齿面接触均匀，承载能力高。根据用途和工作条件的不同，对齿轮传动的使用要求可归纳为以下四个方面：

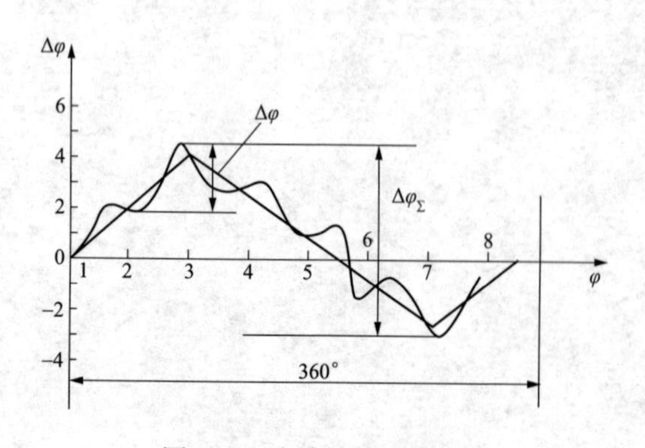

图 11-1　齿轮转角误差曲线

1. 传递运动的准确性

传递运动的准确性要求齿轮在 1 转范围内，转速比变化不超过一定的限速，即 $i_{转}=C$，可用 1 转过程中产生的最大转角 $\Delta\varphi_\Sigma$ 来表示，它表现为转角误差曲线的低频成分。若齿轮没有误差，则转角误差曲线是一条直线，但由于齿轮存在齿距不均匀，因此齿轮在旋转 1 转的过程中就形成了转角误差，如图 11-1 所示。对齿轮的此项精度要求称为运动精度。

2. 传动的平稳性

传动的平稳性要求齿轮在 1 转的范围内，瞬时传动比的变动不超过一定的限度，即 $i_{转}=C$。瞬时传动比的突变将导致齿轮传动产生冲击、振动和噪声。这主要由于若理想的主动齿轮与具有每转一齿出现误差的从动轮啮合，则当主动轮匀速回转时，从动轮会或快或慢地匀速旋转，在从动轮一个齿距角范围内的传动比会多次变化，因而传动不平稳易产生振动和噪声。传动的平稳性表现为转角误差曲线中的高频成分，如图 11-1 所示。对齿轮的此项精度要求称为平稳性精度。

应当指出，传递运动不准确和传动不平稳都是由于齿轮传动比变化而引起的，实际上在齿轮回转过程中，两者是同时存在的。

引起传递运动不准确的传动比的最大变化量以齿轮 1 转为周期，波幅大；而瞬时传动比的变化是由齿轮每个齿距角内的单齿误差引起的，在齿轮 1 转内，单齿误差频繁出现，波幅小，它会影响齿轮传动的平稳性。

3. 载荷分布的均匀性

载荷分布的均匀性要求一对齿轮啮合时，工作齿面要保证一定的接触面积，以避免应力集中，减少齿面磨损，提高齿面强度，从而保证齿轮传动具有较大的承载能力和较长的使用寿命。这一项要求可用沿轮齿齿长和齿高方向上保证一定的接触区域来表示，如图 11-2 所示，其中，h 为齿高，b 为齿宽。对齿轮的此项精度要求称为接触精度。

4. 齿轮副侧隙

侧隙即齿侧间隙，是指要求齿轮副啮合时非工作齿面间具有适当的间隙，如图 11-3 所示的方向间隙 j_{bn}，在圆周方向测得的圆周侧隙 j_{wt}。侧隙是在齿轮、轴、箱体和其他零部件装配成减速器、变速箱或其他转动装置后自然形成的，适当的齿侧间隙可用来储存润滑油，补偿热变形和弹性变形，防止齿轮在工作中发生齿面烧蚀或卡死，以使齿轮副能够正常工作，侧隙的作用如下：①使转动灵活，防止卡死；②储存润滑油；③补偿制造与安装误差；④补偿热变形、弹性变形等。

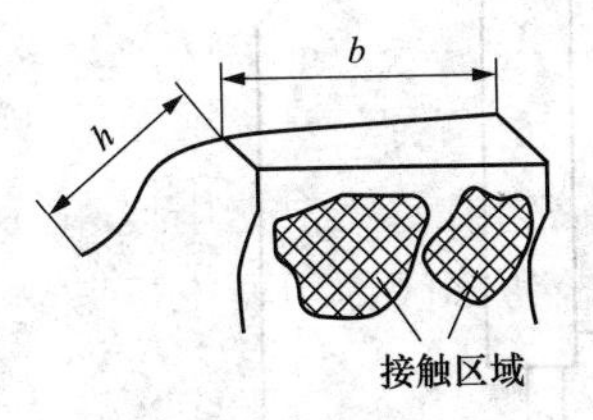

图 11-2 接触精度

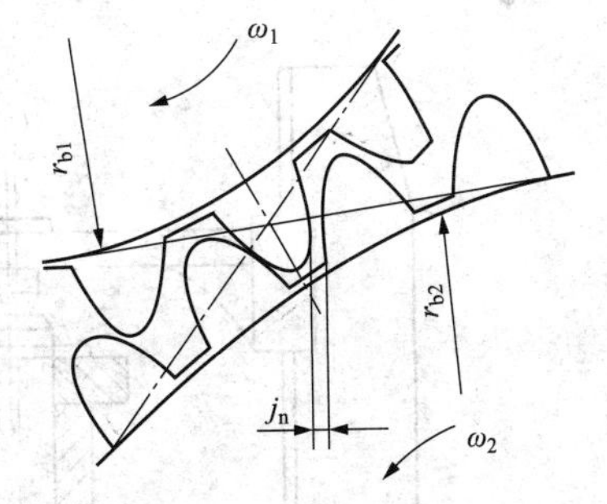

图 11-3 齿轮副侧隙

上述四项要求中，前三项是对齿轮传动的精度要求。不同用途的齿轮及齿轮副，对每项精度要求的侧重点不同。例如，钟表控制系统或随动系统中的计数齿轮传动、分度齿轮传动的侧重点是传动运动的准确性，以保证主、从动齿轮的运动协调一致；机床和汽车变速箱中的变速齿轮传动的侧重点是传动平稳性和载荷分布均匀性，以降低振动和噪声并保证承载能力；重型机械（如轧钢机）中传递动力的低速重载齿轮传动，由于传递功率大，圆周速度高，对三项精度都有较高的要求；卷扬机中的齿轮传动露天工作，对三项精度要求都不高。因此，对不同用途的齿轮和所侧重的使用要求，应规定不同的精度等级，以适应不同的要求，获得最佳的技术经济效益。

与前三项要求有所不同，侧隙是独立于精度要求的另一类要求，反映了齿轮副工作条件对于齿轮副啮合的要求。对于重载、高速齿轮传动情形，由于受力、受热变形较大，侧隙应取大一些，以补偿较大变形和使润滑油通过；而对于经常正转、逆转的齿轮，为了获得较小的回程误差，侧隙的值应取得小一些。

从使用角度对齿轮提出的上述要求，在制造过程中应设法予以满足。由于齿轮加工机床与刀具误差的存在，致使被加工齿轮及各轮齿的尺寸、形状和位置必然存在误差或偏差。当齿轮作为机器的一个传动零件工作时，这些误差又将综合反映为传动比的变化及接触不良，导致冲击、振动及噪声，影响其使用质量与工作寿命。为了保证齿轮传动的质量及互换性，国家标准《圆柱齿轮精度制》（GB/T 10095—2008）中，对广泛应用的渐开线圆柱齿轮及齿轮副规定了一系列的公差项目。

11.1.2 圆柱齿轮的加工误差分析

圆柱齿轮的加工方法很多，按其在加工中有无切屑可分为无切屑加工（压铸、热轧、冷挤、粉末冶金等）和有切屑加工（切屑加工）。切屑加工按其加工原理又可分为仿形法和范成法两种。

仿形法又称成形法，如成形铣床、拉齿等。

范成法又称展成法，如滚刀、插齿、磨齿等。

用范成法切屑加工渐开线圆柱齿轮，齿轮的加工误差来源于组成工艺系统的机床、夹具、刀具和齿坯本身的误差及安装。由于齿形比较复杂，从而导致影响加工误差的工艺因素也比较多，对齿轮加工误差的规律性及其对传动性能影响的研究至今还不充分。现以最常用的滚齿加工为例，分析引起齿轮加工误差的主要因素。

如图 11-4 所示，在滚齿加工中，引起齿轮加工误差的主要因素有以下几个：

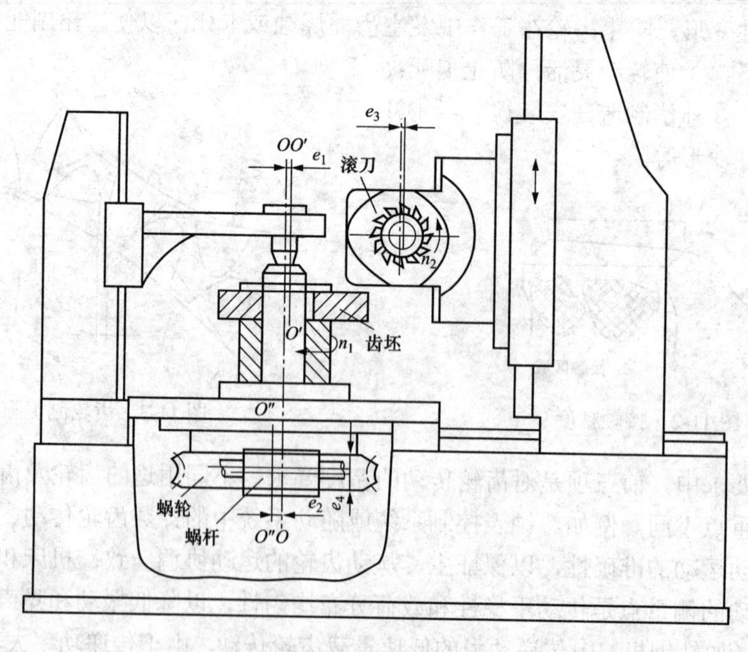

图 11-4 滚齿加工

（1）齿坯的误差（尺寸、形状和位置误差）以及齿坯在滚齿机床上的安装误差（包括夹具误差)。

（2）滚齿机床的分度机构及传动链误差。

（3）滚刀的制造及安装误差。

在滚齿过程中，旋转的滚刀可以看成其刀齿沿滚刀轴向移动，这相当于齿条与被切齿轮的啮合运动，滚刀和齿坯的旋转运动应严格地保持这种运动关系。若这种运动关系被破坏，齿轮就产生误差。例如，当齿坯安装偏心（如图 11-4 中的 e_1，e_3 称为几何偏心）和机床分度蜗轮的加工误差和安装偏心（如图 11-4 中 e_2 称为运动偏心），就会影响齿坯和滚刀之间正确的运动关系。但因其在齿坯旋转 1 周中，所引起齿轮的最大误差只出现一次，故为长周期误差，也称低频误差，以齿轮 1 转为周期，它们主要影响齿轮传递运动的准确性。若分度蜗杆或滚刀存在转速误差，径向跳动和轴向窜动等误差，也会破坏滚刀和齿坯之间的运动关系。但因刀具的转数远比齿坯转数高，所以引起的误差在齿坯 1 转中多次重复出现，频率较高，故为短周期误差，也称高频误差，以分度蜗杆 1 转或齿轮 1 齿为周期，它们主要影响齿轮传动的平稳性。若滚刀的进刀方向与齿轮的理想方向不一致，会使齿轮在方向上产生误差，影响齿轮副侧隙的大小；滚动的齿形角度误差会引起齿形误差等。

为便于分析，可将齿轮误差分为以下几类：

（1）按影响齿轮互换性的误差来源，可分为单个齿轮的制造误差和齿轮副的安装误差。

（2）按包含误差因素的多少，可分为单项误差和综合误差。

（3）按误差的种类，可分为尺寸误差、几何误差、位置误差和表面粗糙度。

（4）按误差的方向特性，可分为切向误差、径向误差和轴向误差。

（5）按误差在齿轮 1 转中出现的周期或频率，可分为长周期误差（低频误差）和短周期误差（高频误差）。

为了满足齿轮传动的使用要求，保证齿轮传动质量，需要对齿轮的加工误差规定公差加以限制。在圆柱齿轮的国家标准《圆柱齿轮　精度制》（GB/T 10095—2008）中，齿轮和齿轮副的误差及其公差共有 22 项，见表 11-1。

表 11-1　　**齿轮误差与公差的名称和代号**

齿轮或齿轮副	序号	误差名称	误差代号	公差或极限偏差代号
齿轮	1	切向综合误差	$\Delta F_i'$	F_i'
	2	齿切向综合误差	$\Delta f_i'$	f_i'
	3	径向综合误差	$\Delta F_i''$	F_i''
	4	齿径向综合误差	$\Delta f_i''$	f_i''
	5	齿距累积误差	ΔF_p	F_p
		k 个齿距综合误差	ΔF_{pk}	F_{pk}
	6	齿圈径向跳动	ΔF_r	F_r
	7	公法线长度变动	ΔF_w	F_w
	8	齿形误差	Δf_i	f_i

续表

齿轮或齿轮副	序号	误差名称		误差代号	公差或极限偏差代号
齿轮	9	齿距偏差		Δf_{pt}	$\pm\Delta f_{pt}$
	10	基节偏差		f_{pb}	$\pm f_{pb}$
	11	齿向误差		ΔF_{β}	F_{β}
	12	接触线误差		ΔF_{b}	F_{b}
	13	轴向齿距误差		ΔF_{px}	$\pm F_{px}$
	14	螺旋线波度误差		$\Delta f_{f\beta}$	$f_{f\beta}$
	15	齿厚偏差		ΔE_{s}	E_{ss},E_{si},T_{s}
	16	公法线平均长度偏差		ΔE_{wm}	E_{wn},E_{wmi},T_{wn}
齿轮副	17	齿轮副的切向综合误差		$\Delta F'_{ic}$	F'_{ic}
	18	齿轮副的一齿切向综合误差		$\Delta f'_{ic}$	f'_{ic}
	19	齿轮到接触斑点			
	20	齿轮副的侧隙	圆周侧隙	j_{i}	$j_{i\max},j_{i\min}$
			法向侧隙	j_{n}	$j_{n\max},j_{n\min}$
	21	齿轮副的中心距偏差		Δf_{a}	$\pm f_{a}$
	22	齿轮副的轴线平行度误差	x 方向轴线的平行度误差	Δf_{x}	f_{x}
			y 轴线的平行度误差	Δf_{y}	f_{y}

从表 11-1 中可知，齿轮误差与公差的代号具有以下特点：

（1）主体字母 F 或 f, 大写 F 表示误差是以齿轮 1 转为周期的（其中有个别例外，如 F_{β} ）；小写 f 表示误差是以齿轮一齿或相邻齿为周期的。主体字母 E 表示偏差；主体字母 T 表示公差。

（2）在主体字母 F、f 和 E 前加 Δ 表示误差或偏差，不加 Δ 表示公差或极限偏差。

（3）主体字母右下注脚 i 表示综合误差。

（4）主体字母右上方注“ ′ ”表示单面综合测量，注“ ″ ”表示双面啮合测量。

（5）其他标注多为通用代号，如 P 为齿距；P_{i} 为周节；P_{b} 为基节；r 为半径（径向）；β 为螺旋角（轴向）；f 为齿形；w 为公法线；s 为齿厚；a 为中心距。

11.2 单个齿轮的评定指标及其检测

齿轮传动机构由齿轮及辅助零件（如齿轮箱、齿轮轴、轴承等）组成。其中，对齿轮传动质量起决定作用的是齿轮本身的精度及齿轮副的安装精度。它们的误差将破坏齿轮啮合的正常状态，影响齿轮的使用功能。影响渐开线圆柱齿轮传动质量的因素可以分为齿轮同侧齿面偏差（切向偏差、齿距偏差、齿廓总偏差和螺旋线总偏差）、径向偏差和径向跳动。各种偏差由于各自的特性不同，对齿轮传动的影响也不同。

11.2.1　传递运动准确性的检测项目

1. 几何偏心

几何偏心是齿坯在机床上安装时，由于齿坯基准轴线与工作台回转轴线不重合而形成的偏心，如图 11-5 滚齿加工示意图所示。加工时，滚刀轴线与 OO 的距离 A 保持不变，但由于存在 OO 与 O_1O_1 的偏心 e_1，因此轮齿就形成了各齿齿深呈半边深半边浅的情况，如图 11-6 所示。这是因为切除齿轮的基圆圆心与机床工作台的回转中心一致，而安装齿轮时，以齿轮孔轴线为基准，齿轮的基圆相对于齿轮工作轴线存在基圆偏心。由图 11-5 可知，齿距在以 OO 为中心的圆周上均匀分布，而在以 O_1O_1 为中心的圆周上，齿距不均匀分布（由小到大再由大到小）。这时基圆中心为 O，而齿轮基准中心为 O_1，从而形成基圆偏心。这种基圆偏心会使齿轮传动产生转角误差，呈正弦规律变化，以 2π 为周期重复出现，通常称为长周期误差，也称低频误差，该误差使传动比不断改变，不恒定。

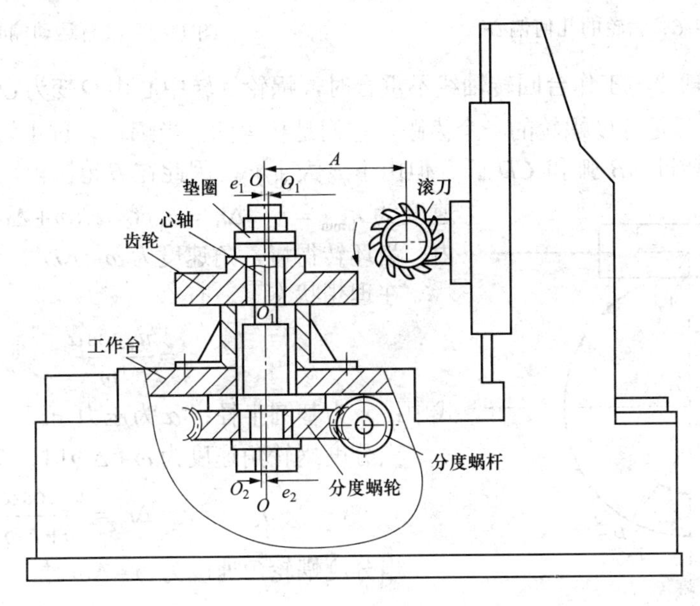

图 11-5　滚齿加工示意图

几何偏心使齿面位置相对于齿轮基准中心在径向发生了变化，加工出来的齿轮一边齿长，另一边齿短，使齿轮在一转内产生了径向跳动误差，该误差也属径向偏差。

2. 运动偏心

在滚齿机上加工齿轮时，机床分度蜗轮的安装偏心会影响到被加工齿轮，使齿轮产生运动偏心 e_2，如图 11-5 所示。O_1O_2 为机床分度蜗轮的轴线，它与机床主轴的轴线 OO 不重合，从而形成了偏心。此时，蜗杆与蜗轮啮合节点的线速度相同，由于蜗轮上啮合节点的半径不断变化，因而使蜗轮和齿坯产生不均匀回转，角速度以 1 转为变化周期不断变化。齿坯的不均匀回转使齿廓沿切向位移和变形（如图 11-7 所示，图中点画线为理论齿廓，实线为实际齿廓），使齿距分布不均匀；同时齿坯的不均匀回转引起齿坯与滚刀啮合节点半径的不断变化，使基圆半径和渐开线形状随之变化。当齿坯转速高时，节点半径小，因而基圆半径小，渐开线曲率增大，相当于基圆有了偏心。这种由齿坯角速度变化引起的基圆偏心称为运动偏心，其数值为基圆半径最大值与最小值之差的一半。

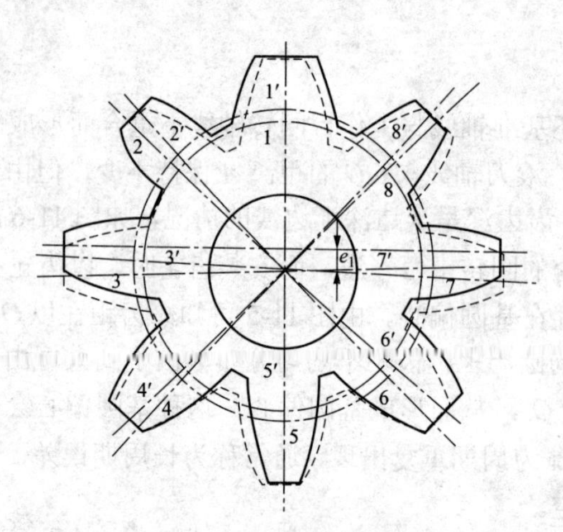

图 11-6 齿轮的几何偏心

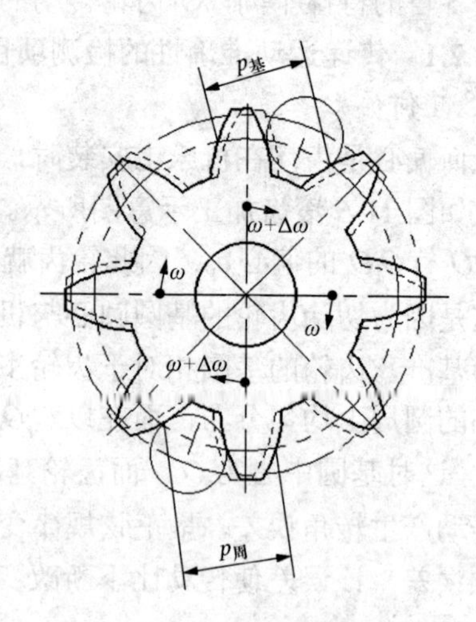

图 11-7 具有运动偏心的齿轮

当分度蜗轮轴线与工作台回转轴线不重合时，蜗轮旋转中心由O变为O_1，如图 11-8 所示，AB 弧和 CD 弧是分度蜗轮的一个齿距，它们是相等的。当蜗杆转过 1 转时，分度蜗轮转过一个齿距，即转过 AB 弧和 CD 弧。但由于β大于γ，因此在β范围内，齿坯转得快，角速度为 $r_{\mathrm{b\,min}}=r_{\mathrm{b}}-\Delta r_{\mathrm{b}}=u_{\mathrm{n}}\cos\alpha/(\omega+\Delta\omega)$，而在$\tau$范围内，齿坯转得慢，角速度为$\omega-\Delta\omega$。

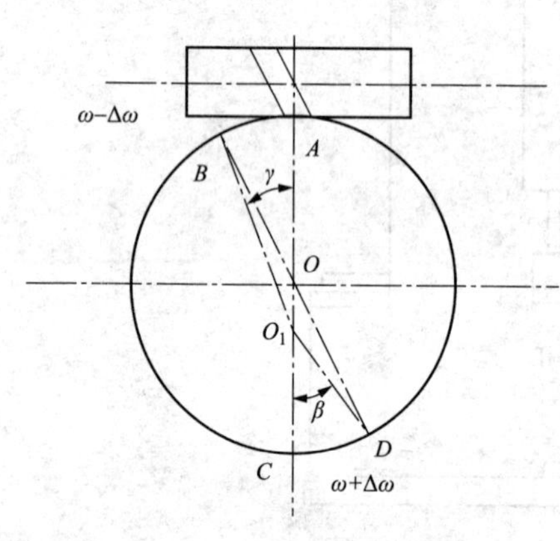

图 11-8 偏心的分度蜗轮

在理想状态下，有

$$r_{\mathrm{b}}=\frac{u_{\mathrm{n}}\cos\alpha}{\omega}$$

式中：r_{b}为基圆半径；α为压力角。

当分度蜗轮角速度为$\omega+\Delta\omega$时，节点下降

$$r_{\mathrm{b\,min}}=r_{\mathrm{b}}-\Delta r_{\mathrm{b}}=\frac{u_{\mathrm{n}}\cos\alpha}{\omega+\Delta\omega}$$

当分度蜗轮角速度为$\omega-\Delta\omega$时，节点上升

$$r_{\mathrm{b\,min}}=r_{\mathrm{b}}+\Delta r_{\mathrm{b}}=\frac{u_{\mathrm{n}}\cos\alpha}{\omega-\Delta\omega}$$

所以，此时齿轮基圆为一半径连续变化的非圆曲线。广义而言，齿轮的长周期切向误差就是切齿机床分齿滚切运动链的所有长周期误差在被切齿轮上的反应。这是由于当仅有运动偏心时，滚刀与齿坯的径向位置并未改变，当用球形或锥形测头在齿槽内测量齿圈径向跳动时，测头径向位置并不改变，如图 11-8 所示。因而运动偏心并不产生径向偏差，而是使齿轮产生切向偏差。这个偏心量应为

$$e_2=\frac{1}{2}(r_{\mathrm{b\,max}}-r_{\mathrm{b\,min}})$$

几何偏心影响齿廓位置沿径向方向的变动，称为径向误差；运动偏心使齿廓位置沿圆周切线方向的变动，称为切向误差。前者与被加工齿轮直径无关，仅取决于安装误差的大小；对于后者，当齿轮加工机床精度一定时，将随齿坯直径的增大而增大。总的偏心误差应为

$$e_{总}=e_1+e_2$$

3. 切向综合误差（$\Delta F_{i}'$）

切向综合误差（$\Delta F_{i}'$）指被测齿轮与理想精确的测量齿轮单面啮合时，在被测齿轮 1 转内，实际转角与公称转角之差的总幅度值，以分度圆弧长计算。

设测量齿轮的轮齿在分度圆上对旋转轴线分布均匀，而被测齿轮的轮齿在分度圆上对旋转轴线分布不均匀。实线表示有位置误差的实际齿形，虚线表示轮齿的理想位置，其实际转角的位置相对于轮齿理论位置的角度如图 11-9 所示。

将实际转角与理论转角的比较结果记录下来，便是转角误差曲线，也即切向综合误差 $\Delta F_{i}'$ 曲线。图 11-10（a）所示为长记录纸记录的切向综合误差曲线，图 11-10（b）所示为圆记录纸记录的切向综合误差曲线。

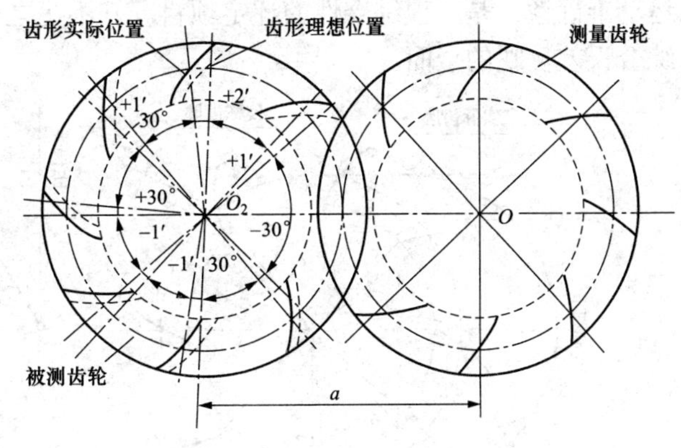

图 11-9　齿轮的切向综合误差

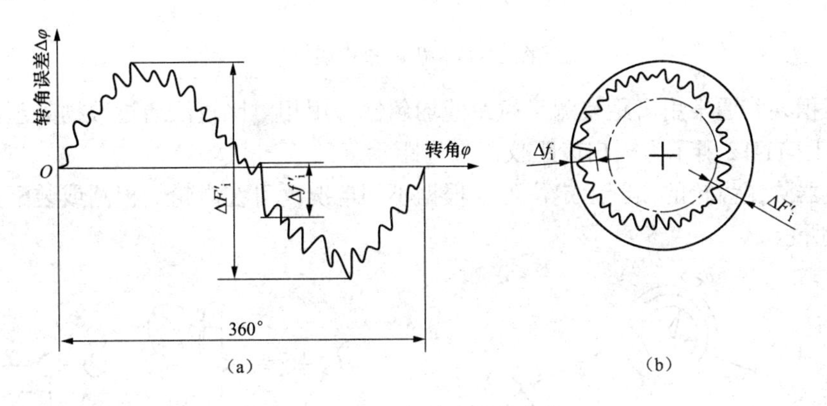

图 11-10　切向综合误差曲线

切向综合误差是指在齿轮单面啮合情况下测得的齿轮一转内转角误差的总幅度值，该误差是几何偏心、运动偏心加工误差的综合反映，因而是评定齿轮传递运动准确性的最佳综合评定指标。

切向综合误差是指在单面啮合综合检查仪（简称单啮仪）上进行测量的，单啮仪结构复杂，价格昂贵，在生产车间很少使用。

4. 齿距累积误差（ΔF_{p}）及 k 个齿距累积误差（ΔF_{pk}）

在分度圆上，任意两个同侧齿面间的实际弧长与公称弧长之差的最大绝对值为齿距累积误差。k 个齿距累积误差是指在分度圆上 k 个齿距间的实际弧长与公称弧长之差的最大绝对值，k 为 2～$Z/2$ 的整数。齿距累积误差如图 11-11 所示。

从图 11-11（a）可以看出，齿距累积误差能够反映轮齿在分度圆上分布不均匀。齿距差别越大，齿轮一转中的齿距累积误差就越大，影响传动比越大，因此可作为评定齿轮传递运动准确性的指标。

切向综合误差要连续地测量，其误差记录图为连续的曲线图，它全面地反映了测量过程中各个转角上出现误差的情况。

如图 11-11（b）所示，齿距累积误差反映了 1 转内任意个齿距的最大变化，它直接反映齿轮的转角误差，是几何偏心和运动偏心的综合结果，因而可以较为全面地反映齿轮的传递运动准确性，是一项综合性的评定项目。其不足之处在于只在分度圆上测量，因而不如切向综合误差反映的全面。

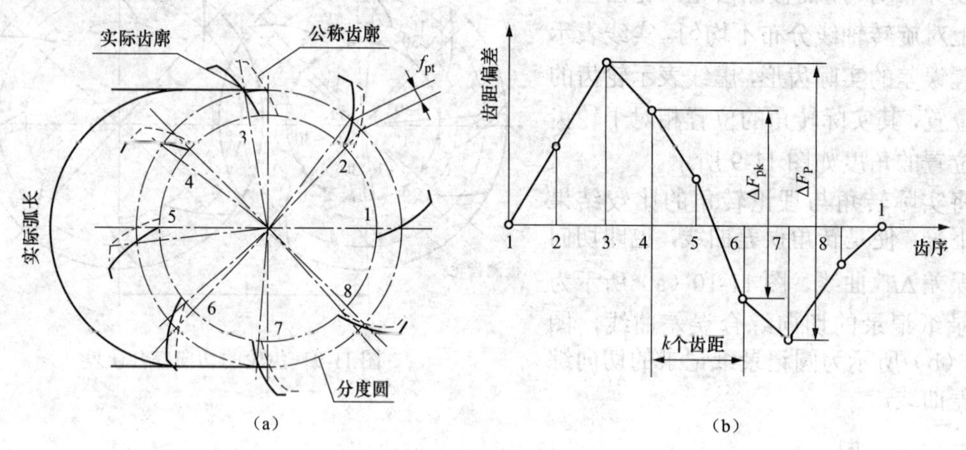

图 11-11 齿距累积误差

齿距累积误差通常用齿距仪测量齿距的均匀性，用相对比较法通过数据处理，求出齿距累积误差。图 11-12 所示为采用齿距仪测量齿距示意。

齿距仪器除在齿轮的顶圆上定位外，根据不同情况，可在齿轮的根圆或装配孔上定位，如图 11-13 所示。

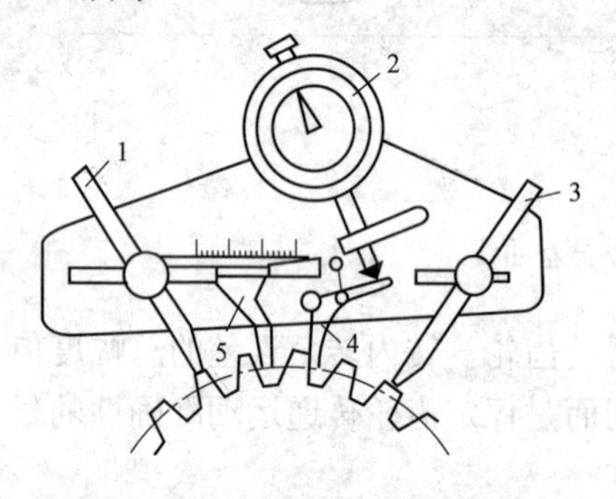

图 11-12 齿距仪测量齿距示意

1、3—定位爪；2—指示表；4—移动量爪；5—固定量爪

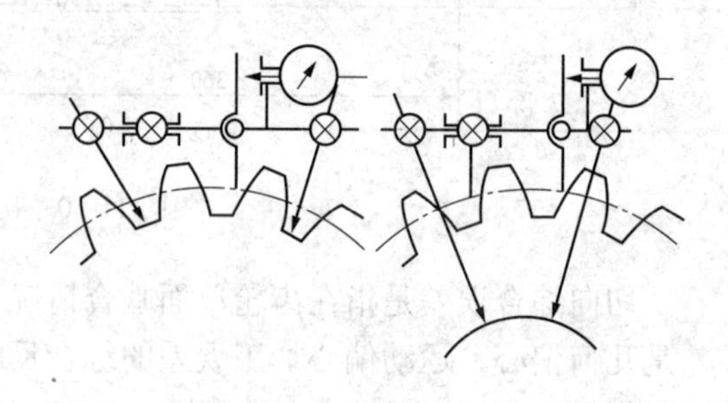

图 11-13 根圆或装配孔定位

5. 齿圆径向跳动（ΔF_i）

轮齿的实际分度圆周与理想分布圆周的中心不重合，产生径向偏差，从而引起径向误差。轮齿的径向误差如图 11-14 所示。

径向误差又导致了齿圈径向跳动的产生，如图 11-15 所示。

齿轮 1 转范围内，测头在齿槽内与齿高中部双面接触，测头相对于齿轮轴线的最大变动量称为齿圈径向跳动。

ΔF_i 主要反映由于齿坯偏心引起的齿轮径向长周期误差。可用齿圈径向跳动检查仪测量，测头可用球形或锥形。

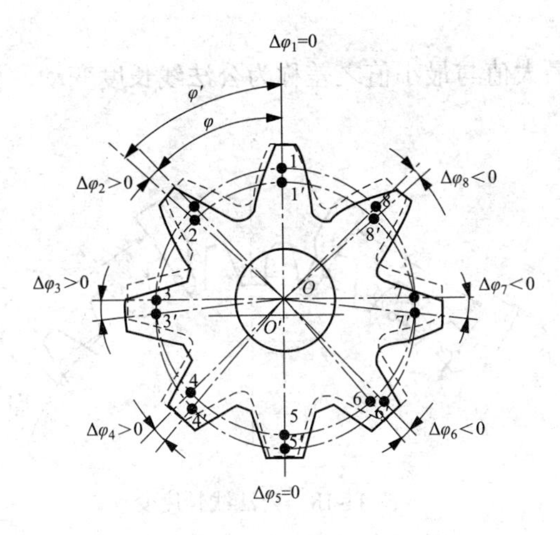

图 11-14　齿轮的径向误差

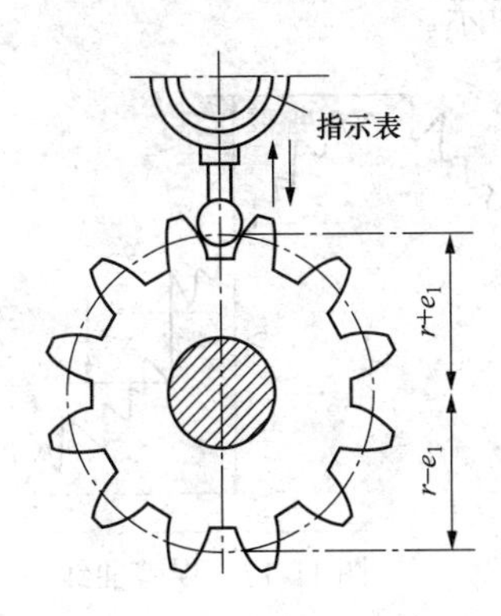

图 11-15　齿圈径向跳动

6. 径向综合误差（$\Delta F_i''$）

与理想精确的测量齿轮双面啮合时，在被测齿轮一转内，双啮中心距的最大变动量称为径向综合误差$\Delta F_i''$。

当被测齿轮的齿廓存在径向误差及一些短周期误差（如齿形误差、基节偏差等）时，若它与测量齿轮保持双面啮合转动，其中心距就会在转动过程中不断改变。因此，径向综合误差主要反映由几何偏心引起的径向误差及一些短周期误差。

被测齿轮由于双面啮合综合测量时的啮合情况与切齿时啮合情况相似，能够反映齿轮坯和刀具安装调整误差。

径向综合误差采用齿轮双面啮合仪测量，它具有操作方便、测量效率高等优点，所以在大批量生产中应用很广泛。

测量原理如图 11-16 所示。被测齿轮安装在固定溜板 6 的心轴上，测量齿轮 3 安装在滑动溜板 4 的心轴上，借助弹簧的作用使两齿轮做无侧隙双面啮合。在被测齿轮 1 转内，双啮合中心距连续变动使滑动溜板位移，通过指示表测出最大与最小中心距变动的数值，即为径向综合误差$\Delta F_i''$。

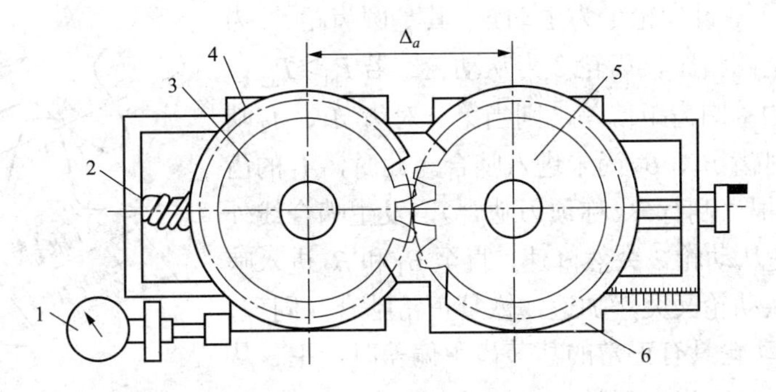

图 11-16　双啮仪测量原理

1—指示表；2—弹簧；3—齿轮；4—滑动溜板；5—被测齿轮；6—固定溜板

记录的双啮合中心距误差如图 11-17 所示。

7. 公法线长度变动（ΔF_W）

在被测齿轮 1 周范围内，实际公法线的最大值与最小值之差称为公法线长度变动，如图 11-18 所示。

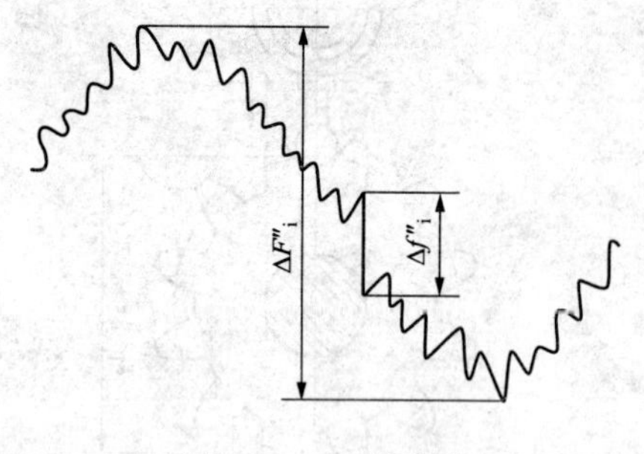

图 11-17 误差曲线

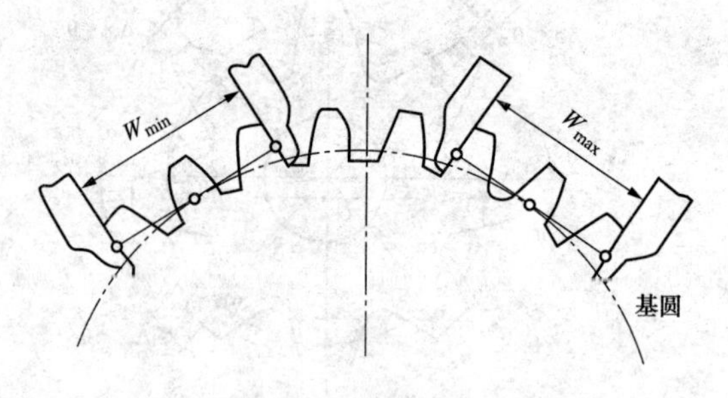

图 11-18 公法线长度变动

公法线长度的变动情况说明齿廓沿基圆切线方向有误差，因此公法线长度变动可以反映滚齿时由运动偏心影响引起的切向误差。

测量公法线长度与齿轮基准轴线无关，测量公法线长度变动最常用的是公法线百分尺，其分度值为 0.01mm，如图 11-19 所示。它主要用于一般精度齿轮的公法线长度测量。

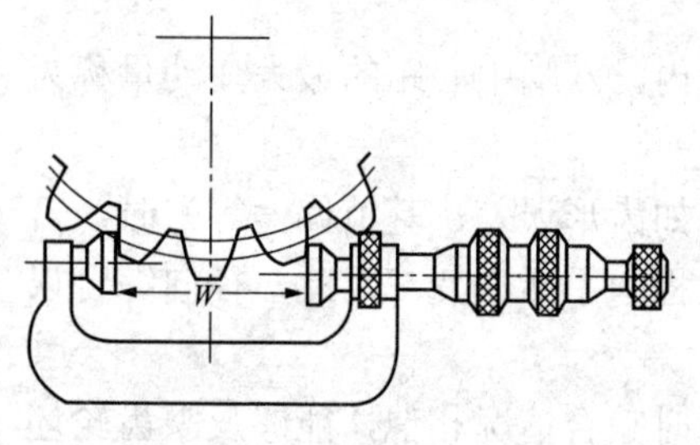

图 11-19 用公法线百分尺测量齿轮的公法线

11.2.2 传动工作平稳性的检测项目

影响齿轮传递平稳性的主要因素是同侧齿面间的各类短周期偏差。造成这类偏差的主要原因是齿轮加工过程中的刀具误差（包括滚刀基节偏差、滚刀的齿廓总偏差、滚刀的径向跳动与轴向窜动）、机床传动链误差（包括机床分度蜗杆引起的误差等）磨齿时磨床分度盘的分度误差、基圆半径调整误差及砂轮角度误差。

1. 基圆齿距误差

基圆齿距误差指的是齿轮在啮合过程中，特别是在每个齿进入和退出啮合时传动比的变化，如图 11-20 所示。设齿轮 1 为主动轮，其基圆齿距 P_{b1} 为没有误差的公称基圆齿距，齿轮 2 为从动轮。若 $P_{b1}>P_{b2}$，即从动轮具有负的基圆齿距偏差，则当第一对齿 A_1、A_2 啮合终了时，第二对齿 B_1、B_2 尚未进入啮合。此时，A_1 的齿顶将沿着 A_2 的齿根“刮行”（称顶刃啮合），发生啮合线外的非正常啮合，使从动轮 2 突然降速，直至 B_1 和 B_2 进入啮合为止，这时，从动轮又突然加速，恢复正常啮合。同理，当 $P_{b1}<P_{b2}$，即从动轮具有正常的基节齿距偏差时，主、从动轮的一对齿 A_1、 A_2 尚在正常啮合，后一对齿 B_1、B_2 就开始接触，主动轮齿面便提前于啮合线之外撞上被动轮的齿顶，因此使从动轮的转速突然加速，A_1、A_2 两齿提前脱离啮合。此后，A_1 的齿面和 A_2 的齿顶边缘接触，从动轮降速，直至这两齿的接触点进入啮合线，主、从动轮的转速才恢复正常，

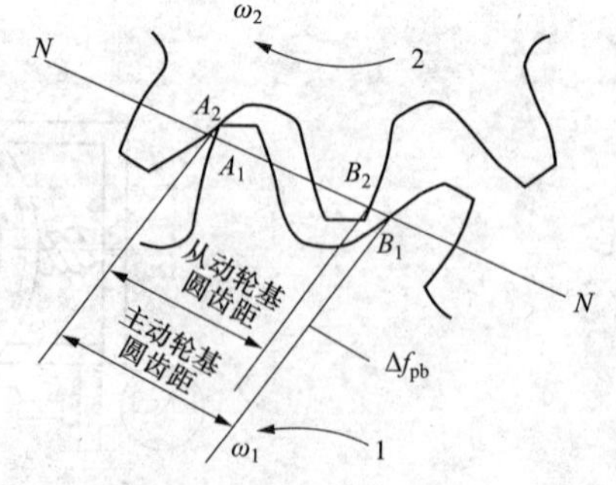

图 11-20 基圆齿距误差

主、从动轮进行渐开线啮合。因此，在一对齿过渡到下一对齿的换齿啮合过程中，会引起附加的冲击。

齿轮传动正确的啮合条件是两个齿轮的基圆齿距（基节）相等且等于公差值。造成基节齿距偏差的主要原因如下：

（1）滚刀基节齿距偏差。由于齿轮基节是由滚刀相邻同名刀刃在齿坯上同时切出的，同时若滚刀基节有偏差，则将直接反映在被切齿轮上。齿轮上相邻的基节又由相同的两个刀刃在滚刀转过1周后切出，因而其基节偏差必然相同。在滚切齿轮上会出现各基节不均匀的现象。

（2）由机床分度蜗轮引起的误差。分度蜗轮位于传动链的末端，其误差对齿轮加工误差的影响也较大。滚齿加工中，滚刀上某个刀刃在节点位置上切削齿轮的某一个齿面上的一点，当滚刀回转1周后，齿转过1个齿距角，仍由滚刀上的该刀刃在节点位置上切除下一个相邻齿面上对应的一点，这样就形成了一个齿距。如果机床分度蜗轮杆存在径向跳动或轴向窜动，则分度蜗轮将导致齿坯的回转角速度不均匀。当滚刀转过1周时，齿坯因出现转角误差而不是正好转过1个齿距角，于是切出的齿距就产生了误差。

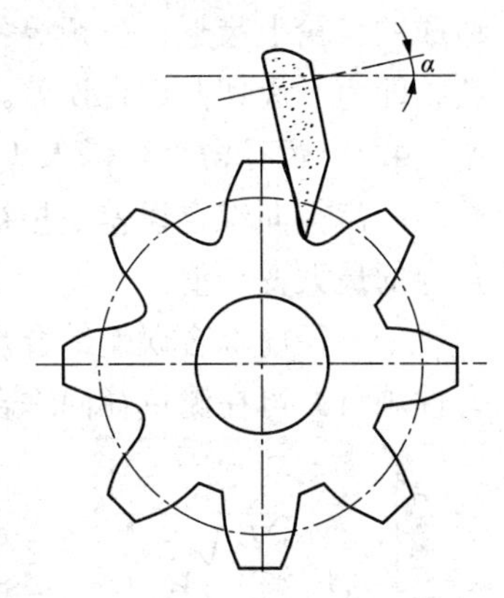

图 11-21　平面砂轮磨齿

（3）磨床基圆半径调整误差。磨齿机在磨齿前必须按被加工齿轮的基圆半径来调整机床，其调整误差将使工件基圆半径出现误差。基圆半径误差会造成齿轮的基节齿距偏差，并使齿轮每转一齿发生一次冲击。此外，基圆半径误差还将引起齿廓总偏差，在转角误差中，此类误差将属于短周期误差中的齿频误差。

（4）磨床砂轮角度误差。磨齿时，砂轮工作面与齿轮轴线的交角α，如图11-21所示。因为$r_{\mathrm{b}}=r\cos\alpha=mz/2\cos\alpha$，所以当模数$m$和齿数$z$为常数时，$\alpha$的变动相当于基圆半径发生变动，即$\Delta r_{\mathrm{b}}=-(mz/2)(\sin\alpha)\Delta\alpha$也将造成齿廓总偏差和基节齿距偏差。磨床砂轮角度误差属于短周期误差中的齿频误差。

2. *齿廓总偏差*

刀具成形面的近似造型、制造、刃磨或机床传动链等都有误差（如分度蜗杆有安装误差），这些误差会引起被切齿轮面产生波纹，造成齿廓总偏差。

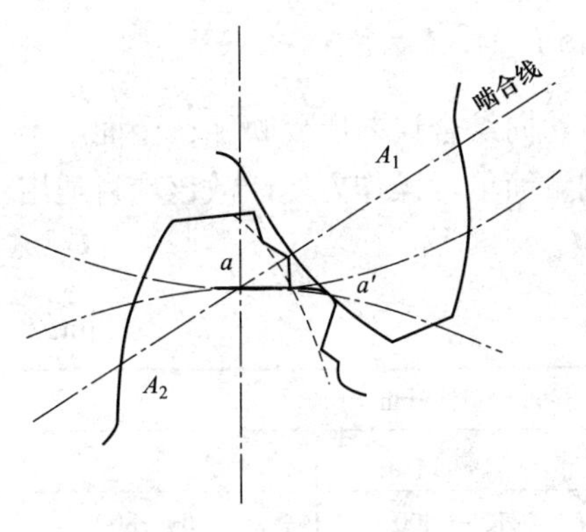

图 11-22　齿廓总偏差

由齿轮啮合的基本规律可知，渐开线齿轮之所以能平稳传动，是因为传动的瞬时啮合节点保持不变，如图11-22所示。主动轮A_1为正确的渐开线齿形，而从动轮A_2的实际齿廓形状与标注的渐开线齿廓形状有差异，即存在齿廓总偏差，理论上从动轮A_2的实际齿廓形状与标注的渐开线齿廓形状有差异，即存在齿廓总偏差，理论上的两齿面应在a点接触，而实际上在a'点接触，这样会使啮合线发生变动，使轮啮合时啮合节点发生变化，导致齿轮在一齿啮合范围内的瞬时传动比不断改变，进而引起振动、噪声，影响齿轮的传动平稳性。

造成齿廓总偏差的主要原因如下：

（1）滚刀的齿廓总偏差。滚刀的齿廓总偏差直接反映在被加工齿轮上，使其齿廓具有同样的误差。滚刀每转1周，齿轮转过1周，故各齿面由此产生的齿廓总偏差的形状、大小均相同。在转角误差中，该误差也属于短周期误差中的齿频误差。

（2）滚刀的径向跳动与轴向窜动。滚刀的径向跳动与轴向窜动同样会引起被加工齿轮的齿廓总偏差。与滚刀的齿廓总偏差的影响一样，由滚刀径向跳动和轴向跳动造成的转角误差同属于短周期误差中的齿频误差。

（3）磨床基圆半径调整误差。

（4）磨床砂轮角度误差。

3. 一齿切向综合误差（$\Delta f_i'$）

一齿切向综合误差是指实测齿轮与理想精度的测量齿轮单面啮合时，在被测齿轮一齿距角内，实际转角与公称转角之差的最大幅度值。

一齿切向综合误差是一个综合性指标，主要反映由刀具和分度蜗杆的安装及制造误差所造成的齿轮上齿形、齿距等各项短周期误差，如图11-23所示。切向综合误差曲线上的高频波纹即为一齿切向综合误差。

4. 一齿径向综合误差（$\Delta F_i''$）

一齿径向综合误差是指被测齿轮与理想精确的测量齿轮双面啮合时，在被测齿轮一齿距角内的最大变动值。

一齿径向综合误差综合反映了由于刀具安装偏心及制造所产生的基节和齿形误差，属综合性项目。可在测量径向综合误差时得到高频波纹的最大幅度值，如图11-24所示。

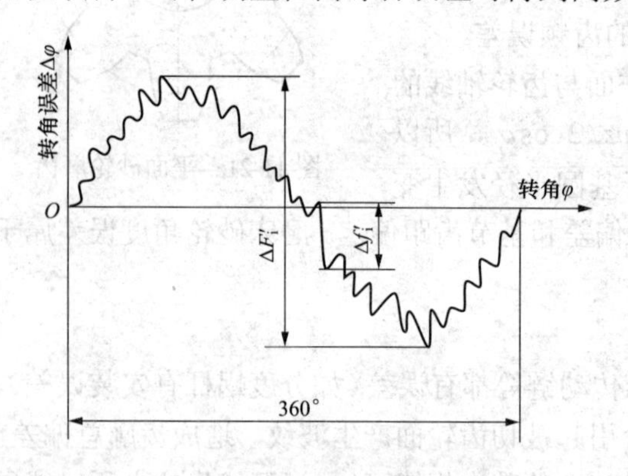

图11-23 一齿切向综合误差

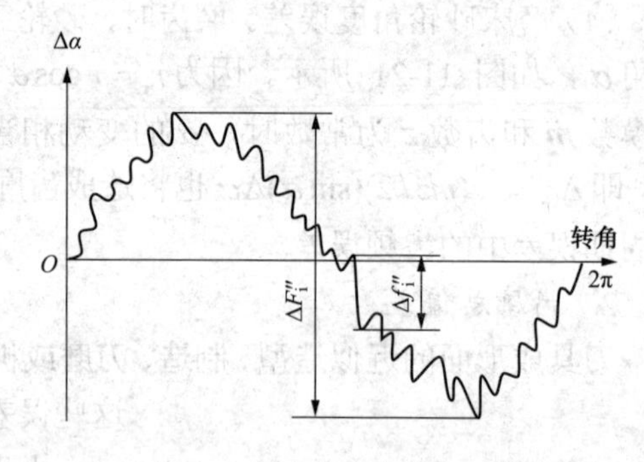

图11-24 一齿径向综合误差

由于这种测量受左右齿面的共同影响，因而不如一齿切向综合误差所反映那么全面，不宜采用这种方法来验收高精度的齿轮。但因在双啮仪上测量简单，操作方便，故该项目适用于大批量生产的场合。一齿径向综合公差可按表11-2查取。

表11-2 一齿径向综合公差 μm

精度等级	法向模数（mm）	分度圆直径（mm）		
		新	新	新
	新	～125	＞125～400	＞400～800
5	≥1～3.5	10	11	13
	＞3.5～6.3	13	14	14

续表

精度等级	法向模数（mm）	分度圆直径（mm）		
		新	新	新
	新	～125	＞125～400	＞400～800
5	＞6.3～10	14	16	16
6	≥1～3.5	14	16	18
	＞3.5～6.3	18	20	20
	＞6.3～10	18	20	20
7	≥1～3.5	20	22	25
	＞3.5～6.3	25	28	28
	＞6.3～10	28	32	32
8	≥1～3.5	28	32	36
	＞3.5～6.3	36	40	40
	＞6.3～10	40	45	45

5. 基节偏差（Δf_{pb}）

基节偏差是指实际基节与公称基节之差。实际基节是指基圆柱切平面所截两相邻同侧齿面的交线之间的距离，如图 11-25 所示。

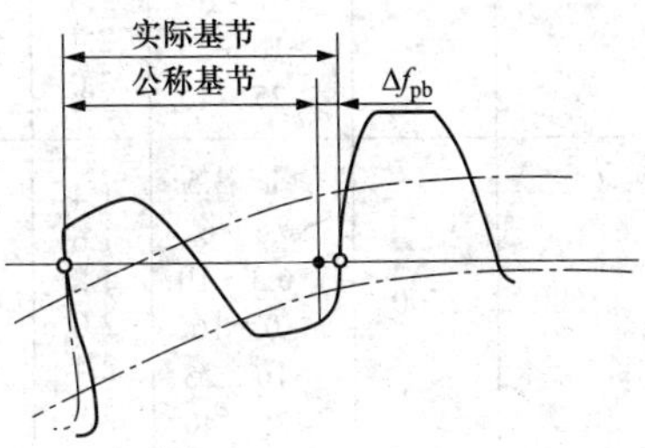

图 11-25　基节偏差

一对齿轮正常啮合时，当第一个齿轮尚未脱离啮合时，第二个轮齿应进入啮合。当两齿轮基节相等时，这种啮合过程将平稳地连续进行。若齿轮具有基节偏差，则这种啮合过程将被破坏，使瞬时速度发生变化、振动。

基节偏差可用基节仪和万能测齿仪进行测量。基节仪如图 11-26 所示，测量时，先用装在特殊量爪 2 和 4 间的量块组 3，把测头 1 和 5 间的距离调整好，如图 11-26（a）所示。旋转螺钉 6，调整到公称基节指示表 7 调零，即可对轮齿进行比较测量，如图 11-26（b）所示。基节极限偏差值见表 11-3，即从表中查取即可。

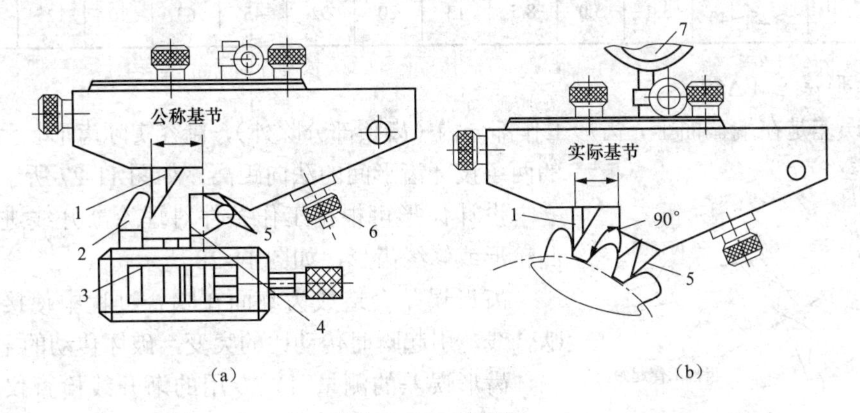

图 11-26　基节仪

1、5—测头；2、4—量爪；3—量块组；6—旋转螺钉；7—公称基节指示表

表 11-3　　**基节极限偏差值**　　μm

分度圆直径（mm）		法向模数（mm）	精度等级											
大于	到		1	2	3	4	5	6	7	8	9	10	11	12
—	125	≥1～3.5	1.0	1.4	2.4	3.6	5	9	13	18	25	36	50	71
		＞3.5～6.3	1.2	1.6	3.0	4.5	7	11	16	22	32	45	63	90
		＞6.3～10	1.4	2.0	3.2	5.0	8	13	18	25	36	50	71	100
125	400	≥1～3.5	1.0	1.6	2.4	4.2	6	10	14	20	30	40	60	80
		＞3.5～6.3	1.2	2.0	3.2	5.0	8	13	18	25	36	50	71	100
		＞6.3～10	1.4	2.4	3.6	5.5	9	14	20	30	40	60	80	112
		10～26	1.6	2.6	4.2	6.5	10	16	22	32	45	63	90	125
		＞16～25	2.0	3.4	5.0	8.5	13	20	30	40	60	80	112	160
400	800	≥1～3.5	1.2	1.8	3.0	4.5	7	11	16	22	32	45	63	90
		＞3.5～6.3	1.4	2.0	3.2	5.0	8	13	18	25	36	50	71	100
		＞6.3～10	1.6	2.6	4.2	6.5	10	16	22	32	45	63	90	125
		＞0～26	1.8	3.0	4.5	7.5	11	18	25	36	50	71	100	140
		＞16～25	2.4	3.6	5.5	9.5	14	22	32	45	63	90	125	180
		＞25～40	3.0	4.5	7.5	11	18	30	40	60	80	112	160	224
800	1600	≥1～3.5	1.2	1.8	3.2	5.0	8	13	18	25	36	50	71	100
		＞3.5～6.3	1.4	2.4	3.6	5.5	9	14	20	30	40	60	80	112
		＞6.3～10	1.6	2.6	4.2	6.5	10	16	22	32	45	67	90	125
		＞0～26	1.8	3.0	4.5	7.0	11	18	25	36	50	71	100	140
		＞16～25	2.4	3.6	5.5	9.5	14	22	32	45	63	90	125	180
		＞25～40	3.0	4.5	7.5	11	18	30	40	60	80	112	160	224
1600	2500	≥1～3.5	1.4	2.4	3.6	5.5	9	14	20	30	40	60	80	112
		＞3.5～6.3	1.6	2.6	4.2	6.5	10	16	22	32	45	67	90	125
		＞6.3～10	1.8	3.0	4.5	7.5	11	18	25	36	50	71	100	140
		＞0～16	2.0	3.2	5.0	8.5	13	20	30	40	60	80	112	160
		＞16～25	2.4	4.2	6.5	10	16	25	36	50	71	100	140	200
		＞25～40	3.4	5.0	8.5	13	20	32	45	63	90	125	180	250
2500	4000	≥1～3.5	1.6	2.6	4.2	6.5	10	16	22	32	45	63	90	125
		＞3.5～6.3	1.8	3.0	4.5	7.5	11	18	25	36	50	71	100	140
		＞6.3～10	2.0	3.2	5.0	8.5	13	20	30	40	60	80	112	160
		＞0～26	2.4	3.6	5.5	9.5	14	22	32	45	67	90	125	180
		＞16～25	2.6	4.2	6.5	10	16	25	36	50	71	100	140	200
		＞25～40	3.4	5.0	8.5	13	20	32	45	63	90	125	180	250

6. *齿形误差*（Δf_i）

齿形误差是在端截面上，齿形工作部分内（齿顶部分除外），包容实际齿形且距离为最小的两条设计齿形间的法向距离，如图 11-27 所示。

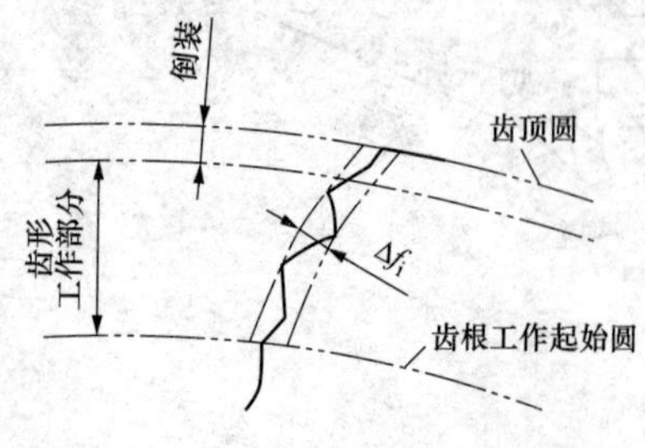

图 11-27　齿形误差

设计齿形可根据工作条件对理论渐开线进行修正为凸轮形或修缘齿形，如图 11-28 所示。

齿形误差会造成齿廓面在啮合过程中使接触点偏离啮合线，引起瞬时传动比的突变，破坏传动的平稳性。

齿形误差的测量可在专用的渐开线检查仪、通用的万能工具显微镜或影像投影仪上进行。齿形公差值 f_i 见表 11-4。

表 11-4　齿形公差值　μm

分度圆直径（mm）大于	到	法向模数（mm）	1	2	3	4	5	6	7	8	9	10	11	12
—	125	≥1～3.5	2.1	2.6	3.6	4.8	9	8	11	14	22	36	56	90
		>3.5～6.3	2.4	3.0	4.0	5.3	7	10	14	20	32	50	80	125
		>6.3～10	2.5	3.4	4.5	6.0	8	12	17	22	36	56	90	140
125	400	≥1～3.5	2.4	3.0	4.0	5.3	7	9	13	18	28	45	71	112
		>3.5～6.3	2.5	3.2	4.5	6.0	8	11	16	22	36	56	90	140
		>6.3～10	2.6	3.6	5.0	6.5	9	13	19	28	45	71	112	180
		10～26	3.0	4.0	5.5	7.5	11	16	22	32	50	80	125	200
		>16～25	3.4	4.8	6.5	9.5	14	20	30	45	71	112	180	280
400	800	≥1～3.5	2.6	3.4	4.5	6.5	9	12	17	35	40	63	100	160
		>3.5～6.3	2.8	3.8	5.0	7.0	10	14	20	28	45	41	112	180
		>6.3～10	3.0	4.0	5.5	7.5	11	16	24	36	56	90	140	224
		>0～26	3.2	4.5	6.0	9.0	13	18	26	40	63	100	160	250
		>16～25	3.8	5.3	7.5	10.5	16	24	36	56	90	140	224	355
		>25～40	4.5	6.5	9.5	14	21	30	48	71	112	180	280	450
800	1600	≥1～3.5	3.0	4.2	5.5	8.0	11	17	24	36	56	90	140	224
		>3.5～6.3	3.2	4.5	6.0	9.0	13	18	28	40	63	100	160	250
		>6.3～10	3.4	4.8	6.5	9.5	13	18	28	40	63	100	160	250
		>0～16	3.6	5.0	7.5	10.5	15	22	34	50	80	125	200	315
		>16～25	4.2	6.0	8.5	12	19	28	42	63	100	160	250	400
		>25～40	5.0	7.0	10.5	15	28	36	53	80	125	200	315	500
1600	2500	≥1～3.5	3.8	5.3	7.5	11	16	24	36	50	80	125	200	315
		>3.5～6.3	4.0	5.4	8.0	11.4	17	25	38	56	90	140	224	355
		>6.3～10	4.0	6.0	8.5	12	18	28	40	63	100	160	250	400
		>0～26	4.1	6.5	9.0	13	20	30	45	41	112	180	280	450
		>16～25	4.8	7.0	10.5	15	22	36	53	80	125	200	315	500
		>25～40	5.5	8.0	12	18	28	42	63	100	160	250	400	630
2500	4000	≥1～3.5	4.5	6.5	10	14	21	32	50	71	112	180	280	450
		>3.5～6.3	4.8	4.0	10	15	22	34	53	80	125	200	315	500
		>6.3～10	5.0	7.5	10.4	16	24	36	56	90	140	224	355	560
		>0～26	5.2	7.5	11	17	25	38	60	90	140	224	355	560
		>16～25	5.5	8.5	13	19	28	45	67	100	180	250	400	600
		>25～40	6.5	9.5	15	22	34	50	80	125	200	315	500	800

7. 齿距偏差（Δf_{pt}）

齿距偏差是指在分度圆上实际齿距与公称齿距之差，如图 11-29 所示。

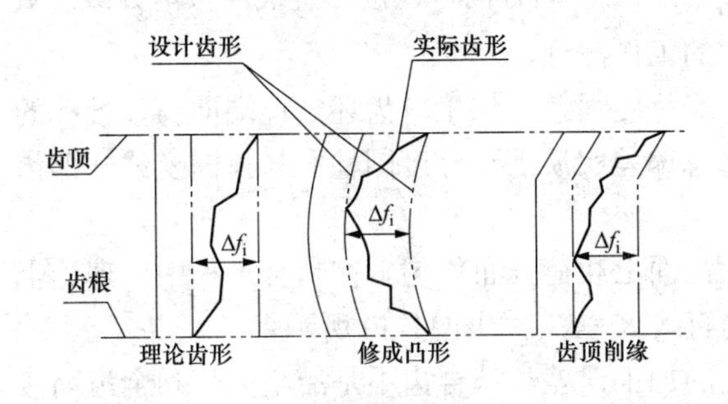

图 11-28　设计齿形

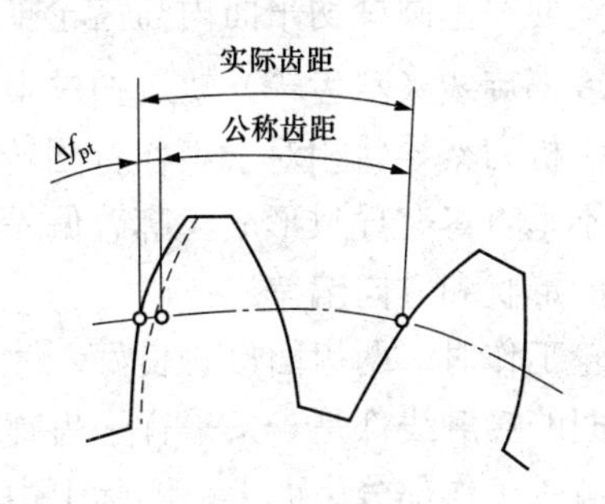

图 11-29　齿距偏差

齿距偏差可在测量齿距累积误差时得到，所以比较简单。该项偏差主要由机床误差产生。齿距偏差的测量器具有万能测齿仪和手持式齿距仪等，齿距极限偏差 $\pm f_{pt}$ 值见表 11-5。

表 11-5 齿距极限偏差 $\pm f_{pt}$ 值

分度圆直径（mm）		法向模数（mm）	精度等级										
大于	到		1	2	3	4	5	6	7	8	9	10	11
—	125	≥1~3.5	1.0	1.6	2.5	4.0	6	10	14	20	28	40	56
		>3.5~6.3	1.2	2.0	3.2	5.0	8	13	18	25	67	50	71
		>6.3~10	1.4	2.2	3.6	5.5	9	14	20	28	40	56	80
125	400	≥1~3.5	1.1	1.8	2.8	4.5	7	11	16	22	32	45	63
		>3.5~6.3	1.4	2.2	3.6	5.5	9	14	20	28	40	56	80
		>6.3~10	1.6	2.5	4.0	6.0	10	16	22	32	45	63	90
		10~26	1.8	2.8	4.5	7.0	11	18	25	36	50	71	100
		>16~25	2.2	3.6	5.5	9	14	22	32	45	63	90	125
400	800	≥1~3.5	1.2	2.0	3.2	5.0	8	13	18	25	36	50	71
		>3.5~6.3	1.4	2.2	3.6	5.5	6	14	20	28	40	56	80
		>6.3~10	1.8	2.8	4.5	7.0	11	18	25	36	50	71	100
		>0~16	2.0	6.2	5.0	8.0	13	20	28	40	56	80	112
		>16~25	2.5	4.0	6.0	10	16	25	36	50	71	100	140
		>25~40	3.2	5.0	8.0	13	20	32	45	63	90	125	180
800	1600	≥1~3.5	1.2	2.0	6.6	5.5	9	14	20	28	40	56	80
		>3.5~6.3	1.6	5.5	4.0	6.0	10	16	22	32	45	63	90
		>6.3~10	1.8	2.8	4.5	7.0	11	18	25	36	50	71	100
		>0~26	2.0	3.2	5.0	8.0	13	20	28	40	56	80	112
		>16~25	2.5	4.0	6.0	10	16	25	36	50	71	100	140
		>25~40	3.2	5.0	8.0	13	20	32	45	63	90	125	180
1600	2500	≥1~3.5	1.6	2.5	4.0	6.0	10	16	22	32	45	63	90
		>3.5~6.3	1.8	2.8	4.5	7.0	11	18	25	36	50	71	100
		>6.3~10	2.0	3.2	5.0	8.0	13	20	28	40	56	80	112
		>0~26	2.2	3.6	5.5	9.0	14	22	32	45	63	90	125
		>16~25	2.8	4.5	7.0	11	18	28	40	56	80	112	160
		>25~40	3.6	5.5	9.0	14	22	36	50	71	100	140	200

11.2.3 载荷分布均匀性的检测项目

齿轮轮齿载荷分布是否均匀，与一对啮合齿面沿齿高和齿宽方向的接触状态有关。按照啮合原理，一对轮齿在啮合过程中，由齿顶到齿根或由齿根到齿顶的全齿宽上一次接触。对直齿轮，接触线为直线，该接触直线应在基圆柱切平面内且与齿轮轴线平行；对斜齿轮，该接触直线应在基圆柱切平面内与齿轮轴线成 β_b 角。沿齿高方向，该接触直线应按渐开线（直齿轮）或螺旋线（斜齿轮）轨迹扫过整个齿廓的工作部分。

滚齿机刀架导轨相对于工作台回转轴线有平行度误差，加工时齿坯定位端面与基准孔的中心线不垂直等会导致形成齿廓总偏差。齿廓总偏差实质上是分度圆柱面与齿面交线（即齿廓线）的形状和方向偏差。

齿轮工作时，两齿面接触良好，才能保证齿面上载荷分布均匀。在啮合过程中，理论上每个瞬间的接触线都是一条平行于齿廓轴线的直线 $K—K$，如图 11-30 所示。

在齿轮工作部分齿面上，实际上由于齿轮的加工误差，啮合齿不是沿全齿长和全齿高接触。因此，存在着载荷分布的均匀性问题，它将影响齿轮的承载能力和使用寿命。造成接触不良的原因包括影响齿长方向接触的齿向误差，以及影响齿高方向接触的齿形误差。

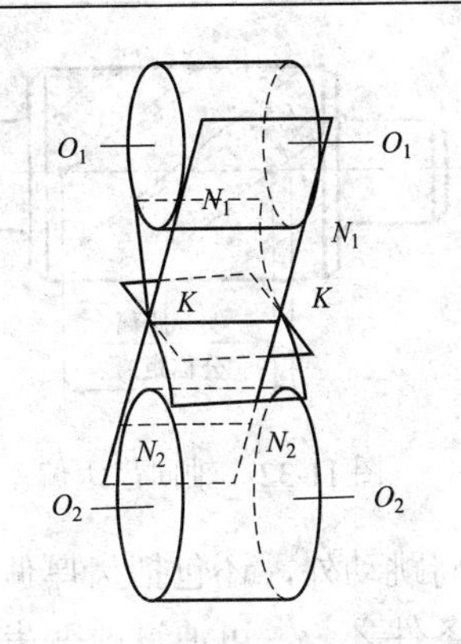

图 11-30 直齿轮的啮合传动

齿形误差在考虑传动平稳性时已加以限制，一般传动平稳性和载荷分布均匀性选取相同的精度等级。因此，就齿轮本身而言，载荷分布均匀性只要控制影响两齿面接触的齿向误差就可以了。

1. 齿向误差ΔF_β及公差 F_β

齿向误差是指在分度圆上，齿宽有效部分范围内（端部倒角部分除外），包容实际齿形且距离为最小的两条设计齿线之间的端面距离。

齿向线是齿面和分度圆柱面的交线。通常直齿轮的齿向线为直线，斜齿轮的齿向线是螺旋线。

齿向误差主要是由于机床导轨倾斜，刀具和齿坯安装误差引起的，对斜齿轮而言还与附加运动链的调整误差有关。

齿向误差 ΔF_β 用齿向公差 F_β 加以限制，其合格条件为

$$\Delta F_\beta > F_\beta$$

齿向公差的值可由表 11-6 查得。

表 11-6 齿向公差 F_β值（摘自 GB/T 10095—2008） μm

精度等级	轮齿宽度 b（mm）		
	～40	＞40～100	＞100～150
5	7	10	12
6	9	12	16
7	11	16	26
8	18	25	32

2. 接触线误差ΔF_b

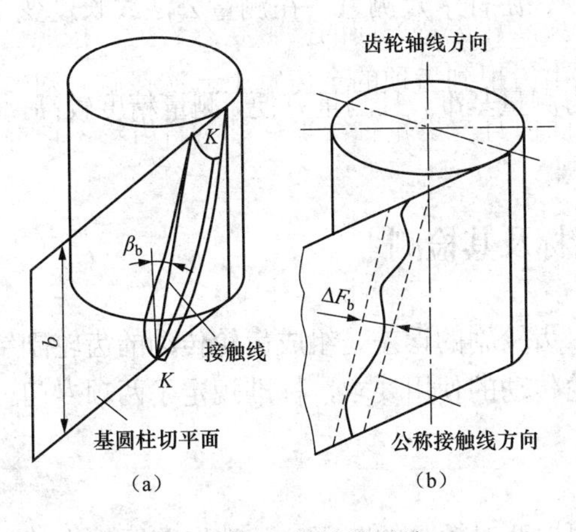

图 11-31 接触线误差

接触线误差 ΔF_b 是指在基圆的切平面内，平行于公称接触线并包容实际接触线的两条直线间的法向距离如图 11-31 所示。

接触线误差 ΔF_b 是由刀具制造与安装误差、机床进给链所造成的，是齿轮齿向、齿形误差的综合反映，用于评定斜齿轮的接触精度，它是窄斜齿轮接触长度和接触高度的综合项目，采用接触仪测量。

3. 轴向齿距偏差 ΔF_{px}

轴向齿距偏差 ΔF_{px} 指的是在和齿轮基准轴线平行且通过齿高中部的一条直线上，任意两个侧齿面间的实际距离与公称距离之差，沿齿面法线方向计算，如图 11-32 所示。

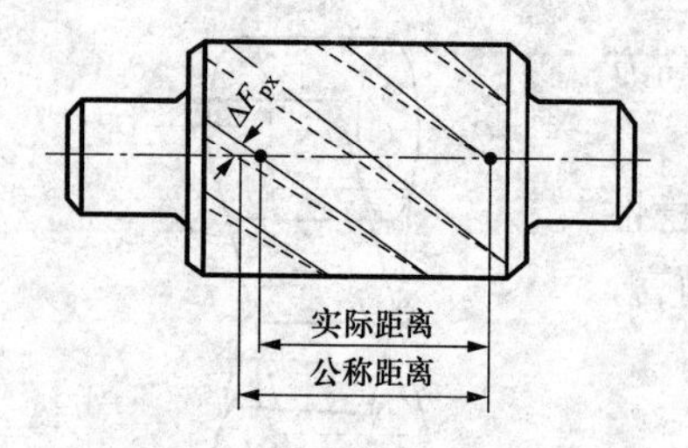

图 11-32 轴向齿距偏差

轴向齿距偏差 ΔF_{px} 主要反映斜齿轮的螺旋线误差，影响齿长方向的接触长度，并使宽斜齿轮有效接触齿数减少，从而影响齿轮的承载能力，故宽斜齿轮应控制该项误差。轴向齿距误差 ΔF_{px} 产生的原因基本与 ΔF_b 相同。

11.2.4 影响侧隙的单个齿轮因素及其检测

齿轮副侧隙是指一对齿轮啮合时在非工作齿间的间隙，影响这一间隙变动的因素除了齿轮的总偏差、齿距偏差及径向跳动外，还包括齿厚偏差和安装轴线的中心距偏差。适当的侧隙是齿轮副正常工作的必要条件之一，可通过改变齿轮副中心距的大小以及切薄齿轮轮齿的方法获得。

齿厚减薄量是通过调整刀具和毛坯的径向位置而获得的，其误差将影响侧隙的大小。此外，几何偏心和运动偏心会引起齿厚不均匀，使齿轮工作时的侧隙不均匀。为了控制齿厚减薄量，以获得必要的侧隙，可采用齿厚偏差 ΔE_s 及公法线平均长度偏差 ΔE_{wm} 进行评定。

1. 齿厚偏差ΔE_s

对直齿轮，齿厚偏差ΔE_s 是指在齿轮分度圆柱面上，齿厚的实际值和公称值之差；对斜齿轮，则指的是法向齿厚的实际值与公称值之差，如图 11-33 所示。

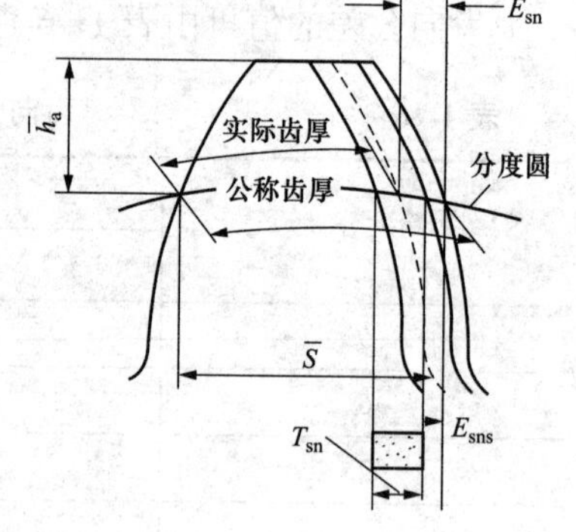

图 11-33 齿厚偏差

为了得到设计所需要的齿轮副的最小极限侧隙，通常使齿厚做必要的减薄。但是，为了控制齿轮副的最大极限侧隙和保证齿轮的强度，齿厚减薄的程度必须加以限制。在实际工作中，可用齿厚游标卡尺和光学齿厚卡尺测量齿厚。

2. 公法线平长度偏差ΔE_{wm}

公法线平均长度偏差是指在齿轮 1 周内，公法线长度平均值和公称值之差。齿轮因齿厚减薄使公法线长度也相应减小，所以可用公法线平均长度偏差作为反映侧隙的一项指标，这也是通过跨一定齿数测量公法线长度来检查齿厚偏差的依据所在。

公法线长度可用公法线百分尺、公法线指示卡规、游标卡尺测量。在测量公法线长度变动量的同时，可测得公法线平均长度偏差。

由于测量公法线平均长度偏差不需要齿顶圆作为测量基准，且测量方便，测量精度较高，因此该指标得到广泛应用。

11.3 齿轮副的评定指标及其检测

齿轮副是由两个相啮合的齿轮组成的基本机构，齿轮副的误差是组成齿轮传动的齿轮副及有关零件制造和安装误差的综合反映。为保证齿轮传动的使用要求，标准规定了两项专门控制齿轮副安装误差的评定指标。

11.3.1 轴线的平行度误差

测量齿轮副两条轴线之间的平行度误差时，应根据两对轴承的跨距 L，选取跨距较大的那条轴线作为基准轴线；如果两对轴承的跨距相同，则可取其中任何一条轴线作为基准轴线。

参考图 11-34，被测轴线对基准轴线的平行度误差应在相互垂直平面［H］和垂直平面［V］上测量。轴线平面［H］是指包含基准轴线并通过被测轴线与一个轴承中间平面的交点所确定的平面。垂直平面［V］是指通过上述交点确定的垂直于轴线平面［H］且平行于基准轴线的平面。

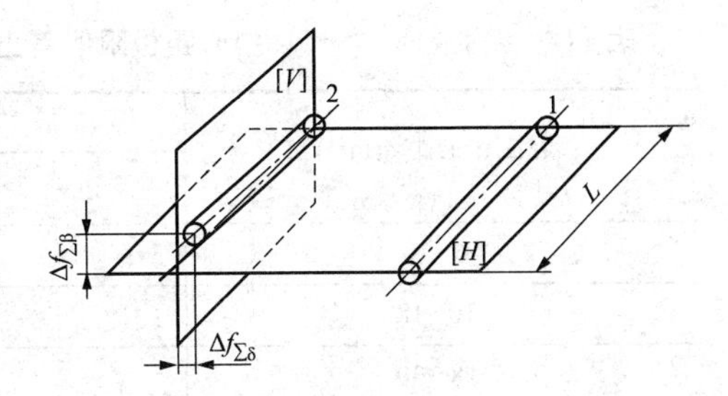

图 11-34　齿轮副轴线平行度误差

1—基准轴线；2—被测轴线；

［H］—轴线平面；［V］—垂直平面

轴线平面［H］上的平行度误差 $\Delta f_{\Sigma\delta}$ 是指实际中被测轴线 2 在［H］平面上的投影对准基准轴线 1 的平行度误差。垂直平面［V］的平行度误差是指实际被测轴线 2 在［V］平面上的投影对基准轴线 1 的平行度误差。

$\Delta f_{\Sigma\delta}$ 的公差 $f_{\Sigma\delta}$ 和 $\Delta f_{\Sigma\beta}$ 的公差 $f_{\Sigma\beta}$ 推荐按轮齿载荷分布均匀性的精度等级分别用式（11-1）和式（11-2）计算确定：

$$f_{\Sigma\delta} = (L/b)F_{\beta} \tag{11-1}$$

$$f_{\Sigma\beta} = 0.5(L/b)F_{\beta} = 0.5 f_{\Sigma\delta} \tag{11-2}$$

式中：L、b 和 F_{β} 分别为箱体上轴承跨距、齿轮宽度和齿轮螺旋线总偏差允许值。

齿轮副轴线平行度误差的合格条件是：

$$\Delta f_{\Sigma\delta} \leqslant \Delta f_{\Sigma\delta} \text{且} \Delta f_{\Sigma\beta} \leqslant f_{\Sigma\beta}$$

11.3.2　齿轮副的中心距偏差 Δf_a（中心距极限偏差 $\pm f_a$）

齿轮副的中心距偏差是指在齿轮副的齿宽中间平面内实际中心距与公称中心距之差，如图 11-35 所示。

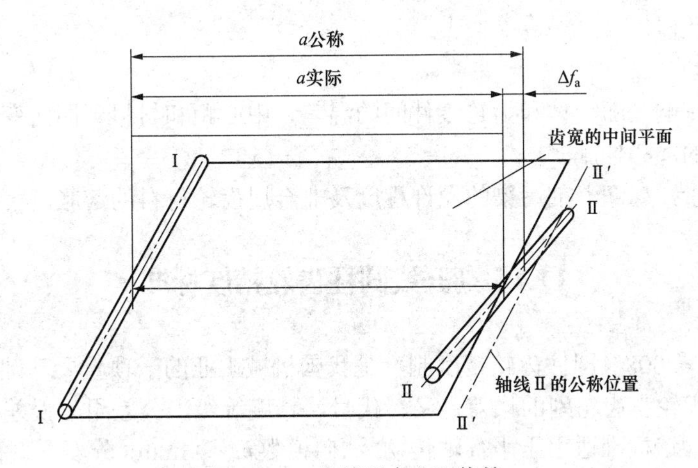

图 11-35　齿轮副中心距偏差

Δf_a 将直接影响装配后齿侧间隙的大小，对轴线不可调节的出轮传动必须予以控制，中心距的极限偏差 $\pm f_a$ 见表 11-7。中心距偏差 Δf_a 的合格条件是它在其极限偏差 $\pm f_a$ 范围内，即 $-f_a \leqslant \Delta f_a \leqslant +f_a$。

表 11-7　中心距极限偏差 $\pm f_a$ 值（GB/T 10095—2008）　μm

齿轮副中心距 a(mm)	第Ⅱ公差组等级	
	5～6(f_a = 0.5IT7)	7～8(f_a = 0.5IT8)
>6～10	7.5	11
>10～18	9	13.5
>18～30	10.5	16.5
>30～50	12.5	19.5
>50～80	15	23
>80～120	17.5	27
>120～180	20	31.5
>180～250	23	36
>250～315	26	40.5
>315～400	28.5	44.5

中心距公差是指设计者规定的允许偏差。公称中心距是在考虑了最小侧隙及两齿轮的齿顶及其相啮的非渐开线齿廓齿根部分的干涉后确定的。

若齿轮只单向运转而不经常反转的情况下，最大侧隙的控制不是一个重要的考虑因素，此时中心距偏差主要取决于重合度的考虑。

若齿轮用于控制运动时，其侧隙必须控制；当齿轮上的负载常常反向时，对中心距的公差必须仔细考虑下列因素：

（1）轴、箱体和轴承的偏斜。

（2）由于箱体的偏差和轴承的问题而导致齿轮轴线的不一致。

（3）由于箱体的偏差和轴承的问题而导致齿轮轴线的倾斜。

（4）安装误差。

（5）轴承跳动。

（6）温度的影响（随箱体和齿轮零件间的温差、中心距和材料不同而变化）。

（7）旋转件的离心伸胀。

（8）其他因素，如润滑剂污染的允许程度及非金属齿轮材料的溶胀。

11.4　渐开线圆柱齿轮精度标准

GB/T 10095—2008《圆柱齿轮精度制》是我国机械工业的一项重要基础标准。该标准规定了渐开线圆柱齿轮与齿轮副的误差定义、代号、精度等级、公差组与误差检验组、侧隙代号、齿坯精度等。该标准适用于平行轴传动、法向模数 $m_n \geqslant 1$mm，分度圆直径 $d \leqslant 4000$mm，有效齿宽 <630mm 的渐开线圆柱齿轮。当齿轮规格超过以上范围时，其公差可按有关公式计算。对于小模数齿轮 m_n<1mm，则按 GB/T 2363—1990 的规定进行精度设计。

11.4.1　齿轮精度等级和检验

1. 齿轮精度等级

对单个齿轮规定了 13 个精度等级，分别用阿拉伯数字 0、1、2、3、…、12 表示，0

级精度最高，依次降低，12 级精度最低。其中，5 级精度为基本等级，是计算其他等级偏差允许值的基础；0～2 级目前加工工艺尚未达到标准要求，是为将来发展而规定的特别精密的齿轮；3～5 级为高精度齿轮；6～8 级为中等精度齿轮；9～12 级为低精度（粗糙）齿轮。

选择精度等级的主要依据是齿轮的用途、使用要求、传动功率、圆周速度、工作条件等；选择的方法主要有计算法和类比法两种，目前大多采用类比法。

（1）计算法。计算法是根据机构最终达到的精度要求，应用传动尺寸链的方法计算和分配各级齿轮副的传动精度，确定齿轮的精度等级的一种方法。计算法主要用于精密传动链的设计，可按传动链的精度要求（如传递运动准确性要求）计算出允许的回转角误差大小，以便选择适宜的精度等级。但是，影响齿轮精度的因素既有齿轮自身的因素，也有安装误差的影响，很难计算出准确的精度等级，计算结果只能作为参考，所以此方法仅适用于特殊精度机构使用的齿轮。

令 m_n、d、b 和 k 分别表示齿轮的法向模数、分度圆直径、齿宽（单位均为 mm）和测量 ΔF_{pk} 时的齿距数。强制性检测和非强制性检测精度指标 5 级精度的公差应该分别按表 11-8 和表 11-9 所列的公式计算确定。

表 11-8　　齿轮强制性检测精度指标 5 级精度公差的计算公式

公差项目的名称和符号	计算公式（μm）	精度等级
齿距累积总偏差允许值 F_p	$F_p = 0.3m_n + 1.25\sqrt{d} + 7$	
齿距累积偏差允许值 $\pm F_{pk}$	$F_{pk} = f_{pt} + 1.6\sqrt{(k-1)m_n}$	
单个齿距偏差允许值 $\pm f_{pt}$	$f_{pt} = 0.3(m_n + 0.4\sqrt{d}) + 4$	0、1、2、…、12 级
齿廓总偏差允许值 F_a	$F_a = 3.2(\sqrt{m_n} + 0.2\sqrt{d}) + 0.7$	
螺旋线总偏差允许值 F_β	$F_\beta = 0.1\sqrt{d} + 0.63\sqrt{b} + 4.2$	

表 11-9　　齿轮非强制性检测精度指标 5 级精度公差的计算公式

公差项目的名称和符号	计算公式（μm）	精度等级
一齿切向综合偏差允许值 f_i'	$f_i' = K(4.3 + f_{pt} + F_a) = k(9 + 0.3m_n + 3.2\sqrt{m_n} + 0.34\sqrt{d})$ 当总重合度 $\varepsilon_r < 4$ 时，$K = 0.2(\varepsilon_r + 4)/\varepsilon_r$ 当 $\varepsilon_r \geqslant 4$ 时，$k = 0.4$	
切向综合偏差允许值 F_i'	$F_i' = F_p + f_i'$	0、1、2、…、12 级
齿轮径向跳动允许值 F_r	$F_r = 0.8F_p = 0.24m_n + 1.01\sqrt{d} + 5.6$	
径向综合总偏差允许值 m_n	$F_i'' = 3.2m_n + 1.01\sqrt{d} + 6.4$	4、5、6、…、12 级
一齿径向综合偏差允许值 f_i'	$T_Q = T_S 2^{0.5(Q-5)}$	

两相邻精度等级的分级公比等于 $\sqrt{2}$，本级公差数值乘以（或除以）$\sqrt{2}$ 即可得到相邻较低（或较高）等级的公差数值。

齿轮精度指标任一精度等级的公差计算值可以按 5 级精度的公差计算值确定，计算公式为

$$T_Q = T_S \times 2^{0.5(Q-5)} \tag{11-3}$$

式中：T_Q为 Q 级精度的公差计算值；T_S为 5 级精度的公差计算值；Q 为表示 Q 级精度的阿拉伯数字。

公差计算值中小数点后的数值应圆整，圆整规则如下：如果计算值大于 10μm，圆整到最接近的整数；如果计算值小于 10μm，圆整到最接近的尾数为 0.5μm 的小数或整数；如果计算值小于 5μm，圆整到最接近的尾数为 0.1μm 的倍数的小数或整数。

为使用方便各级常用的各项偏差的数值均可由表 11-10～表 11-12 查得。

表 11-10 F_β、F_a、f_{fa}、$\pm f_{ha}$ 偏差允许值（GB/T 10095.1～2—2008） μm

分度圆直径 d(mm)	模数 m_n (mm)	偏差项目															
		齿距累积总公差 F_β				齿廓总公差 F_a				齿廓形状偏差 f_{fa}				齿廓倾斜极限偏差 $\pm f_{ha}$			
		等级精度				等级精度				等级精度				等级精度			
		5	6	7	8	5	6	7	8	5	6	7	8	5	6	7	8
≥5～22	≥0.5～2	11	16	23	32	4.6	6.5	9.0	13	3.5	5.0	7.0	10	2.9	4.2	6.0	8.5
	>2～3.5	12	17	23	33	6.5	9.5	13	19	5.0	7.0	10	14	4.2	6.0	8.5	12
>20～50	≥0.5～2	14	20	29	41	5.0	7.5	10	15	4.0	5.5	8.0	11	3.3	4.6	6.5	9.5
	>2～3.5	15	21	30	42	7.0	10	14	20	5.5	8.0	11	16	4.5	6.5	9.0	13
	>3.5～6	15	22	31	44	9.0	12	18	25	7.0	9.5	14	19	5.5	8.0	11	16
>50～125	≥0.5～2	18	26	37	52	6.0	8.5	12	17	4.5	6.5	9.0	13	12	17	25	36
	>2～3.5	19	27	38	53	8.0	11	16	22	6.0	8.5	12	17	5.0	7.0	10	14
	>3.5～6	19	28	39	55	9.5	13	19	27	7.5	10	15	21	6.0	8.5	12	17
>125～280	≥0.5～2	24	35	49	69	7.0	10	14	20	5.5	7.5	11	15	4.4	6.0	9.0	12
	>2～3.5	25	35	50	70	9.0	13	18	25	7.0	9.5	14	19	5.5	8.0	11	16
	>3.5～6	25	36	51	72	11	15	21	30	8.0	12	16	23	6.5	9.5	13	19
>280～560	≥0.5～2	32	46	64	91	8.5	12	17	23	6.5	9.0	13	18	5.5	7.5	11	15
	>2～3.5	33	46	65	92	10	15	21	29	8.0	11	16	22	6.5	9.0	13	18
	>3.5～6	33	47	66	94	12	17	24	34	9.0	13	18	26	7.5	11	15	21

表 11-11 F_r、F_w、f_i'/K 偏差允许值（GB/T 10095.1～2—2008） μm

分度圆直径 d（mm）	模数 m_n（mm）	偏差项目											
		径向跳动公差 F_r				f_i'/K 值				公法线长度变动公差 F_w			
		等级精度				等级精度				等级精度			
		5	6	7	8	5	6	7	8	5	6	7	8
≥5～22	≥0.5～2	9.0	13	18	25	14	19	27	38	10	14	20	29
	>2～3.5	9.5	13	19	27	16	23	32	45				

续表

分度圆直径 d（mm）	模数 m_n（mm）	偏差项目											
		径向跳动公差 F_r				f_i'/K 值				公法线长度变动公差 F_w			
		等级精度				等级精度				等级精度			
		5	6	7	8	5	6	7	8	5	6	7	8
>20～50	≥0.5～2	11	16	23	32	14	20	29	41	12	16	23	32
	>2～3.5	12	17	24	34	17	24	34	48				
	>3.5～6	12	17	25	36	19	27	38	54				
>50～125	≥0.5～2	15	21	29	42	16	22	31	44	14	19	27	37
	>2～3.5	15	21	30	43	18	25	36	51				
	>3.5～6	16	22	31	44	20	29	40	57				
>125～280	≥0.5～2	20	28	39	55	17	24	34	49	16	22	31	44
	>2～3.5	20	28	40	56	20	28	39	56				
	>3.5～6	20	29	41	58	22	31	44	62				
>280～560	≥0.5～2	26	36	51	73	19	27	39	54	19	26	37	53
	>2～3.5	26	37	52	74	22	31	44	62				
	>3.5～6	27	38	53	75	24	34	48	68				

表 11-12　F_β、$f_{f\beta}$、$f_{H\beta}$ 偏差允许值（GB/T 10095.1～2—2008）　μm

分度圆直径 d（mm）	齿宽 b（mm）	偏差项目							
		螺旋线总公差 F_β				螺旋线形状公差 $f_{f\beta}$ 和螺旋线倾斜极限偏差 $\pm f_{H\beta}$			
		等级精度				等级精度			
		5	6	7	8	5	6	7	8
≥5～22	≥4～10	6.0	8.5	12	17	4.4	6.0	8.5	12
	>10～20	7.0	9.5	14	19	4.9	7.0	10	14
>20～50	≥4～10	6.5	9.0	13	18	4.5	6.5	9.0	13
	>10～20	7.0	10	14	20	5.0	7.0	10	14
	>20～40	8.0	11	16	23	6.0	8.0	12	16
>50～125	≥4～10	6.5	9.5	13	19	4.8	6.5	9.5	13
	>10～20	7.5	11	15	21	5.5	7.5	11	15
	>20～40	8.5	12	17	24	6.0	8.5	12	17
	>40～80	10	14	20	28	7.0	10	14	20
>125～280	≥4～10	7.0	10	14	20	5.0	7.0	10	14
	>10～20	8.0	11	16	22	5.5	8.0	11	15
	>20～40	9.0	13	18	25	6.5	9.0	13	18
	>40～80	10	15	21	29	7.5	10	15	21

续表

分度圆直径 d（mm）	齿宽 b（mm）	偏差项目							
		螺旋线总公差 F_β				螺旋线形状公差 $f_{f\beta}$ 和 螺旋线倾斜极限偏差 $\pm f_{H\beta}$			
		等级精度				等级精度			
		5	6	7	8	5	6	7	8
>125～280	>80～160	12	17	25	35	8.5	12	17	25
>280～560	>10～20	8.5	12	17	24	6.0	8.5	12	17
	>20～40	9.5	13	19	27	7.0	9.5	14	19
	>40～80	11	15	22	33	8.0	11	16	22
	>80～160	13	18	26	36	9.0	13	18	26
	>160～250	15	21	30	43	11	15	22	30

（2）类比法。类比法是查阅类似机构的设计方案，根据经过实际验证的已有经验结果来确定齿轮精度（也就是参考同类产品的齿轮精度），结合所设计齿轮的具体要求来确定精度等级的一种方法。表 11-15 所示为从生产实践中搜集到的各种用途齿轮的大致精度等级，供设计者参考。

2．齿轮公差组的检验

齿轮的误差项目很多，在检查和验收齿轮精度时，没有必要对所有项目进行检验。因为同一公差组中各误差项目所控制的误差性质是相同的，所以只要在每一个公差组中选出一项或数项公差标注在齿轮零件工作图上，就可保证齿轮的精度。把每一个公差组中所选出的项目最少，但又能控制齿轮传动精度要求的公差组合称为检验组，见表 11-13。

表 11-13　　　　公差组的检验

公差组	检验组						
Ⅰ	1	2	3	4	5	6	
	$\Delta F_i'$	ΔF_p 和 ΔF_{pk}	ΔF_p	$\Delta F_i''$ 和 ΔF_w	ΔF_r 和 ΔF_w	ΔF_r①	
Ⅱ	1	2	3	4	5	6	7
	$\Delta f_i'$②	Δf_f 和 Δf_{pb}	Δf_f 和 Δf_{pt}	$\Delta f_{f\beta}$③	$\Delta f_i''$④	Δf_{pt} 与 Δf_{pb}⑤	Δf_{pt} 与 Δf_{pb}⑥
Ⅲ	1	2	3	4			
	ΔF_β	ΔF_b⑦	ΔF_{px} 与 Δf_f⑧	ΔF_{px} 与 ΔF_b⑧			

① 当其中有一项超差时，应按 ΔF_p 检定和验收齿轮的精度。
② 需要时，可加检 Δf_{pb}。
③ 用于轴向重合度 >1.25 级及 6 级精度以上的斜齿轮或人字齿轮。
④ 要保证齿形要求。
⑤ 仅用于 9 级～12 级。
⑥ 仅用于 9 级～12 级。
⑦ 仅用于轴向重合度 ≤1.25，齿线不作修整的斜齿轮。
⑧ 仅用于轴向重合度 >1.25，齿线不作修整的斜齿轮。

在第Ⅰ公差组中，由于 F_i' 形状和 ΔF_p 都是综合精度指标，能较全面地控制齿轮1转中的转角误差，所以每一项都可组成一个检验组。F_i'' 和 F_r，都是限制径向误差的公差，而 F_w 是限制切向误差的公差，F_i'' 和 F_w 或 F_r 和 F_w 两者都可组成一个检验组。考虑到径向误差和切向误差可能相互叠加或补偿，所以当其中有一项不合格、而另一项合格时，则应按 F_p 验收。对于10级精度以下的齿轮，由于加工齿形的机床精度一般是足够的，故只需检查 ΔF_r（由工件安装产生几何偏心引起），而不需检查 ΔF_w（由机床蜗轮产生运动偏心引起）。

在第Ⅱ公差组中，由于 $\Delta f_i'$ 和 $\Delta f_i''$ 都能较全面地反映一齿距角范围内的转角误差，是综合性指标，故可单独选 $\Delta f_i'$ 或 $\Delta f_i''$。f_f、f_{pb}、f_{pt} 三项如何组合，主要是从切齿工艺考虑，原则是既要控制机床产生的误差，又要控制刀具产生的误差；既要控制一对轮齿啮合过程中的误差，又要控制两对轮齿交替啮合过程中的误差。f_f 和 f_{pt} 组合，对精度较高的磨齿较适用，此时 f_f 反映砂轮系统的误差，f_{pt} 反映机床分度的误差。f_{pb} 和 f_{pt} 的组合对多齿数滚齿较为合适，因为 f_{pt} 反映机床周期误差，f_{pb} 反映刀具系统误差。对于精度不很高的磨齿、剃齿及滚齿，常用 f_f 和 f_{pb} 组合。10级以下精度的齿轮，可单独采用 f_{pb} 或 f_{pt}。

第Ⅲ公差组中用得最多的是 f_β，其余组合均只适用于斜齿轮。

验收齿轮时，3个公差组的检验组的组合情况可参见表11-14。

表11-14　检验组组合

公差组	精度等级						
	3级～8级	3级～6级	7级～8级	5级～8级	5级～9级	9级	10级～12级
Ⅰ	$\Delta F_i'$	ΔF_r 和 ΔF_{pk}	ΔF_p	ΔF_r 和 ΔF_w	$\Delta F_i''$ 和 ΔF_w	ΔF_r 和 ΔF_w	ΔF_r
Ⅱ	$\Delta f_i'$	Δf_f 和 f_{pb} 或 Δf_f 和 f_{pt} 或 $\Delta f_{f\beta}$	Δf_f 和 f_{pb} 或 Δf_f 和 f_{pt}		$\Delta f_i''$	f_{pt} 与 f_{pb}	f_{pt} 与 f_{pb}
Ⅲ	ΔF_β 和 ΔF_b	ΔF_β 或 ΔF_b 或 ΔF_{px} 与 ΔF_b　ΔF_β 或 ΔF_b 或 ΔF_{px} 或 ΔF_b			ΔF_β 与 ΔF_b		
侧隙	ΔE_{wm} 或 ΔE_s					ΔE_{wm} 或 ΔE_s	

检验组的组合方案的选择主要考虑齿轮精度、生产规模和仪器状况。一般而言，精度高的齿轮宜采用能较好反映误差情况的综合指标（如 F_i'、f_i'），精度较低的齿轮可采用单项指标；成批、大量生产的齿轮宜采用检测效率较高的指标（如 F_i'、F_i''），应尽量使仪器的数量少些。

表11-15　精度等级的应用（供参考）

齿轮用途	精度等级	齿轮用途	精度等级	齿轮用途	精度等级
测量齿轮	3～6	轻型汽车	5～8	拖拉机、轧钢机	6～10
汽轮机减速器	3～6	载重汽车	6～9	起重机	7～10
金属切削机床	3～8	一般减速器	6～9	矿山绞车	8～10
航空发动机	3～7	机车	6～7	企业机械	8～11

例如，若第Ⅰ公差组选择了 F_i 或 F_p，第Ⅱ公差组应尽量选 f_i' 或 f_{pt}，因为 $\Delta f_i'$ 和 Δf_p、Δf_{pt} 是在同一台仪器上测出的数据经不同的处理而得到的，这样可以减少测量仪器的种类，节省测量时间。

设计时，径向综合偏差和径向跳动不一定与 GB/T 10095.1—2008 中的要素偏差（如齿距、齿廓、螺旋线等）选用相同的等级。当文件需叙述齿轮精度要求时，应注明 GB/T 10095.1 或 GB/T 10095.2—2008。

在机械传动中应用得最多的齿轮既传递运动又传递动力，其精度等级与圆周速度密切相关，因此一般先计算出齿轮的最高圆周速度，参考表 11-16 来确定齿轮传动平稳性精度等级，然后根据实际情况再确定传递运动准确性和载荷分布均匀性的精度等级。

表 11-16　齿轮传动平稳性精度等级的选用（供参考）

精度等级	圆周速度		面的终加工	工作条件
	直齿	斜齿		
3 级（极精密）	～40	～75	特精密的磨削和研齿；用精密滚刀或单边剃齿后的大多数不经淬火的齿轮	要求特别精密的或在最平稳且无噪声的特别高速下工作的齿轮传动，特别精密机构中的齿轮，特别高速传动（透平齿轮），检测 5～6 级齿轮用的测量齿轮
4 级（特别精密）	～35	～70	精密磨齿，用精密滚刀和挤齿或单边剃齿后的大多数齿轮	特别精密分度机构中或在最平稳且无噪声的极高速下工作的齿轮传动，特别精密的分度机构中的齿轮，高速透平传动，检测 7 级齿轮用的测量齿轮
5 级（高精密）	～70	～70	精密磨齿，大多数用精密滚刀加工，进而挤齿或剃齿的齿轮	精密分度机构中或要求极平稳且无噪声的高速下工作的齿轮传动，精密机构用齿轮，透平齿轮，检测 8 级和 9 级齿轮用的测量齿轮
6 级（高精密）	～70	～70	精密磨齿或剃齿	要求最高效率且在无噪声的高速下平稳工作的齿轮传动或分度机构的齿轮传动，特别重要的航空、汽车齿轮，读数装置用特别精密的传动齿轮
7 级（精密）	～70	～70	无需热处理，仅用精确刀具加工的齿轮；至于淬火齿轮，必须精整加工（磨齿、挤齿、珩齿等）	增速和减速用齿轮传动，金属切削机床送刀机构用齿轮，高速减速器用齿轮，航空、汽车用齿轮，读数装置用齿轮
8 级（中等精密）	～70	～70	不磨齿，必要时光整加工或对研	无需特别精密的、一般机械制造用齿轮，包括在分度链中的机床传动齿轮，飞机、汽车制造业中的不重要齿轮，起重机构用齿轮，农业机械中的重要齿轮，通用减速器齿轮
9 级（较低精度）	～70	～70	无需特殊光整工作	用于粗糙工作的齿轮

【例 11-1】 已知某减速器中的一对直齿轮，小齿轮 $z_1 = 20$，大齿轮 $z_2 = 100$，模数 $m = 5$，压力角 $\alpha = 20°$，小齿轮与电机相连，工作转速 $n_1 = 1450 \text{r/min}$，试确定小齿轮的精度等级。

解　（1）计算圆周速度 u。因该齿轮与电动机相连，属于高速动力齿轮，故应按圆周速度确定传动平稳性的精度等级。

$$u = \frac{\pi d n_1}{60 \times 1000} = \frac{3.14 \times 5 \times 20 \times 1450}{60000} = 7.6(\text{m/s})$$

（2）按计算出的速度查表确定传动平稳性精度。由表 11-16 可得出传动平稳性的精度为 7 级。传递运动准确性和载荷分布均匀性无特殊要求，都为 7 级，由此可确定三个方面的等级精度都为 7 级，所以标注为 7 GB/T 10095.1—2008。

11.4.2　齿轮副侧隙

齿轮副侧隙是两个齿轮啮合后才产生的，对单个齿轮就不存在侧隙，齿轮传动对侧隙的要求，主要取决于其用途、工作条件等，而不决定于齿轮的精度等级。侧隙选择是独立于齿轮精度等级选择之外的另一类问题。齿轮副的侧隙是为保证齿轮转动灵活，齿轮润滑以及补偿齿轮的制造误差、安装误差、热变形等造成的误差，必须在非工作面上留有的间隙。为满足不同的侧隙要求，可以只规定一种中心距极限偏差，而通过规定多种齿厚极限偏差来得到多种相应的齿轮副侧隙。反之，也可以只规定一种齿厚极限偏差，而规定多种中心距极限偏差来得到多种齿轮副侧隙。如同孔、轴配合的基准制一样，前者称为基中心距制，后者称为基齿厚制。由于切齿中削薄齿厚较方便，因此，标准采用基中心距制。在基中心距制中，齿厚就相当于基孔制中间隙配合的轴，所以齿厚上极限偏差多为负值。

1．齿轮副侧隙的表示方法

通常有两种表示法来表示齿轮副侧隙：法向侧隙 j_{bn} 和圆周侧隙 j_{wt}。法向侧隙 j_{bn} 是当两个齿轮的工作齿面互相接触时，其非工作面之间的最短距离，如图 11-36 所示；圆周侧隙 j_{wt} 是当固定两啮合齿轮中的一个时，另一个齿轮所能转过的节圆弧长的最大值。理论上，j_{bn} 和 j_{wt} 关系为

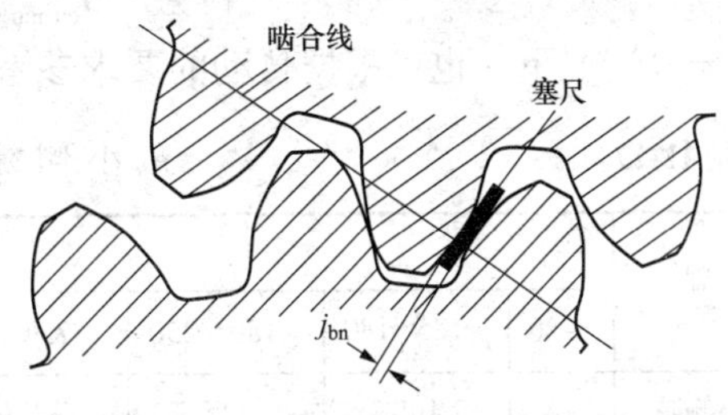

图 11-36　法相平面的侧隙

$$j_{bn} = j_{wt} \cos\alpha_{wt} \cos\beta_b \tag{11-4}$$

式中：α_{wt} 为端面工作压力角；β_b 为基圆螺旋角。

2．齿轮副正常工作所要求的最小法向侧隙 $j_{bn\min}$

在设计齿轮传动时，必须保证有足够的最小法向侧隙 $j_{bn\min}$，以保证齿轮机构正常工作。齿轮副配合侧隙大小的决定因素包括小齿轮的齿厚 s_1、大齿轮的齿厚 s_2 和箱体孔的中心距 a。另外，齿轮的配合也受到齿轮的形状和位置偏差以及轴线平行度的影响。

所有相啮合的齿轮必定都有这些侧隙，必须保证非工作齿面不会相互接触。在一个已定的啮合中，在齿轮传动中侧隙会随着速度、温度、负载等的变化而变化。在静态可测量的条件下，必须有足够的侧隙，才能保证在带负载运行于最不利的工作条件下仍有足够的侧隙。需要的侧隙量与齿轮的大小、精度、安装和应用情况有关。

对于任何检测方法，所规定的最大齿厚必须减小，以确保径向跳动及其他切齿时的变化对检测结果的影响不致增加最大实效齿厚；规定的最小齿厚也必须减小，以使所选择的齿厚公差能实现经济的齿轮制造，且不会被来源于精度等级的其他公差所耗尽。

确定齿轮副最小侧隙 $j_{bn\min}$ 的主要根据是工作条件，一般有以下三种方法。

（1）经验法。这种方法是参考国内外同类产品中齿轮副的侧隙值来确定最小侧隙。

（2）计算法。

1）温度因素。温度变化时，侧隙变化量为

$$j_{bn1} = a(\alpha_1\Delta t_1 - \alpha_2\Delta t_2)\times 2\cos\alpha_n \tag{11-5}$$

式中：a 为齿轮副中心距，mm；α_1、α_2 为齿轮和箱体材料的线胀系数；α_n 为齿轮法向啮合

角；Δt_1、Δt_2—齿轮和箱体工作温度和标准温度之差，标准温度为20℃。

2）润滑需要。考虑润滑所需最小侧隙 j_{bn2}，其数值为

油池润滑时

$$j_{bn2}=(0.005\sim0.01)m_n \tag{11-6}$$

喷油润滑时

$$v<10\text{m/s}, j_{bn2}=0.01m_n$$
$$10<v<25\text{m/s}, j_{bn2}=0.02m_n$$
$$25<v<60\text{m/s}, j_{bn2}=0.03m_n$$
$$v>60\text{m/s}, j_{bn2}=(0.03\sim0.05)m_n$$

式中：v 为齿轮圆周速度；m_n 为齿轮法向模数。

故

$$j_{bn\min 2}=j_{bn1}+j_{bn2} \tag{11-7}$$

一般情况下，也可根据传动的要求参考表11-17选取最小侧隙 $j_{bn\min}$。

表11-17　最小侧隙 $j_{bn\min}$ 参考值　μm

类别	中心距（mm）							
	≤80	>125~180	>180~250	>250~315	>315~400	>400~500	>500~630	>630~800
较小侧隙	74	100	115	130	140	155	175	200
中等侧隙	120	160	185	210	230	250	280	320
较大侧隙	90	250	290	320	360	400	440	500

3）查表法。在实际工作中，在不具备上述某一计算条件而不能确定 $j_{bn\min}$ 时，可参考机床行业圆柱齿轮副侧隙企业标准JB/GQ 1070—1985。C级为常用级，见表11-18。

表11-18　机床用圆柱齿轮副 j_{bnmin}（JB/GQ 1070—1985）　μm

种类	中心距（mm）						
	≤50	>50~80	>80~125	>125~180	>180~250	>250~315	>315~400
b（IT10）	100	120	140	160	185	210	230
c（IT9）	62	74	87	100	115	130	140
d（IT8）	39	46	54	63	72	81	89
e（IT7）	25	30	35	40	46	52	57

3. 齿厚极限偏差代号

国家标准规定了14种齿厚极限偏差的数值，并用14个大写英文字母表示，如图11-37所示。

在上述14种齿厚极限偏差中选取合适的代号组合。选取前先要根据齿轮副工作所要求的最小侧隙 $j_{bn\min}$ 等，计算出齿厚的上极限偏差 E_{ss}，然后根据切齿时的进刀误差和能引起齿厚变化的齿圈径向跳动等，再算出齿厚的公差 T_s，最后再算出齿厚的下极限偏差 E_{si}。具体计算方法如下：

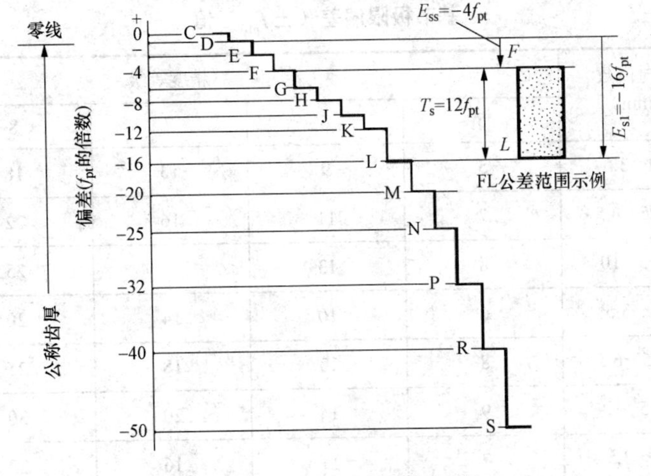

图 11-37　14 种齿厚极限偏差

$$E_{ss}=-\left(f_a\tan\alpha_n+\frac{j_{n\min}+K}{2\cos\alpha_n}\right) \tag{11-8}$$

$$K=\sqrt{(f_{pb1})^2+(f_{pb2})^2+2.104F_\beta^2} \tag{11-9}$$

$$T=2\tan\alpha_n\sqrt{F_r^2+b_r^2} \tag{11-10}$$

式中：f_a 为齿轮副中心距极限偏差；α_n 为法向齿形角；K 为齿轮加工和安装误差所引起的法向侧隙减小量；F_r 为齿圈径向跳动公差；b_r 为切齿径向进刀公差。

b_r 值按齿轮第Ⅰ公差组的精度级决定，当第Ⅱ公差组精度为 4 级时，$b_r=1.26\text{IT7}$；5 级时，$b_r=\text{IT8}$；6 级时，$b_r=1.26\text{IT8}$；7 级时，$b_r=\text{IT9}$；8 级时，$b_r=1.26\text{IT9}$；9 级时，$b_r=\text{IT10}$。b_r 值按齿轮分度圆直径查表确定。齿厚的下极限偏差为 $E_{si}=E_{ss}-T_s$。f_a、F_β、f_{pb} 可分别查表 11-7、表 11-19 和表 11-21。

表 11-19　齿向公差（F_β）值　μm

齿轮宽度（mm）	精度等级			
	6	7	8	9
≤40	9	11	18	28
>40~100	12	16	25	40
>100~160	16	20	32	50

表 11-20　齿厚极限偏差　μm

$C=+1f_{pt}$	$G=-6f_{pt}$	$L=-16f_{pt}$	$R=-40f_{pt}$
$D=0$	$H=-8f_{pt}$	$M=-20f_{pt}$	$S=-50f_{pt}$
$E=-2f_{pt}$	$J=-10f_{pt}$	$N=-25f_{pt}$	
$F=-4f_{pt}$	$K=-12f_{pt}$	$P=-32f_{pt}$	

表 11-21　　基节极限偏差（$\pm f_{pb}$）值　　μm

分度圆直径（mm）	法向模数（mm）	精度等级				
		5	6	7	8	9
≤125	≥1~3.5	5	9	13	18	25
	>3.5~6.5	7	11	16	22	32
	>6.5~10	8	13	18	25	36
>125~400	≥1~3.5	6	10	14	20	30
	>3.5~6.5	8	13	18	25	36
	>6.5~10	9	14	20	30	40
>400~800	≥1~3.5	7	11	16	22	32
	>3.5~6.5	8	13	18	25	36
	>6.5~10	10	16	22	32	45

注　对 6 级及高于 6 级的精度，在一个齿轮的同侧齿面上的最大基节与最小基节之差，不允许大于基节单向极限偏差数值。

将计算出的齿厚上、下极限偏差分别除以齿距极限偏差 f_{pt}，再按所得的商值从图 11-37 中选取相应的齿厚偏差代号。如果侧隙要求严格，而齿厚极限偏差又不能正好以国家标准所规定的 14 个代号表示时，允许直接用数字表示。

4．公法线平均长度极限偏差

大模数齿轮，在生产中通常测量齿厚；中、小模数齿轮，在成批生产中，一般测量公法线长度来代替测量齿厚。公法线平均长度上、下极限偏差及公差（E_{wms}、E_{wmi}、T_{wm}）与齿厚上、下极限偏差及公差（E_{ss}、E_{si}、T_s）的换算关系如下：

对于外齿轮

$$E_{wms}=E_{ss}\cos\alpha_n-0.72F_r\sin\alpha_n \tag{11-11}$$

$$E_{wmi}=E_{si}\cos\alpha_n+0.72F_r\sin\alpha_n \tag{11-12}$$

$$T_{wm}=T_s\cos\alpha_n-1.44F_r\sin\alpha_n \tag{11-13}$$

上述关系式中，右边引入第二项是为了考虑几何偏心对侧隙的影响。几何偏心使各齿侧隙发生变化，有的齿厚侧隙缩小，有的齿厚侧隙增大，而公法线长度是反映不出几何偏心的影响的。为了保证每个齿厚的侧隙均在规定范围内，故将公法线平均长度偏差的验收界限变窄 $0.72F_r\sin\alpha_n$。

对于外齿轮

$$E_{wms}=-E_{ss}\cos\alpha_n-0.72F_r\sin\alpha_n \tag{11-14}$$

$$E_{wmi}=-E_{ss}\cos\alpha_n+0.72F_r\sin\alpha_n \tag{11-15}$$

由于最大侧隙 $j_{n\max}$ 一般无严格要求，故一般情况下不需考核。但对一些精密分度齿轮或读数齿轮，对齿轮的回转精度有要求时，需校核最大侧隙 $j_{n\max}$，如不能满足要求，可压缩 f_a 或 T_s 以减小 $j_{n\max}$ 值。

公法线平均长度极限偏差与齿厚极限偏差、公差带的关系如图 11-38 和图 11-39 所示。

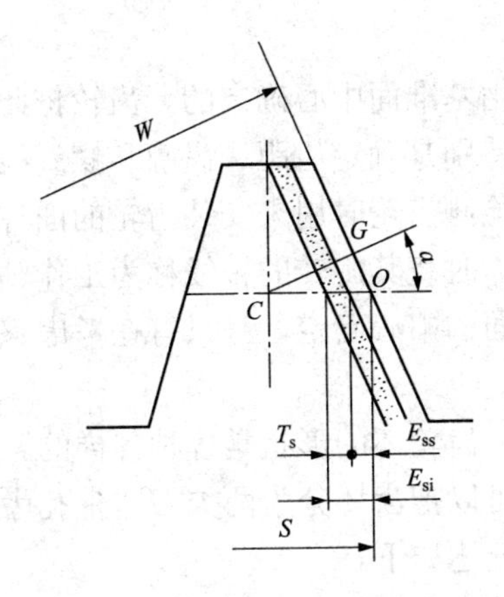

图 11-38　齿厚、公法线的关系

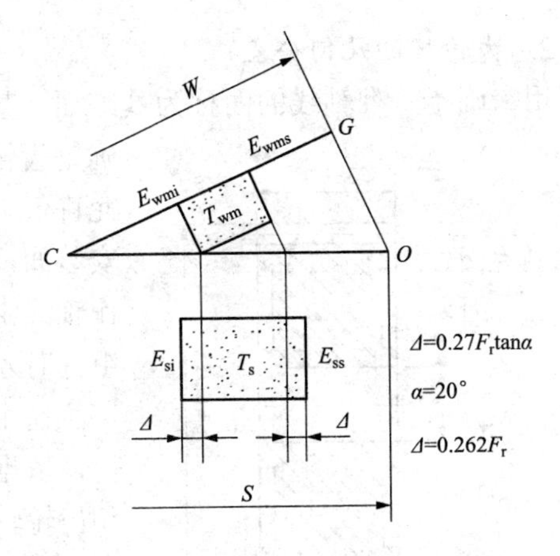

图 11-39　齿厚、公法线公差带的关系

11.4.3　齿坯精度和齿轮表面粗糙度

有关齿轮轮齿精度（齿廓偏差、相邻齿距偏差等）参数的数值，只有明确其特定的旋转轴线才有意义。在测量时齿轮围绕其旋转的轴线如有改变，则这些参数中的多数测量值也将改变。因此，在齿轮的图样上应该明确地标注出规定轮齿偏差允许值的基准轴线。事实上，整个齿轮的几何形状均以该基准轴线为准。因此，适当提高齿轮坯的精度显得尤为重要。

齿轮坯的尺寸偏差和齿轮箱体的尺寸偏差对于齿轮副的接触条件和运行状况有着极大的影响。由于在加工齿轮坯和箱体时保持较紧的公差，比加工高精度的轮齿要经济得多，因此应首先根据拥有的制造设备条件，尽量使齿轮坯和箱体的制造公差保持最小值。这样可使加工的齿轮有较松的公差，从而获得更为经济的整体设计。

所谓齿轮坯，即通常所说的齿坯，它是指在轮齿加工前供制造齿轮用的工件。如前所述，齿坯的精度对齿轮的加工、检验和安装精度影响很大。因此，在一定的加工条件下，通过控制齿坯的质量来保证和提高轮齿的加工精度是一项有效的措施。

齿坯精度是指在齿坯上，影响齿轮加工和齿轮传动质量的基准表面上的误差，它包括尺寸偏差、形状误差、基准面的跳动及表面粗糙度。

1．齿轮坯尺寸公差

齿轮坯的尺寸公差主要是指基准孔或轴、齿轮齿顶圆的尺寸公差。国家标准已经规定了相应的尺寸公差，见表 11-22。

表 11-22　　齿坯尺寸公差（摘自 GB/T 10095—2008）

齿轮精度等级	5	6	7	8	9	10	11	12
孔尺寸公差	IT5	IT6	IT7		IT8		IT9	
轴尺寸公差	IT5		IT6		IT7		IT8	
顶圆直径公差	IT7	IT8			IT9		IT11	

注　1．齿轮的三项精度等级不同时，齿轮的孔、轴尺寸公差按最高精度等级确定。

2．齿顶圆柱面不作基准时，齿顶圆的直径公差按 IT11 给定，但不得大于 $0.1m_n$。

3．齿顶圆的尺寸公差带通常采用 h11 或 h8。

2. 齿轮坯的几何公差

用来确定基准轴线的面称为基准面，基准轴线是由基准面中心确定的。齿轮依此轴线来确定齿轮的细节，特别是确定齿距、齿廓和螺旋线偏差的允许值。在制造或检测齿轮时用来安装齿轮的面称为工作安装面，齿轮在工作时绕其旋转的轴线称为工作轴线，工作轴线由工作安装面的中心确定，且只有在考虑整个齿轮组件时才有意义。

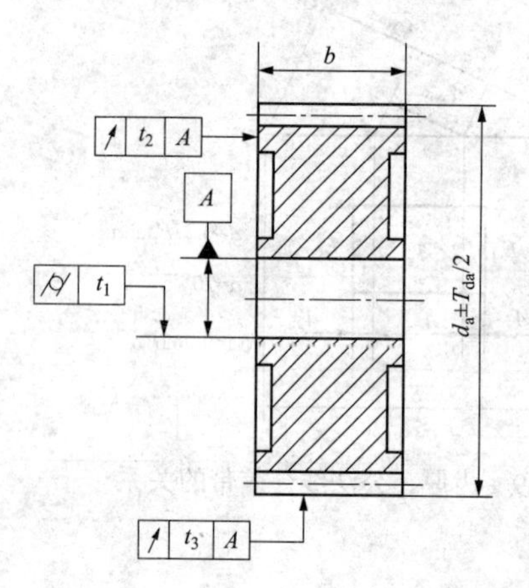

图 11-40 用一个"长"的基准面来确定基准轴线

在生产实践中，齿轮坯的形状是各种各样的。一般而言，依据结构特点可以把齿坯分为两类，即带孔齿轮齿坯和齿轮轴齿坯，现分述如下。

（1）带孔齿轮的齿坯几何公差。图 11-40 所示为带孔齿轮的常用结构形式，其基准表面为齿轮安装在轴上的基准孔，即用一个"长"的基准面来确定基准轴线。内孔的尺寸精度可按表 11-11 选取，可以根据是否有配合性质要求来确定是否采用包容要求。内孔圆柱度公差 t_1 可由表 11-15 查出，齿轮基准面的端面圆跳动 t_2、齿轮顶圆基准面的径向圆跳动 t_3 可由表 11-16 查出：

$$t_1 = 0.04(L/b)F_\beta \text{ 或 } 0.1F_\beta \tag{11-16}$$

取两者中较小值可得

$$t_2 = 0.2(D_d/b)F_\beta \tag{11-17}$$

$$t_3 = 0.3F_p \tag{11-18}$$

式中：L 为箱体轴承孔跨距；b 为齿轮宽度；D_d 为基准端面的直径；F_β 为螺旋线总公差；F_p 为齿距累积总偏差。

（2）齿轮轴的齿坯几何公差。图 11-41 所示为用两个"短"的基准面确定基准轴线的实例。左、右两个短圆柱面为与轴承配合的配合面。图 11-41 中的 t_1 和 t_2。分别按式（11-17）和式（11-18）确定。

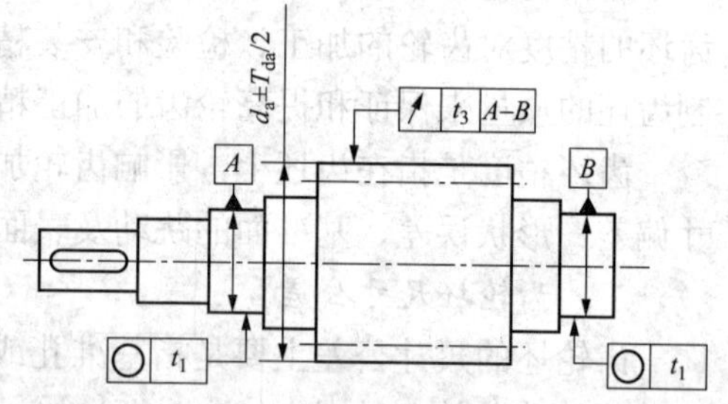

图 11-41 用两个"短"的基准面确定基准轴线

（3）齿轮表面和齿轮坯基准面的表面粗糙度国家标准规定了轮齿表面和齿轮坯的表面粗糙度，因此齿轮表面和齿轮坯基准面的表面粗糙度可从表 11-23 和表 11-24 中查取。

表 11-23 齿面表面粗糙度推荐极限值（GB/Z 18620.4—2008） μm

齿轮精度等级	Ra		Rz	
	$m_n<6$	$6\leqslant m_n\leqslant 25$	$m_n<6$	$6\leqslant m_n\leqslant 25$
3	—	0.16	—	1.0
4	—	0.32	—	2.0
5	0.5	0.63	3.2	4.0
6	0.8	1.00	5.0	6.3

续表

齿轮精度等级	Ra		Rz	
	$m_n<6$	$6\leqslant m_n\leqslant 25$	$m_n<6$	$6\leqslant m_n\leqslant 25$
7	1.25	1.60	8.0	10
8	2.0	2.5	12.5	16
9	3.2	4.0	20	25
10	5.0	6.3	32	40

表 11-24　各基准面的表面粗糙度（*Ra*）推荐值　μm

齿轮精度等级 各面粗糙度 Ra	5	6	7		8	9
齿面加工方法	磨齿	磨或珩齿	剃或珩齿	精滚精插	插齿或滚齿	铣齿
齿轮基准孔	0.32～0.63	1.25	1.25～2.5			5
齿轮轴基准轴颈	0.32	0.63	1.25		2.5	
齿轮基准端面	1.25～2.5	2.5～5			3.2～5	
齿轮顶圆	1.25～2.5	3.2～5				

11.4.4　齿轮精度的标注代号

在齿轮工作图上，应标注齿轮的精度等级和齿厚极限偏差的字母代号或齿厚极限偏差的数值。在视图上直接标注的主要数据有顶圆直径及公差、分度圆直径、齿宽及公差、孔（轴）直径及公差、定位面及其要求、表面粗糙度等。

在表格中列出的数据有：法向模数，齿数，齿形角，齿顶高系数，螺旋角，螺旋方向，径向变位系数，齿厚公称值及上、下极限偏差，精度，齿轮副中心距及其极限偏差，配对齿轮图号及其齿数，检验项目及其公差或极限偏差数值。应用举例如下：

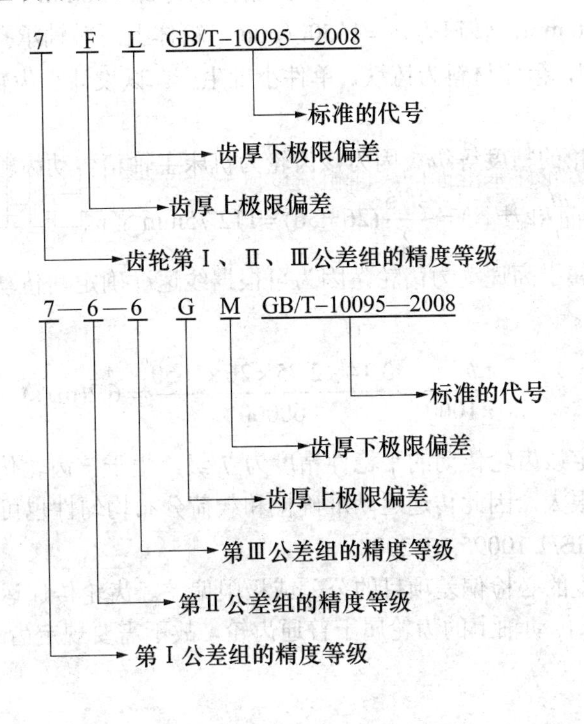

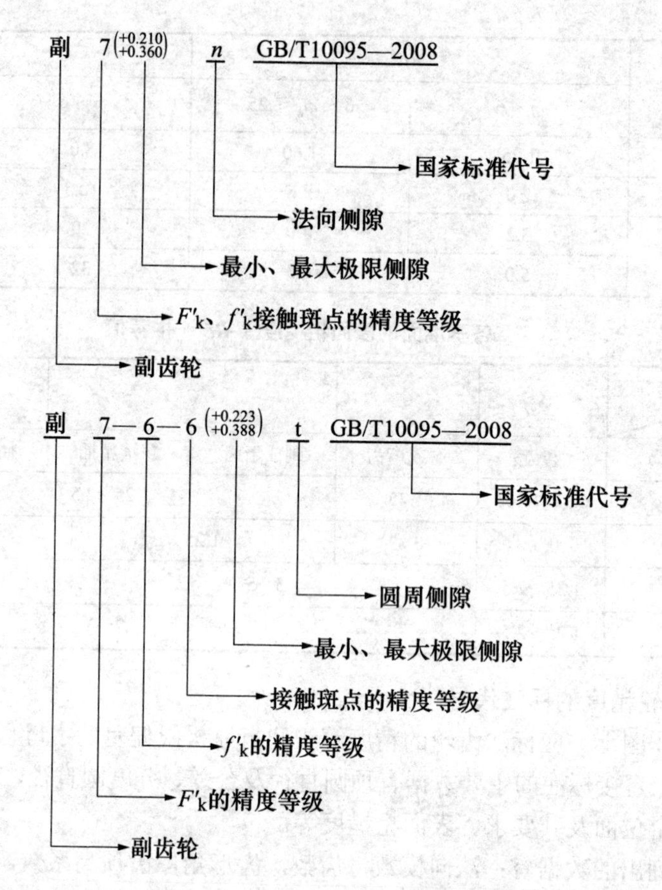

【例 11-2】 现有某机床主轴箱传动轴上的一对直齿圆柱齿轮，小齿轮和大齿轮的齿数分别为 $z_1=26$ 、$z_2=56$ ，模数为 $m=2.75\text{mm}$ ，齿宽分别为 $b_1=28\text{mm}$ 、$b_2=24\text{mm}$ ，小齿轮基准孔的公称尺寸为 $\phi 30$ mm，转速为 $n_1=1650\text{r/min}$ ，箱体上两对轴承孔的跨距 L 相等，皆为 90mm。齿轮材料为钢，箱体材料为铸铁，单件小批生产。试设计小齿轮的精度，并画出齿轮工作图。

解 （1）确定齿轮的精度等级。因为该齿轮为机床主轴箱传动齿轮，故由表 11-15 大致得出，齿轮精度在 $a=\dfrac{m}{2}(z_1+z_2)=\dfrac{2.75}{2}(26+56)=112.75\text{mm}$ 之间。进一步分析，该齿轮即传递运动有传递动力，属于高速动力齿轮，因为可根据线速度确定其传动平稳性的精度等级。该齿轮的线速度为

$$v=\frac{\pi d n_1}{60\times1000}=\frac{3.14\times2.75\times26\times1650}{60000}=6.2(\text{m/s})$$

参考表 11-16 确定该齿轮传动的平稳性精度为 7 级，由于该齿轮传递运动准确性要求不高，传递动力也不是很大，因此传递运动准确性和载荷分布均匀性也可都取 7 级，则齿轮精度在图样上标注为 7 GB/T 10095.1—2008。

（2）确定齿轮精度的必检偏差项目的公差或极限偏差。齿轮传递运动准确性精度的必检参数为 ΔF_p（因本机床传动轴上的齿轮属于普通齿轮，故不需要规定齿距累积偏差 ΔF_{pk} ）；传

动平稳性精度的必检参数为 Δf_{pt} 和 ΔF_a；载荷分布均匀性精度的必检参数为 ΔF_β。由表 11-5～表 11-7 可查得，齿距累积总公差 $F_p = 0.038\ \text{mm}$，单个齿距极限偏差 $\pm f_{pt} = \pm 0.012\ \text{mm}$，齿廓总公差 $F_a = 0.016\ \text{mm}$，螺旋线总公差 $F_\beta = 0.017\ \text{mm}$。

（3）确定最小法向侧隙和齿厚极限偏差。中心距为

$$a = \frac{m}{2}(z_1 + z_2) = \frac{2.75}{2} \times (26 + 56) = 112.75(\text{mm})$$

最小法向侧隙 $j_{bn\min}$ 由中心距 a 和法向模数 m_n 查表 11-6 确定：

$$j_{bn\min} = \frac{2}{3} \times (0.06 + 0.0005a + 0.03m_n) = 0.0133(\text{mm})$$

确定齿厚极限偏差时，首先要确定补偿齿轮和齿轮箱体的制造、安装误差所引起的侧隙减小量 J_{bn}。由表 11-5、表 11-6 查得 $f_{pt1} = 12\ \mu\text{m}$，$f_{pt2} = 13\ \mu\text{m}$，$F_\beta = 17\ \mu\text{m}$，$L = 90\ \text{mm}$，$b = 28\ \text{mm}$，将这些值代入可得

$$J_{bn} = \sqrt{0.88(f_{pt1}^2 + f_{pt2}^2) + \left[1.77 + 0.34\left(\frac{L}{b}\right)^2\right]F_\beta^2} = 42.5\ (\mu\text{m})$$

由表 11-7 查的 $f_a = 27\ \mu\text{m}$，将其代入式（11-8）可得齿厚上极限偏差为

$$E_{ss} = -\left(\frac{j_{bn\min} + J_{bn}}{2\cos\alpha_n} + |f_a|\tan\alpha_n\right) = -0.103\ (\mu\text{m})$$

由表 11-10、表 11-11 查的 W_k，$b_r = \text{IT9} = 74\ \mu\text{m}$，将其代入式（11-10）可得齿厚公差为

$$T_s = \sqrt{b_r^2 + F_r^2}\,2\tan\alpha_n = 58\ (\mu\text{m})$$

最后，可得齿厚下极限偏差为

$$E_{si} = E_{ss} - T_s = -0.103 - 0.058 = -0.161\ (\mu\text{m})$$

通常对于中等模数和小模数齿轮，用检查公法线长度极限偏差来代替齿厚偏差。由表 11-10、表 11-11 查得 $F_r = 30\mu\text{m}$，按式（11-11）和式（11-12）可得公法线长度上、下极限偏差分别为

$$\begin{aligned} E_{wms} &= E_{ss}\cos\alpha_n - 0.72F_r\sin\alpha_n \\ &= -0.103\cos 20° - 0.72 \times 0.030 \times \sin 20° = -0.104(\mu\text{m}) \\ E_{wmi} &= E_{si}\cos\alpha_n + 0.72F_r\sin\alpha_n \\ &= -0.161\cos 20° + 0.72 \times 0.030 \times \sin 20° = -0.144(\mu\text{m}) \end{aligned}$$

可得跨齿数 k 和公称公法线长度 W_k 分别为

$$k = \frac{z}{9} + 0.5 = \frac{26}{9} + 0.5 = 3.39$$

此处取 k=3。

$$W_z = m \times [1.476(2k - 1) + 0.014z]$$

$$=2.75\times[1.476\times(2\times3-1)+0.014\times26]=21.296$$

则公法线长度及偏差为

$$W_{\mathrm{k}}=21.296_{-0.144}^{-0.104}$$

（4）齿坯公差。

1）基准孔的尺寸公差和形状公差。按表 11-22 基准孔尺寸公差为 IT7，并采用包容要求，即 $\phi30\mathrm{H}7=\phi31_{0}^{+0.021}$，按式（11-16）计算，将所得值中较小者作为基准孔的圆柱度公差

$$t_1=0.04(L/b)F_{\beta}=0.04\times(90/28)\times0.017=0.002$$

或 $$t_1=0.1F_{\beta}=0.1\times0.038=0.0038$$

取

$$t_1=0.002$$

2）齿顶圆的尺寸公差和几何公差。按表 11-22 齿顶圆的尺寸公差为 IT8，即 $\phi77\mathrm{h}8=\phi77_{-0.046}^{\ 0}$。按式（11-15）计算，将所得值中较小者作为齿顶圆柱面的圆柱度公差

$$t_1=0.002\text{（同基准孔）}$$

按式（11-17）得齿顶圆对基准孔轴线的径向圆跳动公差

$$t_3=0.3F_{\mathrm{p}}=0.3\times0.038=0.011$$

如果齿顶圆柱面不作基准，则图样上不必给出 t_1 和 t_3。

3）基准端面的圆跳动公差。按式（11-16）确定基准端面对基准孔的端面圆跳动公差

$$t_2=0.2(D_{\mathrm{d}}/b)F_{\beta}=0.2\times(65/28)\times0.017=0.008$$

4）径向基准面的圆跳动公差。由于齿顶圆柱面作测量和加工基准，因此，不必另选径向基准面。

5）齿坯表面粗糙度。由表 11-23 得齿面粗糙度 Ra 的极限值为 1.25μm，由表 11-24 得齿坯内孔 Ra 的上限值为 1.25μm，端面 Ra 的上限值为 2.5μm，顶圆 Ra 的上限值为 3.2μm，其余表面的表面粗糙度 Ra 的上限值为 12.5μm。

（5）确定齿轮副偏差项目。齿轮副中心距极限偏差 $\pm f_{\mathrm{a}}$。由表 11-7 查得 $\pm f_{\mathrm{a}}=\pm27$ μm，则在图上标注 $a=112.75\pm0.01$。

线平行度公差 $f_{\Sigma\delta}$ 和 $f_{\Sigma\beta}$。轴线平面上的轴线平行度公差和垂直平面上的轴线平行度公差分别按式（11-1）和式（11-2）确定

$$f_{\Sigma\delta}=\frac{L}{b}F_{\beta}=\frac{90}{28}\times0.017=0.055(\mathrm{mm})$$

$$f_{\Sigma\beta}=0.5\frac{L}{b}F_{\beta}=0.028(\mathrm{mm})$$

将中心距极限偏差 $\pm f_{\mathrm{a}}$ 和轴线平行度公差 $f_{\Sigma\delta}$ 和 $f_{\Sigma\beta}$ 在箱体图上注出。图 11-42 所示为该齿轮的工作图。

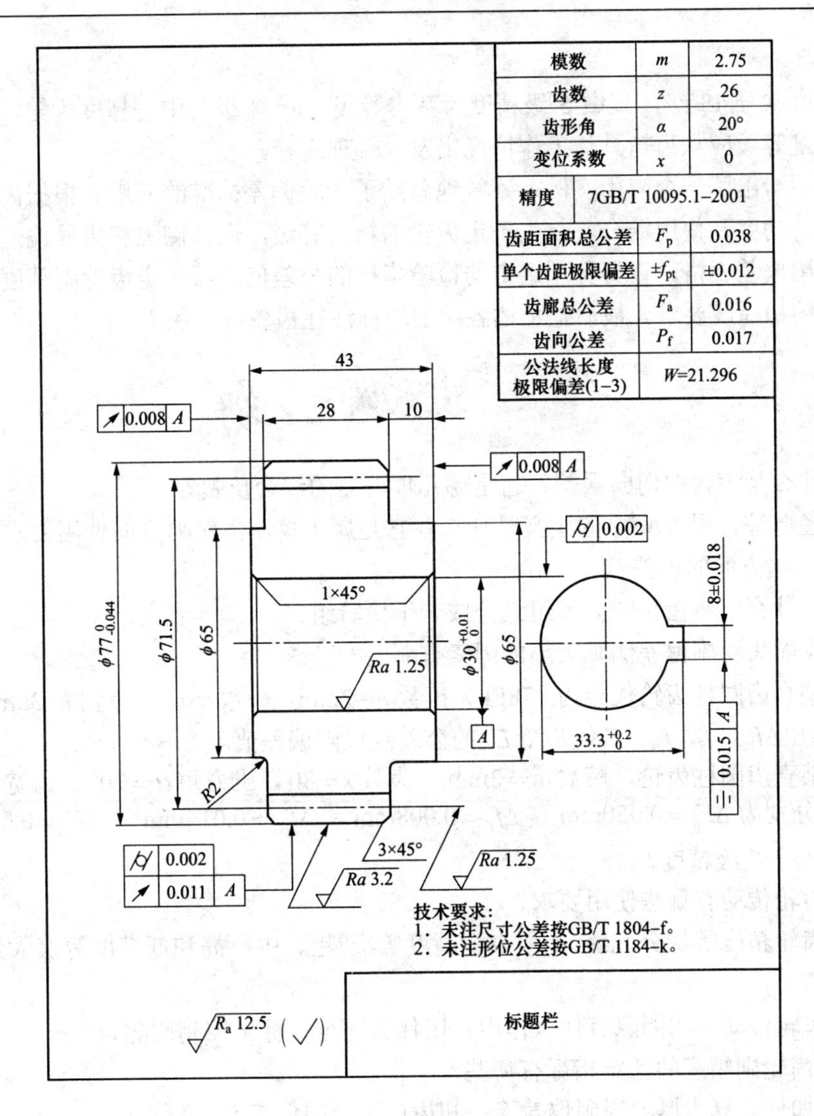

图 11-42 齿轮工作图

齿轮传动有四项使用要求，即传递运动的准确性、传动的平稳性、载荷分布的均匀性和合理的齿轮副侧隙。

为了评定齿轮的这四项使用要求，国家标准规定了相应的各项偏差指标，2008 年国家颁布了 GB/T 10095.1 和 GB/T 10095.2，在新齿轮标准中齿轮误差、偏差统称为齿轮偏差，将偏差与公差共用一个符号表示，同时还规定了侧隙的评定指标。单项要素所用的偏差符号用小写字母（如 f）加上相应的下标组成，而表示若干单项要素偏差组成的“累积”或“总”偏差所用的符号，采用大写字母（如 F）加上相应的下标表示。齿轮的偏差项目较多，学习时可用比较法，注意搞清楚各项不同指标的实质及异同，明确各项评定指标的代号、定义、作用及检测方法。在齿轮偏差的选用方面，应会应用书中所列表格，根据齿轮的具体生产条件合理选择。

齿轮精度共分 13 级，其中 5 级精度为基本等级，6～8 级为中等精度齿轮，应用最为广泛。确定精度等级应从齿轮具体工作情况出发，合理选择。

本章最后给出了一个应用实例，系统地总结了齿轮偏差标准的应用。根据齿轮的大小、材料、转速、功率及使用场合，首先确定齿轮的精度等级，选择侧隙和齿厚偏差，再选定检验项目，查用偏差表格，查得各项选定的检验指标的公差值。再确定齿轮副精度，齿坯精度和有关表面的粗糙度要求。最后把上述各项要求标注在齿轮零件图上。

习 题

11-1　什么是齿轮的切向误差？它是哪几项误差的综合反映？

11-2　径向综合误差$\Delta F''_i$的定义是什么？它是属于控制齿轮哪方面使用要求的指标？它综合反映了哪些方面的误差？

11-3　为什么要将齿轮的公差组划分成若干检验组？

11-4　影响齿轮副偏差侧隙大小的因素有哪些？

11-5　某直齿圆柱齿轮代号为 878FL，模数 m=2mm，齿数 z=60，齿宽 b=30mm，压力角 α=20°。试查出ΔF_p、f_f、f_{pt}、F_β、E_{ss}、E_{si}的公差及极限偏差值。

11-6　某直齿圆柱齿轮，模数 $m=2$mm，齿数 $z=80$，压力角 $\alpha=20°$，齿宽 $b=20$mm，若测量结果分别为 $\Delta F_p=0.050$mm，$\Delta f_f=0.008$mm，$\Delta f_{pt}=0.014$mm，$\Delta F_\beta=0.010$mm，试问该齿轮达到了几级精度？

11-7　齿轮传动有哪些使用要求？

11-8　齿轮精度等级分几级?如何表示精度等级?粗、中、高和低精度等级大致是从几级到几级?

11-9　齿轮传动中的侧隙有什么作用？用什么评定指标来控制侧隙？

11-10　齿轮副精度的评定指标有哪些？

11-11　如何计算齿厚上极限偏差 E_{mns} 和齿厚下极限偏差 E_{mni}？

11-12　如何选择齿轮的精度等级?从哪几个方面考虑选择齿轮的检验项目？

11-13　齿坯精度主要有哪些项目？

11-14　某减速器中一对直齿圆柱齿轮。$m=5$mm，$z_1=60$，$\alpha=20°$，$x=0$，$n_1=960$r/min，两轴承距离 $L=100$mm，齿轮为钢制，箱体为铸铁制造，单件小批生产。试确定：

（1）齿轮精度等级；

（2）检验项目及其允许值；

（3）齿厚上、下极限偏差或公法线长度极限偏差值；

（4）齿轮箱体精度要求及允许值；

（5）齿坯精度要求及允许值；

（6）画出齿轮零件图。

11-15　某直齿圆柱齿轮，$m=3$mm，$\alpha=20°$，$x=0$，$z=30$，齿轮精度为 8 级，经测量公法线长度分别为 32.130、32.124、32.095、32.133、32.106 和 32.120 mm。若公法线要求为 $32.256_{-0.198}^{-0.120}$ mm，试判断该齿轮公法线长度偏差与齿轮公法线长度变动量 F_w 是否合格。

11-16　某卧式车床进给系统中的一直齿圆柱齿轮，传递功率 $P=3\text{kW}$，最高转速 $N=700\text{r/min}$，模数 $m=2\text{mm}$，齿数 z=40，齿形角 $\alpha=20°$，齿宽 $B=15\text{mm}$，齿轮内孔直径 $d=32\text{mm}$，齿轮副中心距 $a=120\text{mm}$。齿轮的材料为钢，线胀系数 $\alpha_1=11.5\times10^{-6}℃^{-1}$；箱体材料为铸铁，线胀系数 $\alpha_2=10.5\times10^{-6}℃^{-1}$。齿轮和箱体的工作温度分别为 60℃和 40℃。生产类型为小批生产。试确定：

（1）齿轮的精度等级和齿厚极限偏差的代号；

（2）齿轮精度评定指标和侧隙指标的公差或极限偏差的数值；

（3）齿坯公差和齿轮主要表面的表面粗糙度。

附录：实 验 指 导

实验1 孔、轴尺寸测量

实验1.1 用立式光学计测量轴径

一、实验目的

（1）了解立式光学计的结构及测量原理。

（2）熟悉用立式光学计测量轴径的方法。

（3）加深理解计量器具与测量方法的常用术语，巩固尺寸及几何公差的概念。

（4）掌握由测量结果判断工件合格性的方法。

二、实验装置

立式光学计是一种精度较高而结构简单的常用光学量仪。用量块组合成被测量的公称尺寸作为长度基准，按比较测量法来测量各种工件相对公称尺寸的偏差值，从而计算出实际尺寸。仪器的基本度量指标如下：

分度值：0.001mm。

示值范围：±0.1mm。

测量范围：0～180mm。

仪器不确定度：0.001mm。

本实验采用LG-1型立式光学计来测量轴径。

三、测量原理

直角光管是立式光学比较仪的主要部件，整个光学系统和测量部件装在直角光管内部。

LG-1型立式光学计的测量原理是光学自准直原理和机械的正切放大原理结合而成。其光路系统如附图1-1所示，正切放大原理图如附图1-2所示。分划板在物镜的焦平面上，这一特殊位置使刻度尺受光照后反射的光线经直角棱镜折转90°到物镜后，形成平行光束。当平面镜垂直于物镜主光轴时（通过调节仪器使测头距工作台为公称尺寸时正好平面镜垂直主光轴），这束平行光束经平面镜反射，反射光线按照原路返回。在分划板上成的刻度尺的像与刻度尺左右对称。在目镜中读数为零。当平面镜与主光轴的垂直方向呈一个角度α时（测件与公称尺寸的偏差S使平面镜绕支点转动）。这束平行光束经平面镜反射，反射光束与入射光束呈2α角。经物镜和平面镜在分划板上成的刻度尺像相对刻度尺上下移动t。

在附图1-2中可以看出：

$$S=b\tan\alpha，\quad t=f\tan 2\alpha$$

因为α很小，所以$\tan\alpha\approx\alpha$，$\tan 2\alpha\approx 2\alpha$，因此放大倍数$K=t/S=2f/b$。

又f=200mm，b=5mm，所以K=400/5=80。

因为目镜的放大倍数为12，所以整个光学系统的放大倍数K'=12×80=960，因此说明，

当偏差 S=1 μm 时，在目镜中可看到 t=0.96 mm 的位移量，看到的刻线间距约为 1mm。

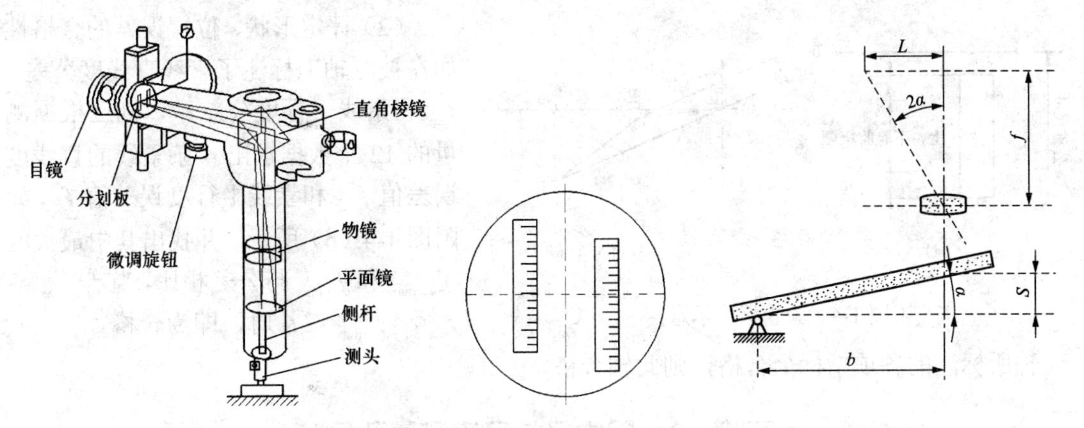

附图 1-1 光路系统分划板放大图 附图 1-2 正切放大原理图

四、实验步骤

（1）测头的选择。测头有球形、平面形和刀口形三种。使用时，根据被测零件表面的几何形状来选择。使测头与被测表面尽量满足点接触。所以，测量平面或圆柱面工件时，选用球形测头；测量球面工件时，选用平面形测头。测量小于 10mm 的圆柱面工件时，选用刀口形测头。且刀口与轴线相垂直。

（2）按被测工件的公称尺寸组合量块。量块的工作面明亮如镜，很容易和非工作面相区分。工作面又有上下之分：当量块尺寸小于 5.5mm 的时候，有数字的一面即为上工作面；当尺寸不小于 6mm 时，有数字表面的右侧面为上工作面。将量块的上下工作面叠置一部分，并以手指加少许压力后逐渐推入，使两工作面完全重叠和研合。

（3）接通电源调整工作台，使其与测杆方向垂直（一般已调好，禁止拧动 4 个工作台调整旋钮）。

（4）检查细、微调旋钮是否在调节范围中间。

（5）用公称尺寸将仪器调零。

（6）测量被测件。操作仪器，将测头抬起，取下量块，放上被测轴件，在轴的左、中、右选三个截面Ⅰ、Ⅱ、Ⅲ，在每个截面上测相互垂直的两个直径的 4 个端点 A、B、A'、B'，如附图 1-3 所示。共测 12 个点，测每一点时在轴线的垂直方向上前后移动，取拐点的最大值。

（7）复检零位。测完后将量块重新放回原位，复检零位偏移量不得超过 ±0.5μm，否则，找出原因重测。

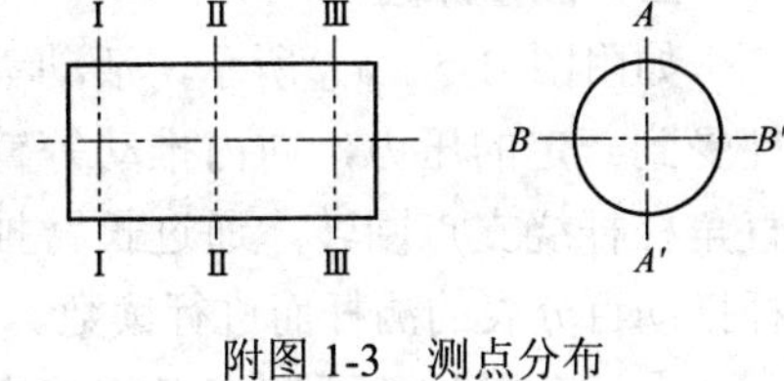

附图 1-3 测点分布

（8）断电，整理仪器。

五、数据处理及合格性评定方法

数据处理及合格性的评定应按照独立原则进行。

（1）评定轴径的合格性根据轴的尺寸标注，查表得到基本偏差，查表得公差 T_d，安全裕度 A 与计量器具的不确定度允许值 u_1，按附图 1-4（a）计算上、下验收极限偏差，所测 12 个点的直径的实际偏差 e_a 均在上、下验收极限偏差内，则该轴直径合格。即

$$es - A \geqslant e_a \geqslant ei + A$$

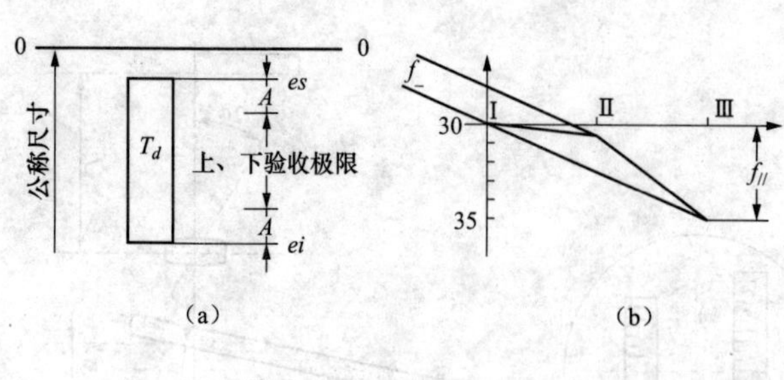

附图 1-4 验收极限示意

（2）评定形状、位置误差的合格性 如在被测轴上标注了素线直线度公差 $t_{\_}$ 和素线平行度公差 $t_{//}$，则应根据测量的 12 个数据求出 4 条素线的直线度误差值 $f_{\_}$ 和素线平行度误差值 $f_{//}$，如附图 1-4（b）所示，并找出其中最大的 $f_{\_\max}$ 和 $f_{//\max}$ 与公差相比，当 $f_{\_\max} \leqslant t_{\_}$，$f_{//\max} \leqslant t_{//}$ 时，即为合格。

轴所标注的各项指标全合格，则此轴合格。

实验 1.2 用内径指示表测量孔径

一、实验目的

(1) 了解内径指示表的结构及测量原理。

(2) 熟悉用内径指示表测量孔径的方法。

(3) 加深理解计量器具与测量方法的常用术语，巩固尺寸及几何公差的概念。

二、实验装置

内径指示表是一种用比较法来测量中等精度孔径的量仪，尤其适合于测量深孔的直径。国产的内径指示表可以测量 10～45mm 的内径。根据被测尺寸的大小可以选用相应测量范围的内径指示表，如：

10～18mm 内径指示表；

18～35mm 内径指示表；

35～50mm 内径指示表；

50～100mm 内径指示表；

100～160mm 内径指示表；

160～250mm 内径指示表；

250～450mm 内径指示表。

三、测量原理

如附图 1-5（a）所示，活动量柱受到一定的压力，向内推动等臂直角杠杆绕支点回转，通过长臂推杆推动百分表的测杆而进行读数。

在活动量柱的两侧有对称的定位弦片，定位弦片在弹簧的作用下，对称地压靠在被测孔壁上，以保证两测头的轴线处于被测孔的直径截面内，如图 1-5（b）所示。

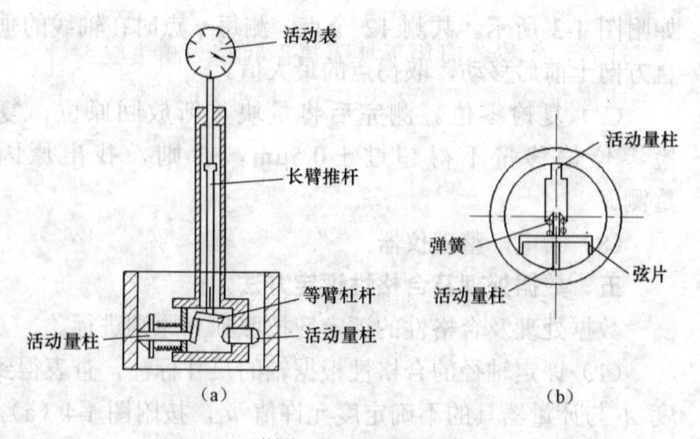

附图 1-5 测量原理

两测头轴线在孔的纵截面上也

可能倾斜，如附图 1-6 所示，所以在测量时应将测量杆摆动，以指示表指针的最小值为实际读数（即指针转折点的位置）。

用内径指示表测量孔径是属于比较测量法。因此，在测量零件之前，应该用标准环或用量块组成一标准尺寸置于量块夹中，调整仪器的零点，转动指示表盘把零点对准最小值点。如附图 1-7 所示。

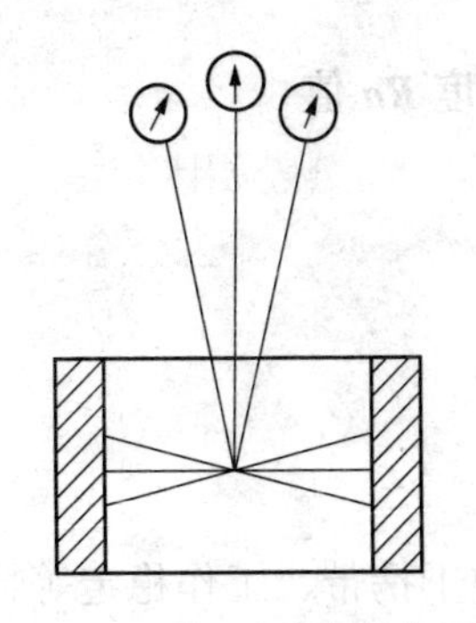

附图 1-6 摆动找直径位置

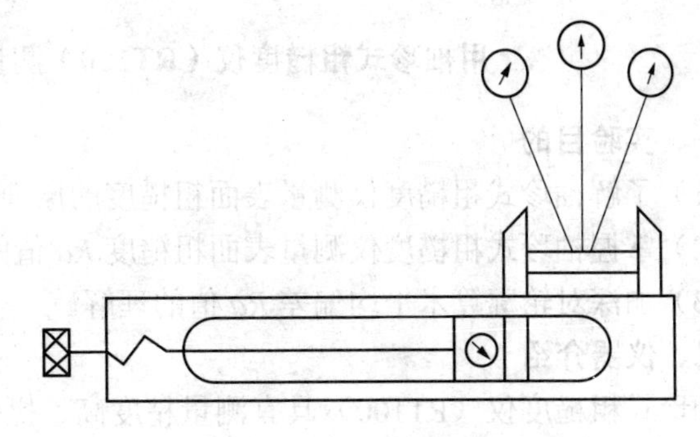

附图 1-7 摆动调零

四、实验步骤

（1）根据被测孔的公称尺寸，选择相应的固定量柱旋入量杆头部，将指示表与测杆安装在一起，使表盘与两测头连线平行，且表盘小指针压 1～2 格之间，调整好后转动锁紧螺母固紧。

（2）按公称尺寸选择量块，擦净后组合于量块夹中夹紧，将指示表的可动测头先放入量块夹内。挤压可动测头，使固定测头放入量块夹。如附图 1-7 所示的方法左右微微摆动指示表，找到最小值拐点，转动指示表盘，使指针对零点。

（3）在孔内按附图 1-8 所示选Ⅰ、Ⅱ、Ⅲ三个截面。在每个截面内测互相垂直 AA' 与 BB' 两个方向测量两个值，测量每个值时，要按附图 1-6 所示的方法找最小值拐点，读拐点相对零点的值（相对零点顺时针方向偏转为正，相对零点逆时针方向偏转 为负）。

（4）测完全部 6 个数据后，把仪器放回量块夹中复检零位。

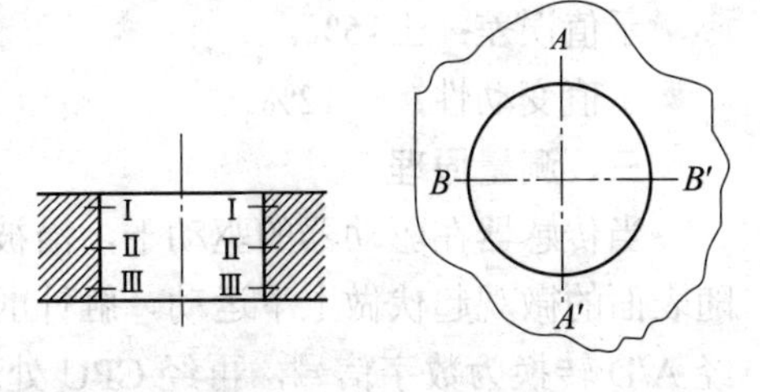

附图 1-8 测量点分布图

注意：①操作时用手持隔热手柄。②测头放入量块夹或内孔中时，用手按压定位板，使活动测头靠压内壁先进入内表面，避免磨损内表面。拿出测头时，同样按压定位板，使活动测头内缩，可使测头先脱离接触。

五、数据处理及合格性评定方法

数据处理及合格性的评定应按照独立原则进行。

1. 评定孔径的合格性

根据孔的尺寸标注，查表得到基本偏差 ES，查表得公差 T_d，安全裕度 A 与计量器具的不确定度允许值 u_1，全部测量位置的实际偏差 E_a 应满足最大、最小极限偏差。考虑测量误差，局部实际偏差 E_a 应满足验收极限偏差（与轴相同）：

$$ES - A \geqslant E_a \geqslant EI + A$$

2. 形状误差的合格性

用内径指示表测孔为两点法，其圆度误差为在同一横截面位置两个方向上测得的实际偏差之差的一半。取各测量位置的最大误差值作为圆度误差，其值应小于圆度公差。

实验2 表面粗糙度测量

用袖珍式粗糙度仪（RT100）测量表面粗糙度 *Ra* 值

一、实验目的

（1）了解袖珍式粗糙度仪测量表面粗糙度的原理。

（2）掌握袖珍式粗糙度仪测量表面粗糙度 *Ra* 值的方法。

（3）加深对轮廓算术平均偏差 *Ra* 值的理解。

二、仪器介绍

袖珍式粗糙度仪（RT100）具有测量精度高、操作简便、便于携带、工作稳定等特点，可以广泛应用于各种金属与非金属的加工表面的检测。该仪器是传感器、主机一体化的袖珍式仪器，具有手持式特点，更适宜在生产现场使用。

仪器主要性能指标如下：

测量参数：*Ra*，*Rz*。

扫描长度：6mm。

取样长度：0.25mm，0.8mm，2.5mm。

评定长度：1.25mm，4.0mm，5.0mm。

测量范围：*Ra* 0.05～10.0μm，*Rz* 0.1～50μm。

示值误差：±15%。

示值变动性：＜12%。

三、测量原理

当传感器在驱动器的驱动下，沿被测表面作匀速直线运动时，其垂直于工作表面的触针随表面的微观起伏做上下运动，触针的上下运动被转换为电信号，将该信号进行放大，滤波经 A/D 转换为数字信号，再经 CPU 处理，计算出 *Ra* 或 *Rz* 值并显示。

四、实验步骤

（1）如附图 2-1 所示，将电源开关 2 置于“ON”，在“嘀”的一声后进入测量状态（取样长度将保持上次关机前的状态）。

（2）轻按按键 6 可以依次选择 0.25、0.8、2.5mm 各挡。

（3）轻按按键 7 可以选择测量参数 *Ra* 或 *Ry*。

（4）取下测头保护盖 4 将仪器测试区域 5 对准测试目标区域，轻按启动按钮，传感器移动。在“嘀、嘀”两声后测量结果由屏幕 8 显示。

（5）关闭电源，盖上测头保护盖 4。

注意：①在传感器移动过程中，尽量做到置于工件表面的仪器平稳，以免影响该仪器的测量精度；②在传感器回到原位以前，仪器不会响应任何操作，直到一次完整的测量过程结束以后，才允许再次测量。

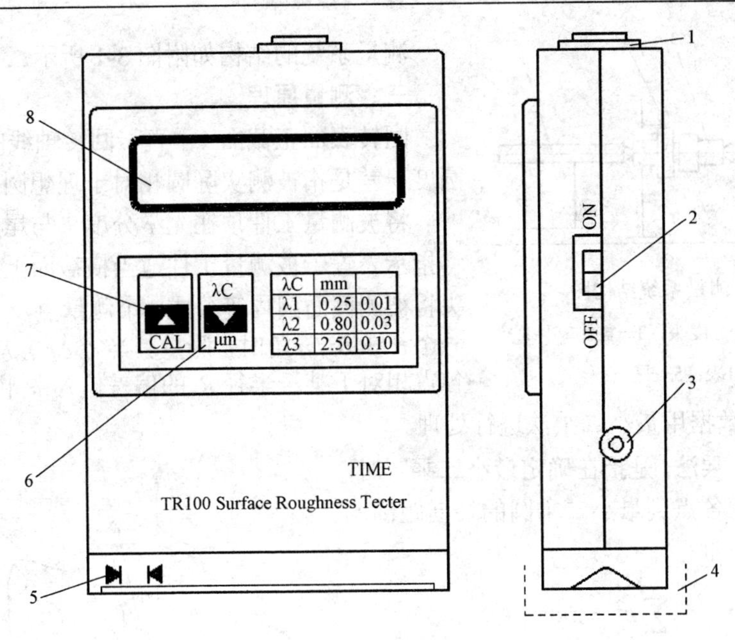

附图 2-1　主机结构图

1—启动按钮；2—电源开关；3—充电插口；4—测头保护盖；
5—测试区域；6—按钮 2；7—按钮 1；8—液晶屏幕

五、数据处理及合格性评定方法

把仪器显元的 *Ra*、*Rz* 与被测表面的粗糙度的允许值相比较，来判断被测表面的粗糙度的合格性，实测值在允许值范围内为合格，否则为不合格。

实验 3　形 状 误 差 测 量

测量半径变化量求圆度误差

一、实验目的

（1）了解一种测量圆度误差的方法和原理。

（2）加深理解圆度公差与圆度误差的定义。

（3）学会用分度头测量轴半径变化量求圆度误差的方法。

（4）掌握用最小二乘法评定圆度误差的方法。

二、实验装置

测量半径变化量求圆度误差实验所用器具有分度头、尾座、千分表和被测部件。测量系统的度量指标如下：

分度范围：0°～360°。

分度精度：1′。

径向测量范围：0～12mm。

径向示值范围：0.2mm。

分度值：0.001mm。

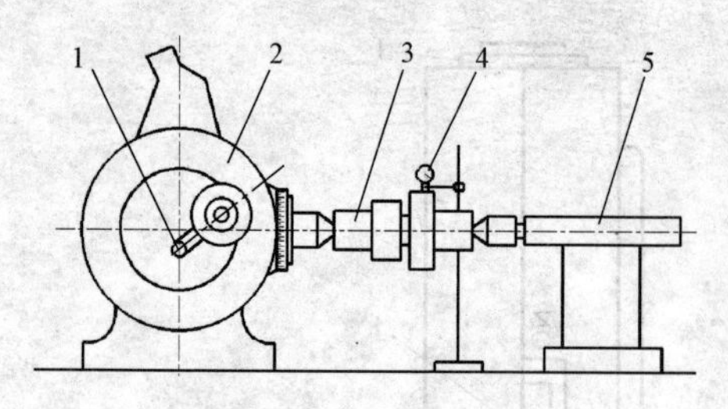

附图 3-1 测量系统结构图

1—分度手柄；2—分度头；3—被测零件；4—千分表；5—尾座

测量系统的结构如附图 3-1 所示。

三、测量原理

回转表面正截面（垂直于回转轴线的截面）轮廓的圆度误差是指被测实际圆相对于理想圆的变动量。

将被测量工件顶在光学分度头与尾座的两顶尖间，将指示表置于被测量工件适当横截面上，利用光学分度头将被测截面圆周等分成 n 个测量点，当每转过一个 $\theta=360°/n$ 角时，测量其半径 Δr，从指示表上读出各点相对于某一半径 R_0 的偏差值 Δr，由此测得所有数据 Δr_i，对所得数据用最小二乘法进行处理。

所谓最小二乘法，是指在确定最小二乘圆时，应使被测圆上的各点到最小二乘圆的径向距离的平方和为最小。即

$$\sum_{i=1}^{n}\varepsilon_i^2=\min$$

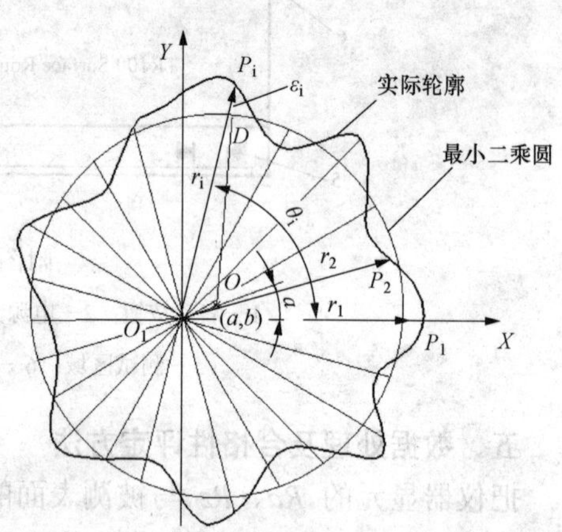

$P_iD=\varepsilon_i$，$O_1O=e$，$OD=R$，$\angle P_iO_1X=\theta_i$，$\angle OO_1X=\alpha$，$P_iO_1=r_i$

附图 3-2 最小二乘圆法

如附图 3-2 所示，以测量中心 O_1 为圆心，将被测圆划成 n 等分，由此得到的 n 个测量半径，分别为 r_1、r_2、…、r_n；这些半径与实际圆之轮廓的交点相应为 P_1、P_2、…、P_n。以测量中心 O_1 为坐标原点建立直角坐标系 XOY，n 个坐标点 P_i 的坐标值分别为（x_1，y_1）、（x_2，y_2）、…、（x_n，y_n）。若令最小二乘圆的圆心为 O、半径为 R、圆心 O 的直角坐标值为（a，b），$O_1O=e$，又令 P_i 到最小二乘圆的径向距离 $P_iD=\varepsilon_i$。

利用△OO_1P_i 可求得

$$r_i=e\cos(\theta_i-\alpha)+\sqrt{(R+e_i)^2+\left[e\sin(\theta_i-\alpha)\right]^2}$$

又因为，$e<<R$，且 $|\sin(\theta_i-\alpha)|\leqslant 1$，所以得到

$$r_i\approx e\cos(\theta_i-\alpha)+R+e_i \tag{1}$$

其中，$OD=R$，$O_1O=e$，$\angle P_iO_1X=\theta_i$，$\angle OO_1X=\alpha$。由式（1）得

$$\varepsilon_i=r_i-R-e\cos(\theta_i-\alpha) \tag{2}$$

由于 r_i 与 θ_i 为测得值，故 ε_i 是 R、e 和 a 的函数。根据最小二乘法原理求得

$$\varepsilon_i=r_i-R-a\cos\theta_i-b\sin\theta_i \tag{3}$$

其中，$R=\frac{1}{n}\sum_{i=1}^{n}r_i$，$a=\frac{2}{n}\sum_{i=1}^{n}(r_i\cos\theta_i)$，$b=\frac{2}{n}\sum_{i=1}^{n}(r_i\sin\theta_i)$。

从而圆度误差为

$$f = \varepsilon_{\max} - \varepsilon_{\min} \tag{4}$$

但要准确地测得各 r_i 值并非一件容易的事，所以可令起始测量点到测量中心 O_1 的半径为 r_0，则 r_i 可写为

$$r_i = r_0 + \Delta r_i \tag{5}$$

将式（5）代入式（3），化简后可得

$$\varepsilon_i = \Delta r_i - \Delta R - a\cos\theta_i - b\sin\theta_i \tag{6}$$

其中，$\Delta R = \frac{1}{n}\sum_{i=1}^{n}\Delta r_i$，$a = \frac{2}{n}\sum_{i=1}^{n}(\Delta r_i\cos\theta_i)$，$b = \frac{2}{n}\sum_{i=1}^{n}(\Delta r_i\sin\theta_i)$。

圆度误差仍为

$$f = \varepsilon_{\max} - \varepsilon_{\min} \tag{7}$$

由式（6）可知，如果测得各测量点相对于起始测量点的半径方向的变化量 Δr_i，同样可求得各测量点到最小二乘圆在半径方向上的距离 ε_i。而测量各测量点相对于起始点的半径变化量 Δr_i 则容易办到，这就使得根据式（6）求得圆度误差成为切实可行的简单方法。

四、实验步骤

（1）将被测零件固定在分度头与尾座之间，转动分度手柄，调整分度头为 0°。

（2）将千分表架固定在工作台上，插上千分表，使千分表针打在被测零件上的某一点（在轴长中部），并要保证千分表有一定的压缩量，找最大值转折点调零。

（3）沿某一方向旋转分度头手柄，使分度盘每旋转 30°，读出千分表上的读数，共读取 12 个读数。

（4）当分度头重新回到 0°时，检查读数是否为零，若回零或相差很小，则保留数据进行计算处理；否则，查找原因重新测量。

五、数据处理及合格性评定方法

为计算方便起见，根据式（6）与式（7）列成表格，按附表 3-1 便可求得圆度误差 f。

附表 3-1　　测 量 数 据 处 理

i	θ_i	Δr_i(μm)	$\cos\theta_i$	$\sin\theta_i$	$\Delta r_i\cos\theta_i$	$\Delta r_i\sin\theta_i$	$a\cos\theta_i$	$b\sin\theta_i$	ε_i(μm)
1									
2									
3									
4									
5									
6									
7									
8									
9									
10									
11									

续表

i	θ_i	$\Delta r_i(\mu m)$	$\cos\theta_i$	$\sin\theta_i$	$\Delta r_i\cos\theta_i$	$\Delta r_i\sin\theta_i$	$a\cos\theta_i$	$b\sin\theta_i$	$\varepsilon_i(\mu m)$
12									
N=12		$\Delta R=\frac{1}{n}\sum_{i=1}^{n}\Delta r_i$			$a=\frac{2}{n}\sum_{i=1}^{n}(\Delta r_i\cos\theta_i)$	$b=\frac{2}{n}\sum_{i=1}^{n}(\Delta r_i\sin\theta_i)$			$f=\varepsilon_{max}-\varepsilon_{min}$

本实验属于回转表面正截面（垂直于回转轴线的截面）轮廓的圆度误差测量，其公差带是在同一正截面上，半径差为公差值 t 的两同心圆之间的区域。测量计算后，根据测量误差和给定公差值，判定其合格性。

f不大于圆度公差时，合格；f大于圆度公差时，不合格。

实验4 位置误差测量

实验4.1 垂直度误差测量

一、实验目的

掌握给定一个方向垂直度误差的测量方法。

二、实验设备

平板、直角尺、直角座、带指示器的测量架、固定支撑、心轴。

三、实验步骤

给定一个方向垂直度误差的测量：

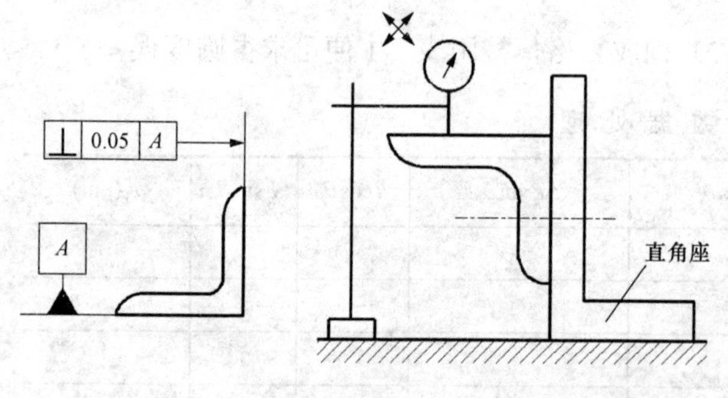

附图4-1 面对面的垂直度误差测量

1. 面对面的垂直度误差的测量（见附图4-1）

（1）将被测零件的基准面固定在直角座（或方箱）上。

（2）调整靠近基准的被测表面，使被测表面上靠近基准面的各点到平板的距离相等（或读数差为最小值）。

（3）使指示器测头垂直于被测表面，并在整个表面上进行测量。指示器读数的最大与最小之差值为该零件的垂直度误差。

2. 面对线的垂直度误差测量（见附图4-2）

（1）将模拟基准轴线的导向块放置在平板上。

（2）将被测零件放置在导向块内。

（3）用指示器测量整个被测表面。

（4）取最大读数差作为该零件的垂直度误差。

（5）填写实验报告单。

3. 线对线的垂直度误差检测（见附图 4-3）

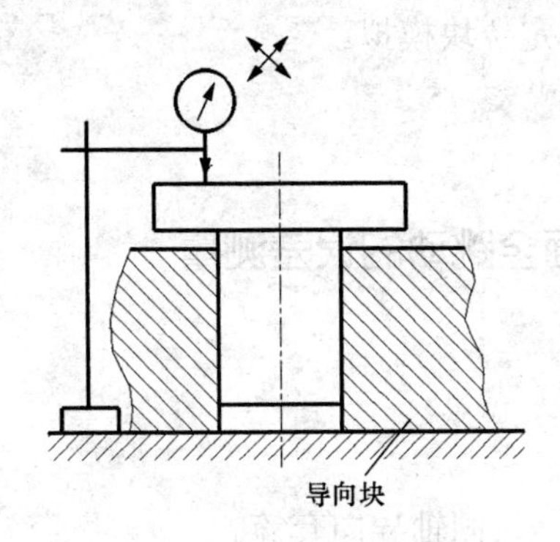

附图 4-2 面对线的垂直度误差测量

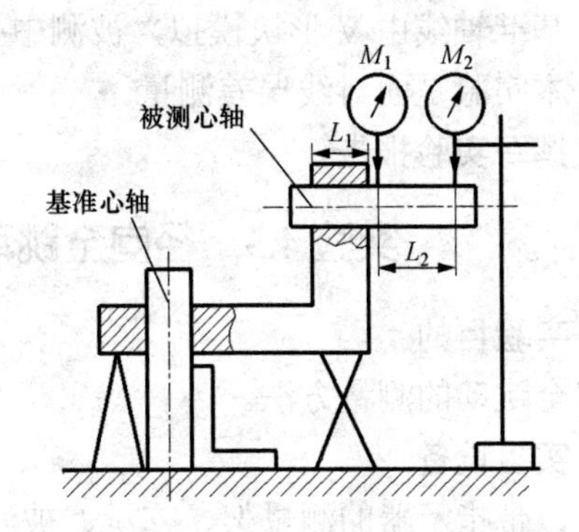

附图 4-3 线对线的垂直度误差测量

（1）将模拟基准轴线和被测轴线的心轴分别插入零件的基准孔和被测孔中。

（2）在被测零件下面左端放入一固定支承，其右端放入可调支承，并一起放在平板上。

（3）将直角尺靠在基准心轴上，调整可调支承，使基准心轴垂直于平板。

（4）在测量距离为 L_2 的两个位置上用指示器进行测量，并记录测量结果 M_1 和 M_2。

（5）按下列公式进行计算，f 即为该零件轴线对轴线的垂直度误差：

$$f = \frac{L_1}{L_2}\left|M_1 - M_2\right|$$

式中：L_1 为被测轴线长度。

四、撰写实验报告

实验 4.2 对称度误差测量

一、实验目的

掌握键槽对称度误差的测量。

二、实验设备

平板、带指示器的测量架、V 形块、定位块、被测零件。

三、实验步骤

（1）将带指示器的测量架、V 形块放在平板上。

（2）将定位块放入被测工件的键槽中，然后把工件放在 V 形块上。

（3）调整被测工件使定位块沿径向与平板平行，如附图 4-4 所示。

（4）测量定位块与平板的距离。

（5）再将被测工件旋转 180°后重复上述测量。

（6）将得到的该截面上下两对应点的数值 M_1、M_1'与 M_2、M_2'之差设为 Δ_1、Δ_2。

（7）按下列公式计算其对称度误差：

$$f = \frac{2\Delta_2 h + d(\Delta_1 - \Delta_2)}{d - h}$$

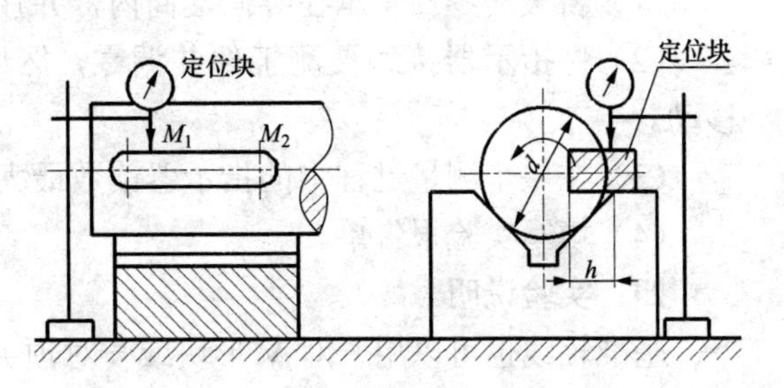

附图 4-4 面对线的对称度误差测量

四、实验说明

（1）基准轴线由V形块模拟，被测中心平面由定位块模拟。

（2）本实验是面对线误差测量。

五、撰写实验报告

实验 4.3 径向全跳动和端面全跳动的误差测量

一、实验目的

掌握全跳动的测量方法。

二、实验设备

平板、带指示器的测量架、支承、被测零件、一对同轴导向套筒。

三、实验步骤

1. 径向全跳动误差检测（见附图 4-5）

（1）将被测零件固定在两同轴导向筒内，同时在轴向上固定。

（2）调整套筒，使其同轴并与平板平行。

（3）将指示器接触被测工件一并调零，转动被测工件，同时让指示器沿基准轴线方向向另一端做直线移动。

（4）在整个测量过程中，指示器的最大差值即为该零件的径向全跳动误差。

（5）填写实验报告单。

2. 端面全跳动误差检测（见附图 4-6）

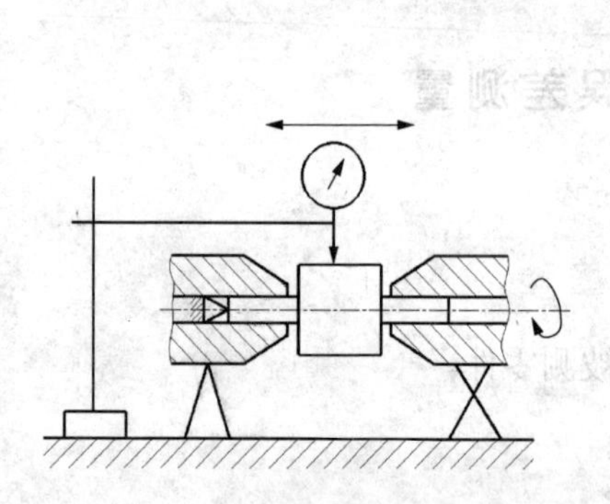

附图 4-5 径向全跳动误差检测

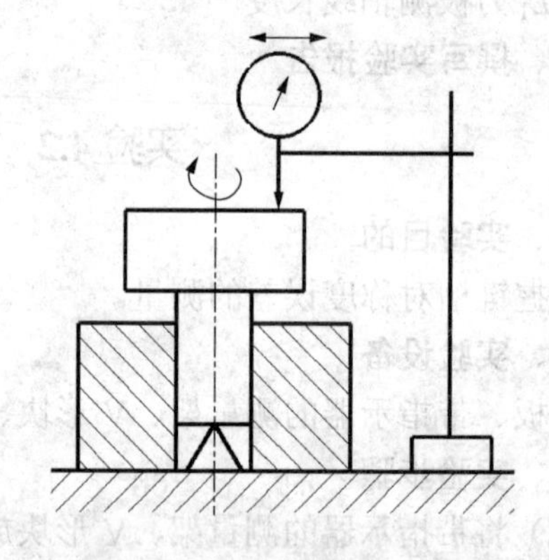

附图 4-6 端面全跳动误差检测

（1）将被测零件支承在导向套筒内，并在轴向上固定。

（2）将指示器接触被测工件并调零，然后转动被测工件，同时指示器沿其径向做直线移动。

（3）在整个测量过程中的指示器读数最大差值即为该零件的端面全跳动误差。

（4）填写实验报告单。

四、实验说明

基准轴线也可以用一对V形块或一对顶尖的方法来体现。

五、撰写实验报告

实验5 螺纹中径测量

三针法测量螺纹中径

一、实验目的

掌握三针法测量螺纹中径的方法。

二、实验设备

外径千分尺、三针（三根直径相等的钢针）、被测工件。

三、实验步骤

（1）将带指示器的测量架、V 形块放在平板上。

（2）将定位块放入被测工件的键槽中，然后把工件放在 V 形块上。

（3）调整被测工件使定位块沿径向与平板平行，如附图 5-1 所示。

（4）测量定位块与平板的距离。

（5）再将被测工件旋转 180°后重复上述测量。

（6）将得到的该截面上下两对应点的数值 M_1、M_1'与 M_2、M_2'之差设为 Δ_1、Δ_2。

（7）按下列公式计算其对称度误差：

1）根据公式 d_0（最佳）$P/1.732\approx0.577P$，选择最佳的三针直径。

2）将选择的三针放入被测螺纹的沟槽内，如附图 5-1 所示。

3）用外径千分尺测量三针间的尺寸 M。

4）按下列公式计算中径 $d_{中}$：

$$d_{中}=M-d_0\left(1+\frac{1}{\sin\dfrac{\alpha}{2}}\right)+\frac{P\cot\dfrac{\alpha}{2}}{2}$$

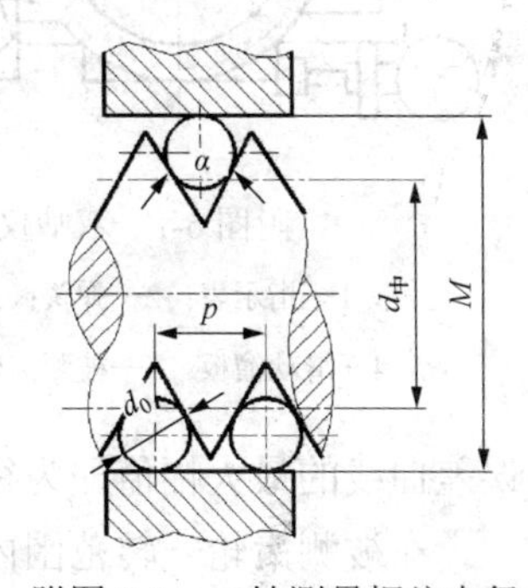

附图 5-1 三针测量螺纹中径

式中：M 为外径千分尺所测得的数值；d_0 为测量所用三针的直径；α 为螺纹牙型角；P 为螺距。

当测量普通螺纹时，$\alpha=60°$，则 $d_{中}=M+3d_0+0.866P$。

（8）填写实验报告单。

四、实验说明

选择的三针直径应适当，与螺纹牙型半角的接触点恰好与中径相切为最佳（称为最佳针）。

五、撰写实验报告

实验6 齿轮误差测量

双啮仪综合测量齿轮

一、实验目的

（1）了解双面啮合仪的测量原理。

（2）练习应用双啮仪测量齿轮的径向综合误差 ΔF_{i} 和一齿径向综合误差 Δf_{i}。

（3）练习分析动态测量的误差曲线。

二、实验设备

双面啮合检查仪，如附图 6-1 所示。其度量指标如下：

被测齿轮模数　　1～10mm

被测齿轮最大直径　　185mm

两心轴中心距离　　50～250mm

千分表分度值　　0.001mm

三、实验内容

（1）双啮仪的使用方法。

（2）齿轮的径向综合误差 $\Delta F_{\mathrm{i}}''$ 的测量。

（3）齿轮的一齿径向综合误差 $\Delta f_{\mathrm{i}}''$ 的测量。

四、仪器的工作原理

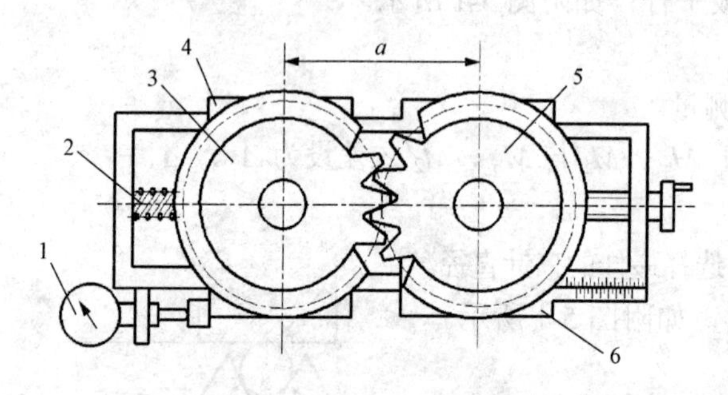

附图 6-1　双啮仪测量原理

1—指示表；2—弹簧；3—测量齿轮；4—滑动溜板；5—被测齿轮；6—固定溜板

齿轮双面啮合仪（双啮仪）测量原理如附图 6-1 所示，被测齿轮 5 安装在固定溜板 6 的心轴上，测量齿轮 3 安装在滑动溜板 4 的心轴上，借助弹簧 2 的作用使两齿轮做无侧隙双面啮合。在被测齿轮一转内，双啮中心距 a 连续变动使滑动溜板产生位移，通过指示表 1 测出最大与最小中心距变动的差值，即为径向综合误差 $\Delta F_{\mathrm{i}}''$。

使用自动记录装置，经杠杆机构和绳轮、摩擦轮系到记录器，可记录双啮中心距误差曲线或由指示表直接表示，如附图 6-2 所示。误差曲线的最大幅值即为径向综合误差 $\Delta F_{\mathrm{i}}''$。

在被测齿轮一转范围内，误差曲线的最高峰与最低谷间纵坐标值之差，或指示表指针正负最大摆动量的绝对值之和。即为径向综合误差 $\Delta F_{\mathrm{i}}''$；当被测齿轮每转过一齿时，误差曲线上相邻波峰与波谷间纵坐标的最大差值，或指示表指针跟着摆动一次，在各齿中的最大摆动量为一齿径向综合误差 $\Delta f_{\mathrm{i}}''$。

将被测齿轮与作为理想精确的测量齿轮做无侧隙的啮合时，检查它们中心距的变化来间接地综合性地反映被测齿轮的加工误差，从原理上讲，双啮综合测量通常只能反映齿轮误差的径向分量，即几何偏心、基节偏差、齿形误差等误差因素，且测量状态与工作状态不符，测量结果同时受左、右两齿廓误差的影响，因此它的反映不够全面，也很不客观。但双啮仪结构简单，造价低，测量效率高和操作方便，故双啮仪在大批量的生产中用来测量 6 级以下中等

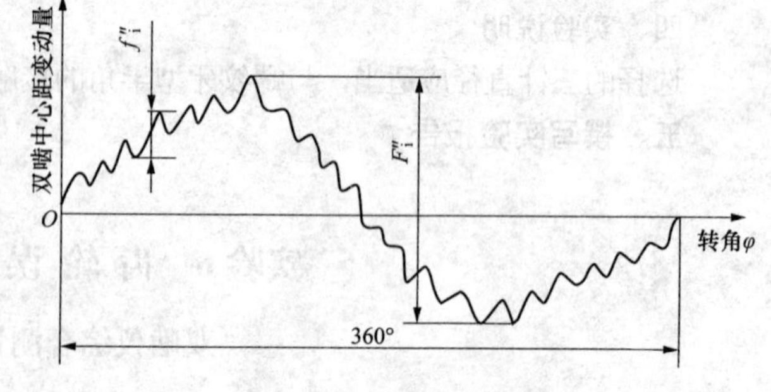

附图 6-2　径向综合误差曲线

精度的齿轮。必要时，还可在该仪器上进行齿厚和接触斑点的检测。

五、实验步骤

（1）参看附图 6-1 把滑动溜板 4 调在中间位置。即转动（左转）调整手轮约半转（毂处销钉朝上），此时滑动溜板处于可左右转动 2mm 的位置上。

（2）转动手轮，移动固定拖扳使被测齿轮 5 与测量齿轮 3 双面啮合为止，并用扳手把拖板锁紧。

（3）放松手轮，使仪器处于工作状态。

（4）在记录转筒上裹上记录用的坐标纸，利用调位螺钉将记录笔调到记录纸的中间位置，并用螺钉将笔尖放低与记录纸接触。

（5）安装指示表 1，并使指针压缩一圈后对准“零”位。

（6）用手缓慢转动被测齿轮 5，记录器或指示表即开始工作。

（7）按记录曲线或指示表读数分别评定径向综合误差 $\Delta F_i''$ 及径向一齿综合误差 $\Delta F_i''$，并得出结论。

六、撰写实验报告

参 考 文 献

[1] 甘永立．几何量公差与检测．上海：上海科学技术出版社，2001．
[2] 张玉，李文敏．互换性与测量技术基础．沈阳：东北大学出版社．1994．
[3] 王长春，孙步功.互换性与测量技术基础．北京：北京大学出版社，2010．
[4] 邢闽芳．互换性与技术测量．北京．清华大学出版社，2011．
[5] 周兆元．互换性与技术测量．北京：机械工业出版社，2011．
[6] 金嘉琦．几何量精度设计与检测．沈阳：东北大学出版社，1998．
[7] 李小亭．长度计量．北京：中国标准出版杜．2001．
[8] 韩进宏，王长春．互换性与测量技术基础．北京：北京大学出版社，2006．
[9] 王伯平．互换性与测量技术基础．北京：机械工业出版社，2004．
[10] 韩进宏．互换性与测量技术．北京：机械工业出版社，2005．
[11] 廖念钊．互换性与技术测量基础．北京：中国计量出版社，2002．
[12] 齐新丹．互换性与测量技术．2 版．北京：中国电力出版社，2011．